ペンギンは歴史にもクチバシをはさむ

増補新版

上田一生

青土社

ペンギンは歴史にもクチバシをはさむ　増補新版　目次

ペンギンは歴史にもクチバシをはさむ　増補新版

序　人よせペンギン

ペンギン・イメージ

ペンギンにはプラスイメージがある。ペンギンと聞いて頬をゆるめる人はいても、顔をしかめる人は少ないだろう。またペンギンという固有名詞は世界語でもある。フランス語の「マンショ」や中国語の「企鵝《チー・アー》」など、独特の表現もあるが、たいていは日本語のカタカナ発音でペンギンと言えば通じてしまう。

だからペンギンは世界中で様々なものを売り、企業や団体やイベントのイメージ・キャラクターを務めてきた。ピングーというクレイメーションをご存じの方も多いだろう。キティちゃんには太刀打ちできないが、アニメーションの世界ではメジャーな存在だ。キティちゃんの脇役であるバッドばつ丸はやっぱりペンギンだ。ばつ丸が出てきたついでに言ってしまうと、こういうキャラクターの世界でもペンギンにはダーティーなイメージを漂わすものやヒール的存在は極めて少ない。あえて例を探せば、バットマンに登場するミスターペンギンやクレイメーション「ウォレスとグルミット」シリーズに登場する怪盗フェザーズ・マッグロウくらいだろう。

どうしてこんなことになったのだろう。「ペンギン好き」を自称していた私が、いつとはなしに抱きはじめた疑問である。冷静に考えてみると不思議な話だ。いったい人間はいつごろからこの鳥を「好感度の高い生きもの」と感じるようになったのだろう。「ペンギン」という一つの海鳥の名前はいつどのようにして「世界語」の地位を獲得したのか。この生きものに関する現代的イメージはいつごろ完成したのか……。そんなことを考えながらいろいろな材料を集めているうちに五〇年以上が過ぎてしまった。

ペンギンについて書かれた文献は、生物学の論文・専門書から子ども向けの絵本や一般向けの写真集まで含めると五〇〇〇点以上は確実にある。とはいっても、この数字は日本語、英語、一部ドイツ語・フランス語のたかだか四カ国語について確認した結果にすぎない。また、専門的論文については比較的狭い世界の話なので検索しやすいが、一般書となるとごくおおまかなことしか調べられないので細かい部分で「漏れ」がたくさんあるに違いない。人間とのつきあいが長い家畜（イヌ・ネコなどのいわゆるペット を含む）や人間生活に重大かつ深刻な影響を及ぼす「危険な生物」を別にすれば、これだけ多くの文献情報をもつ生きものはそう多くないだろう。

実物の生きたペンギンについても似たようなことがいえる。現在、一八種類いる野生のペンギンたちの多くが生息地の縮小や個体数の減少に苦しみ、一一種類が「絶滅の危機」に瀕している。ところが、人間社会の枠組みの中で暮らすペンギンは増加の途を着実に歩んでいる。特に、日本は「ペンギン大国」と表現されて久しい「ペンギン人口」の多い国だ。全国に約一三〇ある動物園や水族館のうち、一〇〇近い施設で一二種類・四五〇〇羽ほどのペンギンが飼育・展示されている。外国の例をみても、中規模以上の動物園や水族館で「ペンギンのいない施設」は少ない。最近、中国や韓国では新しい動物展示施設の建設やリニューアルが急ピッチで進んでいるが、その多くでペンギンが飼われている。

どうしてこんなことになったのだろう。世界には約一万種の鳥がいるという。そのうち、わずか一八種類を占めるにすぎないこの海鳥について、人間たちはなぜこんなにも膨大な量の文字情報を積み上げてきたのか。そしてそれらの情報はただ単に重複し反復されてきたに過ぎないのか。それとも、時代や地域、報告者の様々なバックグラウンドの影響をうけつつ目まぐるしい転変をとげてきたのか。いくつかのファクターによる類型化は成立するのか。時々の社会や文化と響きあうことはなかったのか……。疑問はつきない。

さらに、人間はいつ、どのような理由でこの生きものを動物園や水族館という社会装置の中に「生きたまま」囲いこもうと考えたのか。一時的なブームでなく、生きた動物の展示施設に「常設展示品」の一つとして加え続けようと考えたのはなぜか。各々の施設の展示方針や手法にお国柄や時代の空気を見てとることは可能なのか。そんな問いが次々に浮かんでは消える。

「ペンギンは人をひきつけてやまない」。著名な古生物学者であり「ペンギン病患者」の一人でもあったジョージ・G・シンプソンは、この鳥に関する古典的な名著の中で断言した。その通りだと思う。世界中の人々にこれほどよく知られ、愛され、調べられ、表現されてきた海鳥は他にいない。鳥類全般や哺乳類まで視野にいれたとしても、この生きものの知名度は少しもゆるがない。それはなぜか。時の流れにごくおおまかに沿いながら、ペンギンと人間との関係について見つめなおしてみたい。

親近感

ただ、その作業に入る前に、一つだけ考えておきたいことがある。はたして「ペンギンの魅力」には普遍性があるのだろうか。時代、場所、民族、文化、性別、年齢などに関わりなく、人間がこの鳥に魅了される理由はなんだろう。

よく指摘されるのは「見た目が似ている」ということだ。ペンギンも人も陸上では直立二足歩行する。ペンギンの翼（フリッパーともいう）は人間の腕のようだし、お腹がボテンとしてるところなど中年オヤジそのものだ。そもそも日常的に直立二足歩行する生きものは、人間とペンギンしかいない。ピグミーチンパンジー（ボノボ）は類人猿の中では最も直立に近い姿勢で二足歩行することが知られている。しかし、歩行時間や頻度を比較するとペンギンにはおよばない。

一九三〇年、セイモア島で発掘されたペンギンの化石は大きな話題をよんだ。第三紀中新世（二五〇〇―二〇〇〇万年前）の地層から出土した化石は、アントロポルニス・ノルデンスクジョルディと名づけられた。アントロポルニスとは「人に似た姿の鳥＝人鳥」という意味だ。この化石ペンギンのなかまは現在はもう絶滅してしまって、生きている実物を見ることはできないが、立ち上がると身長が一・五二―一・七メートルあったと考えられている。ほとんど「人と同じ背丈」だった。

一方、二足歩行ということで言えば、鳥類全てがあてはまる。両足をそろえてピョンピョン跳ぶように歩くものと人間のように片足ずつ交互に前に出して歩くものとに分けられるが、大はダチョウ、ヒクイドリなどの走鳥類から小はハチドリにいたるまで「二本足」であるという点で共通している。四肢のうち前肢二本が腕（手）になったものが人間、翼になったものがトリなのだ。だから、もともと人間と鳥は外見的に、あるいは四肢の機能の上では近しい存在だということもできる。

そう考えると「人間の鳥への憧れ」も今までとは少し違った観点から見直す必要があるのかもしれない。一般的には、人間は空を飛べないから自由に空を飛びまわれる鳥を賛美し嫉妬するのだと考える。天空への憧憬が「翼をもつ人」＝天使や「空駆ける馬」＝ペガサスなどを生み出した。また、「鳥のように空を飛びたい」という人間の欲望（夢）が様々な飛行機械を誕生させた。そう考えるのが普通だ。しかし、人間の鳥に対する親近感は「自分にないものを鳥がもっているから」ということだけではなくて、「二足歩行＝後肢二本で歩行し、前肢二本は別の機能をもつ」という点での共通性にも根ざしているのではないか。

珍しさ

これではまだ分析が足りない。なぜなら、全ての鳥が空を飛べるとは限らないからだ。わがペンギンは人間同様「空を飛べない」ではないか。その場合はどうなるのか。人間と同じでは憧憬の対象にならない。魅力半減である。

しかし、「空を飛べない鳥」が全て軽んじられるかといえば、必ずしもそうではない。例えばダチョウは、その体や羽毛の大きさとずばぬけた走力によって古くから人間に畏敬の念を抱かせてきた。ニュージーランドの深い森にすみ、マオリのハンターと白人の入植者によって一八世紀に絶滅に追い込まれた巨鳥モアは、その大きさゆえに二一世紀に入った今もミステリアスな目撃情報が絶えず、タブロイド判夕刊紙の紙面を飾ることがある。現在知られている最大のものは、地面から頭頂部まで三・五メートルあったという。

むしろ「空を飛べない鳥ほどの奇異があろうか」という一九世紀の動物学者たちの表現を額面通りに

うけとった方がよいのかもしれない。鳥は空を飛ぶもの＝飛んであたりまえ。いや、鳥であるならば必ず空を飛べなければならぬ。そういう固定観念が強ければ強いほど、「飛べない鳥」はこの世の奇跡となる。ここまでくれば、「飛べない」ということは悪徳どころか最大の美点になる。ペンギンは、単に「人間と同じく空を飛べない」のではない。「空を飛んであたりまえの鳥のなかまのくせに飛べない」非常識極まる奇異な存在なのだ。ここに人間の視線を引きつける強い磁場が生まれる。

かわいらしさ

外観と直立二足歩行という点では、まだ指摘しなければいけないことがある。「ヨチヨチ歩き」だ。ペンギンの歩きかたは実にあぶなっかしい。じっと立っている時は堂々としているが、いったん歩きはじめると体が大きく左右に振れる。足が思うように高くあがらないらしく、小さな坂を登るのに四苦八苦している。そしてよく転ぶ。この鳥の歩く後ろ姿を形容して「チャップリン・ウォーク」ということもある。大きな英和辞典をひくと、ペンギンの項に「宇宙服」とか「宇宙飛行士」と出てくることがある。これもおぼつかない歩行姿勢からの連想だろう。

「なんだこの鳥は空を飛べない上にまともに歩くこともできないのか！」。「ヨチヨチ歩き」は人間の優越感を二重にくすぐるのかもしれない。しかし、そういったネガティブな悦楽がこの鳥の魅力の一つになっている可能性を認めた上で、あえてこう言うことも可能だろう。人間は「ヨチヨチ歩き」によってこの鳥に対する「保護本能」をくすぐられるのではないか。ペンギンには「守ってやりたい」と人に感じさせる何かがあると考えるのは、思い込みが過ぎるだろうか。同じことを別の角度から見ることもできる。

人間は「ネオテニー的生物」だといわれることがある。ネオテニーとは「幼形成熟」のこと。一時期人気の高かった「ウーパールーパー（メキシコサンショウウオ）」がその好例としてよく紹介される。成長段階のごく初期の形態（外観）を残しつつ性的に成熟していくことをいう。この考え方を進化に敷衍して、人間はネオテニー的進化をとげた生きものだと主張する専門家もいる。しかし、ここでは進化のことがいいたいのではなくて、人間の考え方や嗜好の中にネオテニー的傾向があるのではないかということだ。例えば、甘える時に使われる「子ども言葉」、一時期大流行した「たれぱんだ」に代表される「二頭身的」キャラクターの増加だけではない。人間は社会が工業化されればされるほど一人前として認められるまで長い修行期間が必要とされる傾向がある。「延長された少年期」といってもいいかもしれない。

もし、人間にネオテニー的傾向があるとすれば、人はペンギンの「ヨチヨチ歩き」に保護本能をくすぐられるだけでなく、いつまでも大人化しない自分の姿を重ね見ているのではないか。最近、日本人が多用する「カワイイ」も、このような傾向が言葉に表れた一例だというのは言い過ぎだろうか。「カワイイ」の問題については「ペンギンと日本人」との関係を考える際にもっと具体的にながめていきたい。ここでは、ペンギンの行動につきまとう「危うさ」あるいは「幼さ」に人はひきつけられるということが確認できればよしとしよう。

たくましさ

「みずから目にすることなくして誰がペンギンを信じられよう！」。コナー・オー・ブリーンの感嘆符つきのせりふは、この鳥の外観についてのみ語っているのではない。著名な探検航海者は、この海鳥をめぐる生息環境やその暮らしぶりの過酷さについても、万感の思いをこめてこう表現しているのだ。あの荒れ狂う南の海で獲物を捕り、あの南の果ての極寒の地で子育てをする生きもの。多くの船乗りが、多くの探検家が命を落としたあの僻遠の地で、ペンギンたちは営々として命をつないできたのだ。

南極は人間が普通に生活できる場所ではない。しかし、その地こそがこの鳥の故郷なのだ。テラ＝アウストラリス＝インコグニタ（未知の南方大陸）とヨーロッパ人たちがよんだ南極に、おびただしい数のペンギンが群れている。その事実は、特に一九世紀後半以降、世界中の「常識」になった。南極探検の先頭をきっていた欧米の船乗りや科学者、冒険家たちは、こぞってこの海鳥の「たくましさ」について語りはじめた。

「この鳥は、私をそれ以上近づかせまいとして、まるで古代の戦士のように彼らの巣と私との間に立ちふさがった」。雄々しいマゼランペンギンたちの振る舞いを若きチャールズ・ダーウィンは、なかばヒトコマ漫画のように、なかば畏敬の念をこめて、報告した。彼が記録したのは南米の温帯域にすむペンギンたちの生活だった。しかし、船乗りたちの目には「非常食料」としか映らなかったこの鈍重な海鳥の行動を初めて人間にたとえたダーウィンの眼差しは、もっと南方に向かう探検者たちにもひき継がれていく。

エンペラーペンギンは、こともあろうに「南極の冬」に子育てするらしいという事実が次第に人々の知るところとなる。しかもこの最大のペンギンの胃袋からは、南極の海底から拾い上げてきたと思われる石が出てきたという報告が続く。どうやらペンギンたちは氷の海を縦横に泳ぎまわっているらしい。

人間を凍りつかせるあのブリザードの下で卵を抱き、調査船を押しつぶす氷山と浮氷の海で獲物を探すこの鳥は、いったいどんな肉体をもっているのか。しかもペンギンたちは寒さにふるえる人間たちを尻目に、分厚い海氷の上に素足で立ちつくしているではないか。ペンギンの博物学がその裾野を広げ内容が充実してくればくるほど、人々の心は行動の珍しさよりも、そのたくましさにより大きく動かされることになる。

この傾向は現在も続いている。最新の測定機器を使った研究でペンギンが水深三〇〇メートル近いところでもイカや魚をとっているらしいということがわかってきた。しかもその深さから一気に浮上してくるという。水圧にどう耐えているのか？　暗い海中で獲物をどのように識別しているのか？　急激な浮上が潜水病をひきおこさないのはなぜか？　多くの新しい疑問が湧く一方で、頑健な潜水機械としてのペンギンに関する新しい驚きは、この海鳥のたくましさをますます神格化しているように思われる。事実、多くの国の研究者たちが夢中になって海中での行動や生理の謎を解き明かそうとしている。

あっちも見ている

ペンギンの視線を感じたことがおありだろうか。作家の椎名誠はこんな経験をした男の話を紹介している。

「この男もやはり野グソをしていた。するとペンギンたちがあっという間にまわりに集まってきてすっかり円形状になり、押すな押すなという状況になってしまった。男は戸惑いながら、しかししっかりと目的を果たした。…(中略)…翌朝男はペンギンたちのやかましい鳴き声で眼をさました。男がテントから出てみるとまた沢山のペンギンたちが男のテントの回りを囲んでおり、その中の一羽がピンクの紙をマフラーのように首の回りにまきつけていた。男はきのう自分のクソの上にいつもより沢山のトイレットペーパーをかぶせてきたのだが、ペンギンが首にまいているピンクの紙はまさしくそのときのトイレットペーパーである、ということを知った。」

カラスやインコのなかまなど鳥には好奇心が強いものが多い。ペンギンも負けてはいない。特に、南極にすむものは人間に痛めつけられた経験がそれほど長くないので、人間の姿や声がトラウマになってはいない。元来この鳥は呑気で無神経なほど警戒心に乏しい。温帯にすむ種類の多くが人間を恐れるのは、彼らがずっと人間に追われ、殺され、食べられ、利用しつくされてきたからだ。だが、現在では、保護区に指定された区域で人と共存している温帯ペンギンの多くはそれほど人を恐れなくなってきている。

日本のペンギン学の草分け青柳昌宏の言葉。

「南極ではネ、陸上で直立している生きものはペンギンしかいないんです。南極のペンギンたちはずっとそういう環境でくらしてきた。だから、まっすぐ立って歩く人間をなかまだと思うらしい。こっちの姿をみかけると遠くから声をかけてくるんです。おもしろいからその声をまねてこちらも返事をしてやる。こちらの鳴きまねがうまいと相手は必ず近づいてきます。そして今度はじっと見つめる。爪先から頭のてっぺんまでじろじろと観察するんですヨ。どうも変だ、と思うんでしょうネ。あるいは、なあんだなかまじゃなかったのか、と思うのかもしれない。チェッて感じで去っていくんです。」

日本でも外国（特に英語圏）でも「ペンギン族」という言葉がある。「物見高い連中」という意味。南極を訪れた観測隊員たちを見物にくるペンギンがいる。隊員たちの作業を熱心に見守るアデリーペンギンやエンペラーペンギン。決して手伝ってはくれない。だけど見ている。榊原昭二『昭和語――六〇年世相史』（一九八六年）の昭和三二（一九五七）年の項には次のようにある。

「ペンギン族　ヤジウマのこと。昭和三十二年四月帰国した南極観測隊員の話から生まれた言葉だ。ペンギンは人なつこくて物見高い。上陸した隊員が作業していると、まわりをぐるりと取り巻いて見物をきめこむのだそうだ。」

人間は好奇心の生きもの。ペンギンたちもそうだと気づいた時、嫌悪感が優るか親近感が深まるか。それは人それぞれかもしれない。しかし間違いなく言えるのは、こちらが危害を加えない限りあなたは必ずペンギンに観察されているということだ。

人はなぜこの鳥にひかれるのか。ペンギンの魅力の普遍性について考えてみると、どうやら五つくらいのポイントがあるようだ。

①人に外観が似ていること（直立二足歩行）、②珍しさ（鳥のくせに飛べないということ）、③かわいらしさ（ヨチヨチ歩き）、④たくましさ（人間が生存できない極寒を生きぬく）、⑤好奇心の強さ（人を観察する視線）。これら五つの要素のどれか一つ、あるいはそのうちのいくつかが組み合わされ、複雑にブレンドされた結果、人の心をとらえてはなさない摩訶不思議な媚薬ができあがるらしい。

これ以外にチャームポイントはないのだろうか。

広告業界の専門家からこういう指摘を受けたことがある。「呼び名の響き」が大切なのだという。ペ・ン・ギ・ンという音そのものが人間にとって心地よい組み合わせだというのだ。破裂音である「パ行」の音が冒頭にあること。「〇・ン・〇・ン」という「ン」の反復によって生まれるリズム。破裂音の多用と同音（あるいは同語）反復によるリズム形成が幼児語、幼児会話に多く見られ、世界の諸言語にある程度共通してみられる傾向らしい。「パンダ」「ピカチュー」「プー」「ポパイ」は前者の例、「タンタン」「カンカン・ランラン（初来日したパンダの名前）」は後者の例だ。

子どもも大人も呼びやすい名前。言語や年齢をこえて人の耳に心地よく響く言葉。そういう固有名詞をもつ幸運な生きものはそれほど多くないだろう。

とはいえ、厳密にいうと、この生きものを「ペ・ン・ギ・ン」と発音するのは日本人だけだ。英語の

penguin やドイツ語の pinguin など欧米の言語は、カタカナにおきかえると「ペングウィン」あるいは「ピングウィン」となり、微妙な違いがあるし、スペイン語では「ピイングウィーノ」となって同音反復という条件は破綻する。だから「ペンギンの魅力は呼び名の発音による」と断定するには少し無理があるだろう。これは、すでに述べた五つのポイントを補強する要素と考えたい。

あるイラストレーターはこの鳥の「集団行動」に注目する。「氷の端にワラワラと群れているペンギンたち。海面をこわごわ何度ものぞき込むけれど、なかなかとび込もうとしない。天敵のヒョウアザラシがどこに潜んでいるかわからないからだ。押し合いへし合いするうちについに一羽がとび込む、というより足を滑らせて落ちてしまう。すると今までグズグズしていたその他大勢がドッと一斉に後に続く。なんだか人間に似ている」という。

あるいは広大なペンギンの営巣地。ルッカリーと呼ばれるこの集団営巣地には時として数十万羽のペンギンたちが子育てのために群れ集う。海岸からなだらかな丘まで一面ペンギンだらけ。巣を構えた親鳥たちは互いに縄張りをつくりって牽制しあうので、巣と鳥たちの分布は不思議な幾何学模様を描く。

しかし、巨大な群れをつくりって繁殖したり数十羽数百羽単位で行動したりといったことは、ペンギンだけに見られる現象ではない。多くの野生動物で似たような生態を観察できるし、映像記録技術が発達し、これらの生きものの生態を細かく日常的に紹介する媒体が数多く存在する現在では、「ペンギンだけが特別かわった集団行動をする」わけではないことは誰にでもわかる。だから、この「集団行動」も「呼び名の響き」と同じく先に述べた五つの魅力を補強するファクターと考えた方がよかろう。

日本人のペンギン好きは世界一？

日本人は世界一ペンギン好きだという分析がある。動物園や水族館で「人気動物アンケート」をすると、日本では必ずといっていいほどペンギンがベスト10入りするのに、外国、特に欧米ではそうでもない。スイスで生まれたペンギン・キャラクター「ピングー」は日本では超がつくほどよく知られているし、関連グッズの売上げも凄まじいが、欧米ではそうでもない。そもそも、日本は「ペンギン大国」といってもいいくらい数多くの生きたペンギンを動物園・水族館で飼育している。しかし外国の飼育・展示施設ではそれほどでもない。

確かに、第二次世界大戦後の食料難を救った「捕鯨オリンピック」期に多くの生きたペンギンが国内の飼育施設にもたらされたことが、日本人のペンギン嗜好が決定的になった重要な要因の一つであることは疑いない。その後、高度経済成長とともに様々な企業の宣伝活動が活発化し、それにともなって次々に新しいペンギン・キャラクターが生まれた。この間、動物園・水族館施設は着実に増加し、「本物のペンギン」を観察することがどんどん容易になっていった。

日本人のペンギン好きを、飼育・展示施設の増加やその場でのアンケート調査、あるいはペンギン・キャラクター・グッズの売上げといった指標で見るかぎり、日本以外の国々はとても太刀打ちできないだろう。だが、この鳥に関する優れた研究、研究者の質と量、優れた文献（専門書・一般書を含む）の質と量という角度から見るとこの関係はたちまち逆転する。

こういう見方もある。先に掲げた「ペンギンの五つの魅力」について考えてみよう。「ペンギン大好き」

の日本人は五つの要素に均等に反応しているだろうか。どちらかというと「かわいらしさ」への反応が突出していて「たくましさ」にはほとんど目もくれないのではないだろうか。前にも少し触れたが、日本人の「カワイイ」文化についてはある程度立ち入った解析が必要なので、ここですぐに結論を出すのはひかえよう。しかし、この鳥に関する詳しい観察や研究、情報の蓄積と分析という手続きを省略して、あるいは無視して、外見的なかわいらしさにのみ着目し、そのイメージを利用し楽しむ、そういう点に日本的ペンギン嗜好の特徴がありそうだということは可能だろう。

これに対して、欧米人（あるいは欧米語文化圏）のペンギンに寄せる思いは「たくましさ」にポイントがおかれる。彼らは、二〇世紀前半までペンギンを資源として利用することをやめなかった。この鳥を多数殺してはその肉や卵を食べ、羽毛や皮や脂肪やフンをとり、あるいは捕まえて見せものにした。あわれな海鳥に「ひょうきんさ」や同情を覚えることはあっても「カワイイ」と愛玩することはほとんどなかった。それどころか、北半球のオオウミガラス（初代ペンギンの一種）を絶滅させ、南半球の何種類かを絶滅の淵に追い込んだ。こうした関係の果てに生まれた感情が「たくましさ」への驚嘆であり、その生命力への憧憬だった。

欧米人にとっては、この生きものを動物園や水族館に囲い込んだりキャラクター・グッズを作って売りさばくよりも、その生態を調査したり理解することの方が大切なことだった。だから、彼らは営々として調査を続け、この生きものを観察・記録して、情報の共有につとめたのだ。

つまり「日本人と欧米人のどちらがよりペンギン好きか」という問いはあまり意味をなさない。比較のしようがないのだ。あえて言えば、日本人はペンギンを「楽しみ」、欧米人は「知る」ことに夢中になっているということになろうか。

変身を続けた鳥

では、このようなペンギンに対する嗜好の違い、または関心のありようは、いつ、どのようにして生まれたのだろうか。「ペンギン」という言葉は確かに「世界語」だ。しかし、それは例えばコンピュータ言語のようにある特定の人物や組織によって意図的につくり出されたものではない。この呼び名には絶え間ない時の流れと様々な出来事や多くの人々の経験や価値観が投影されている。聞く者が置かれた百人百様の制約の中で、七色の光を放つ。その多様さは観察者を決して飽きさせることがない。

これまでこの鳥について書かれた本の中には「人間とペンギンとの関係」について概略を紹介したものもいくつかある。しかし、その多くが「生物としてのペンギン」を紹介することを主眼としているために、この鳥の生理・生態の叙述に重点をおき、人間との関係については単なる「エピソードの寄せ集め」的内容に留まっている。

ここでは、それらの断片的記録を「歴史の文脈」の中であらためてとらえ直し、政治・経済・文化といった人間の営みとの関連に注意を払いながら、各々の出来事の意味を考えてみたい。

ペンギンは人間の生活にどのように関わり、その世界観にどのような変化をもたらしたのか。この鳥の「変身」ぶりは、人間の視野が地球大に広がっていく過程を垣間見させてくれるだろう。同時に、一つの生きものを理解するということがいかに楽しく、しかも困難な作業であるかについても実感させてくれるに違いない。

第1章

太った海鳥

太った泳ぐ鳥たち。空を飛ぶか飛ばないかにかかわらず、ペンギンもオオウミガラスもそういうくくりで紹介されることが多かった。19世紀、ドイツの博物画（26）

日本に野生のペンギンがいる

日本に野生のペンギンがいるといったら、誰もが冗談だと思うだろう。少しこの鳥に興味がある人ならば「高知か鹿児島の漁師さんに飼われているペンギンのこと?」と首をかしげるかもしれない。そうではない。日本のペンギンは北海道にいる。しかも空を飛ぶことができる。天売島に生息するオロロン鳥のことだ。今では個体数が激減してしまって絶滅が心配されている。長年この鳥の研究と保護を進めてきた寺沢孝毅は「北のペンギン」とよぶ。もちろん、南半球のペンギンたちを「本家」と考え、少し遠慮してそうよんでいるに違いない。しかし、ペンギンと人間との関係をひもといていくと、遠慮する必要など全くないことがわかる。昔は、空を飛べるオロロン鳥のなかまも、飛べない今のペンギンのなかまも、等しく「ペンギン」とよばれていたからだ。もちろん日本人がつけた名前ではない。ヨーロッパの漁師や船乗りが最初にそう言い出したのだ。彼らは「太った海鳥」をみんなペンギンと言っていた。たぶん、物知りの古老や観察眼の鋭い者はもう少し網の目を細かくして何通りかのよび名をつけていただろう。しかし、おそらく数万年、いや十万年ちかく、海でくらすヨーロッパの人間たちにとって、「太った海鳥」が飛べるかどうかはさして重要な問題ではなかったと思われる。

話を日本のペンギンにもどそう。オロロン鳥は正しくはウミガラスという。「オロロン」というのはこの鳥の鳴き声からきた通称だ。ウミガラスは頭と背中が黒く腹が白い。背中の黒がカラスに似ているというのでその名がついたらしい。エトピリカ、ツノメドリなど二〇種あまりの潜水性海鳥とともにウミスズメ科を構成する。

ウミガラスは北極圏近くに広く分布し、数千―数万の大きなコロニーをつくる。ベーリング海のセントマシュー島、ワルラス島、アラスカのセントミカエルス、ヌシヤガク、日本の近くではサハリン、千島列島などの繁殖地が知られている。ウミガラスを「ロッペン鳥」ということもあるが、この名はアザラシの繁殖地としても有名なサハリンのロッペン島からきている。日本では、かつて松前小島や根室のユルリ島、モユルリ島でも繁殖していたが、一九八三年以降は姿を消してしまった。今では天売島でしか見ることができない。

天売島に人間が移り住んだのは今から六〇〇〇年ほど前、縄文時代早期のことだと考えられている。豊かな魚介類と海草、海洋性気候とに支えられて、北海道本島よりも早く人間のくらしが始まったらしい。北海道最後の土器文化である擦文文化（約一四〇〇―七〇〇年前）の竪穴住居跡からは多量の獣骨・貝殻などが見つかった。魚ではマダラ、ソイ、ニシンなど、貝ではアワビ、ホタテ、獣肉ではアザラシ、トド、クジラなどが食べられていたようだ。

そして、西岸の切りたった岸壁に一〇〇万羽以上の大集団をつくって営巣していた海鳥たちやその卵も、島の人々にとっては重要な食料だったに違いない。ウミガラス、ウトウ、ヒメウ、ケイマフリ、ウミスズメ、ウミネコなどが、ところによっては高さ一〇〇メートルをこえる断崖にそれぞれの縄張りを構えていただろう。

寺沢は、かつて採取が許されていたころ（明治末）にウミガラスの卵を採った経験のある老人の話を紹介している。

「ウミネコの卵は誰でも採りにいくことができたが、オロロン鳥のものは限られた人しか行くことができなかった。というのも、オロロン鳥はたいへん危険な場所で繁殖するため、特殊な技術をもった人しか近づくことができなかったのである。オロロン鳥の卵を採りに行くときは、たいてい三人ぐらいで出かけたそうだ。崖の上に三本ぐらい杭を打ち込み、そこにロープを縛って上からたらし、それをつたって垂直の崖をオロロン鳥が繁殖する岩棚まで降りたのだそうだ。危険なのは岩棚に降り立つまでと帰りの登りで、崩れやすい岩肌なだけに神経を使ったそうだ。登り下りの途中で落石にでもあったらひとたまりもない。オロロン鳥の卵を採りに行って、命を落とした人がいるほどである。」

なぜそんなに危ない思いをしてまでウミガラスの卵が欲しかったのか。どうも、ウミスズメ科の海鳥の肉や卵は他の鳥にくらべておいしいらしい。それに、卵殻がコバルトブルーで美しく、これを半分に切って台をつけ、内側に漆を塗って杯に加工するなどしたものが土産として珍重されたという。さらに、ウミスズメは人間の胃袋や物欲を満たしただけではなかった。

「オロロン鳥の巣立ったヒノも大切に可愛がられていた。磯でアワビやウニなどを捕る仕事の合間に、巣立ちしたばかりのまだ飛べないヒナを海から捕まえて帰ったそうだ。ヒナは人間にすぐ慣れて、飼い主の後をついてくるまでになったらしい。与える餌も、膝ぐらいの浅い磯で海草の中をザルですくえば、ちょうどよい小魚がいくらでもとれたという。海に放して水浴びさせても、『おろろーん、おろろーん』と呼べばちゃんと戻ってきたというのだ。島の人たちの暮らしの中にオロロン鳥は棲んでいたのである。」

日本のペンギン＝ウミガラスは、数千年前から天売島に住む人々にとって大切な食べものであり、土産物の材料であり、生きるなかま（ペット）だった。そして海鳥と人間とのこのような関係は、もちろん日本だけに見られるものではない。

パタゴニアの海洋狩猟民

約六〇〇〇年前、ちょうど天売島に初めて人間が住みついたころ、地球のほぼ反対側＝南米大陸南端にもペンギンを追ってくらす人々がいた。一つのグループをアラカルーフェ（あるいはカリスカル）族といい、もう一つをジャガン（またはジャマナ）族という。

パタゴニア南部、マゼラン海峡とビーグル海峡を含む地域には、海面からそそり立つ岩山を特徴とする急峻なフィヨルド地形がみられる。複雑な海岸線をもつ入江と入江との間に吹き寄せる冷たい強風と、南極海の北縁を時計回りに流れる寒流（周極流）とによって、いつも西から東に向かう物理的圧力が加わっている。太平洋の海水が狭い海峡めがけて小山のように盛り上がりながら流れ込み、南米大陸南端と多くの島々との間に網の目のようにはりめぐらされた細い水路を大西洋目指して突き進む。

マゼラン海峡の先住民図。右端に立つペンギンはイワトビペンギンだと思われる。銅版画。『新世界の歴史』（テオドア・ド・ブリ編、1620年）

アラカルーフェ族は小さなカヌーでこの海峡を放浪する海の狩猟民だ。背丈は低く、漁労がくらしの中心で、ショーラスという神を信仰していた。あちこちの島で様々な海鳥、

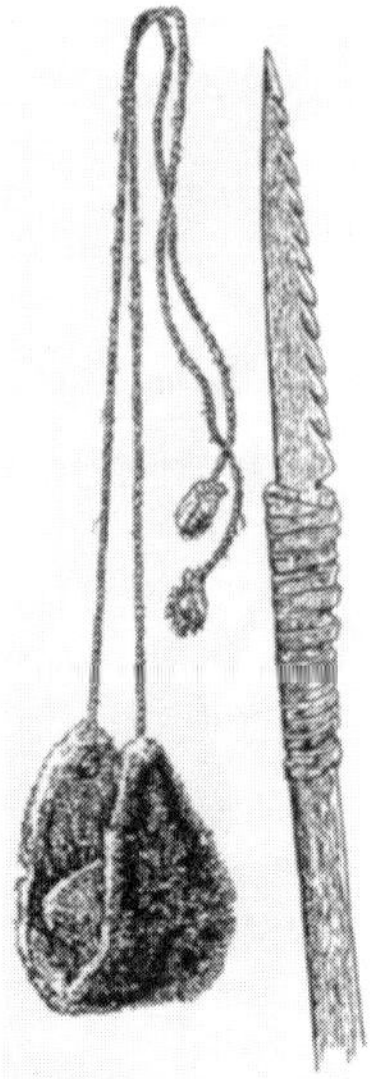
ジャガン族が用いたひも状投石器と銛（30）

特にマゼランペンギンのコロニーを見つけては、地中や大木の根元に掘られた巣穴から親鳥をひっぱり出した。ペンギンだってだまってはいなかっただろう。鼻息を荒らげ、鋭く曲がったクチバシの先端やカミソリのような切れ味をもつクチバシの縁で、彼らの腕や手に噛みついたに違いない。

ある繁殖地には、ペンギンを囲い込むための浅い溝と低い土手が造られた。上陸してきた鳥たちを追い込み棍棒でなぐり倒した。一〇―一一月の産卵期には、次々に産み落とされる卵が貴重なタンパク源になったはずだ。アラカルーフェの人々にとってペンギンは単なる食料にとどまらなかった。脂肪たっぷりの皮は乾燥させると火力の強い燃料になる。また、羽毛の密生した面を内側にして縫い合わせ、衣服や赤ん坊のおぶいヒモをつくった。

彼らの生活圏に接しつつ、地球上で最も南（南緯五五―五六度）に住んでいたのがジャガン族だ。水棲動物を捕獲する海洋狩猟民で、カヌーや少し大きめの筏で移動した。彼らも不滅の唯一神バタウィネバを信仰していた。

ジャガン族もアラカルーフェ族同様、陸上では棍棒でペンギン狩りをしたらしい。ただ、より洗練された道具を使って魚や海鳥を捕っていたことが知られている。一つは、アザラシの皮でつくったひも状投石器。陸上や舟の上から海上のペンギン目がけて石を投げたと考えられている。他の一つは、堅い木の棒の先端に歯を刻み入れたクジラの骨をアザラシの皮ひもで装着した銛《もり》（または槍）。船の上から海面近くを通過するペンギンを突き刺したり、海岸に上がっている海獣類を襲ったのだろう。運よく魚群が海面近くに浮上してきて、その魚をねらう海鳥たちが「鳥山」をつくっているところに舟をのり入れることができれば、この銛はいっそう効果を発揮したと思われる。あるいは投石器を使いながら、舟で一群のペンギンを小さな入り江に追い込み、群れが上陸したところで岸辺で待ち構えていた一団が棍棒で殴り倒す。そういった狩りをしていたかもしれない。ジャガン族はペンギンの皮を剝ぎ体を切り刻んでから焚き火で焼いて食べていたようだ。

ドミニク・レゴウピルとクリスティン・ルフェーブルによる研究を紹介しながら、レミー・マリオンはこれら極寒の地にくらす海の狩人の仕事ぶりを想像している。そして、この二つの民族のその後についてはこう語っている。

「ティラ＝デル＝フエゴ周辺にはまだ捕り尽くせぬほどマゼランペンギンがいたであろうに、アラカルーフェとジャガンの二先住民族は忽然と姿を消した。厳しい自然条件の中でどのように生き抜いてきたのかを知るための詳しい手掛かりをほとんど残さず、彼らの影は南の霧の中に溶け込んでしまった。この謎の民族のより詳しい実像を明らかにしようと、考古学者たちは今も研究を続けている。」

昔はどの家でもペンギンを飼っていたものさ

これら二つの海洋狩猟民がどこに消えたにせよ、約四万五〇〇〇年前に彼らの遠い祖先がベーリング海峡を渡ってアジアからアメリカ大陸へと移動してきたらしいということは、現在ではほぼ確実だと考えられている。この人々は四万年ほどの時間をかけてアメリカ大陸を南下しつつ拡散し、各地に定住した。ペルーからチリにかけての太平洋岸、六〇〇〇キロメートル以上の長大な海岸線に人間は少しずつ集落を築いていったのだ。太平洋とフンボルト海流が育む豊かな海の恵みが、彼ら南米先住民の生活を支えたことはいうまでもない。そしてここでも、海鳥たちと人間との新しい付き合いが始まる。

人間たちは南北に連なる海岸に広く繁殖していた何種類もの海鳥を捕らえては食べ、卵を集め、皮を加工した。カッショクペリカン、シロカツオドリ、何種かのウやカモメ、そしてフンボルトペンギンやマゼランペンギンが主な獲物だった。アラカルーフェとジャガンの場合はどうだったかはっきりしないが、少なくともチャニャラル（南緯二六度）からチロエ島（南緯四二度）にかけて散在した多くの漁村では、かつて天売島で見られたような海鳥と人間との関係が早くから成立していたであろうことは容易に想像できる。

いくつか実例をあげよう。

荒俣宏は、スイスの博物学者ヨハン・ヤーコプ・フォン・チューディが著した紀行文『ペルー』（一八四六年）の中から次のようなエピソードを紹介している。

「たとえばペルー人はフンボルトペンギンを〈子鳥 paxaro niño〉とよんでペットにした。この鳥はひじょうによく人になつき、あたかも忠犬のように主人につきしたがうからである。…（中略）…チューディもインディオからこのペンギンを一羽買い受けて飼ってみた。するとチューディが食事のときは、いつも彼の傍らにくるし、夜はチューディのベッドの下に寝にきたという。さらにこのペンギンは水浴びをしたくなると台所にやってきて、だれかが水をかけてくれたり、水のいっぱい入った容器のところに連れていってもらうまで、フライパンをくちばしでたたきつづけたという。」

チューディが経験したことは、ペルーやチリの漁村にくらす人々にとってはごくあたりまえのことだったと思う。そう確信するにはわけがある。

一九九四年とその翌年、筆者は「ペンギン仲間」とともにチリの漁村をいくつか訪問した。主な目的はフンボルトペンギンの生息地を確認し、その生態や生息状況を実地に観察することだった。その時、地球の反対側から突然やってきた奇妙な「ペンギン探検隊」を生息地の島まで案内してくれたのが現地の漁師さんたちだ。

船の上で何人かの老人から思い出話を聴いた。昔はもっとたくさんペンギンがいたこと。時には卵を採って食べたりしたこと。ペンギンの胸の肉は赤みが強くて少し酸味があるが、おいしかったことなど。ポツリポツリと語ってくれる。

「昔はどこの家にもペンギンがいたよ。子どもたちがヒナを拾ってきて育てたのさ。小魚をやってね。みんなニーニョ（niño＝ちびっこ）って呼んでたよ。自分の兄弟みたいにかわいがったものさ。」

老人たちの目は深い皺の奥でしょぼしょぼしていたが、その口もとはほころんでいた。どうだいあんたも飼ってみたいだろう、そう言われているような気がした。

有名なインカ帝国が成立する前、ペルーの太平洋岸に他の地域では見られない独特の土器と織物とで知られるチャンカイ文化（後一一〇〇—一四七〇年）が成立した。古アンデス研究の先駆者であり一九六四年にはリマ市に天野博物館を設立し、晩年はチャンカイ文化の研究に没頭した天野芳太郎は、出土品の特徴をこう説明する。

「チャンカイの白地黒彩の土器は、いかめしさがなく、ユーモラスで親しみやすい感じを持っています。織物には羅あり、刺繡あり、絞り染めあり、紋織りあり、縞ありで、実に変化に富んでいる。」

織物にはペリカン、ウ、インカアジサシ、オウムとみられる鳥たちの図柄が数多く描かれている。また、リマの天野博物館に一点、埼玉県の遠山記念館に一点、ペンギン型のゴブレットと壺が収蔵されている。さらに、似たようなペンギン壺は、アメリカとチリの博物館にも各々一点ずつあることがわかっている。土器のデザインにペンギンを用いることはチャンカイの人々にとって特別珍しいことではなかったらしい。

チャンカイをはじめ、チムー、モチーカ、ナスカなどペルーの太平洋岸に栄えた諸文化の土器を見ると、何種類もの魚、貝、エビ、カニ、アザラシなどを象ったものや、その姿を表面に描いたものが多い。その姿はどれも生き生きしている。この地域にくらした人々がいかに日常的に海の生きものに接していたかをうかがい知ることができる。

チャンカイ文化のペンギン土器①、ゴブレット（高さ13.5㎝）

チャンカイ文化のペンギン土器②、壺（高さ28.5㎝）、遠山記念館蔵（埼玉県）、撮影：小川ユキ（323工房）

もう一つ、南米太平洋岸にくらした人々と海鳥とを結ぶ重要な「商品」を忘れてはいけない。グアノ（糞化石）である。

グアノとは、主に魚を食べる海鳥の糞尿の堆積物をいう。周辺の海域に食べものとなる魚が絶えなければ、海鳥も繁殖地を変える必要がない。だから、主な繁殖地には何百年いや場合によっては何千、何万年という時間幅で鳥たちの糞尿がたまっていく。そこで死んだヒナや若鳥、卵の殻なども積み重なっていくので、グアノは分厚い地層をなすこともある。これを「グアノ層」とよぶ。

特に、乾燥した砂漠気候が南北に細長く連なる南米大陸の太平洋岸では一年中ほとんど雨らしい雨が降らない。しかもフンボルト海流に沿って湧きあがるように群れ集まるカタクチイワシ（アンチョビー）などの小魚が無数の海鳥をひきよせ、長大な海岸線のあちこちにグアノ層を形成してきた。もともとグアノという名称はグアテマラ南部に住むマヤ族の一派キチェ族の言葉で「動物の糞」を意味する huanu からきているといわれている。

この地域でのグアノの主な生産者はペルーカツオドリ、カッショクペリカン、ウミウ、そしてフンボルトペンギンである。グアノは窒素とリン酸の成分に富んでいてよい肥料となる。特にチリからペルーの沿岸に堆積したものは雨による窒素の分解がほとんどないので、肥料としては良質で価値が高い。

その価値に初めて気づいたのは南米先住民だった。現在わかっている範囲では、チャビン文化（前七〇〇―前五〇〇年）の衰退後、約二〇〇〇年間続いた混乱期を経て成立したモチーカ文化（前三〇〇―後五〇〇年）のころにはグアノの利用が始まっていたらしい。チャンカイ文化を経て一四三〇年以降発展したインカ帝国では、一五三〇年にスペイン人の手で滅ぼされるまで、厳重な国家管理の下、帝国の農業生産を支える重要な資源として計画的な採取と利用がはかられていた。

「グアノはペルーではひじょうに古い時代から知られている貴重な肥料である。その肥料としての利用は、世界に対するペルーの重要な貢献であった。」

ペルーの地理学者アウグスト・ベナビーデスは、こう述べた後、さらに次のように続ける。

「実際インカの時代において、海岸部の住民が合理的なグアノの採集を行っていた。彼らはグアノを農業に利用し、より高い収穫を得ていた。グアノはインカの経済にとってひじょうに重要であったことから、グアノをつくる鳥をつかまえたり、または単にその平安を乱す者に対しては厳しい刑罰（死刑を含む）が定められていた。」

スペインの支配下に入ると先住民はその土地を奪われ、多くの者が大農園や鉱山での労働に駆りだされたので、伝統的な農業技術はしだいに忘れられていった。この間、沿岸部の島々には新たなグアノが蓄積されていき、中には数百メートルの厚さに達するものもあった。

しかし、沿岸部の住民が全てグアノの利用を忘れてしまったわけではない。そして、支配者として入植したスペイン人の全てが先住民の知恵を無視していたわけでもなかった。一六世紀スペインの歴史家で新大陸の自然文化誌を著したホセ・ダコスタは、グアノについて次のように記している。

「ペルーの沖合いに浮かぶいくつかの岩島には、海鳥の糞がうず高く蓄積していて、遠くからまっ白に見えるほど。糞の高さは数パーラ（一パーラは約八四センチメートル）。ペルーの住民は、これらの島に舟で出かけ、糞を積んで帰ってくる。そしてその糞を肥料として使うと、穀物や果実がとてもよく実ったという。」

ここでの主なテーマは南米先住民がペンギンなどの海鳥とどのような関係を築いていたのか、その実例を確認することだ。しかし、グアノの話題にふれてしまった以上、途中でこの話を打ち切るわけにはいかない。遠い昔から一気に一九世紀へとタイムスリップすることになるが、グアノとペンギンと人間についての物語をもう少し先まで見てしまおう。

やがて一七—一九世紀初めにかけて、ヨーロッパはイギリスを先頭に産業革命の震源地となる。工業化に先立って始まっていた人口増加と鉱山・都市部への労働者の集中とによって、農業の効率化と食料増産の必要性が急速に高まった。一七九九—一八〇四年にかけて中南米を探検調査したドイツのアレクサンダー・フォン・フンボルトがグアノに注目し、その標本をヨーロッパにもたらしたのは決して偶然ではない。経済的要請、ダコスタの知見、フンボルトによる実証、これらがグアノに対する評価を徐々に高めていった。一八四〇年、「世界の工場」の地位を獲得した大英帝国の港にペルーからある積荷が届く。

「グアノがそれまでにないすぐれた肥料であることは、たちまち認められるところとなった。ペルーの原住民は太古の昔からグアノを利用していたが、以来、その名声は世界中に広まった。それからわずか十年ほど後には、北アメリカへのグアノの輸出量は年間二〇万トンにのぼっていた。…（中略）…しかし、初め五五メートル以上の厚さがあったチンチャ諸島のグアノの層は、しだいに減少し、その当時でさえ、もうほとんど残っていなかった。」

海鳥との共存共栄をはかったペルーの人々の知恵は、工業化社会の欲望の渦の中でかき消されていった。チンチャ諸島を中心とするペルー産グアノは、一八四一―七四年にかけて総計一〇〇〇万トン以上輸出され、ペルーの国家財政をうるおした。ペルー国有鉄道の幹線網建設やリマ市の近代化の費用は、グアノ輸出の収益でまかなわれたといわれている。この時期が「グアノ時代」とよばれることがあるのも無理はない。グアノ輸出による利益がペルー社会にどのような変化をもたらしたかについてベナビーデスは四つのポイントを指摘する。

「a　原住民(インディオ)に対する課税の廃止。b　奴隷制度の廃止(グアノの売上げによる収入によって奴隷一人あたりの価格をそれぞれの奴隷の所有者に支払い奴隷制度を廃止した)。c　多額の対外債務の支払い。d　独立の時期における国内での多額の債務の返済。」

しかし「グアノ時代」は一八七四年にはすでにかげりを見せ始めていた。この年、チンチャ諸島を訪れたグアノ船団は、あてにしていた積荷がほとんどないことを知る。

一八七九年に始まったチリとの「太平洋戦争（—八三年）」がペルーの「グアノ時代」に終止符をうつ。この戦争はペルー、ボリビア、チリ三国間の長年にわたる様々な権益（国境確定問題を含む）をめぐる対立がつもりつもって爆発したものだが、その権益の一つにグアノがからんでいる。

例えばアタカマ州（現在のチリ一二州のうち北から三番目の州）沿岸で有力なグアノ層が発見されると、チリ政府は一八四二年、新たに法律を制定し、南緯二三度に位置するメヒジョーネス湾南方のグアノ堆積場を国有化する。これに対してボリビア政府は、自国の利益と領土への侵害行為だとしてその措置に異議をとなえ、長い紛争の火種となっていた。

結局チリは「太平洋戦争」に勝利し、八三年にペルーと、翌年ボリビアとの間で講和条約を締結する。ペルーはチリにアリーカを含むタラパカ州（チリ最北端に位置する第一州）を割譲、ボリビアはチリにアントファガスタ州（チリの第二州）を割譲した。チリは両国から有力なグアノ産地を獲得するとともに、ボリビアを「内陸国」として南米大陸のほぼ中央部に封じ込める結果となった。

こうして海鳥の糞尿にすぎないグアノは、一九世紀なかばから後半にかけて、世界の国際関係や経済の動向に少なからぬ影響を与えた。産業革命の先頭を走り工業化社会の建設に邁進しつつあったイギリスやアメリカ合衆国は、食料増産の特効薬としてこの資源を求め、独立国としての基礎づくりに忙しかった南米諸国は国内のインフラ整備や国境紛争・領土問題の切り札としてこの資源を利用したのである。

グアノの歴史は示唆に富んでいる。生きものと人間生活との関係、工業化社会の問題、南北問題までが視野にはいってくる。数千年の地層＝歴史がたかだか半世紀たらずのうちにとり崩され、消費されていくことの意味。そこにペンギンもからんでいる。たぶん、ペンギンと人間とのこのような関係は時代や分野を超え、様々なパターンで何度も現れるだろう。その都度、人間にとってこの海鳥がもつ意味は微妙に変化し、新しい「ペンギン像」が生みだされるのだ。

では、時計の針を二〇世紀から再び昔の海辺へ、海鳥と人間との出会いの場へともどすことにしよう。

南アフリカの民族衣装

四〇〇〇年前、南アフリカでもペンギンと人との深い関わりができ始めていた。

現在のナミビア共和国。大西洋岸には東西四八―一六一キロメートル、南北一二八八キロメートルにおよぶ広大なナミブ砂漠が横たわる。雨量は年間一二〇ミリメートル以下。その南部にリューデリッツ（南緯二八度三八分）という港町がある。南西から南部アフリカ西岸に流れよせる冷たいベンゲラ海流が豊かな海の幸を育む。

この町の近郊にある住居跡から前二〇〇〇年ころのものと思われるケープペンギンの骨が多数発掘された。研究者は、骨に刻まれた傷痕から判断すると、ペンギンたちは解体され、皮をはがされたと考えている。もちろんその肉や卵は大切な食料となっただろう。

四〇〇〇年前に、砂漠に囲まれたリューデリッツ付近でケープペンギンを食べ、その皮を利用していた民族の系統はよくわかっていない。この時代にはサハラ以北で成立し始めていたバンツー系の諸民族による土器製作をともなう農耕生活は、まだこの地域には伝播していなかった。

その後、この付近でのペンギンと人間との交渉を物語る遺物はまだなにも発見されていない。そもそもこの地域には広大な砂漠が横たわり、人間の接近を容易に許さなかった。東アフリカから陸路拡張してきた諸民族の勢力も一〇世紀を過ぎなければたいした影響を及ぼさない。また、イスラム教徒や明朝艦隊（鄭和遠征の分遣隊）によるインド洋方面からの接近も、一五世紀までにマダガスカル島やソファラ（南緯二〇度九分）付近に達する程度だった。

一五世紀末以降、ポルトガル船に乗り組んだ何人かのヨーロッパ人が「ペンギン目撃情報」を書き残している（その詳細については第2章で述べる）。ただ、ナミビアから南アフリカにかけて生活していた先住民とこの海鳥との関係をうかがい知ることができる手がかりらしきものは全く見出せない。船乗りたちの心を占めていたのは交易による富の獲得であり、あるいはアフリカかアジアのどこかにあると信じられていた伝説上のキリスト教君主プレスター・ジョンの王国を発見するという宗教的動機だったからだろう。

手がかりを探すとすれば、むしろ一八世紀以後に行われたヨーロッパ人による内陸探検の報告に目を通した方が実りがあるかもしれない。例えば、オレンジ川流域を調査したオランダ人ロバート・ヤコブ・ゴードンの記録（一七七九年）には、この流域に住むナマ族を描いた銅版画がそえられている。その中の一人、かなり高い地位の人物と思われる者は、立派なペンギン皮製のマントを着ている。画面から見るかぎり五〇羽分ほどの皮を縫い合わせたものらしい。

ゴードンは、オランダ東インド会社の一員としてケープタウンに赴任し、後にオランダ＝ケープ植民地軍司令官をつとめた軍人である。博物学に造詣が深く、スコットランド出身の植物学者ウィリアム・パターソンとともに数回にわたってケープ植民地周辺、特にオレンジ川流域の探検調査を行った。この地の先住民の風俗・習慣に精通しており、キリンの骨格標本や皮を初めてオランダにもたらした。また、大集団で移動することが知られているヌーの生態をヨーロッパに詳しく紹介したことが高く評価され、同時代の専門家の間でも有能な博物学者とみなされていた。

銅版画に描かれた部族がペンギン皮のマントをどのようにつくり（あるいは手に入れ）、どのように扱っていたかについては何も述べていない。しかし、先住民の風習に通じ、動植物への観察眼を備えていた人物の報告として、軽視してはならないだろう。

また、同じ一八世紀、奴隷商人だったニコラス・オーウェンは、ナミビア中部のウォルヴィス湾を踏

ケープペンギンの皮を縫い合わせて作ったマントを着るナマ族の有力者(30)

査した時、ペンギン皮をまとった何人もの原住民と出会ったと記している。彼によると、ペンギン皮はとても丈夫な上に、人目をひく白黒の模様は、縫い合わせかたしだいで美しさにはっきり差が出るので、先住民の身分の上下を示す機能をもっていたらしい。

「一六世紀中頃、大西洋では『三角貿易』といわれる商業航海サイクルが成立した。産業革命を迎えたヨーロッパ（主にイギリス）の廉価な製造品（綿布・金属製品・アルコール飲料・鉄砲など）を満載した船が、まずアフリカ西海岸で船荷と奴隷を交換し、その奴隷を積んで西インド諸島、南北アメリカ大陸へ渡る。目的地で奴隷の積荷を降ろした後、砂糖・綿花・タバコなど現地の主要換金商品を積み込んで西ヨーロッパの母港へと向かうのである。この航海サイクルを一巡するのに一年半から二年の期間を要した。」（宮本正興、松田素二）

アイルランド出身の奴隷商人オーウェンは、一七四六―五七年の一一年間、西アフリカから奴隷を送り出し続けた。その間、アフリカ西岸各地を歩き回った彼は、しだいに「商品」である現地諸民族の生活やそれをとりまく自然環境にも精通していった。彼の記録は一九三〇年にロンドンで出版されたが、当時の大西洋貿易と西アフリカの事情とを知る貴重な証言だと評価されている。

ニュージーランドに初めて人間が住みついたのは後一〇〇〇年ころのことだという。最初からこの地を目指してきたわけではなく、ポリネシアの島から意思に反して漂着したらしい。主要な先住民族であるマオリ人の祖先が大船団をくみ、東部ポリネシアの島々から長い航海の末にこの地にたどり着いたのは、その約三〇〇年後だと考えられている。海洋民族であり、海の生きものと日常的に接してきた彼らが、海鳥をたくみに利用し、共存してきたであろうことは容易に想像できる。

「鳥の王国」。マオリ人と一八世紀以降この島国に入植したヨーロッパ人とによって太古の森林の多くを失ってしまった今でも、ニュージーランドはそうよばれるにふさわしい自然豊かな国だ。もともとこの島には二種のコウモリ以外、陸棲哺乳類は全くいなかった。タスマン海を隔てた西方の大陸＝オーストラリアに多く見られる有袋類も存在しない。陸は鳥たちの楽園となった。

モア、キウイ、タカヘ、ウェカなど「空を飛ばない鳥」たちが地上を闊歩していた。ペンギンの種類も多い。キガシラペンギン、フィヨルドランドペンギンなど海岸部の森にすむもの。コガタペンギン、ハネジロペンギンなど海辺に掘った穴や岩の割れ目の中に巣をつくったりするもの。スネアーズペンギン、シュレーターペンギンのように絶海の孤島で繁殖するもの。ユニークなペンギンたちが思い思いの環境を選びとって生活していた。

特に南島からはペンギンの化石も多く出土する。現生種に直接つながるペンギンの祖先は、ニュージーランドの森で生まれ、南極を含む南半球全体に広まっていったのではないかという仮説をたてる専門家もいる。
楽園の主人の一人であったペンギンとマオリの人々との関係を示す最も古い物的証拠は、一五〇〇年ころの住居址から出土する。この時以降、マオリの人々にとってペンギンは重要な食べものになったらしい。特に北島では、多くの遺跡からウ、ウミツバメなどの骨とともにコガタペンギンの骨が頻繁に見つかる。南島の遺跡からもコガタペンギン以外にキガシラペンギン、フィヨルドランドペンギンの骨が多く出る。しかし、北島の方が発見される海鳥全体に占めるペンギンの割合が少し多いという。特にスチュアート島では他に食べられる海鳥がいない場合に限って、ペンギンを食べることが許されていたらしい。

「マオリ人は、モア、タカヘ、キウイ、ウェカ、トゥーイなどニュージーランドにしかいないいろいろな鳥を食用にした。…（中略）…特に脂肪がのった若鳥が好まれ、これらの鳥料理は『フアフア』とよばれていた。」

「プロローグ」で紹介した古生物学者のシンプソンはこう述べた後「ただし、ペンギンはモアを食べつくし絶滅させてから、フアフアのレシピに加えられたのだろう」と想像している。

確かに一〇―三〇種に分類されるモアの仲間の多くは、最初の人類がニュージーランドに姿を見せた一〇〇〇年ころには過半数が絶滅していたようだ。しかし、モアのうち最大の種ディノルス・マキシムスの一部は、マオリ人が集団移住してきた一三〇〇年にも生き残っていたという証拠が確認されているし、小型のモアの皮や羽毛でつくられたマオリの民芸品が一八世紀につくられていたことが証明されている。

だから、ペンギンはモアの減少とともにファファの食材として注目され始め、小型のモアも少なくなった一八世紀には、鳥肉料理の定番となっていたと考えた方がより正確だろう。ジェームズ・クック率いる第一回探検航海でエンデヴァー号に乗り組みニュージーランドを訪れたジョセフ・バンクスは、マオリ人の間ではペンギンがごくありふれた食べものであると報告している（一七六九年）。

また、クックの第二回航海に同行したゲオルク・フォルスターは、ニュージーランドに関する報告の中で次のようなできごとを紹介している（一七七七年）。

「仲間と森から戻ってきた父（ヨハン・フォルスター）は、この未開人たちの文化がいかに荒っぽいか、見たさまを話してくれた。それによれば、六歳か七歳の男の子が、母親の持っていた焼いたペンギンを見ると、欲しがって、わめきだし、思いどおりにならないと、大きな石を拾い上げ、母親に向かって投げたそうである。それに対して母親は、このわがままな子供を懲らしめようと追いかけ、殴りつけようとした。するとそのとき父親が飛び出して、今度はその母親を地面に叩きつけ、容赦なく殴り続けたというのである。」

南島、ダニーデンにあるオタゴ博物館をはじめこの国のいくつかの博物館では、ペンギンの調理法を模型展示で解説している。ファファは一種の蒸し焼き料理で、ペンギンなどをまるごと大きな植物の葉で包み、それを熱く焼いた石を並べた穴の中に入れ、上から土をかぶせて待つ。あるいは地面で焚き火をし、そこに石を入れて焼く。石が十分熱くなったころあいをみはからって葉で包んだペンギンをその上にのせ、土を盛りかためて待つ。そういう素朴な調理法だ。体の小さいコガタペンギンよりもボリュームがあるキガシラペンギンの方が好まれたらしい。

オーストラリアの先住民＝アボリジニの生活の中にペンギンとの結びつきを示すはっきりした証拠がほとんど見つからないのは、そういった「食べごたえ」が関係しているのだろうか。アボリジニの祖先がジャワ島方面からこの大陸に渡ってきたのは四─五万年前。最古の人類化石が三万二〇〇〇年前にまでさかのぼれるというのに、それよりはるかに前からオーストラリア南岸に広く分布していたコガタペンギンとの関係がほとんど見えてこないのだ。

タスマニアに住んでいたいくつかの部族が、夏にコガタペンギンの卵を採っていたらしいという報告は数例ある。特に、ハシボソミズナギドリの繁殖期には、海岸地帯だけでなく海から遠い内陸からも複数の部族が移動してきてミズノギドリを捕らえ、この鳥の卵や付近で一緒に営巣しているペンギンの卵を集めたという。

また、オーストラリアのブライアン・プラムレイは『タスマニア・アボリジニの語彙』（一九七六年）と題する専門書の中でペンギンについてふれ、次のように述べている。「コガタペンギンはタスマニア島の海岸では普通に見られる鳥で、特に北部および東部沿岸に多い。この鳥はルッカリーをつくって営巣し、親鳥と卵は食べものとして先住民に捕獲されてきた。」

いずれにしても、アボリジニーの場合、ニュージーランドのマオリ人ほどペンギンとの関係は濃密ではなかったようだ。将来いくつかの具体例が見つかったとしても、その相対的温度差は縮まらないと思われる。

ペンギンのよび名についても似たようなことがいえる。アボリジニの語彙の中にペンギンを示すものは極めて少ない。プラムレイはタスマニアのアボリジニについてコガタペンギンのよび名を三通り収集している（マルティドデカール、トルメルナンナレニー、トネンウィンへ）。一方、マオリの場合はヴァリエーションが豊かだ。キガシラペンギン＝ホイホまたはタポラ、フィヨルドランドペンギン＝タワキまたはタウアケ、イワトビペンギン＝ポコティワ、コガタペンギン＝コロラ。

結局、ペンギンに対する思い入れやこの鳥との交渉の深さの違いは、ニュージーランドとオーストラリアの基本的自然環境の差に起因しているとしかいいようがない。一方は大陸であり、鳥類以外に多くの個性豊かな動物相をもつ地域。他方は小さな島国であり、モア以外に大きな陸棲動物のいない「鳥の王国」だからだ。マオリの人々がキガシラペンギンにつけた名前は、この島国の深い温帯雨林に響きわたる鳴き声に強い印象をうけてつけられたに違いない。ホイホとは「かん高い声で鳴くもの」という意味だ。

ヨーロッパにいた「北のペンギン」

「まっすぐ立つと、オオウミガラスは、はるか遠く南極にすむ従兄のがっしりしたペンギンととてもよく似ていた。体高は優に七五センチはあり、羽色までペンギンそっくりだった。その頭部、頸、背、翼は深い艶のある黒色をしており、ただ嘴と両眼の間にはっきりした卵形の白斑のあることだけがペンギンと違っていた。」

オオウミガラスはウミスズメ亜目のウミスズメ科の中では最も体が大きい。ツノメドリ、ウミガラスなど二十余種の鳥によって構成されるウミスズメ科の鳥の中で、唯一「空を飛ばない」鳥である。主な

オオウミガラス。オーデュボンの『アメリカの鳥類』(1827–38) に掲載されたオオウミガラスの博物画をJ. T. ボーウェンが複製したもの。リトグラフ。手彩色。1859 年頃

繁殖地はコッド岬周辺からニューファウンドランドにかけての北アメリカ大西洋沿岸とグリーンランド、アイスランド、ノルウェー、デンマーク、イギリスの一部だったらしい。また数万年前の氷河時代末期のものと思われる化石が、ドーヴァー海峡、ジブラルタル海峡、フランス、スペイン、イタリアでも見つかっている。ただ、それらの地域で繁殖していたかどうかはわからない。

　地中海岸、南フランスのグロット＝コスカの洞穴壁画の中に、オオウミガラスを描いたと思われる絵が残っている。スペイン北部エル＝ペンドに点在する洞穴にも似たような絵があることが知られている。これらはいずれも約二万年前に描かれたものらしい。さらに、石器時代の貝塚からもオオウミガラスの骨がたくさん出てくる。スカンディナヴィア半島のノース岬からスペイン、イギリスにかけて、またグリーンランドや北米大陸大西洋岸の遺跡では特に骨の発掘例が多く、一つの貝塚から出てくる骨の量も多い。

　この時代の人々は、この「飛ばない海鳥」を単なる食べものとしてだけでなく、一種のトーテムと考えていたふしもある。ニューファウンドランドのポート＝オー＝コックスで発掘された約四〇〇〇年前

のものと思われる墓には、遺体の上に二〇〇個ほどのオオウミガラスのクチバシが置かれていた。遺体を覆っていた毛皮に結びつけられていたのではないかとも考えられているが、はっきりした用途・意図はわからない。

「この鳥がすばらしい潜水能力をもち優れた海のハンターだったので、その力を象徴する力強いクチバシを狩猟の能力を表すしるしとして身につけたのかもしれない」。この鳥に関する大部のデータブックをまとめたエロール・フラーはそう推定している。

オオウミガラス銅版画、手彩色。1830–40年代

確かに、この地域のほぼ同時代のものと思われる他の墓からは、それほど大量ではないにしても、複数のオオウミガラスのクチバシが出土している。貝塚ではなく墓から発見されるということや、食べた痕跡が残った骨ではなくクチバシであることを勘案すると、これらの副葬品がなんらかの呪術的要素をもっていたことが想像できるだろう。

しかし、後一〇〇〇年までの間に、オオウミガラスはヨーロッパや北米に住む人々の生活域から完全に姿を消してしまった。

「古代人は、オオウミガラスが容易に見つかるこれら各地で、絶滅するまでこの鳥を捕りつくした。ニューイングランド州にあるインディアンの野営地の跡では、オオウミガラスの骨が山ほど発掘された。また「厖大な量の骨の堆積が、五〇〇〇年前のスカンディナヴィアの村のごみ捨て場から発掘されている。ドードーやステラーカイギュウと同じように、このオオウミガラスもまたあまりにも手軽に殺せる獲物だったのだ。彼らに勝ち目はなかった。」

オオウミガラスは恐れを知らぬ海洋民族の追跡をうける。八世紀ころから船団を組んで移動を始めたノルウェー系ノルマン人は、シェトランド諸島、オークニー諸島を経てアイスランド、グリーンランドに達し、その一部は一〇〇〇年ごろ北米大陸に到達した。コロンブスに先立つこと約五〇〇年、大西洋を横断し「新大陸」にヨーロッパ人として初めて足跡をしるしたこのヴァイキングたちの目的が、オオウミガラス狩りにあったのではないことはもちろんだ。しかし、彼らがこの鳥を貴重な食料としたことは住居址から出土する遺物で明らかだし、それ以上に空を飛ばない大きな海鳥は屈強な海の男たちに深い印象を与えたらしい。

この時代の北欧叙事詩『エッダ』にオオウミガラスがゲイルフーグル（geirfugl）という名で登場するのである。「geir」は槍を、「fugl」は鳥を意味する。鋭く頑丈な槍の穂先に似たクチバシを持つオオウミガラスを、ヴァイキングは「槍鳥」と表現したのだ。英語でオオウミガラスのことをゲアファウル（garefowl）とよぶことがあるが、ゲイルフーグルはその語源だという説もある。ただ、この語源については別の説もある。アイルランドとスコットランドの漁師がゲール語で「斑紋のある頑丈で太った鳥」という意味でゲーラバル（gearabhul）という名をつけていたのが転訛してゲアファウルとなったというものだ。

いずれにしても、ヴァイキングがオオウミガラスの最初の名付け親になった。「槍島」の名はノルマン人たちに歌い継がれたが、北米大陸に渡った彼らの子孫は、大西洋のかなたにある新天地の情報を故郷ヨーロッパに伝えることなく、歴史の舞台から消え去る。彼らは北米先住民との戦いの内に滅びていったと考えられている。

「第二次ゲルマン移動」ともいわれるノルマン人の移住活動は、ほぼ一二世紀までの間に終息する。その後約四〇〇年間、オオウミガラスには再び平穏な日々がもどってくる。グリーンランド、ニューファウンドランドに分布する「槍島」のことはヨーロッパ人の記憶のかなたに遠く消え去り、全く思い出されることはなかった。

再発見

「一五世紀後半、ポルトガル、スペイン、フランスの漁夫が、タラを求めて勇敢にも西進を開始した。ニューファウンドランド沖の冷水を好むタラを探すためには、彼らの漁船は大西洋の彼方まで漕ぎ出さなくてはならなかった。これら無名の漁師たちは、事実上、コロンブスより一世代以前に北アメリカを発見していたのかもしれない。当然ながら、彼らはオオウミガラスの棲む辺鄙な島々を発見した。これらの島々に寄航し、肉を求めてオオウミガラスを襲撃するのが、これら漁船の習わしとなった。」

フランスの歴史学者ミシェル・モラ・デュ・ジュルダンは『ヨーロッパと海』(一九九三年、深沢克己訳)の中で、中世後半の海上交通の変化を三つの視点でまとめている。その第一は、地中海にあるイタリア諸港と北海に面したフランドル地方との間に定期的な商業航路が確立されていくこと。第二は、百年戦争（一三〇七―一四五三年）に代表される英仏間の長期にわたる陸上戦闘の継続によって、この両国の海軍力が脆弱化したため、両国の王は船舶の建造や船員の調達をイタリア諸都市に依存した。そのため、地中海の航海術が大西洋に移植されていったこと。第三は、造船術、海図製作術、羅針盤に代表される航海術、各種の航海記録の印刷・出版技術が、イギリス、フランス、オランダの技術者に伝承されていったこと、である。こうして、一五世紀までの間にヨーロッパの航海術は平準化され、イタリア、スペイン、ポルトガルを中心とした形ではあったが、ほぼ全ヨーロッパ的に航海と海運に関する発展・拡張の気運がみなぎってきた。では、なぜそれがニューファウンドランド沖だったのか。もう一度ジュルダンの報告に耳を傾けよう。

「『漁獲割当』制度を知らない時代でも、すでにノルマンディ人、ブルターニュ人、バスク人、カスティーリャ人、ポルトガル人たちは同じ漁場を奪いあっており、彼らの争いは、たとえばフィリップ美男王に見られたように、英仏間の戦争にまで発展することがあった。北海ではノルマンディ、ピカルディ、フランドル、オランダ、イギリスのニシン漁業民の間で、漁船ごとに、また港ごとに争いがあった。」

つまるところ、「一五世紀のオオウミガラス再発見」の直接的きっかけは、ヨーロッパ人漁師間の漁業権争いだったということだ。しかも彼らは「全ヨーロッパ的スケール」でニューファウンドランドに殺到した。漁師のほとんどはまともな記録を残していない。一五世紀末から一六世紀にかけて、この地域のオオウミガラスについてはっきり記述している人物として知られているのは四人だけだ。イギリス王に仕えたイタリア出身の航海者ジョヴァンニ・カボートは息子のセバスティアーノと共に、北大西洋海域を探検した。彼らは、一四九七年にラブラドル海岸でこの鳥にであった。さらに二〇年後、セバスティアーノはハドソン海峡でこの鳥を見かけたと報告している。一方、フランス人の探検家ジャック・カルティエは一五三四年、ニューファウンドランド沖のファンク島でのできごとを次のように伝えている。「半時間たらずの間に、われわれは二隻のボートいっぱいに、まるで石を積み込むようなぐあいに鳥を積み込んだ。それほどたくさんとれたので、われわれは生で食べたほかに、各船が五、六樽分を粉をまぶして塩漬けにした」。

この時、カルティエら一行が殺したオオウミガラスは一〇〇〇羽以上だったという。また、ニューファウンドランド海域を探検したイギリスのアンソニー・パークハーストは一五七八年一一月一三日付の手紙の中でこう述べている。

「ペンギン島には、胴体を翼で持ち上げられないために飛べない鳥がいます。この鳥は信じられないほどたくさんいて、卵を抱いています。大きさはガチョウほどで、たいへん肥えており、フランス人たちはこの鳥を難なく捕らえて塩漬けにします。時間があればそこで予備食糧を調達できるところだったのですが。」

こうして種の絶滅にむかう最後の殺戮レースが始まった。

オオウミガラス狩りは一六―一七世紀を通じて間断なく続いた。この鳥のその後の運命について見る前に、ヨーロッパの船乗りや漁師、そして新大陸に入植した人々がこの鳥をどのように捕らえ利用していたのか、少し具体的に見ておくことにしよう。

天売島のオロロン鳥狩りがそうであったように、海岸の断崖に巣を構える海鳥を捕まえることは、たいていの場合、狩人の側にも命の危険がともなうものだ。だからこそ、目の前の平らで安全な岩場に、太った大きな海鳥が、しかも飛んで逃げることもなくひしめきあっていれば、漁師や船乗りたちは真っ先にその海鳥を獲物にしたのだ。オオウミガラス狩りのようすを記録した報告者たちは、一様に、この鳥が逃げ出さないばかりかむしろ「物見高い小人のように」狩人が乗ってきた船の周りに群れをなして集まり、人間の持ち物を点検しているかのようだったと書き残している。そんなわけだから、オオウミガラスを捕るのに扱いの難しい道具は必要なかった。狩人の手もとには手ごろな長さの棍棒が一本あれば充分だ。あとはひたすら「効率」の問題だった。

アラン・エッカートは『最後の一羽』(一九六五年、浦本昌紀・大堀聡訳)の中でその有様を再現してみせた。「その小島から五〇〇メートルほど離れたところに、大きな帆船が停泊していた。三隻のボートが、その近くの岩のごろごろした海岸にまさに上陸しようとしていた。どのボートからも短いががんじょうな棍棒を持った六、七人の男が陸へ上がった。男たちはボートをしっかり舫うと、素早く船べりから浜へ長い渡り板を下ろした。この何人もの男たちが、散らばりながら近くにいた一〇〇羽ばかりの

オオウミガラス狩り。『リンクス・イン・ザ・チェイン』（G. ケアリー著）の挿絵。E. エヴァンズ画、銅版画。1880 年頃（25）

グリーンランドでのオオウミガラス狩りの様子。ヨハン・フォジーの銅版画。1741 年（23）

ウミガラスの群れを取り囲むと『エルルル！　エルルル！』その小島からとどろきわたるような合唱がわき起こった。男たちはゆっくりとしかし容赦なく自分の前にいる鳥たちをボートのほうへ駆り立てた。鳥たちは後ろの鳥たちに押されて浜によたよたと下り、渡り板の上に乗った。三艘のボートには、それぞれ二枚の渡り板がかけられており、ボートの中には板ごとに棍棒を持った男が待ち構えていた。先頭の鳥はボートの上の板の端にくると頭を鋭くガツンとなぐられ、ボートの中にぶざまに倒れ込んだ。ほかの鳥たちはおとなしく自分の前の鳥に続いたので、次々に前の鳥と同じ運命をたどった」。

この大殺戮の場面はフィクションだが、エッカートはいくつかの記録や証言から、あわれなオオウミガラスたちの最後を描いたのである。狩りの記録は文章だけではない。一八世紀中ごろのグリーンランド西部の様子を記したハンス・エゲデの紀行文にそえられたヨハン・フォジーの銅版画（一七四一年）には、カヌーの上から浮きがついた銛で海上のオオウミガラスをねらう猟師の姿が描かれている。また、一八八〇年ごろに出版されたG・ケアリーの『リンクス・イン・ザ・チェイン』には、多数のボートで海上のオオウミガラスを包囲し、ボートのオールで鳥を打ち殺している狩りのありさまを描いた挿絵（銅版画）がある。

しかし、オオウミガラスの「大漁」は長くは続かなかった。ニューファウンドランド沿岸では、一五世紀にヨーロッパからの移民が入植し始めた当時、すでにこの鳥の個体数は約二万羽になっていたといわれている。一つの繁殖地あたりの個体数も減り続けたから、一七世紀後半以降、何百羽もの大コロニーを一度に捕らえることはむずかしくなった。このころになると、一羽一羽を確実にしとめる道具が使われはじめる。

たとえばセント＝キルダ島では、他の海鳥を捕らえる時に使われていた「捕鳥竿」がオオウミガラス猟にも応用された。この竿は、もともと「釣竿」だったものの先端に馬の毛を編んだ丈夫なヒモをつけ、その先端を曲げて輪にした道具。長さは約六フィート六インチ。巣にいる鳥にそっと接近し、首や脚に輪の部分をひっかけてつかまえようというもの。

また、グリーンランドでは鳥撃ち用の矢でオオウミガラスやツノメドリなどウミガラスのなかまを射ていた。このような矢は、すでに先史時代のデンマークの遺跡からも発掘されており、デーン人（ノルマン人）の手でグリーンランドにもたらされたと考えられる。鏃《やじり》は鉄製で長さ一二インチ。柄の部分は丸く削られた木製で長さ四フィート六インチ。ほぼ中央に骨製の矢羽（各々長さ六・二五インチ）三枚がつけられている。矢の中央につけられた堅い矢羽は、矢が鳥の胴体を串刺しにしないようストッパーの役割をはたす。これに似た構造の矢は、スカンディナヴィア半島、特にスウェーデン南部でも使われていた。

では、こうして捕ったオオウミガラスを人間たちはどのように利用したのか？

新鮮な生肉、特に胸肉は狩りの直後に食べた。残りは頭と両足をとり、皮をはがし内臓をとり除いたものを塩漬けにした。漁師や船員たちにとってこの塩漬け肉は貴重な保存食糧となったし、ニューファウンドランドの入植者たちにとっては、長く厳しい冬をのりきるための命の糧となった。内臓などは細かく刻まれて釣り餌として使われた。

皮の下にある分厚い脂肪層は鉄鍋で煮て油をとり、ランプやストーブの燃料として蓄えられた。オオウミガラスがたくさん捕れた時には、獲物からとった油を燃やしてその肉を調理したという。また、皮や体全体をまるごと乾燥させて、松明がわりに燃やすこともあった。

ニューファウンドランドでは、ていねいに羽毛をとり、これを乾燥させて羽毛布団を作った。ただし、羽毛の良し悪しは海鳥の体からどのように羽毛を抜きとるかということにかかっていた。フンクス島には一六世紀に人間が住みつきはじめたころ、最大で二〇万羽を超えるオオウミガラスがいたと考え

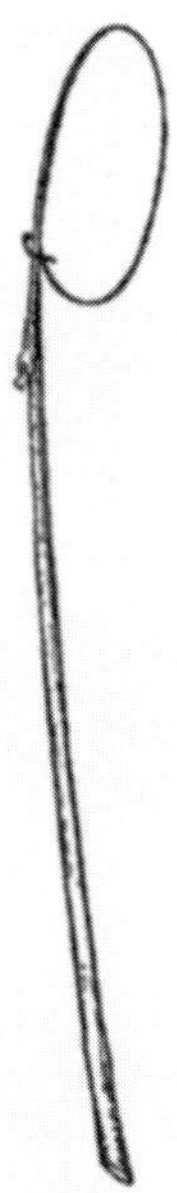

セント＝キルダ島で使われていた「捕鳥竿」(29)

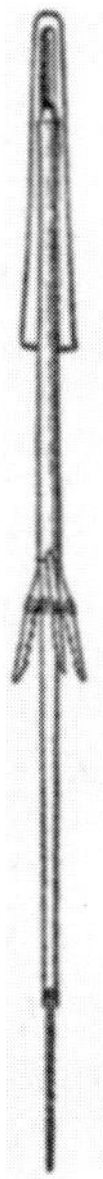

グリーンランドで用いられた鳥撃ち用の矢(29)

オオウミガラスの卵の博物図。卵も博物学者やコレクターにとっては貴重な研究対象であり、収集品だった。19世紀後半から20世紀初めにかけて、多くの博物図や写真が残されている。多色リトグラフ。19世紀末頃

られている。移住者たちは周辺の海域で漁業を営みながら、この島で繁殖していたオオウミガラスやカツオドリを捕って暮らしていた。島民は少しでも良い状態で羽毛をとるため、はがした皮から脂肪をこそぎ落とし、その皮を鍋で煮て柔らかくしてから羽毛を引き抜いたという。この時の燃料には、もちろんオオウミガラスの油を使った。また、この島を訪れたアーロン・トーマスの記録（一七九四年）によれば、いつも必要なだけのオオウミガラスを確保しておくため、大きな石積みの囲いを造り、そこでたくさんの個体を飼育していたという。この石組みの跡は現在も島に残っているそうだ。

夏＝繁殖期にはもう一つ獲物がふえる。うすいクリームイエローの地に黒と褐色の斑点のある大きな卵は、船乗りにとっても移住者にとっても大変なご馳走だった。卵狩りは生息地近くに人が住んでいる場合だけでなく、無人島でも他の島々からはるばる船で乗りつけては年中行事のように続けられた。

さらに、大きなクチバシは加工されてアクセサリーになった。胸の大きな竜骨突起にむかってのびている一対の鎖骨は、その自然な曲線と硬さとを活かして、よい釣針になった。

「それは、さながら恵み深い神が、この多種の用途をもつ鳥を北方の入植者たちにわざわざさずけられたのではないかと思われるほどであった。さる入植者は、一六二二年、『神はこのあわれな鳥の純真な心を、人の命を支えるための、かくもすばらしい器となさしめ給うたのだ』と記している。」

そして一羽もいなくなった

フンクス島民が造った「オオウミガラス囲い」は、この鳥が繁殖する主な島々にも造られていた。また、毎年夏には卵狩りが繰り返された。しかし、一八世紀も後半に入ると、大規模な船団を組んで島から島へと繁殖地を巡る「オオウミガラス狩り」は採算に合わなくなった。生息地周辺の住民が少人数で卵狩りを続けていたが、それとても以前のように半分物見遊山の安全なイベントではなくなっていた。接近が容易で足場の安定した場所にある大きなコロニーはすでに消滅していた。残っているのは、いずれも絶海の孤島、冷たく流れの早い海流のまん中に浮かぶ荒涼とした岩島だった。

親鳥の捕獲と卵狩りは、ほとんどの場合同時に行われた。年一回、決まった時期に決まった場所で繁殖する海鳥にとって、繁殖期に殺され、卵を奪われるということは二重の意味で大きな痛手だった。特に、オオウミガラスのメスは一シーズンに一個しか産卵しない。だから、卵を失い、その親鳥（メス）をも失うということは、そのコロニー全体の繁殖力を著しく低下させることになる。

一八―一九世紀初めにかけて、オオウミガラスがどのように減っていったのかについては断片的な証拠しか残されていない。この海鳥の「絶滅物語」に関する文献を初めて本格的に調査したのは、デンマーク人の動物学者ヨハネス・ヤペトゥス・ステーントルで、一八五〇年のことだ。その後も、多くの研究者や好事家たちがよってたかって調べ上げたが、その成果ははかばかしくない。一九九九年、この鳥に関する大部のヴィジュアル資料集を出版したフラーにしても、絶滅にむかう最後の時期の主な繁殖地に

デンマークの博物学者オラフ・ヴォルムが、1650年頃コペンハーゲンで飼育していたオオウミガラス。首の白い線は首輪。木版画（24）

ついて述べた章の中で八つの島の例をあげながらも、こう記すほかはなかった。

「実際、いったいどれくらいの数のゲアファウルが毎年これらの島を訪れていたのかについては全くのミステリーだ。残された文献史料で確認できることはほんのわずかしかない。それらの史料は『滅びた帝国』の謎をあらためて深めるものでしかない。」

フェール島では一七世紀末までの間にすでに個体数は激減しており、一八世紀中ごろには繁殖活動がほとんど見られなくなった。ニューファウンドランドのフンクス島とその周辺の岩礁でも一八世紀末までに消滅している。セント＝キルダ島では、一七五八年には普通の抱卵行動が見られなくなった。この島の最後の個体二羽は、一八二九年と三四年に島民に飼われていたものが買い取られ、スコットランドのエディンバラに運ばれた。そのうちの一羽を持っていたグルーという人物は、マスやミルクに漬けたジャガイモなどを与えて、約四カ月間飼育を続けた。ちなみにヴェントはグルー氏に飼われていた個体が「飼われて長期間観察できたただ一羽のオオウミガラス」だと述べているが、デンマークの博物学者オラフ・ヴォルム（一五八八―一六五四年）が一六五〇年ごろに一羽飼育していたことが知られている。しかし、残念ながら、その行動の特徴などについては両者とも詳細な記録を残していない。

さて、あわれな海鳥が絶滅にむかう物語はこうしてその最終章をむかえる。

アイスランド最西端、レイキャネス岬の沖にオーク・ロックス（オオウミガラス岩礁）とよばれる島々があり、ここでも細々とオオウミガラスがくらしていた。当時、海鳥の専門家の多くは、ここがオオウミガラスのただ一つの繁殖地だと信じていた。

「ウミガラスは共有財産と考えられ、その捕獲にはたいへん重い税がかけられていて、ハンターの手許には利益のわずか四分の一しか残らぬ仕組みになっていた。それでもなお、レイキャネスの村人たちは定期的にゲイルフーラスカ島『槍鳥島』を襲った。フェール諸島のペーテル・ハンヒンという男は、一八一三年にスクーナー船を使って抱卵中の鳥をめちゃめちゃに荒らしたらしい。巣にいるつがいを打ち殺し、卵を全部集めて、文字通りの殺戮現場を残していったといわれる。」

ゲイルフーラスカは、オーク・ロックスの中でもひときわ接近の難しい露岩だった。たび重なる襲撃をうけたオオウミガラスたちは、この小さな岩礁に最後の望みを託して避難していたのだ。

「ところが、造物主自身、オオウミガラスを地表から抹殺しようと決意されたのであろうか、一八三〇年、アイスランド近海の海底で火山が噴火したのである。これによって地震が発生し、海岸線の地形を一変させた。ゲイルフーラスカは波間に没した。オオウミガラスの最後の生息地は消え失せたのである。」

このニュースは欧米の学者たち、とりわけ大発展期をむかえていた博物館の館長たちに大きな衝撃を与えた。彼らは海鳥の一つの種が地上から完全に姿を消したと考えた。そしてなによりも、「知の殿堂」であるべき自分の博物館にオオウミガラスの剝製や標本が一つもないことを最も憂うべきことと判断したのである。当時、剝製として知られていたのは、一七世紀に作られた二体だけだった。一つはベルギー人のヤーコプ・プラトーのもので、これはベルギーの博物館にあった。他の一つはドードーの剝製を残したことで知られていたイギリス人ジョン・トラディスカントのもので、こちらは個人所蔵だった。骨格標本も卵の標本もない。学術的に意味のある記載もほとんどなかった。

「ここで、生きものの絶滅にまつわる数々の物語の中でも、最も痛烈な皮肉に充ちた一つがはじまる。たまたま、あのゲイルフグラスケル（ゲイルフーラスカ）の水没を免れて五〇羽ばかりが生存していることが判明した。島が沈んでいく間に、これらの鳥は、その近くのエルデイというずっと小さい島にからくも避難したのであった。博物館の館長たちは、即刻その最後の五〇羽を駆り集めて、種の保存のため保護下に置くように取り計らったか？　否である。彼らが求めていたのは、陳列ケースに飾るものだった。彼らは剝製をほしがり、そのためにはよろこんで高い報酬を支払うつもりだった。オオウミガラスの完全な皮、ないしは骨格、ないしは無傷の卵に対して、目をむくような額が提示された。」

アイスランドのカール・シームスンは博物館長たちの動きを敏感に察知し、ただちに手を打った。グ

18世紀中頃—19世紀初の典型的な「オオウミガラス図」その①。H. ストリート画、銅版画、手彩色。1802年

18世紀中頃—19世紀初の典型的な「オオウミガラス図」その②。ジョージ・エドワーズ画、銅版画、手彩色。1740年代末—50年代初頃

ドムンソンという人物に依頼して四五羽のオオウミガラスを生け捕りにしたのだ。一八三〇から三一年にかけてのことである。その多くは輸送中に死に、生き残った数羽も飼育中に倒れていった。これ以外のものを加え、六〇体ほどの剥製と多数の卵がヨーロッパ各地の博物館にひきとられていった。しかし、学者たちの物欲は強まる一方だった。標本の単価ははね上がった。

シームスンは一八四〇年、再び捕獲を試みた。しかし、剥製四体、卵の標本五個しか得られない。その結果、相場は再び急上昇する。剥製一体＝一〇〇〇クローネ、卵標本一個＝一〇〇クローネという高値がつく。博物館長たちは狩人をせきたてた。

18世紀中頃—19世紀初の典型的な「オオウミガラス図」その③。D. ディーレマンズ画、銅版画、手彩色。19世紀初頃

一八四四年六月四日、シームスンは三〇人の人手を確保し、三匹目のドジョウをねらった。一行を乗せた船はアイスランド人の漁師ヴィリヤルマル・ハコナッセンに率いられてエルデイ島を目指した。しかし、エルデイ島周辺の海域は荒れていて、とても全員が上陸して島を探索できる状態ではなかった。船は近くの海上を巡ったが成果はない。一行は意を決して再度上陸を試み、島の絶壁にとりついてオオウミガラス絶滅の仕上げにかかったのである。

シームスンは三度目の狩りで新たに五一

体の剝製を手に入れた。その最後の二羽と卵にとどめをさした漁師の名前も記録に残っている。一羽はヨン・ブランソンが、もう一羽はシグダー・イスレフソンが、そしてこのつがいが守っていた卵はケティル・ケンティルソンが手にかけた。ただし、卵はすでに壊れていたので、ケンティルソンはその残骸を投げ捨てたという。

こうしてオオウミガラスは種としての生命を絶たれた。一九世紀末に、ニューファウンドランドでこの鳥を見かけたという報告が一例あるが、未確認に終わっている。

責任者探し

「科学の名のもとに、一つの種が滅ぼされたのはこの時一度きりである。ハンターたちの強欲と冷酷さは、オオウミガラスの棲息数を一握りにまで減少させはしたが、最後の幕を下ろしたのは、博物館の館長たちの愚かさであった。それぞれが展示用の標本を入手したがるばかりで、誰一人としてこの種の運命を顧る者はいなかったのだ。」（シルヴァーバーグ）

「オオウミガラスに情熱を傾けた人々のあらわした本では、最後の生き残りの鳥を殺し卵をとったシームスンやグドムンソンやハコナッセンのような人は動物学上の犯罪者だという汚名を着せられている。だが、これら運命の手先となった人々がとがめられるべきだろうか。動物が商売の対象になる限り、必ず誰かが、良心に問うことなく札束のために棍棒を打ち下ろそうとするだろう。オオウミガラスは、実は、その繁殖地を探し出して殺した人々に絶滅させられたのではなく、動物学者たちが珍品を切望し

たために絶滅に追い込まれたのである。」(ヴェント)

シルヴァーバーグとヴェントは、オオウミガラス絶滅の犯人として博物館と動物学者たちを名指しで非難する。また二人は、オオウミガラスについて述べた各々の著書の中で、皮肉を込めて、有名な後日談を紹介している。

この鳥の最後の一羽が殺された一九年後、一八六三年のこと。あるアメリカ人の実業家がニューファウンドランドのペンギン島でグアノを採掘中に、凍結した泥炭層の中から保存状態のよいオオウミガラスのミイラを発見した。その場所からは結局一〇〇体以上のミイラが出てきたが、オオウミガラスに関する最初の本格的な科学論文は、その中の二体を基礎にまとめられたのである。この論文の著者は古生物学者のリチャード・オーウェンで、彼はこの鳥がウミガラスやウミバトの仲間であって、ミズナギドリに近い特徴をもつ「南のペンギン」とは別系統の海鳥であることを立証した。エルデイ島で行われた「最後の一羽」の撲殺は、結局何一つ学問上の業績を生まなかったのだ。

たしかに、シルヴァーバーグとヴェントの言う通り、オオウミガラスを最終的に絶滅に追い込んだのは当時の動物学者たち＝アカデミズムだったことは間違いない。シルヴァーバーグはそれを「犯罪的行為」と断罪しているが、現代人の我々から見ればそれは「その通り」と同意するほかはない。

しかし、過去のできごとを振り返ろうという時、最も注意しなければいけないことの一つに、その時代の空気を無視してはならないということがある。過去の人間の行為を現代の人間が断罪することはたやすい。例えば、ニューファウンドランド島で一八六三年に大量のオオウミガラスのミイラが見つかったことを引き合いに出して、「ほーら見ろ、もっと落ち着いて知恵を働かせればエルデイ島の個体を殺さずにすんだだろうに」と皮肉を言うことはできるだろう。だがそれは結果論というものだ。一九世紀の中ごろ、欧米の人々にグアノの効用が知れ渡っていなければ、アメリカの実業家がグアノを掘ろうとは考えなかっただろう。オオウミガラスに関する最初の科学論文はエルデイ島の標本をもとに書かれた可能性だってあるのだ。

大切なことは、一九世紀の欧米の学者たちが、なぜそういう判断を下し、オオウミガラスの絶滅につながる行動をとったのか、その背景について分析を進めることだろう。博物館の館長はなぜ珍品の収集を急いだのか？　そもそも当時の博物館や学者たちは何に夢中になっていたのか？　その実情を知り、彼らの価値観を探ることで、オオウミガラスの運命に関する物語は、より一層その深みと味わいを増すに違いない。ただ、この作業は本章の視野を超えている。一八―一九世紀の欧米における博物学の興隆とその影響については、第2、3章で詳しく見ていくことにしよう。

語源論争

さて、「ペンギン」の語源についてはいくつかの説がある。一般によく知られているのは、古代ウェールズ語の「ペン・グィン（pen-guyn）」だという説。

「ニューファウンドランドで網をうつブリタニア人の漁師たちは、オオウミガラスも一緒に捕らえてくるのが習慣だった。輝くように白い眉斑が暗褐色の頭にきわ立っていたので、彼らはこの大きな飛べない鳥をペン・グィンつまり『白い頭』と呼んでいた。」（ヴェント）

これと並んで有名なのが、ラテン語の「ピングウィス（pinguis）＝肥満」が語源だという説。

「ペンギンという名前は…（中略）…もともとスペイン人の船乗りが、北半球にすむ翼の短いウミスズメ科やアビ科の鳥につけた呼び名である。これらの鳥がたいへん太っていたところから『ペングウィーゴ（penguigo）＝太っちょ』と呼ばれたのだという。この呼び名は、ラテン語で『太っている』という意味のピングウィスという言葉から派生したものである。」（ジョン・スパークス、トニー・ソーバー）

様々な辞典や鳥に関する一般書、ペンギンに関する啓蒙書などでは、古代ウェールズ語説が紹介されることが多く、ラテン語説は併記されるかまたは無視されることも少なくない。特に日本ではその傾向が強い。その原因は主に二つの書物にあると思われる。一つは一六世紀末―一七世紀初に活躍したイギリスの航海者・地理学者リチャード・ハクルートが収集・編纂したいわゆる『ハクルート航海記集』である。その第三巻にトーマス・バッツの話が紹介されている。

「ウェールズ王の嫡流にして、オーウェン・グウィネスの子マドックと名のる高貴で立派な人物がいた。彼は主の御生誕より一一七〇年という年に、イングランドの岸辺を発し（ニューファウンドランドの）新天地にわたってかの地を開いた。その後、かの地に良民を残し、みずからはイングランドにもどった。いにしえの『ウェールズ年代記』につまびらかなごとく、その途次、彼は目にした島々や動物、あるいは奇妙な生物どもにウェールズ語の名を与えた。〝ペンギンの島〟のごとく、今日もなおその名をとどめているものもある。くだんの島には、今日でも同じ名で呼ばれる珍奇な生物がすみついている。イングランドで〝白い頭〟とよぶものこそその生物であり、実際その頭部は白いのである。」

このバッツの証言は、彼が一五三六年に行われたニューファウンドランドへの航海の記録の中で「ペンギン島（フンクス島のこと）」について述べたくだりに登場する。この記録を収めたハクルートの『航海記集』の第三巻は一五七八年版だが、これが英語文化圏における「penguin」という単語の文献上の初出だと考えられている（ベルナデット・ハインス）。

バッツの報告を「史実」として額面どおりに受けとれば、オオウミガラスを最初にペンギンと呼んだのはマドック・グウィネスであって、それはペンギンという言葉が文献に初めて登場する約四〇〇年前、一一七〇年頃のことだということになる。

ペンギン＝古代ウェールズ語起源説を日本で広めたもう一つの文献はヘルベルト・ヴェントの『世界動物発見史』だろう。原著はドイツ語（G・グローテ出版）で、一九五六年に出版されたが、その後すぐに英語版が出てこのあたりから日本にも紹介され始めたようだ。その影響力を決定的にしたのは一九七四年の日本語版の登場（小原秀雄・羽田節子・大羽更明訳）で、当初上下二巻本だったが八八年には合本版が再版された。著名な訳者による平易な「動物と人間の関係史」の登場は動物や博物学に関心のある人々はもちろん、様々な分野で「ネタ本」としても歓迎され、多くの読者を獲得した。その中に「タキシード姿の鳥たち」という項目があり、オオウミガラスとペンギンのことがまとめられている。その項はペンギンの語源に関する話題で幕を開ける。最も重要な部分を抜き書きしてみよう。

「ガドウによると、フランス語の『パングワン（pingouin）』はラテン語の形容詞『ピングイス（pinguis）＝肥えた』に由来するのではなく、古代ウェールズ語の『ペン・グィン（pen-guyn）』から生まれた言葉である。…（中略）…最初にオオウミガラスを調べた学者たちには頭の白い斑紋よりもこの鳥の肉づきのよい体の方が印象的だったため、『白い頭』が『ペンギン（penguin）』、つまり『肥えた鳥』になったのである。」

冒頭に登場するガドウとはハンス・ガドウのことで、「ケンブリッジ鳥類コレクション館の研究員だった鳥類学者」だと紹介されている。ヴェントはガドウがフランス語の「パングワン」が古代ウェールズ語の「ペン・グィン＝白い頭」に起源を持つということを「五十数年前にまとめている」と書いているので、ガドウの説が発表されたのは二〇世紀初めだということになる。

しかし、その後ペンギンやオオウミガラスと人間との関係史についてやや詳しい記述を残した一連の著者たち、例えばスパークスとソーバー（一九六七年）、シルヴァーバーグ（一九六七年）、シンプソン（一九七六年）、ピーターソン（一九七九年）らはいずれもハンス・ガドウなる人物の論説を全く紹介していない。また、オオウミガラスに関するほぼ完璧なデータ・ブックをまとめたフラー（一九九九年）も、ガドウが書いた二つの論文名（一八九〇―九二年と一九一〇年）を巻末の文献目録に記録しているものの、ペンギンの語源についてまとめた本文ではその内容を全く引用していないし、ガドウの名前すら記していない。

いずれにしてもガドウが二つの論文で典拠としたのは先に掲げたトーマス・バッツの航海記だから、古代ウェールズ語の「ペン・グィン」が英語に影響を与えたかフランス語に引き継がれたかという違いはあるものの、ヴェントの主張の正当性もつまるところバッツの記録の信憑性如何にかかっているといえるだろう。この説が正しいとすれば、イギリスでもフランスでも一一七〇年以後約四〇〇年間、漁師や船乗りたちの間で「ペン・グィン」という言葉が語り継がれ、一六世紀になって初めて文献上にその単語が「ペンギン」または「パングワン」として姿を現したということになる。

ごく常識的に考えて、そういうことが実際に起こったのだとは想像しにくい。一つの海鳥を表す言葉が四〇〇年間全く文献上に現れず、深く人々の会話の中にのみ生き続け、ある日突然彗星のように世に出るということがどれくらいの確率で起こり得るのだろうか。実際、オオウミガラスには一〇―一二世紀にかけてゲイルフーグル（槍鳥）という呼び名がつけられていて、こちらは『エッダ』の中に活写されて伝承されているのだ。

だから、オオウミガラスにつけられた「ペンギン」という名は、一六世紀に入ってから、あるいはその直前（一五世紀末頃）に初めて登場したと考えた方がずっと自然で、実際にありそうなことだ。

ラテン語起源説が優勢

さて、ここで改めて「ペンギン語源論争」の構図を整理してみよう。最大の焦点は「ウェールズ語・白い頭・起源説」と「ラテン語・肥満・起源説」の対立である。バッツとヴェントは前者の熱心な支持者であり、スパークスとソーパーは後者を主張してやまない。フラーは両論併記という道を選び、シルヴァーバーグは語源そのものについて「ノーコメント」という姿勢をとっている。

とはいえ、状況証拠を積み上げていくと、形勢はラテン語説にやや有利だという気がしてならない。まず、ペンギンという表現が一六世紀に集中して発現しているという事実にもっと注目すべきだ。アンソニー・パークハーストは一五七八年に「ペンギン島（フンクス島）」と明記しているし、バッツの航海記も同じ年に出版されている。一五八八年、トーマス・キャヴェンディッシュがマゼラン海峡のマグダネーラ島のマゼランペンギンについて「ペンギン」という言葉を使って報告している。今のところ、この言葉が一六世紀以前に存在したという証拠はバッツの間接的表現以外、全く存在しない。このことは、「ペンギン」という海鳥の名前は一六世紀につくられたということを強く示唆しているのではないか。

第二に、すでに詳しく見てきた通り、ヨーロッパの船乗りたちが地中海から大西洋へと活動範囲を大きく方向転換したのが一五―一六世紀だったことを考えると、この時期に各国の漁師や船員の間に北大西洋に棲む海鳥たち、特に食用だけでなく広汎な利用価値がある太った海鳥に関する知識が急速に蓄積されていったと考えられる。一二世紀までに行われたヴァイキングの活動の結果得られた情報は、一部の叙事詩に継承されただけで、生きた形で伝承されてはいない一方で、北方のオオウミガラスや南方のペンギンに関する情報は、ほぼ同時に船乗りの世界に普及していったと思われる。特に、先進的な技術をもつスペインやポルトガルの船乗りたちが果たした役割は大きかったに違いない。

ジュルダンは、一五、一六世紀の船員言葉について次のように述べている。

「地中海の『フランク語（共通語）』［スペイン語・イタリア語・フランス語・アラビア語の混合した商人の話し言葉］と同様に、大西洋の船乗りたちの言語活動は、それぞれの民族と言語とがそれに参加しながら、ついにはひとまとまりの言語を形成した。一五二〇年頃のフランスでは、王朝海軍の指揮官アントワーヌ・ド・コンフランがつぎのように書いている。『地中海で言葉が混ざっているのは当然のことで、ノルマン人とプロヴァンス人は互いに話ができるようだ。』」

当時の航海は現代のそれにくらべ、はるかに命の危険をともなうものだった。新大陸への航海も喜望峰やマゼラン海峡に向かう航海もそれ自体が命がけの冒険だった。寄港地では、その都度新鮮な水と食

「ペンギン」図。ウミガラスのなかまの特徴がいくつか混合している。18世紀後半の代表的博物学者マルティン・ジャック・ブリッソンの『鳥類学』（1760）に掲載されたもの。銅版画、手彩色（21）

糧とを補給する必要がある。入手しやすく様々な用途に役立つ海鳥に関する知識は、全ての船乗りにとって必須の基礎知識だったことは想像に難くない。航海に欠かせぬ獲物としての「太った海鳥」の名が、大航海時代の早い時期に統一され共通語として広く認知されていったと考えるのは自然のなりゆきだ。特に、この時代をリードしたのがスペインとポルトガルであったことを考えると、この二つの国の言語が当時の「船乗り言葉」に大きな影響を及ぼしたことは間違いない。

「ペンギン」図。オオハシウミガラスを描いたと思われる。ウミガラスのなかまは「ペンギン」と呼ばれることが多かった。18世紀末頃のフランスの博物誌の挿絵。銅版画、手彩色

第三に、フランス語やスペイン語でパングァン、ピングウィーノという時、この言葉はオオウミガラスや「南のペンギン」だけでなく、ツノメドリやウミスズメなど他のウミガラスのなかまをも意味する、ある程度幅のある使われ方をしていたという事実に注意すべきだ。一六―一九世紀にさかんに刊行された図版入りの博物学関係の文献には、その実例を多数見ることができる。この傾向はブリトン系、ゲルマン系言語圏でも見られる。例えば、スイス人の博物学者コンラート・ゲスナー（一五一六―六五年）は、

古い年代記にたびたび登場するゲイルフーグルの姿をその著書『博物誌』の中で初めて図示した人物として知られている。しかし、その挿絵はどう見てもカモなどの普通の水鳥にしか見えない。また、ベルギーの自然科学者カロルス・クルシウス（一五二六―一六〇九年）がヘンリク・ホーイエルから贈られたというオオウミガラスの図が『海外旅行記』（一六〇五年）に掲載されているが、こちらはツノメドリにほぼ間違いない。むしろ、同じ本の中でクルシウスが「Anser magellanicus」と呼んでいる鳥の方がオオウミガラスに似ている。しかし、それは「マゲラニクス」という呼び名から考えても、マゼラン海峡付近に生息する「南のペンギン」であることはほぼ間違いないだろう。一六―一七世紀初の文献に登場する「ペンギン」の姿は「太った海鳥（または水鳥）」という共通点が見出されるだけで、何か特定の一種をピンポイントで描いているとは思えない。つまり、ペンギンという海鳥は文献に登場し始めた時点では、まだ集合的にしかとらえられていなかったのだ。あるいは、一六―一七世紀の段階では、この言葉は特定の海鳥を指す固有名詞として固定されていない広義の、または未成熟の言

ウミガラス（上段右）、ツノメドリ（上段左）、キングペンギン（下段）図。19世紀中頃のフランスの博物誌の挿絵。銅版画、手彩色

葉だったと考えてよいだろう。

一二世紀に生まれたゲイルノーグル（槍鳥）という名前が、一六世紀にはオオウミガラスだけを指す固有名詞として定着していたことと比較すると、同じ一二世紀に生まれたとされるペン・グィン（白い頭）という呼び方が一六世紀の人々にオオウミガラスだけでなく何種類もの鳥を集合的に指す言葉として幅広く使われていたという状況は理解に苦しむ。ペンギンという呼び名がゲイルフーグルという名とともに四〇〇年前から使われていたと考えるより、前者は一六世紀になって初めて出現したと考える方が、この状況をより整合性をもって合理的に説明できるのではないだろうか。

ともかく、ラテン語起源説と古代ウェールズ語起源説との対立がバッツの「航海記」から始まったとすれば、それ自体すでに四五〇年近い歴史をもっていることになる。だから、この論争の決着は、どちらかの説を明確に支持する有力な証拠（記述）が今後どれだけ見つかるかということにかかっている。とはいうものの、この言葉をめぐる歴史的背景がより詳細に研究されればされるほど、ウェールズ語起源説はより疑わしく、ラテン語起源説はより説得的になりつつあることは明らかである。

この話題について論じている一番新しい文献の一つ『南極辞典——南極英語の完全ガイド』（二〇〇〇年）の中で、著者ハインスは一九〇二年科学雑誌に発表されたF・W・ハットンの説を引用している。

「ペンギンという呼び名は、元来、スペイン人の船員たちが翼が短いウミガラスやその他の潜水性の海鳥たちのことを特に目立つ肥満（penguigo）からそうよんでいたことが起源である。そして、南半球の海洋の探査が進むにつれて、そこで発見された似たような特徴をもつ海鳥にも同じ名が広まった。その後その名は北半球の鳥については使われなくなり、南半球のものだけにしぼられたのだ。」

ハインス自身も次のように結論している。

「ウェールズ出身の私の恩師キャンベラが一九七七年に強くウェールズ語起源説を主張したことは充分承知しているが、私自身としてはスパークスとソーパー、それにピーターソンが主張するように、たとえ『pen Gwynne (guyn)』という古代ウェールズ語に『白頭』という意味があったとしても、ウェールズ語起源説に明確な根拠があるとは全く思えない。」

「オオウミガラス」図。『海外旅行記』カロルス・クルシウス著、1605年の挿絵。頭部と翼に実物の片鱗が垣間見えるが、それ以外は全く別の鳥といえるほど不正確。木版画 (22)

「Anser magellanicus」図。『海外旅行記』カロルス・クルシウス著、1605年の挿絵。ペンギンの特徴をとらえた比較的正確な図。ただし、マゼラン海峡周辺に生息するいくつかのペンギンの特徴が混合している。17世紀の「ペンギン」図の典型的な例 (22)

そして、ここで長々と論じてきたことをもう一度ふりかえってみると、ペンギンという呼び名がオオウミガラスに限定して使われ始めた時期と、「南のペンギン」がペンギンと呼ばれるようになった時期とは「ほぼ同時」だと考えてよいという事実に気づくだろう。一八世紀の博物図譜で北半球のウミガラスのなかま（複数種）がどれも「ペンギン」として紹介されていることを考え合わせると、オオウミガラスは「（唯一の）初代ペンギン」ではなく「初代ペンギンの一種」とした方がより正確だということになる。いや、むしろ、オオウミガラスを意識的に「ペンギン」と呼び、他のウミガラスのなかまをそう呼ばなくなったのは、「南のペンギン」が次々に発見され始めてからのことだと言うべきかもしれない。オオウミガラスと「南のペンギン」がともに空を飛べず、他の海鳥にくらべ最も太っているところから、この両者を他のものから特に区別して「ペンギン」と表現したのではなかろうか。となれば「初代」も「二代目」もない。

しかも、もし一二世紀にオオウミガラスが「ペン・グィン」と呼ばれていなかった、すなわちバッツの説が「つくり話」だったとすれば、オオウミガラスは一六世紀にゲイルフーグルからペンギンに変身したのだといえる。人類が出現するずっと以前から地球上にいた「飛ばない鳥」たちは、まず各々の生息地で人間に出会い、あるものは食糧として、あるものは燃料として、またあるものは肥料やペットとして利用されながら、様々な名前で呼ばれてきた。それが一六世紀にいたって、ペンギンという名でくくられるようになったのだ。ここに一つの共通の個性をもつユニークな海鳥のグループが出現する。その鳥のイメージは、まず船乗りの間に広まり、やがて博物学者やその熱心な支持者・読者の間で共有されるようになった。

しかし、一八四四年にオオウミガラスが絶滅すると、ペンギンは南半球にしかいなくなった。南半球は北半球出身の欧米人からみれば新世界である。「人類が最初に出会ったペンギンはオオウミガラス」という欧米人の思い入れが、バッツやヴェントの古代ウェールズ語起源説の影響を受けつつ「オオウミガラス＝初代ペンギン」という表現を生んだのだろう。

ペンギン語源論争には一二―一九世紀にいたる欧米史が濃い影を落としている。それは言語の分野だけに限定されるものではない。民族の大規模な移動（第二次ゲルマン移動）、海上交通、漁獲技術上の変遷、イタリア・スペイン・ポルトガル・オランダ・フランス・イギリスを中心とする西ヨーロッパ諸国の政治上・経済上の動向、特に大航海時代の探検活動と新大陸への移住は、ペンギンという言葉に欧米人が確固としたイメージをつくり上げる直接の契機となった。

約七〇〇年間続いた人間とのつきあいの中で、太った海鳥たちはふるいにかけられ、各々に名前が付けられていった。そして、空を飛ばず、したがって最も捕まえやすく、しかも最も肥えた海鳥たちに「ペンギン」を名のる栄誉が与えられたのである。こうして、飛ばない海鳥はペンギンに変身をとげた。

太陽王ルイ一四世のコレクション

オオウミガラスに関する歴史的研究は、二一世紀に入ってからもなお、着々と積み重ねられている。特に、二〇一六年、アトゥーロ・ヴァレドール・デ・ロゾヤほか二人の歴史家によって発表された論文は、オオウミガラスに関心を持つ人々に、驚きをもって迎えられた。タイトルは『太陽王のオオウミガラス』という。

そのアブストラクトには、淡々と次のように記されている。

「本論では、フランス人画家ニコラ・ロベールによって、一六六六年から一六七〇年までの間に描かれたと思われる、オオウミガラス（*Pinguinus impennis*）の水彩画二点と銅板画一点について解説する。この絶滅した鳥に関する初期の画像、特に彩色されたものについては多くの関心が寄せられてきたにも拘わらず、これまで文献上で指摘されることはなかった。それらの画像によれば、描かれたオオウミガラ

ニコラス・ロバートによって「ベラム（羊皮紙に似た上質紙）」に描かれたオオウミガラスの水彩画。1666―1670年の日付が記されている。手前の個体と背景の立っている個体や植物の描き方が異なる（34）

ニコラス・ロバートによって描かれたオオウミガラスの水彩画。同じ時期（1666―1670年）に描かれたと思われるほかの1枚に比べて、やや精密に描かれている（34）

スは、ヴェルサイユ宮殿内のメナジェリーで飼育されており、ロベールは、ルイ一四世のためにその鳥を描いたと思われる。ロベールの作品は『レ・ヴェラン・デュ・ロワ』として知られる動植物図譜に収録されている。」

つまり、一七世紀後半から一八世紀初期にかけて、フランス絶対王政の黄金期を築いた太陽王＝ルイ一四世の宮殿、ヴェルサイユの中に「メナジェリー（近代的動物園の原型の一つ）」があり、そこでオオウミガラスが飼われていた。これを実証できる有力な証拠として、著名な動植物図譜にやはり著名な同時代の画家＝ロベールの画像が収録されていた。そう結論しているのだ。

ペンギンと人間との関係史をテーマとする本書にとって、デ・ロゾヤらの主張は、三つの視点から無視できない大きな意味をもっている。一つ目は、この事実が「オオウミガラスをきちんと飼育・展示していた世界初の事例」である可能性が高いということ。二つ目には、考え方を変えれば、これが『ペンギン』飼育・展示の嚆矢」だと言うこともできるという点である。そして、最も重要なのは三つ目の視点。すなわち、ルイ一四世のヴェルサイユ宮殿で、なぜオオウミガラスが飼われていたのかということ。多くの珍しい海鳥の中から、なぜこの「飛べない鳥」が選ばれたのか？　その時代的背景に注目する必要がある。

　オオウミガラスの飼育事例については、何人かの研究者の報告が知られている。例えば、イギリスのW・H・ミュレンズは『British Birds』（一九二二年）に「NOTES ON THE GREAT AUK」と題する論考を寄稿し、一六〇五―一七五〇年に発表された七つの論文やレポートを紹介している。その中には、「そして一羽もいなくなった」で言及したデンマークの博物学者ヴォルムに飼われていた個体（一六五〇年代）や、エディンバラのグルーに飼われていた個体（一八二〇―三〇年代）も含まれている。また、オオウミガラス研究家として著名なE・フラーも、『The Great Auk』（一九九九年）の中で、一六世紀後半から一九世紀初め頃、短期間「個人的飼育」が行われていた具体例を紹介している。しかし、そのどれもが小規模かつ短期間で、趣味（ペット）としての飼育という域を出ない。しかし、ルイ一四世の場合は、そのスケール・飼育期間ともに、現代の動物園・水族館での飼育・展示に近い、本格的活動だと考えられる。

ニコラス・ロバートによって描かれたオオウミガラスとツノメドリの想像画（銅版画）。手前がツノメドリ。画面左の2羽と画面右の直立しているのがオオウミガラス。1673年（34）

　人と動物の関係史を専門とする歴史学者＝溝井裕一は『動物

園の文化史　ひとと動物の五〇〇〇年』（勉誠出版、二〇一四年）の中で、「近世ヨーロッパのメナジェリー」の最初に「ヴェルサイユのメリジェリー」を紹介している。

「これは、彼（ルイ一四世）の委託を受けた建築家ルイ・ル・ヴォー（一六一二―七〇）によって設計され、一六六四年におおむね完成した。残念ながら、ヴェルサイユのメナジェリーは現存していないが、庭園を南北に横切る運河の南に、北の『磁器のトリアノン』（一六七〇ごろ完成）と対をなす形でつくられていた。この施設は、観賞用に特化しているという点で、また動物を集中配置しているという点で、画期的なものであった。」

溝井の著書にはオオウミガラスが飼育されていたという指摘はない。しかし、デ・ロゾヤらはG・ルイゼルのニコラ・ロベールに関する論文（一九一二年）を引用して、ルイ一四世のメナジェリーにオオウミガラスがいたと主張している。

ルイゼルによれば、このメナジェリーには、哺乳類五五種、一七二種の鳥類が飼育されていたが、二九種の水鳥の中に「パンゴワン（pingouin）」が含まれていたという。一七世紀当時、フランスではオオウミガラスやツノメドリなど「太った海鳥全般」を「パンゴワン」と称していた。発見されつつあった「南半球の飛べない海鳥」は「マンショ（manchot）」と総称されており、この言い方は現在でも使われている。

ヴェルサイユのメナジェリーは、長期間の飼育を想定して設計されており、最終的には合計六つの区画が造られたという。フランスの研究者G・マビルらによれば、一六六三―六八年段階では、この内三つの区画、「ロンドの庭」・「ペリカンの庭」・「鳥小屋の庭」が完成しており、オオウミガラスは「鳥小屋の庭」で飼育されていた可能性が高いらしい。

ロベールの手になる三点のオオウミガラス画は、そのサインや日付から考えて、ちょうどこの時期、一六六六―一六七〇年に描かれている。また、オオウミガラスの細部の描写や、陸上での立ち姿、水に飛び込もうとする姿、水上での姿は、どれも動きが自然でほかの目撃者の記述にも矛盾なく合致する。デ・ロゾヤらの主張通り、この時、ルイ一四世のメナジェリーには、生きたオオウミガラスがある程度の期間、飼育・展示されていたことは間違いないだろう。とすれば、これが「オオウミガラス飼育の世界初しかも唯一の事例」だといえる。

さらに「オオウミガラスは元祖ペンギン」だということを思い出していただきたい。つまり、考え方によっては、「ペンギンが初めて動物園などの本格的飼育施設で飼われ展示された」のは、一六六〇年代だともいえるのだ。本書では、後に第4章の「動物園デビュー」で詳述する通り、世界で初めてペンギンが動物園で飼育・展示されたのは、一八六五年、ロンドン動物園だったとしている。ただし、これは南半球のキングペンギンのこと。ひょっとしたら、フランスの人々は「それはマンショであってパンゴワンではない」と仰るかもしれない。ちょっとややこしいが、「世界初」にこだわると、こんな混乱もあり得るというお話。

さて、最後に、「ペンギンと人間の関係史」としては、こんな分析もできるという見方をご紹介して第1章を終えたい。それは、ルイ一四世の世界戦略との関連である。

溝井は、その著書の中で次のように述べている。

「このメナジェリーは、珍しい動物の収集に重きをおいていた。だから、貿易船の船長や学者たちは、動物を提供することを指示されたほか、モスニエ・ガスモンという人物が、近東やアフリカの動物を調達すべく派遣されている。」

メナジェリーで飼育されていたオオウミガラスの収集について、デ・ロゾヤらはこう指摘している。「一五八〇年以降、フランスは新大陸であるアメリカ北部、カナダなどに探検隊や貿易船を派遣し、ビーバー、ラッコ、キツネなどの毛皮輸入に力を入れ始めた。一六〇八年にケベック、一六四二年にモントレーが新しい拠点として確立されると、ルイ一四世は『新フランス』と称する広大な植民地獲得を決断する。一六六六年には、カナダにおけるフランス人入植者は三二一五人に達した。一六六〇―一六九〇年にかけて、新大陸の植民地とフランス本国との間を往復する海軍船舶が大幅に増強されたので、これらの船で、カナダ東岸からフランス本国にオオウミガラスが運ばれた可能性が極めて高い。」

ルイ一四世の意図について、溝井はこう指摘している。

「ヴェルサイユのメナジェリーの特徴は、ルイ一四世がパビリオンにいながらにして、動物たちをすべて見ることができた点にある。無力化した相手を『見る』ことは、相手を『支配する』ことと同義であることは第一章の中で述べた。ヴェルサイユのメナジェリーは、この原理に徹底してこだわったものである。この建物では、王はぐるっとまわりを見わたすだけで、世界の動物を視野におさめることができる。これによって、彼は世界の自然を支配していることを、万人にアピールすることができたのである。」

さらに別のところでは、「このように、ヴェルサイユのメナジェリーは、ルイ一四世の名声、貴族に対する優越を示すものであると同時に、自然に対する王の支配をもあらわすものであった。この施設においては、文化は自然をとりかこみ、支配者の周囲に集める役割を果たしている」ともいう。

ヴェルサイユ宮殿でオオウミガラスが飼育・展示されてから約一八〇年後、最後のオオウミガラスが殺された。動物を集め、大規模な施設を造って飼育・展示するという営みが、時の権力者の世界観、征服欲だけで成り立つものだとは思えない。そこには、それを可能にする世界規模の物的・人的移動や交流という背景もあるからだ。しかし、その中で、姿を消していった「ペンギン」もいた。その経過を忘れてはならない。

第2章

羽毛のはえた魚

「ペンギン島」でペンギン狩りをするファン・ノールト一行。銅版画。『新世界の歴史』（テオドア・デ・ブリ編、1620年版）

ペンギンを初めて文字で記録したのはヨーロッパ人だ。だから「ペンギンの歴史時代」はヨーロッパ人が押し開いたといってよい。一五世紀以降、いわゆる大航海時代に名を連ねる著名な探検航海者たちの多く、特にマゼラン海峡やインド航路を通過した者は、ほぼ例外なく野生のペンギンに出会っているはずだ。「はずだ」というのは、航海者の全てが詳細な記録を残してはいないので、文献または文書史料の形で「ペンギンとの遭遇」を確実に立証できる例には限りがあるからだ。

特に、大航海時代の先陣をきったポルトガルとスペインの航海者たちによる記録は意外に少ない。これとは対照的に、その後を追ったオランダ、イギリス、フランスの船乗りたちは、南半球の奇妙な生きものについて比較的多くの文字情報を提供してくれる。この違いはどこからくるのだろう？　ただ前二者が筆不精で後三者が筆まめだったからという単純な理由によるのだろうか？　これらの国々をめぐる大航海時代の国際関係を少し細かく観察してみると、その原因の一端を垣間見ることができる。

まずは、絶大な権力を誇るハプスブルク家、そして十字軍運動の失敗（一二七〇年）以来衰えは隠しきれないものの、依然として宗教上のリーダーシップを握り続けるローマ＝カトリック教会の後ろ盾を受けたポルトガル、スペインの活動について見ていくことにしよう。最初に登場するのは、「インド航路」の開拓者、ヴァスコ・ダ・ガマと行動をともにしたアングラーデ・サン・ブラズと名のる人物が残した一四九九年の記録である。

「この島には、ガチョウほどの大きさの鳥もいた。しかし、この鳥は翼に羽根がないので飛ぶことができない。われわれは手当たり次第にこの鳥を殺した。この鳥の名はソティィリカイロス（sotilycayros）。ロバのように騒々しい声で鳴く。」

だが、この記録には不明な点が多い。まず書き手が特定できない。ガマと行動をともにした人々の中にブラズという人物はいないのだ。最も可能性が高いのは、一四八七年にバルトロメウ・ディアス・デ・ノバエスに同行して喜望峰を越えた経験のある航海士ベロ・デ・アレンキュアだが、確たる証拠がない。もしかしたら、ブラズという人物はこの記録が出版された一八三八年当時の編者なのかもしれない。

また、「この島」といっている島が特定できない。ガマが四隻の艦隊を率いて喜望峰に達したのが一四九七年一一月二五日。この時、補給艦を一隻失っていたので、周囲の島々で特に念入りに食糧などを調達したはずだ。たぶん、現在のロベン島かダッセン島だと思われるが、これも確証がない。

さらに、「ペンギン」という呼び名ではなく「ソティィリカイロス」という名が使われている。ゴーマンは「その鳥には出典も意味も定かでないわけのわからない名が使われている」と言っているが、これは少し調べが足りない。ソティィリカイロスというのは、ポルトガルの船乗りたちが北半球のウミガラスのなかまを指す呼び名なのだ。ガマの一行は、まだ「ペンギン」という呼び名を知らなかったのだろう。ともかく、名前はどうあれ、ブラズなる人物が報告している鳥は間違いなくケープペンギンの特徴を示している。

こうして、大西洋とインド洋とを結ぶ新しい航路は、ペンギンを食べたヨーロッパの船乗りたちの手で探り出された。しかし、ポルトガル人の探検航海は大西洋の東部（アフリカ方面）すなわちインド航路の開拓だけに集中していたわけではない。

一五一九年九月二〇日、旗艦トリニダード号以下五隻の船に分乗した総勢二七〇人の探検隊は、マガリャンイス（マゼラン）指揮の下、スペインの港サンルーカル・デ・バラメダを出航する。母国ポルトガルを捨て、ライヴァルであるスペイン王カルロス一世の許可を得ての遠征だった。乗員はポルトガル人、イタリア人、フランス人、ギリシア人、イギリス人がほとんどで、スペイン人は少数派である。後援者であるスペイン人も、外国人の冒険家を信用していなかったようだ。

マガリャンイスの目的はコロンブスと同じ「西回りでの香料諸島（モルッカ諸島）到達」だった。

一五二〇年一―二月、アルゼンチン沿岸を南下していた艦隊は二つの島を発見する。「さて、この（パタゴニア）海岸に沿って南極の方に向かって進むと、二つの島に行きあたった。そこにはアザラシと見慣れないガチョウが一杯いた。我々はたっぷり一時間かけてその鳥をつかまえ、五隻の船に積めるだけ積み込んだ。その鳥は全身黒ずくめで、どうやら空を飛べず、魚を食べて生きているようだった。また、丸々と太っていて分厚い皮を剥ぐのに苦労した。ただ、長い羽根はなくクチバシはカラスに似ている」。

報告者はアントーニオ・ピガフェッタ。ヴェネチア出身の貴族でロードス島騎士団の騎士でもあった彼は、マガリャンイスの航海に同行し、詳細な日記を残した。これをもとにまとめられた『最初の世界一周航海記』は、一五二五年頃フランス語訳がパリで出版され、たちまちヨーロッパ中の注目を集める。ペンギンのことを記した出版物としてはこれが世界初ということになる。

マガリャンイスの艦隊は一五二〇年の後半を大西洋岸で過ごし（越冬）、二〇年一一月二八日には後に「マゼラン海峡」とよばれる海峡を抜けて太平洋に出た。

しかし、海峡を抜けて三カ月西航を続けてもそれらしき島影はない。海峡で蓄えたペンギンの乾し肉

『最初の世界一周航海記』アントーニオ・ピガフェッタ著、1882 年版の挿絵。銅版画（55）

などの食糧は底をつき、隊員はしだいに壊血病にたおれていった。靴の革やネズミ、ゴキブリまで食べて飢えをしのぎつつ、二一年三月七日にようやくミクロネシアのマリアナ諸島の一つにたどり着く。しかし出会った島民は衰弱した乗組員の目を盗んで船に忍び込み、いろいろな物を奪い去った。一行はこの「泥棒の島（グァム島だと考えられている）」に見切りをつけ、さらに西に進み、九日後にフィリピン諸島に達した。

よく知られているように、マガリャンイス自身はフィリピンのマクタン島で住民との戦闘の末に死亡し、セバスチャン・デル・カーノが残った二隻の指揮をとる。一行は一一月八日、ようやく香料諸島の一つティドーレ島に到着した。デル・カーノは最後の一隻ビクトリア号に二四・二八トンの香料を積み、一五二二年九月八日セビーリャ港に帰還する。持ち帰った丁子は莫大な利益をもたらした。出発時二七〇名いた乗員のうち、無事帰り

Mapa del Estrecho de Magallanes

『最初の世界一周航海記』アントーニオ・ピガフェッタ著、1882年版のマゼラン海峡図。「ペンギン島」の地名が見える。銅版画（57）

ついたのはわずか一八名だった。

　こうして、大西洋の探検で競い合っていたポルトガルとスペインは、香料諸島の支配権をめぐって新たな対立関係に入る。両国は、すでに一四九四年、トルデシリャス条約を結び、西アフリカ沖のカボ・ヴェルデ諸島の西端から三七〇レグア西の経線の東側をポルトガル、西側をスペインに割り当て、その範囲で新たに発見する土地の領有権を相互に認めるということになっていた。この条約は、一五〇六年、ローマ教皇ユリウス二世の認可を得てキリスト教世界での絶対的権威を獲得し、ポルトガル・スペイン両国の外交活動の基本となっていた。インド航路を発見し、いち早く香料諸島に到達していたポルトガルと、マゼラン海峡を通り、やや遅れて香料諸島に達したスペインとの対立は、大西洋から太平洋にいたる全地球的規模の問題へと拡大したのである。

　両国は香料諸島に次々に船団を送り出し、島そのものの支配権を強化するとともに、東回り（ポルトガル）、西回り（スペイン）の航路をより安定したものに仕上げようとした。こうして、一六世紀に入ると、ヨーロッパの船団が喜望峰やマゼラン海峡を頻繁に通過するようになる。北半球の北米大陸沿岸でオオウミガラスが再発見され、再び棍棒でなぐり殺され始めたちょうど同じ頃、南半球でもアフリカと南米にすむペンギンたちの身の上にほぼ同じことが起こっていたのである。

マガリャンイス艦隊の生還者デル・カーノの成功に刺激されて、一五二七年七月二四日、ガルシア・ホフレ・デ・ロアイサ率いる七隻からなる艦隊がスペインのラ・コルーニャ港を出発した。デル・カーノ自身も二度目の冒険に身を投じ、事実上の指揮権を握った。ドイツの大金融業者フッガー家が資金提供し、多くの香料仲買人の支持とスペイン王家の後援を受けた船団は、再びマゼラン海峡を目指した。これに同行したアンドレス・デ・ウルダネータは、後日（一五三七年）、次のような記録を残している。

「我々は翼のないガチョウの大群を発見したが、あまりに数が多くひしめきあっていたので、その中を押し分けて進むことすらできなかった。」

香料諸島をめぐるポルトガルとスペインの争いは、一五二九年四月、新たな条約（サラゴッサ条約）の成立によって一応終息する。スペイン王カルロスは、三五万ドゥカードで香料諸島に関する権利を放棄する約束をポルトガルとの間に交わしたのだ。

とはいえ、サラゴッサ条約の締結をもってスペインの太平洋への関心が消滅したわけではない。一六世紀後半になると、スペイン人の太平洋航海の目的はフィリピン諸島の植民地化と経営に移り、東南アジア諸島の香料の獲得をも目指すようになる。しかし、これに失敗すると、今度はメキシコやペルーの銀をマニラに輸送して、中国の絹・陶磁器などを手に入れることに方針転換する。これがあたる。これ以後一九世紀まで、アカプルコ―マニラ間を往復するマニラ・ガレオン船貿易が繁栄した。

こうして、南半球のペンギンに関する情報は、東回りの航路を支配したポルトガルと、西回りの航路を支配したスペインとによって独占される。両国はサラゴッサ条約以後、その航海や航路に関する記録や情報を秘匿し、なかなか公開しなかったので、この時期のペンギンと航海者たちとの関係をうかがい知ることができる手がかりは、他の国々の記録、特にイギリス、オランダ、フランスの航海記に求める他はない。これら三国は、いずれもポルトガル・スペインの海上覇権への挑戦者だった。航海での経験を隠すのではなく、むしろ積極的に公開することで、両カトリック教国の世界支配を揺さぶろうとしたのだ。ペンギンに関する情報は、こうして少しずつ人々の目にふれるようになる。

挑戦者たち

両カトリック教国の世界支配に対する最初の挑戦者はフランスだった。ブラジルを支配するポルトガルを揺さぶり、新大陸におけるカトリック勢力の撹乱をはかろうとして、ブラジルへの移住を試みる人々も数多くいた。

ニコラ・デュラン・ド・ヴィレガノンによるブラジルへの航海もその典型的な例である。リオ・デ・ジャネイロ湾に面した一角に城砦を築き、その周辺を「フランス南極地方」と称して植民活動を行おうという動きは、すでに一五五一年頃から活発化してきていた。

博物学者アンドレ・テヴェは、その結果を『他所ではアメリカとして知られているフランス南極地方』

（一五五八年）と題する著書にまとめた。彼は、ナマケモノやアグーチやオオハシをヨーロッパに紹介したことでも知られている。南アメリカ固有の動植物を列記していく中で、「直立姿勢で歩く黒白模様のパタゴニアの鳥」について言及している。テヴェはこの鳥を「アポナル」と呼んだが、これはマゼランペンギンのことだと考えてよかろう。

パタゴニアのペンギンに関する新たな情報は、両カトリック教国への第二の挑戦者＝イギリスによってヨーロッパにもたらされる。

フランシス・ドレイクによる世界周航（一五七七―八〇年）は、マガリャンイスのそれにくらべ半世紀以上遅れて達成された。にもかかわらず、ドレイクの業績が高く評価されるのは、ローマ教皇の権威を背景に世界＝地球を二分し、これを独占的に支配しうると主張していたポルトガルとスペインに対する大胆な挑戦的事業として、この新たな世界周航が理解されたからだ。

一五七八年八月、大西洋を南下したドレイクはマゼラン海峡に入る。プリマス出航時には五隻だった船団はスワン号を失い四隻になっていた。八月二四日、一行は「報告しても信用してもらえそうにないほどの数の島」でいっぱいになった島を発見する。スペインの船乗りがペンギン島とよび、後にサン・マグダネーラと改名されたこの島を占拠していたのは数え切れないほどのマゼランペンギンだった。

「見慣れない鳥の大群がいた。その鳥は飛べないかわりに持ち前の足の速さを発揮して、われわれの手から逃げおおせた。体はガチョウよりやや小さく、マガモより大きい。短く分厚い翼をぴたりと体側につけている。長い羽毛はないが、かたく目のつんだ綿羽におおわれている。クチバシはカラスのそれと大差ない。彼らは地上にウサギがこしらえるような穴を掘り繁殖する。巣穴の中で卵を温めヒナをかえすのである。彼らは、そのたくみさにおいて、自然界にはそれを上回るものは全くないと思われるほど、みごとな泳ぎっぷりを見せながら、餌をあさる。また、彼らを捕らえようと迫りくるいかなるものからも逃げ得るのである。そして、この島には、われわれが一日がかりで少なくとも三〇〇〇羽は殺せそうなほど、これらの鳥が群れ集まっている。」

船団はここに四日間停泊し、一万一〇〇〇羽ほどのペンギンを積み込んで出発する。一七日間かけてマゼラン海峡を通過した艦隊は、「スペインの裏庭」＝太平洋への侵入に成功する。

ドレイクがもたらした「南の海」やマゼラン海峡に関する情報は、以後この海域を目指すイギリスやオランダの航海者たちに継承されていった。ドレイクに遅れること九年、一五八六―八八年にかけて三人目の世界周航者となったイギリス人トーマス・キャヴェンディッシュも、この「ペンギン島」でペンギン狩りをした。一五八七年一月、キャヴェンディッシュはこう記している。

「船団に積み込む食糧として合計三トンのペンギンをつぎつぎに捕らえては解体した。」

彼らが殺したペンギンは一〇〇〇羽ほどだったと推計できる。船団は三隻から成り、一二三名が乗り組んでいたというから、隊員一人につき八羽弱の割り当てになる。これにくらべるとドレイクの船隊はずいぶんはりきってペンギンを積み込んだものだ。ところで、ドレイクもキャヴェンディッシュも殺したペンギンの数しか報告していないが、彼らの獲物はそれだけではなかったはずだ。現在でもそうだが、この島に生息しているマゼランペンギンは、周囲の海域に餌となる小魚が豊富であれば一年中いつでも繁殖する。とはいっても、最も繁殖活動が盛んなのは夏（一二―二月）だ。この時期には巣穴の奥を探れば、一つの巣に二個ずつ卵が見つかる可能性が高い。八月（冬）にこの島を訪れたドレイク一行はあまり卵を見つけられなかったに違いない。これにくらべ、一月(夏)にやってきたキャヴェンディッシュは、おいしい卵を大量に手に入れたことだろう。両者のペンギン捕獲数の差はこんなことが原因だったのかもしれない。

さて、このようなイギリス人の動きにスペインは素早く反応した。一五五六年にスペイン王となったフェリペ二世は、レパントの海戦によってイスラム勢力を駆逐し、絶対主義の最盛期を築いていた。その上、ドレイクが世界周航を達成した八〇年には、長年のライバルであったポルトガルをも併合して「太陽の没することなき世界帝国」の頂点に立っていたのである。

国王の命を受けたペドロ・サルミエント・デ・ガンボアは、マゼラン海峡に入植地を設け、砦を築いて、他国の船の不法な通航を規制しようとした。一五八四年二月一一日プンタ・ダンジュネスに入植地を築いたガンボア一行は、付近の探索にあたる。四月、岩山が連なる地域を五日間歩きとおして再び海岸に出た時、疲れきったガンボア一行の前にペンギンが姿を見せる。

「ペンギンたちの歩く様はヨチヨチとあぶなっかしく笑いを誘った。この鳥たちは我々の家の中にも入り込み、

現在のマグダネーラ島：島にはグアノ層が残されていて、マゼランペンギンの主要な繁殖地であるとともに有名な「ペンギン観光」の名所でもある。2002年、上田撮影

人間とならんで座り込んで平然としている。」

入植者はその多くが船乗りや兵士たちだったが、もちろんこれまで通りペンギンを食べたに違いない。しかし、数日ペンギン狩りをしてすぐに立ち去ってしまうのでなく、ペンギンのなわばりに家を建て、普通に生活しようとしているのだ。この時、ペンギンと人との距離が少しだけ縮まったのかもしれない。

ところが、八五年秋には、当初二〇〇人以上いた入植者も一八人を数えるのみとなり、先住民との争いが絶えない状況の中で残った人々も四散していった。ガンボア自身もイギリス艦隊に捕らえられ、四年間の捕虜生活の後やっとスペインへの帰国を果たすが、その二年後にリスボンで他界する。

急増する目撃記事

世界帝国＝スペインの衰勢が徐々に明らかになってくるにしたがい、その監視網をかいくぐって世界の海を行き交うイギリスやオランダの船が目立つようになる。彼らはほぼ例外なく、目撃した情景や航海に関する情報を詳細に記録し、後継者に伝えるとともに、機会をとらえて広く一般にも公開・出版した。その典型的な例が前章でもふれた『航海記集』の編者リチャード・ハクルート（一五五二―一六一六年）である。

ハクルートはオクスフォード大学で地理学を学び、一五八〇年頃からは講座を担当するようになった。熱烈な愛国者であった彼は、ウォルター・ローリーが計画したヴァージニア植民を応援するため、西方への植民と航海とを積極的に推進すべきことをエリザベス女王に献策する一連の書物、『アメリカならびにその周辺の島々の発見を進めた航海』(八二年)を編纂したり、『西方植民論』(八四年)を著したりした。やがて彼の関心は「西インド=北アメリカ植民地」だけでなく、地球的規模での国家戦略に拡大していく。そのきっかけをつくったのが、彼の同時代人であるドレイクやキャヴェンディッシュの世界周航だった。

「スペイン帝国と対抗するには、その表側、つまりカリブ海域や大西洋側にとどまらず、その裏側にも目を向けた戦略が必要であった。裏側、実は帝国を支えるペルーの富を運ぶルートとして最重要な拠点として浮上してきていたこの地域、別名『南の海』の重要性をハクルートは見逃すわけはなかった。」

したがって、一五八九年に出版された『イギリス国民による主要な航海と旅行』(初版全一巻)は、その後一〇年以上にわたって編纂・刊行されていくいわゆる「ハクルート航海記集」の記念すべき第一巻であると同時に、国家戦略を表明しこれを有利に展開していくための政治的武器として探検航海の記録を公開しようという試みが本格的に始まったことをも意味している。スペインの世界支配に挑戦するイギリス、オランダ、フランスにとって「地球上の未知の地域に関する情報の収集とその流布」こそ、あらゆる情報と利益とを独占しコントロールしようというスペインの思惑を突き崩す最も効果的な手段だった。

こうして、地球上の未知の海域・地域に関する様々な新しい知見が、最初はごく一部の政治家や学者や商人たちに、そしてやがては好奇心旺盛な大衆へと伝達されていく重要な扉が開かれたのである。それらの出版物には、航海者にとって極めて有用な資源であり、同時に珍奇な生きものでもあるペンギンたちの姿が頻繁に登場する。ヨーロッパの人々にとってそれまでは「食べておいしい太った海鳥」に過ぎなかったペンギンが、記録に値する生きものへと変身し始めたのだ。多くの報告者によって積み重ねられた記録は、やがて一つのイメージを形成していく。いくつかの航海記をひもときながらその様子を観察してみることにしよう。

「ハクルート航海記集」の初版には、すでに「挑戦者たち」の項で紹介したキャヴェンディッシュによる「ペンギン狩り」が語られていた。またキャヴェンディッシュよりも前に「ペンギン島」を訪れたドレイク船団の記事（これも「挑戦者たち」の項参照）は、『航海記集』の第二版（全三巻、一五九八―一六〇〇年刊行）に掲載されている。ここではまず、キャヴェンディッシュの船団の一員でありながら反逆の罪に問われた悲運の航海者ジョン・デイヴィスの記録から見ていこう。

すでに世界周航を成し遂げ、名声を得ていたキャヴェンディッシュは、再度船団を編成して世界周航を企てる。一五九一年八月二六日、キャヴェンディッシュ座乗の旗艦ガレオン号以下五隻からなる船団がプリマス港を出航した。デイヴィスは北西航路探検航海での実績を評価され、ディザイアー号を指揮し、船隊の一翼を担っていた。しかし大西洋を南下する途中ポルトガル船の追跡をうけ、食糧が充分補給されなかったこともあって、隊員の士気は低下した。ブラジル沿岸を南下し始めるまでに一隻が脱落し、九二年四月八日にマゼラン海峡に入ったものの嵐に阻まれて西に向かうことはできなかった。キャヴェンディッシュは全艦に東（大西洋）に引き返すことを命じたが、その直後、再び襲ってきた嵐で四隻は互いを見失ってしまう。

デイヴィスはようやく再会したブラック・パイナンス号とともに、ガレオン号の姿を求めて東に向かい、八月一四日にはフォークランド諸島に達した。しかし他の船に出会うことなく再びマゼラン海峡に引き返す。ディザイアー号は「咆える四〇度」といわれる嵐の海域に翻弄され、ほとんど航行不能に陥る。

「乗組員はみんな身動き一つできなかった。その体は萎え、肌は生気を失っていた。また、その多くは（書き残すにしのびないことだが）手ひどくカイセンダニに喰われていた。彼らの皮膚の下には、エンドウ豆、いやソラ豆大のダニの塊が巣くっていた。」

一〇月四日には僚艦ブラック・パイナンス号ともはぐれ、ただ一隻となったディザイアー号は一〇月二〇日マゼラン海峡の「ペンギン島」にやっとの思いでたどりつく。

「我々はこの島に着くとボートを出して上陸した。ボートは鳥と卵を満載して本船にもどった。上陸した者の報告によれば、島には本船でも全て積み込めるかどうかわからぬほど多くのペンギンがおり、それらを踏み分けて進まねばならなかったとのことだ。」

ケープペンギン図。M. J. ブリッソンの『鳥類学』（1760）に掲載されたもの。銅版画、手彩色（21）

デイヴィスはペンギン狩りをして乾し肉をつくらせるため二〇人の隊員を上陸させた。またこの日以後約二カ月間、残りの乗組員も順次交替で上陸し体力を回復させることにした。九二年一二月二二日、すっかり元気になった隊員とともに二万羽分の「乾しペンギン」を積み込んだディザイアー号は、イギリス目指して「ペンギン島」をあとにした。デイヴィスはイギリスまで約六カ月の航程だと予想し、乗員一日分の食事に必要な肉の量を四人につきペンギン五羽ずつと計算していた。確かにイギリスまでの必要日数はほぼ予想通りだった。しかし母国への帰途についた一行を、さらなる苦難が待ち受けていた。

大量に積み込んだ「乾しペンギン」が暑さのために腐敗し始め、隊員が次々に病に倒れ始めたのだ。乾し方が充分でなかったペンギンにウジ虫がわき、その数は日を追って増えた。

「鉄を除いてウジ虫どもが食い尽くさぬものはなかった。やつらは靴や布を平らげると船の肋材にとりかかり、おそろしい勢いで食い破っていった。我々が退治しようと奔走すればするほどウジ虫は数を増した。ついに我々はウジ虫どものおかげで眠ることさえできなくなった。ウジ虫が皮膚を喰い、蚊のように肌を噛んだからだ。」

九三年六月一一日、ついに一六名となった隊員を乗せたディザイアー号は、アイルランドのビアヘブン港に入る。この時、船を操れる状態だった者はわずかに五名。残りの一一名は立ち上がることさえできないほど衰弱していた。

「ペンギン島」はマゼラン海峡だけにしかなかったわけではない。東回り航路の要衝＝南アフリカの喜望峰近くにも、船乗りの世界ではよく知られた「ペンギン島」がある。

一五九八年六月、ヤコブ・コーネリスゾーン・ファン・ネック率いる三隻の船団が「東インド」への通商路を開くためオランダを出航した。八月四日、喜望峰近くに着いた船団は「ペンギン島」で一息つく。

「我々は天国に足を踏み入れた。投錨してみると水深は八ないし九尋（一四・六―一六・五メートル）とゆったりしており、海底は砂地だった。一隻あたり三〇―三三人はいる病んだ仲間を癒すため、我々は上陸して果物を集めた。この湾には小さな島がある。そこには人が素手で捕らえることもできるピンクィン（pyncuins）と呼ばれる鳥が数多くいる。」

南アフリカを出発した一行はインド洋のモーリシャスを経て、一二月三一日ジャワ島のバンタムに到着。ファン・ネックは現地の人々の協力を巧みにとりつけ、そこに基地を設けると、僚船をアンボイナ、バンダ諸島、テルナテに派遣して香辛料の大量買付けに成功する。いわゆる「香料諸島（モルッカ諸島）」の交易網を独占しようとしたのである。今後の通商の拠点をとりあえず確保した船団は、香料を満載して九九年七月一七日、オランダにもどった。ファン・ネックは航海全体の経費に対して三倍以上の利益を手にしたといわれている。

オランダ人の「東インド」に対する関心が一気に高まった。一六〇一年だけで一六船団、合計六五隻もの船が南アフリカ（ペンギン島）を経由して香料諸島に向かった。しかし、この「東インド・フィーバー」は「スパイス・インフレ」をひきおこした。船団が次々に持ち帰った大量の香料はポルトガル船による輸入量の増加も重なり、香料の市場価格の低下をまねいたのだ。だから、この後香料貿易に参入した企業家の誰一人としてファン・ネックの収益率を上回る業績を上げた者はいなかった。

とはいえ、香料貿易は全体としては莫大な利益を生んだ。「スパイス景気」は一六〇二年、「オランダ連合東インド会社」の設立につながる。会社の当面の目標はアジアからの香料輸入の実権をポルトガルから奪うことにあった。しかし、ライバルのイギリスはすでに一六〇〇年、「東インド会社」を設立し、ファン・ネックが築いたバンタムを占有する勢いを示していた。そこで、一六一九年、オランダはバタヴィア市を建設し、ここを新たな拠点として香料諸島の通商網独占を目指した。

こうして一七世紀前半、オランダは急速に地球的規模の交易ネットワークを確立していく。一六〇五年、いわゆる「アンボイナ事件」によってアンボイナとテルナテから全ての「外国勢力」を一掃すると、一六四一年には海上交通の要衝マラッカをポルトガルから奪い、五二年にはインド航路の最も重要な中継地＝南アフリカの喜望峰周辺を占拠して、ここにケープ植民地を築く。南アフリカの「ペンギン島」はオランダに占有され、その植民地となった。

東インド・ルートを確保したオランダは、一六六〇年にはセイロン島のシナモン生産を独占し、アジアにおける香料貿易を支配するだけでなく、アジア内の地域間貿易のイニシアチブを握ることにも成功した。オランダ人たちはあくまでも「商人」であることに徹し、自らの信仰の布教には無関心であり、また経済的利益に直結しない地理的探検にはほとんど興味を示さなかった。

そういうことを念頭におきながら南アフリカの「ペンギン島」に関する一七世紀前半の記事に目を通していくと、イギリス人やフランス人の方がペンギンについてユニークできめ細かい観察をしているような気がする。一六一〇年代、インドのムガール帝国にイギリスの特使として派遣されたトーマス・ローは、船旅の途中立ち寄った南アフリカでペンギンを観察している。

「ペンギン島にはその名の由来となった鳥がすんでいる。その鳥は直立して歩き、翼には長い羽根がなく、白い面を内側にして翼を袖のように体側に垂らしている。彼らは飛ばないが、群れや定められた自分の位置を離れることなく行儀よく小道を歩いていく。それは奇妙な鳥である。というよりも、鳥のような姿はしているが、獣と鳥と魚の雑種だといった方がよいかもしれない。いま話題になっている人間を『二本足の無毛動物』だとする定義は、この動物にこそ似つかわしいといえよう。」

ペンギンに関する描写が次第に細かくなっていく様子は、マゼラン海峡の「ペンギン島」に関する報告にも見られる。イギリスのリチャード・ホーキンスの記述はその好例だろう。プリマス港を根城に活躍したホーキンス一族の中でも、リチャードの生涯は波乱に富んだ物語だ。リチャードは祖父・父・叔父らとともに、スペイン、ポルトガルを向こうに回し、大西洋狭しと暴れまわった海のヒーローとして知られている。

一五九〇年、父のジョン・ホーキンスはリチャードを指揮官としてスペイン王フェリペ二世の海上支配に揺さぶりをかける遠征計画を国王に献策し勅許を得る。リチャード艦隊の目的は、マゼラン海峡を突破してスペインのいう「南の海」に侵入し、未発見の南方大陸（テラ・アウストラリス・インコグニタ）の在り処を探り、その住民や政治機構、産物などについて詳細に調査・報告するとともに、帰路は日本・中国・東インドを経由して交易の可能性を探るという壮大なものだった。

一五九三年六月一二日、三隻からなる艦隊は母港プリマスを出航。九四年三月下旬、マゼラン海峡に入ったリチャードは「ペンギン島」に上陸する。

「ペンギンは全体としてはガチョウに似ており、長い羽根はないが体中均一の綿羽でおおわれている。それゆえ飛ぶことはできないが、どんな場合でも脚力を頼りにほぼ人間と同じ速さで走り回って身を守ろうとする。彼らは海でも陸でもくらせるが、海では魚を餌とし、岸辺ではガチョウのように草を食べる。彼らはまたウサギのように地面に穴を掘って身を潜める。そしてその場でヒナを育てる。島中、彼らの住処となっているところはどこもみな掘り返されているが、ある一つの谷だけは（おそらく）食糧を保存しておくために手がつけられていない。というのも、その谷には四月半ばまで短めの上質の草が青々と茂っているからである。このペンギンの肉は、我々がツノメドリと呼んでいるランディー島やシレイ島で捕獲される例の鳥に比べ、はるかに上等である。実際に食べてみれば、魚を餌としている鳥は簡単に識別することができる。彼らは丸々と肥えてはいるが、狂犬のように体中にノミがたかっている。だから肉は炙るか焼くか煮るかした方が賢明である。我々は一六樽ほど塩漬けにしたが、牛肉の粉末（もちろんこれを食べ尽くしてしまってからの話だが）のかわりに、ペンギンの塩漬けが我々の食卓に供された。」

その後、チリ—ペルーの沿岸を北上しつつ、迎撃に出たスペイン艦隊と何回も戦ったが、ついに捕虜となり、スペイン本国に護送されて一〇年近く監獄生活を強いられた。一六〇三年一月、身代金交渉が成立してイギリスに帰還したリチャードは騎士に列せられ、翌年にはプリマス市長となった。スペインの支配に果敢に挑戦した彼は母国の英雄として凱旋したのである。その勇敢な遠征の記録は多くの愛国者に競って読まれ、多大な影響を与えた。

もう一人、その航海記を通して、この時代のヨーロッパ人のペンギン・イメージ、いや南米と「未知の南方大陸」に関する一般の認識を大きく変えた人物がいる。オランダの航海者オリヴァー・ファン・ノールトである。

ファン・ノールトはユトレヒトに生まれ、はじめは旅籠の支配人として働いていた。ファン・ノールトのぬきんでた情報収集能力と統率力に注目したオランダ商人組合は、連邦共和国政府の暗黙の了解の下に彼を西回りの航路開拓を担う船団の指揮官として任命し、大西洋に送り出したのである。

九八年八月一三日、ロッテルダムを出航した船団は翌年一一月四日、マゼラン海峡に入った。しかし、先住民との抗争で三五名の隊員を失ったり、度重なる暴風雨に苦しめられた艦隊は「ペンギン島」にやってくる。ヨーロッパの航海者たちによる初期の探検航海の歴史を綴った『新世界の歴史』（テオドア・ド・ブリ編、一六一九年）は、この時の様子を次のように紹介している。

「何回も暴風に見舞われながら、彼ら（ファン・ノールト一行）はペンギン島に到着した。そこで彼らはペンギンと魚を捕らえ船に積み込んだ。件の鳥については、ガチョウ大のものを数えきれぬほどの卵とともに五万羽ほど捕った。卵は病人の回復に大いに役立った。」

ド・ブリは船乗りたちがそこで出会ったペンギンや先住民について数ページを割いて細かく記述しているが、ペンギンについては「頭に黄色い羽毛があるもの」と「そうでないもの」の二種類がいたと伝えている。前者はミナミイワトビペンギン、後者はマゼランペンギンだと思われる。また、マガリャンイスの業績を回顧する章では、マガリャンイス一行と先住民とペンギンの姿を銅版画の挿絵に描いて見せた（一二五ページ上図参照）。この視覚的なしかけが絶大な効果を発揮した。出版物の中でペンギンの姿を初めて図像化した文献となったのである。地図的に描かれたマゼラン海峡を背景に立つペンギンと人物との対比は、この書物を手にした当時の人々に強烈な印象を与えたようだ。その後出版されるマゼラン海峡を描いた地図は、基本的にこの銅版画の手法を踏襲する。人間のように堂々と直立したペンギンの姿が、ヨーロッパ人にとって未知の世界であった南米南端＝パタゴニアの風物を代表するものの一つとして、急速に流布していった。

また、一六二〇年版では、この絵に続いて先住民を描いた画面にミナミイワトビペンギンらしき姿があったり、「ペンギン島」でペンギン狩りをするファン・ノールト一行を描いた銅版画が追加されたりする。ペンギン狩りの様子は一九年版に掲載された図版中でもすでに小さく描かれていたが、二〇年版のそれは、棍棒をふるう人物の他に地面に掘られた巣穴から長いフックを使ってペンギンを引きずり出そうとしている人物が追加されるなど、ペンギンの生態や捕獲方法についてより多くの情報をより正確に伝えようという作者の意図が明確に判読できるできばえになっている。

さて、ファン・ノールトの船団はその後ポルトガル艦隊の追跡に苦しみながらも、一六〇一年八月二六日、オランダに帰還する。こうしてファン・ノールトはオランダ最初の世界周航者となるが、その航海自体は経済的な利益をほとんど生まなかった。また地理学上の新しい知見もないに等しい。しかし、神経質なほどに警戒を強化していたスペイン海軍の封鎖線をことごとく突破して世界周航を達成した実績は、オランダやイギリスなどで高く評価されるとともに、その航海で得た情報にたいへんな注目が集まった。航海に関する最初の記録は、ファン・ノールトがオランダに帰ったわずか一八日後に出版された。これは当時としては異例なほどの速報ぶりである。より詳細な報告書が一六〇一年末までに出回り、翌年中にさらに二度、改訂版が出された。この時から「南の海」と「東インド」をめぐる情報戦が始まったと考えてよいだろう。ペンギンに関する記述や絵画的描写は、以来南方に向かう船乗りはもちろん、アジアとの交易拡大を望み、あるいは新たな未知の大陸を発見しようと目論むヨーロッパ人にとって、基本的情報、より詳細に知るべき重要なテーマの一つとして認識されるようになった。

「未知の南方大陸」を象徴する生きもの

一六世紀末――一七世紀前半にかけて始まった「航海記（旅行記）ブーム」は一八世紀後半――一九世紀前半にその頂点に達する。特に、ジェームズ・クック（一七七〇年代）からチャールズ・ダーウィン（一八四〇―五〇年代）にかけての時期は、「科学的・学術的発見航海」が最も注目され、文化史の上で多くの華やかな話題をふりまいた。探検航海に科学者や芸術家が同行し、それまでヨーロッパではほとんど知られていなかった世界各地の自然や文物を次々と、しかも詳細に伝えたからだ。初めはスペイン、ポルトガルに代表される旧勢力とオランダ、イギリス、フランスに代表される新興勢力との世界支配をめぐるプロパガンダに過ぎなかった「航海記出版合戦」は、次第にヨーロッパ人全体の世界観・価値観の変化の上で極めて重要なモーメントとなっていった。

「この荒涼とした波打ち際に群がるこれら多くの海鳥や海獣は、極度の食糧および物資の不足に苦しむ船乗りにとって、貴重で有用な資源だった。」

一六八七年、マゼラン海峡の「ペンギン島」で約三トンのペンギンを船に積み込んだキャヴェンディッシュは、航海記にそう記した。初期の探検航海者にとって、この「太った海鳥」は、今日の我々には想像もつかないほど多くの犠牲を強いられる過酷な航海をのりきるために不可欠の「天与の資源」にすぎなかった。しかし、ヨーロッパ諸国が世界支配を有利に展開するために開始した「情報戦＝航海記録の刊行」が、ペンギンの評価を少しずつ変えていった。ペンギンは「南の海」や「未知の南方大陸」について語る時、登場させないわけにいかない重要な脇役の地位を得る。航海記の著者や出版者は記述内容の信憑性を高め、あるいは情景描写の精度を高めるため、この鳥についてより多く語り、より正確な図像を掲載しようとして紙幅を割くようになった。

一方、世界の政治的・経済的分割をめぐるヨーロッパ諸国間の抗争は新しい段階に入っていた。既知の新大陸＝南北アメリカ大陸ではスペイン・ポルトガルの勢力圏を蚕食しつつ、特に北アメリカでイギリスとフランスとの対立が激しさを増し、「第二次百年戦争」へと突入していく。また、ポルトガルを圧倒して香料諸島を中心に東インド貿易をほぼ牛耳ったオランダに対して、スペイン、イギリス、フランスは新たな交易・新たな発見の可能性を求め、太平洋での探検活動を活発化していた。殊に、北太平洋における「北西航路」探索と南太平洋における「未知の南方大陸」探索の二つの事業は、一八世紀を通じて最も注目度の高いテーマだった。

他方、太平洋支配においてスペイン、ポルトガル、オランダに遅れをとったイギリスとフランスは、伝説の「南方大陸」の発見に力を入れ始める。ヨーロッパでは古代から何人もの地理学者が「南方には北半球の陸地と釣合いのとれる知られざる大陸が存在する」と主張していた。この大陸を「テラ・アウストラリス・インコグニタ」とよび、世界地図の南の端に巨大な陸地の姿を描くことが大航海時代以降、ヨーロッパの地図製作者の間では一種の常識になっていた。「南の海」を目指すヨーロッパの船乗りたちの間で「未知の南方大陸」ではないかとして最初に注目されたのがニューギニアとオーストラリアだった。

やがてジェームズ・クックによってオーストラリアが「南方大陸」ではないことが証明されるまで、何人もの航海者がこの謎に挑んだ。その都度、「南の海」のさらに奥へと進めば進むほど出会う確率が高くなるペンギンに関する記述が積み上げられていったのである。一六九七年、ダンピアは多くの読者を獲得した航海記の中で、マゼラン海峡のペンギンをこう描いた。

「上陸するやいなや、我々はタールをたっぷり染み込ませた樽材に火をつけ、それを振って本船の仲間にここが目的の島だということを知らせた。というのも、上陸した我々はそこでかのペンギンを見つけたからだ。ペンギンはあまりにも多くて数えきれぬほどだった。我々はすぐに棍棒でこの鳥を撲り倒し始めたが、そうしているうちにこの鳥がガチョウくらいの大きさだと気づいた。本船でポート・ディザイアーにひきあげる時までに約一〇万個の卵を集めることができた。結局これらの卵は、その後たっぷり四カ月間我々の胃袋を満たす助けとなった。肉もまた美味で、塩漬けにすれば四カ月保存が可能である。」

また、一七六六―六九年にかけて「南方大陸」を求めつつフランス人として初めて世界周航を成し遂げたルイ・アントワーヌ・ド・ブーガンヴィルは、フォークランド諸島で出会ったキングペンギンを「第一身分のペンギン」と称した。

「第一身分のペンギンは孤独を好み、人目につかぬ場所にすんでいる。彼らは特有の高貴さと荘厳な外観とをそなえている。ゆったりと歩を運び、歌い叫ぶ時には首をしなやかに伸ばし、第二身分のものにくらべより長く上品なクチバシをもっている。背中は青みがかり、腹はまばゆいばかりの白さである。そして明るい黄色の毛皮肩掛けともネックレスともいえる飾りをまとっている。その飾りは頭の両側から下にのび青みがかった羽毛と白い羽毛との境界となって腹の上でつながっている。我々はそのうちの一羽をなんとかヨーロッパまで連れ帰れぬものかと考えた。この鳥に餌付けをし人間を覚えさせ飼いならすことはたやすかった。餌は新鮮な魚かパンを与えた。しかし、我々はこの餌では鳥の身が細りうまくいかないことに気づいた。というのも、ペンギンはある段階まで痩せると死んでしまったからである。」

フォークランド諸島のキングペンギンを生きたままヨーロッパに運ぼうという試みは、この八九年後イギリス人の手によって成就する。ともあれ、著名な数学者でもあったブーガンヴィルが科学者の眼でとらえたペンギンの姿は、その出版物を通して少しずつヨーロッパ全体の常識として浸透していった。

一七六八年以降三次にわたって広く太平洋と「南の海」とを調査したクックの航海が、この新しいペンギン・イメージを決定的なものにする。クックはオーストラリアが「未知の南方大陸」ではないことを立証したが、その過程で多くのペンギンに出会い、この鳥が「南方大陸」を探す重要な手がかり、あるいは「目印」になることをも証明したのである。また、クックに同行した著名な博物学者たちの手によって、この鳥の形態や生態に科学的分析のメスが初めて入れられた意義も大きい。これ以後、ペンギンは「未知の南方大陸」を象徴する生きものとしての地位を得る。

クックの三回にわたる探検航海は、現在では一般に「科学的探検航海の嚆矢」とみなされている。一六世紀のドレイクやキャヴェンディッシュから一八世紀のジョージ・アンスンの太平洋航海（一七四一―四三年）にいたるイギリス人航海者による一連の業績は、よくいえば「通商破壊作戦」の一環であり、わるくいえば私掠船による掠奪＝海賊行為にすぎない。これに対してクックの航海は、第一回のそれ（金星の蝕の観測と博物学的調査・研究）に象徴されるように、表向きはあくまでも政治や経済とは無縁の学問的目的をもったものだった。事実、一七七一年七月一三日、二年一一カ月におよぶ航海の末、クック率いるエンデヴァ号が第一回探検を終えてイギリスに帰還した直後、世間の耳目を集めたのは指揮官クックではなく、二人の博物学者ジョセフ・バンクスとダニエル・カール・ソランダーだった。彼らは、それまでヨーロッパでは知られていなかった一〇〇〇種以上の植物を発見し、一万七〇〇〇以上の植物標本、五〇〇以上の魚、同じく五〇〇以上の鳥の標本、無数の昆虫類の標本を携えて凱旋した。また、彼らに同行した画家シドニー・パーキンスが描いた一二〇〇点以上の風景画・動植物画は、当時興隆しつつあった博物学に多大の貢献をした。
バンクスとソランダー共通の友人であった博物学者ジョン・エリスから詳しい報告をうけたリンネは、オーストラリアのニュー・サウス・ウェールズ地方をバンクシャーと名づけるべきだと提案したり、バンクスを記念する銅像を全ての植物学者の連名で建立すべきだと主張したりした。ロンドンでは、一時、あらゆる新聞がバンクスとソランダーの業績や人となりを紙面で特集した。彼らの著作は争って読まれた。大好評を博した航海記の中で、バンクスはペンギンを次のように描いている。
「風が強く、船は依然として直進中である。そんなおり、南の海を往来する船乗りたちにペンギンとよばれている鳥の群れに初めて出会った。それはアルカ・ピカ（オオハシウミガラス）とほぼ同じ大きさで、姿もよく似ている。しかし顔の上部に縞模様が入っているのですぐに識別できる。またそのおそろしくかん高い鳴き声は、私が知るいかなる海鳥とも異なっていた。」（一七六九年一月、フォークランド諸島西部）
「その海岸には…（中略）…ジョン・ナールボロー卿によってペンギンとよばれる鳥も何羽か姿を見せた。その羽毛、特に翼の部分の羽毛が、やや形状はちがうものの魚のうろこに近いことから、この生きものは鳥と魚の中間的存在だといえる。」（一七七〇年三月、ニュージーランド南島）
しかし、ペンギンについて見る限り、第二回航海（一七七三—七五年）に随行したスコットランド系プロイセン人の博物学者フォルスター父子の方が、より重要な業績を残している。喜望峰—ニュージーランド—南極圏—南米南端を巡る世界周航の途上で、フォルスターは何種類ものペンギンを観察し、それらを記録している。特に、一七八一年、ゲッティンゲン大学から出版した論文『南極にすむ飛べない鳥の属について』の中で、ヨハン・ライン木ルト・フォルスター（父）は、亜南極から南極圏にかけて生息するジェンツーペンギンとヒゲペンギンについて初めて科学的分析を加えた。この論文はラテン語版のみで各国語に翻訳されることがなかったため、専門家以外に知られることは少なく、現在でもペンギンに関する一般書の中ではほとんど紹介されていない。しかし、南極圏に分布するものも含め七種のペンギン（キング、ジェンツー、ヒゲ、イワトビ、コガタ、マゼラン、ケープ）について科学的論考の光を初めてあてたという意味で、ペンギンに関する科学論文の嚆矢といってよい。事実、キングとケープ以外の五種については、科学的記述の初出として、フォルスターが「記載者」であることが国際的に認められている。

一方、息子のゲオルク・フォルスターは、クックに同行した探検航海の記録『世界周航記』（一七七七年、三島憲一・山本尤訳）を通じて、一般読者にペンギンの生態をわかりやすく伝えることに貢献した。

「二七日は完璧な無風状態になったので、ボートを出してペンギンとミズナギドリの猟に出かけた。ペンギンはなかなかつかまりにくかったものの、この鳥のすばやさとその多様な動きを楽しむことができた。例を挙げれば、彼らはものすごく長いこと水の中に潜っている。そして浮き上がってきたかと思うと、信じられないぐらいすぐにまた潜り、まっすぐに遠くまで行ってしまい、たちどころに射程距離外に出るので、撃つのをあきらめざるを得なくなる。ある時ようやく、すぐ近くの狙い撃ちできるところまで来たことがあるが、正確に狙い、一〇回以上も散弾を浴びせたのに、効き目がなかったので、普通の銃弾で撃ち殺さねばならなかった。引き上げてみてわかったのだが、翼が厚くぬるぬるしているために、散弾は跳ね返ってしまっていた。というのもこの鳥は、鳥と両棲類のいわば中間の存在で、細長い羽がすきまなく鱗のように重なったものすごく分厚い翼をもっていて、長く水の中にいても、水や冷えから十分に身を守れるようになっているのだ。その上に自然はペンギンに厚い肌を恵んでいて、翼を覆う脂肪分と並んで、ずっと冬が続くこの海域の厳しい自然に耐えられるようになっていた。」

一七七五年一月一七日、クック一行はサウスジョージア島に上陸し、これまで見た中で最も大きなペンギンに出会う。

「またこの地域にはとてつもなく大きなペンギンの一団がいた。重さは四〇ポンドは下らず、長さは三九シギリス・ツォル。大きい腹の全体に脂がのっていた。頭の両側には、黒い縁で囲まれたオレンジ色の楕円形の斑紋がついていた。…（中略）…ペンギンは、私たちが棒でかたっぱしから打ち倒して行ったのに、なおもまったく怖がらず、最初のうちは逃げようともしなかった。船に戻って調べてみると、この種類のペンギンはすでにペナンが『哲学通報』でパタゴニア・ペンギンの名をつけて報告しており、またフォークランド島で黄色ペンギンとか王様ペンギンと呼ばれているものとたぶん同じであることが分かった。」

フォルスターはこの「パタゴニア・ペンギン」のスケッチを残している。それは明らかにキン

18 世紀中頃—19 世紀前半のキングペンギン図その①。『哲学的考察』トーマス・ペナント著の挿絵。銅版画。1768 年（54）

18 世紀中頃—19 世紀前半のキングペンギン図その②。『アニマル・キングダム』の挿絵。下はウミガラス。銅版画、手彩色。19 世紀前半

18世紀中頃―19世紀前半のキングペンギン図　その③。『エンサイクロペディア・ブリタニカ』の挿絵。1842年版。銅版画、手彩色

グペンギンの特徴をはっきりとらえたものだったが、後の航海者や博物学者は、しばしばより大型で南極にしかいないエンペラーペンギンと混同した。この誤解は一八四四年まで続く。それ以後、キングとエンペラーは別種であることが認められるようになった。しかしやっかいなことに、フォルスターの名はエンペラーペンギンの学名アプテノディテス・フォルステリ（*Aptenodytes forsteri*）の種小名として残ることになり、その結果、現在でもエンペラーペンギンの第一発見者はフォルスターであると誤解する人があとをたたない。

それはともかく、ゲオルク・フォルスターの『世界周航記』は大成功をおさめ、優秀な自然科学者としての名声を得た彼は、二三歳までの間に「ベルリン自然研究友の会」、マドリッドの王立薬事アカデ

ミー、ロンドンの王立協会の会員に選ばれた。後に、アレクサンダー・フォン・フンボルトは、ゲオルクとともにライン地方からブラバン地方にかけての調査旅行を実施する。その旅を通じてフンボルトはゲオルクから調査旅行の方法を実地に学びとったといわれている。

しかし、クックの航海をバンクスやフォルスター父子の業績、つまり学問的・科学的貢献という面だけで評価するのは十分ではない。そもそもクックに探検航海を命じたのは王立協会ではなく海軍本部である。第一回航海の時に海軍本部からクックに手交された「極秘訓令」には次のようにある。

「ひとつの大陸ないしは大きな陸地が、国王陛下の船ドルフィン号のウォリス船長の最近の小論ないしは同様のものを求めた従来の他の航海者たちの論稿に述べられた地方の南に見出されるであろうと想像される理由が存する。したがって貴官は、国王陛下の御希望に従い、遊星ヴィナス通過の観測が終わりしだい出帆して、つぎの訓令に従うよう指示、命令する。貴官は上記大陸を発見するため、同大陸を発見せざるかぎり南緯四〇度に到着するまで南進せよ。しかしながらもし大陸を発見できず、またそれが存在する兆候が見当らない場合には、さらにそれを求めて、上述の緯度と三〇度の間を、それを発見

B. ホワイトの鳥類学文献。扉。1781 年

キングペンギン図。18 世紀後半―19 世紀初にかけて、キングペンギンは「パタゴニアペンギン」と呼ばれることが多かった。B. ホワイトの鳥類学文献の挿絵。銅版画。1781 年

するまで、ないしはタスマンによって発見され、現在ニュー・ジランドと呼ばれる陸地の東岸に達するまで西進せよ。」

さらにこの文に続いて、「南方大陸」を発見した場合、その位置、地理的・生態的環境、原住民がいた場合はその「特質、気質、性向、数」をできるだけ詳しく調査・記録すること。そして、ヨーロッパ人にとって未発見の島々を見つけた場合は、必ず国王陛下の名の下に領有を宣言せよ、という指示が続く。

こうした海軍当局の思惑を知れば、クックや他の海軍軍人がペンギンについて主に二通りの記述しか残さなかった理由が理解できる。その一つは「ペンギンは陸が近いことの証」という船乗りの「常識」に発する見解だ。いくつか実例をあげよう。

「間もなくして、数羽のペンギンを見て、測深をやろうということになった。ペンギンは測深可能な水面からはめったに立ち去らない、とされるからである。しかし、一五〇フィートの糸を垂れても海底に達しなかった。」（一七七二年一二月、喜望峰沖、クック）

「ペンギンに出会うということは、付近に陸地が存在するという証拠であると思われた。しかし、われわれは数多くのペンギンを日にしたにもかかわらず、依然として一片の陸地も発見できなかった。」（一七七二年一二月、喜望峰沖、クラーク大尉）

「数羽のペンギンと一羽のヒメウミツバメを見たが、われわれはこれを氷山が近い兆候ととった。」（一七七五年一月、フエゴ島沖、クック）

クックたち船乗りが残したペンギンに関するもう一つの記録は、すでにおなじみのものだ。彼らはペンギンやウの繁殖地を見つけてはそれを襲い、大量に捕獲して食糧などにした。フエゴ島でとったペンギンの肉について、クックは「雄牛の肝臓のような味がしたが、新鮮なので、なんとか呑み込むことができた」と記している（七五年一月）。また、ケルゲレン諸島では、アザラシやペンギンを「好きなだけ殺してわれわれのランプ、その他のための脂身や脂肪層をとることができた」という（七六年一二月）。「未知の南方大陸」を求めて南の海を東奔西走する航海者たちにとって、ペンギンは依然として「天与の資源」であり続けたのである。

こうして、ペンギンはテラ・アウストラリス・インコグニタを象徴する生きものとしての性格を次第に強めていく。クックの探検航海によって、喜望峰のすぐ南に「南方大陸」がないこと、そしてオーストラリアが「南方大陸」の一部ではないことが確認されると、欧米の航海者、科学者の目はさらにその南方へと向けられることになった。そこは極寒の地。ゲオルク・フォルスターが強調したように、その「南方大陸」の住人であるペンギンは、「ずっと冬が続く厳しい自然に耐えられる」驚異的な生物として人々の脳裏に刻みつけられるようになる。そしてクックたちの報告に触発された新たな探検や企業家的冒険が企てられ、実行に移されるにしたがって、この鳥は「南極を代表する生きもの」へと変身をとげるのだ。その具体的経緯については第４章で見ることにして、次章では一八世紀以降、欧米に流布したペンギン・イメージを博物学の興隆、近代小説の誕生といった文化現象の中からいくつか抽出してみることにしよう。そこに、現代的ペンギン・イメージの原型が見出せるに違いない。

一八世紀の世界へ足を踏み入れる前に、もう一度、ヨーロッパ人に発見される前のニュージーランドに戻らなければならない。実は、二一世紀になってから、その地で静かに絶滅していたペンギンがいたことがわかったからだ。ワイタハペンギン（*Megadyptes waitaha*）と名付けられた新種（ただし絶滅種）のペンギンは、おそらく八〇〇―七〇〇年前、一三―一四世紀までにはこの世から姿を消したと推定されている。

そのことに気づいたのはノルウェーの研究者、サンネ・ブッセンコール博士。発見の瞬間を、彼女は次のように記している。

「あるDNA分析の結果を同僚と見たときのことは今でも鮮明に思い出す。それはニュージーランドで発見された古代ペンギンの骨のDNAだった。最初はぐちゃぐちゃでよくわからないデータだと思った。だが、数分もしないうちに、予想もしなかったものを目にしているのに気づいたのだ。」

ブッセンコール博士は、残された昔のペンギンの骨からDNAを抽出し、それを現生ペンギンのDNAと比較するという技法を用いて、ペンギンの個体数変動や分布の変化を推定する研究を進めていた。彼女がターゲットに選んだのはニュージーランドの固有種、キガシラペンギン（*Megadyptes antipodes*）。一九七〇年代以降、個体数が急速に減少していることが明らかになり、絶滅危惧種に指定され、ニュージーランド国内で保全活動が活発化して世界的にもその動向が注目されていた。二〇二〇年現在、総個体数は一六〇〇つがいほどだと推計されている。彼女の研究目的はキガシラペンギン減少の背景とそのメカニズムの検証にあった。

そこで、研究グループは三つの異なる時代の「キガシラペンギンの骨」を収集し、そのDNAを比較することにした。第一のサンプルは「ニュージーランドに最初に定住したポリネシア人の遺跡から発掘された約一〇〇〇年前のキガシラペンギンの骨」。第二は「一〇〇年前の標本」、第三は「現代の標本」である。その結果は、グループの予想を大きく裏切るものだった。

「ニュージーランド本土で発掘された一〇〇〇年前の骨は、実はキガシラペンギンのものではなかった。それどころか、ずっと科学の手を逃れ続けていた新種の骨だったのだ。古生物学者トレヴァー・ワーシーとポール・スコフィールドが分析した結果、DNAの違いだけでなく、姿形や大きさの違いもわかった。新種の発見は確かなものとなり、ニュージーランドの最も古い先住民族ワイタハ族にちなんでワイタハペンギンと名付けられた。」

この研究結果は、二〇〇八―二〇一〇年にかけて合計六つの論文として発表され、関係者の間で大きな話題となった。ポイントは二つ。人類出現以来、絶滅した「ペンギン」はオオウミガラスだけだ

キガシラペンギンはニュージーランドの固有種。頭部の黄色い羽毛と黄色い眼が特徴。1992年、上田撮影

ニュージーランド、ダニーデン市内のレンガ壁に描かれたキガシラペンギン。国民に愛されている。2019年、上田撮影

という「神話」が崩されたこと。しかも、ワイタハペンギンを絶滅させたのもどうやら人間だったらしいという事実だ。

ブッセンコール博士は、ワイタハペンギン絶滅の経緯を次のように推定している。

「残念ながらワイタハペンギンはもはや存在しない。およそ一〇〇〇年前に太平洋諸島からニュージーランドに初めて人間がたどり着いてから二〇〇―三〇〇年の間に、多くの飛べない陸生鳥類と運命を同じくして絶滅の道をたどったと思われる。初期の移住者が狩猟に頼って暮らしていたことを考えると、それも当然だろう。一般的に彼らの集落跡から発掘される竈には、陸生・海生にかかわらず、大量の動物の骨が残っている。ワイタハペンギンの骨もその一つだ。脂肪の多いペンギンの肉は栄養価の高い食糧として重宝されていたに違いない。ニュージーランドのような島国の動物種は繁殖速度が比較的遅いため、短期間に集中して狩られることにとりわけ弱い。…（中略）…特に、人間の登場まで哺乳類の陸生捕食者が存在しなかったような場合はなおさらである。」

ワイタハペンギンを絶滅させたニュージーランド先住民は文字をもたなかった。今のところ、「ペンギンらしき絵や模様」、「ペンギンのことを表現した言葉（口語）」もほとんど遺されていない。キガシラペンギンには「ホイホ」というマオリ語の呼び名が知られているが、数百年以上前に姿を消したワイタハペンギンを意味するであろうマオリ名は、全くわからない。従って、これらの経過は、遺跡からの出土品や骨など遺物の分析＝考古学的手法を用いて推定するしかなかった。

ただし、遺された骨の大きさからは、ワイタハペンギンの方がキガシラペンギンよりも少し小さかったことがわかっている。また、ＤＮＡからは、この二種が近縁種であり「キガシラペンギン属」を構成することも確かめられた。残念ながら、ワイタハペンギンがキガシラペンギンと同じような外観、例えば眼が黄色く頭部全体に黄色の羽毛があったかどうかについては、謎のままだ。

さらに、この「人間によって滅ぼされたペンギンの発見」は、現生の絶滅危惧種＝キガシラペンギンの歴史解明と保全活動の見通しについて、これまでにない新しい視点を提供することにもつながった。例えば、キガシラペンギンはいつどのようにワイタハペンギンの生態的地位＝ニッチに入ったのか？なぜすぐにワイタハペンギンのように駆逐されてしまわなかったのか？　そもそもキガシラペンギンはどこから来たのか？　そして、なぜ今になってワイタハペンギンの跡を追うように激減しているのか？これらの疑問については第6章で詳しく考えていきたい。

第3章

ペンギンズ・イン・プリント

上段右は若鳥。下段右にワタリガラスのような鳥のクチバシを描き、ペンギンのものと比較している。ジョージ・エドワーズ画、銅版画、手彩色。1745年

ペンギンという生きものがいるということを世界に知らしめ、そして「ペンギン」という呼び名そのものを世界語にしたのは欧米人である。オオウミガラスを除いて、現在知られている一八種類のペンギンたちは全て南半球、つまり非ヨーロッパ地域に生息していた。だから、南半球のペンギンたちと接していた人々＝非ヨーロッパ人の手によってこの生きものの存在が世界中にアピールされる可能性だって十分あったはずだ。しかしそうはならなかった。世界中の人々が「ペンギン」というヨーロッパ式の名称を受け入れたのである。しかも、たかだか二五〇年ほどの間に……。

多くのことが欧米化されつつある現代の世界、特に日本に住む私たちにとって、そういう状況はごく自然なもの、あるいは「所与のもの」として、とりたてて疑念をもつにあたらないことだろう。しかし、三〇〇年ほど時代を遡れば、日本人は誰一人としてこの生きものの名前はおろか、その存在すら知らなかったのだ。このことは日本以外の非ヨーロッパ地域（ただし野生ペンギンのいない所）にもほぼそのままあてはまる。つまり、ペンギンは人間が太古から慣れ親しんできた生きもの、イヌやネコやウシなどとは違って、最初から「世界史」の枠組みの中で、しかも一八世紀以降急速に認知度が高まっていった生きものだといえる。

では、なぜそうなったのだろう。近現代の歴史は、一九世紀の大英帝国や二〇世紀のアメリカ合衆国に代表される欧米優位の歴史だ。そもそも「世界史」という概念そのものがこの時代に成立した。欧米諸国はその強大な政治力、経済力、軍事力を背景に、「世界の中心」として地球上の各地域を再編成し、あらゆる分野で「グローバル・スタンダード」をうち立てようとしている。中でも最も人目をひくのは、建築・工業・交通といった文明を支える基本的技術や、外見上わかりやすい芸術・服飾といった側面だ。しかし、「ペンギン」を急速に世界語化したのは、こういう技術的・物質的パワーではない。これらの「道具」を操る思想こそが、ペンギンをグローバル・スタンダード化する原動力だった。

ヨーロッパ史の上で一八世紀は「啓蒙の世紀」だといわれる。「啓蒙」とは、人間の理性を重視し、教育と知識の普及によって無知蒙昧の状態から人々を啓発することをいう。この時代には学問・科学が尊重され、その合理的精神で古い制度が見直され、ヨーロッパ各地で社会改革が進んだ。「人権」思想が生まれ、幸福の追求や公正な社会の実現が具体的政治目標として掲げられ始めたのもこの時代だ。その変化のありさまには国や地域の政治的・経済的・社会的事情によって様々なバリエーションがあったが、啓蒙思想そのものはそういう枠組みを超えて全ヨーロッパ的広がり、共通性をもっていた。

西洋史家弓削尚子は、これを「啓蒙のヨーロッパ」とよび、この時代の代表的コスモポリタンとしてゲオルク・フォルスターを紹介している。「調査旅行と自然科学研究、著作活動、教授職と革命への参加。フォルスターの人生には『啓蒙の世紀』を象徴する活動が凝縮されている。」

すでに見たように、ゲオルクは高名な自然科学者であった父とともに一〇代でクックの第二回探検航海に参加し、ペンギンの科学的研究に大きな貢献をした。一八世紀のヨーロッパでは貴族と富裕な市民層、特に知識人の間で「知の大転換」が進んでいたのである。その中心にあったのがナチュラル・ヒストリー、すなわち博物学（自然史）だった。

クックの第一回探検航海に同行したバンクスとソランダーがリンネと深い関係をもち、二人の業績をリンネが絶賛するとともに、彼らが持ち帰った多くの標本やスケッチがヨーロッパ中に大きな反響をよんだことはすでにご存知の通り。一八世紀のヨーロッパには、世界中のあらゆる事物への関心が満ち満ちていたのである。その情熱は、世界中のあらゆるものの「目録」をつくることに向けられていたと言い換えてもよい。では、この情熱の源はなにか？　それは、「ヨーロッパにのみ存在し、非ヨーロッパ地域にはないもの」であったにちがいない。現在の歴史家の多くは「キリスト教信仰」こそがその熱源だったと考えている。生物学史を研究する松永俊男はこう指摘する。

「博物学にかけたリンネの情熱を支えていたのは、キリスト教信仰であった。リンネの博物学だけでなく、一八世紀の科学は宗教と一体になっていたのである。近代科学はキリスト教の中から生まれてきたのであって、これと対立するものではなかった。現在でも通俗的な科学史では科学と宗教との対立を説明することが多いが、科学史家の研究によってこの歴史解釈は大幅に修正されている。」

リンネは、自然が神によって整然と秩序正しく造られている、と確信していた。だから、世界中のあらゆるものを収集し、その目録をつくることによって自然の秩序を見出すことこそが神を賛美することになり、人間の義務であると考えた。また、神の造られたものを分類し、その一つ一つに名前をつけることが博物学の最終目標であり、その崇高な使命ゆえに博物学は最高の学問だと考えたのである。博物学の学問的基盤に関するこのような思想は、一九世紀後半にダーウィンの進化論＝無神論が登場し、浸透していくにしたがって、しだいに影響力を失っていく。逆にいえば、神の力の存在を前提とせず、あらゆる生物の進化を自然淘汰で説明することに徹したダーウィンによって、初めて近代科学としての生物学が成立したのだ。

欧米人の、そして欧米化されていった地域の「ペンギン・イメージ」は、まさに博物学の変遷と軌を一にして変化していく。一八世紀後半―一九世紀前半、知識人の間でもてはやされた博物学は、様々な出版物、展示施設、教育活動を通じてペンギンを「神の被造物のカタログ」の中に位置付け、その存在と名前とを人々の脳裏に刻みつけていった。文筆家はそれを物語＝近代小説の中にとりこみ、興行師は見世物として大衆に伝えていく。こうして、ダーウィン以前に、ペンギンは広く「飛べない海鳥」として、特に「未知の南方大陸」と結びつけられながら認知されていった。そして、一九世紀後半―二〇世紀中頃になると、ダーウィン以後に形成されていった「生物保全思想」の普及と帝国主義的探検熱の高揚の中で、注目度が高まった「南極」を象徴する生きものとして特化していくことになる。この章では、まず一九世紀中頃までの「ペンギン像」を追跡してみることにしよう。

描かれたペンギン、地名になったペンギン

ヨーロッパは一八世紀に入って本格的な「出版の時代」を迎える。一般には、一五世紀のいわゆる「グーテンベルクによる活版印刷術の発明」以降書物が普及したと信じられているが、実際にヨーロッパ人の知的活動の中に印刷された媒体が普及していくまでにはその後約三〇〇年を要した。一七世紀までの本はほとんどが宗教書で、出版者も発行部数も少ない上に、発行には教会や為政者から様々な制約が課せられた。出版されてからも、宗教上・政治上の理由で禁書目録に名を連ねることが少なくなかった。

しかし、一七世紀に日刊紙・週刊誌・月刊誌などの定期刊行物が出現し、少しずつ読者数を増やして

いくと、一八世紀には、まずスペイン、イタリアで出版に関する規制緩和が始まり、本の生産量は飛躍的に増大した。特に一八世紀後半に入ると、イギリスは植民地向け出版物の一大輸出国となり、フランス、ドイツでも世紀前半に比べ生産高が三倍に増える。ライプツィッヒで開かれたブックメッセのカタログに掲載された書籍数は、一七二三―六二年の四〇年間に比べ、一七六三―一八〇五年はその一〇倍以上に達した。本の内容も、宗教書が相対的に減少し、旅行記、探検記、小説、百科全書などが人気を博した。フランスの研究者ブリュノ・ブラセルは言う。

「旅行記や学術探検記の増加にもめざましいものがあった。これらの本は、遠い土地や未知の辺境に対する人々の興味に応えることによって、出版の世界に確固たる一部門を形成した。こうして誕生した異国趣味は、その後もますます大きな流れとなっていく。」

前章でみたブーガンヴィルやクック、バンクス、フォルスターなどの探検記がベストセラーとなったのはまさにこの時代である。それまで宗教書・学術書の類は全てラテン語で出版されていたが、この頃からこれらの出版物は、一部の例外を除きほとんど各国語の世俗言語で出回るようになる。それは、ヨーロッパ全体の識字率の向上を暗示する（ただし正確な統計はない）と同時に、「読書熱」の高まりをも反映している。ブラセルは言う。

「一八世紀は、人々が読書熱にとりつかれた時代であった。主たる読書の場は家庭だったが、読者層の拡大は図書館の発達に負うところも大きい。図書館の制度は、この分野のパイオニアであるイギリスで特に発達し、一八世紀には数百もの図書館が活動していた上に、コーヒーハウスでも多種多様な出版物に接することができた。」

一九世紀前半、「未知の南方大陸」を目指す探検航海は新たな段階に入っていたが、これらの航海者たちの記録も順次出版され、熱心な読者の手から手へと渡っていった。一八一九―二一年にかけて「南の海」の高緯度海域を航海したロシア人探検家ファジェイ・ベリングスガウゼンの航海記には、マカロニペンギンとヒゲペンギンが登場する。

「午後六時頃、いくつかの浮氷をやり過ごした後、おびただしい数のペンギンをのせた大きい浮氷に出会う。シマノフ氏とデミドフ氏の二人がボートでペンギン捕獲にむかった。二人は素手でペンギンを袋に詰め込んでいったが、仲間が捕らえられているというのに他のペンギンは氷の上に寝そべったままだった。ほんの二、三羽が海にとび込んだが、それもすぐに氷の上にもどってきた。結局三〇羽を捕らえた。私は、数羽を夕食用に調理し他の数羽を保存食糧とした上で、残りを甲板上で飼うように命じた。餌としてブタ肉を与えたが、それはすぐに失敗だとわかった。ペンギンたちはやがて衰弱し、三週間後に全て死んでしまったからである。乗組員はその皮を剝いで帽子を作り、脂肪を靴磨き用の油として使った。」（一八二〇年一月六日）

マガリャンイスの航海から三〇〇年後、イギリス海軍のフィッツ・ロイ大佐が指揮するビーグル号はフォークランド諸島に立ち寄る。この船に乗り組んでいた二二歳の若き博物学者チャールズ・ダーウィンは、一八三四年五月一九日の日記にマゼランペンギンとの出会いをこう記した。

「別の日に、ペンギン（アプテノディテス・デメルサ）と海との間に身を置いて、その習性を見、大いに楽しんだ。この鳥は勇敢で、海に達するまでは、幾回となく私に襲いかかり、私を後退させた。これを阻止するには、ひどく殴りつけるより他はない。少しでも進めば、その地点を確保して、私のすぐ前

1838 年 2 月 4 日、南極の氷山の間を進むゼリー号とアストロラーベ号。フランスの探検家、デュモン・デュルヴィルの航海記の挿絵。銅版画。1840 年代（50）

に屹然として突っ立った。…（中略）…この鳥は陸上にいる時は、頭を後方に曲げて、まるでロバのいななくような妙な大声を出すので、ロバペンギンと普通呼ばれている。…（中略）…小さな翼は、潜る時にはヒレのかわりとなるが、陸上にいる時には、前肢として働く。はう時には四肢を用いるといってさし支えなく、タサック草の茂みや、草つきの崖の斜面では、速く動くので獣類と誤られやすい。海上にあって魚を捕らえる時には、呼吸のため水面に出るが、はげしく跳躍をして、瞬間にまた潜るので、はじめてそれを見たとき、魚がたわむれて躍るのではないと断言し得る者はまずあるまい。」

有名な『ビーグル号航海記』は一八三九―四五年にかけて世に出たが、「岩波文庫版」（島地威雄訳、一九五九―六一年）ではペンギンについては二カ所しか記述がない。他の一カ所は一八三二年七月五日、プラタ河口でのできごとを記したところで「ある暗い夜、無数のアザラシとペンギンとに包囲された」とあり、セント・エルモの不思議な光がビーグル号を包む中、ペンギンが泳いだ跡が光って見えたと書き残している。ビーグル号はよく知られている通り、この後ティラ・デル・フエゴ―マゼラン海峡―チリ沿岸―ガラパゴス諸島―ニュージーランド―オーストラリア―

ケープタウンを通過し、世界周航を果たしている。他の地域のペンギンについても何かコメントがほしいところだが、残念ながらこれが全てのようだ。とはいえ、この鳥に関する記述には、大航海時代初期(一五—一六世紀)の航海者たちのそれに比べ、質・量ともに明確な違いが見られる。単なる形態上の特徴を述べた描写やペンギン狩りのこと、食糧としての適否に関する記述がほとんどなくなり、その生態、行動上の細かく客観的な記述が大部分を占めるようになっていることに気づくだろう。

コガタペンギン図。G.M. マシューズ画。リトグラフ、手彩色。1920 年

探検家たちの南方への活動はますます加速されていく。フランスのデュモン・デュルヴィルは一八二六—二九年と三七—四〇年の二度にわたり南の海を押し進み、ついに南極大陸に達する。彼は、この二回の探検航海でコガタペンギン、キガシラペンギン、アデリーペンギンの三種を観察し、詳しく報告している。コガタペンギンについては、一回目の航海でオーストラリアのフィリップ島にある生息地を訪れた(一八二六年一〇月)。史上有名なのは二回目の航海である。一八四〇年一月一九日、本船アストロラーベ号から派遣された二隻のボートは、丸一日雪と氷以外の陸地を求めて漂った末に、ついに氷の下から突き出ている黒い岩場を発見する。

アデリーランドを発見、調査するデュルヴィル一行。航海記の挿絵。銅版画。1840年代（50）

「岩場の周囲をいくつもの浮氷が複雑にとり囲んでいたため、我々のボートは辛抱強く迂回して岩に接近せざるを得なかった。浮氷の上にはペンギンたちが群れていたが、みんな動揺する様子もなく、ただぼんやり我々が通り過ぎるのをながめていた。…（中略）…この岩場の「動物王国」の主は、ペンギン以外誰もいなかった。我々は注意深くあたりを探しまわったが、貝殻一つ発見できなかった。岩は全くの裸で、コケの類も全く見当たらない。岩の表面に海草の切れ端がはりついていたが、もうすっかり乾ききっていて、おそらくだいぶ前に潮の流れにのってきたか、海鳥が運んできたものだと思われた。…（中略）…幸い岩の割れ目に小さく砕けた石がいくつもころがっていたので、これをボートに積み込むことにした。短時間のうちに、国の博物館や運のよい収集家の何人かにゆきわたるだけの石が集まった。これらの石をよく観察すると、一昨日捕らえて殺したペンギンの胃の中から出てきた石と同じものであることがわかった。」

デュルヴィルは、南緯六四度付近で発見したこの岩の小島一帯を妻の名に因んでアデリーランドと命名し、領有を宣言する。その周囲で彼らを見守り、あげくのはてに捕らえられ解剖されて標本となったペンギンたちにも同じ名前がつけられた。こうして、一八種中ただ一種、人間の女性の名で呼ばれるペンギン、アデリーペンギンが誕生した。デュルヴィル一行は、南極海の浮氷上で大きな鳥の卵を採取して持ち帰る。それは後にエンペラーペンギンの卵だということが判明する。スパークスとソーパーも指摘する通り「科学的にはこれをもってエンペラーペンギンの発見」だともいえる。しかし、エンペラーペンギンの生態を初めて明確に観察し報告したのは、イギリスのジェームズ・クラーク・ロス大佐率いる探検隊だった。

アデリーペンギン（成鳥・右）とキガシラペンギン（若鳥・左）図。デュルヴィルの報告集の挿絵。銅版画、手彩色。1840 年代（50）

ロス隊はデュルヴィル隊と同じ一八三九年、英国科学振興協会の要請に応じて海軍省が組織し、南半球の高緯度地域で地磁気観測を実施することを表向きの目的としていた。四〇年八月、停泊していたタスマニア島の港ホバートで、ロスはデュルヴィルがついに南極大陸を発見し、その一部をフランス領としたことを知る。探検航海者としての自負心と大英帝国海軍軍人としての忠誠心がデュルヴィルの発見を凌駕すべくロスをさらに南方へと向かわせた。ロス率いる二隻の調査船エレバス号とテラー号は、南極大陸につきあたるとその岸に沿って南下を続け、今日のロス海を発見する。一八四二年一月、南緯六六度の洋上を漂う浮氷の上に大きなペンギンが群れているのに出会う。

「この驚くべき鳥は、体重が六〇―七五ポンド（二七―三四キログラム）ある。…（中略）…捕らえたもののうち何羽かは生理学者や比較解剖学者に、このすばらしい生物の体のしくみを残らず解明する手がかりを与えるために、強い酢入りの樽につめて保存された。この鳥の主食は各種のカニおよびその他の甲殻類である。また、その胃の中には、花崗岩、石英、火山岩などの小石が二―一〇ポンド（一―四・五キログラム）も入っていた。…（中略）…私は当局の収集品とすべく射とめたペンギンの大部分についてその胃を検査してみた。その結果、ペンギンは岩石標本の収集家として、私にとって最良の伴侶だということに気づいたのである。なぜなら彼らの胃には往々にして小石がぎっしりつまっていたからである。」

ロスの航海記はデュルヴィルのそれとともに、ついに到達し、その存在が証明された「南極大陸」を知る最良の情報源として、博物学者はもちろん、政治家、実業家、軍人、そして帝国の発展と冒険とを夢見る大衆に喜んで迎え入れられた。また、本文に添えられた美しい図版が、遠い南の果ての荒涼とした雪と氷の世界を彷彿とさせ、そこに佇むペンギンたちの姿を生き生きと伝える効果をいかんなく発揮した。

一八―一九世紀にかけて発展をとげた博物学のすそ野を広げ、その影響力を大衆の世界観の変革にまで押し広げた重要な道具立ての一つが、出版物＝活字に寄り添う図像の存在とその進化だという点で、多くの専門家の意見はほぼ一致している。大航海時代以後のヨーロッパについていえば、見知らぬ世界

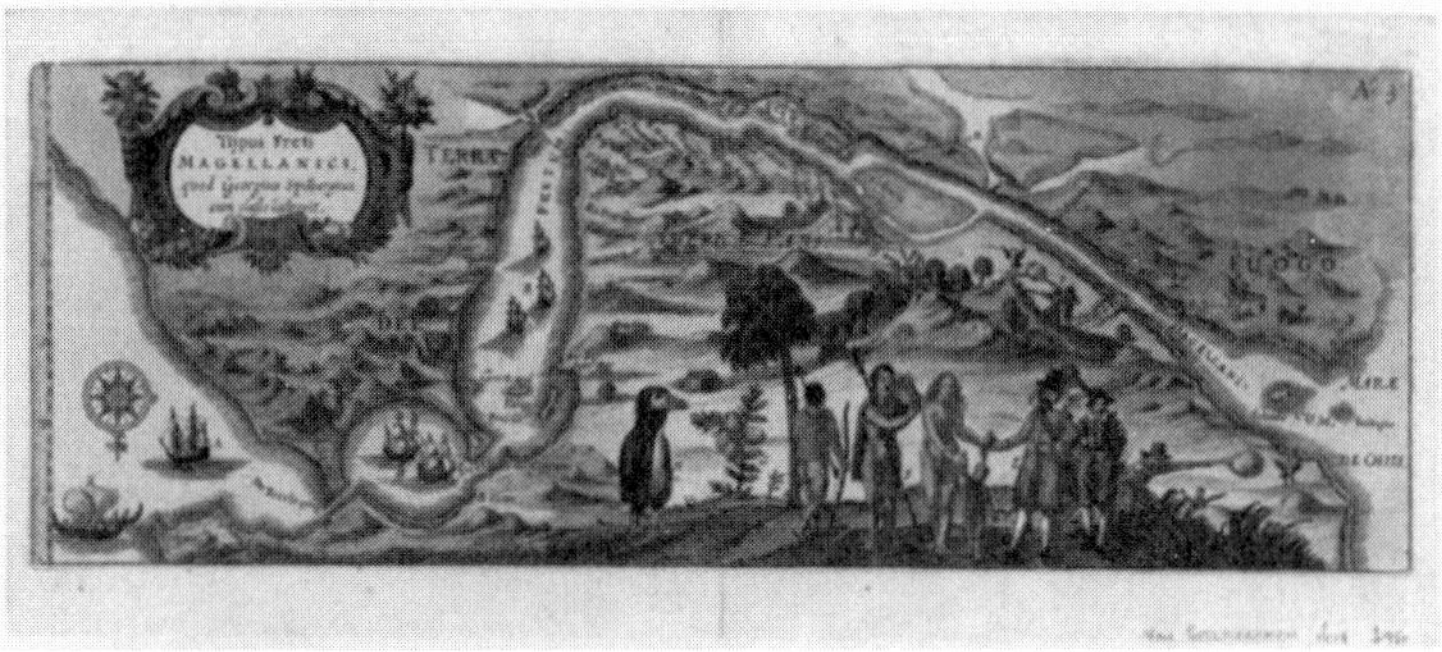

マゼラン海峡図。『新世界の歴史』テオドア・ド・ブリ編の挿絵。銅版画、手彩色。1619年

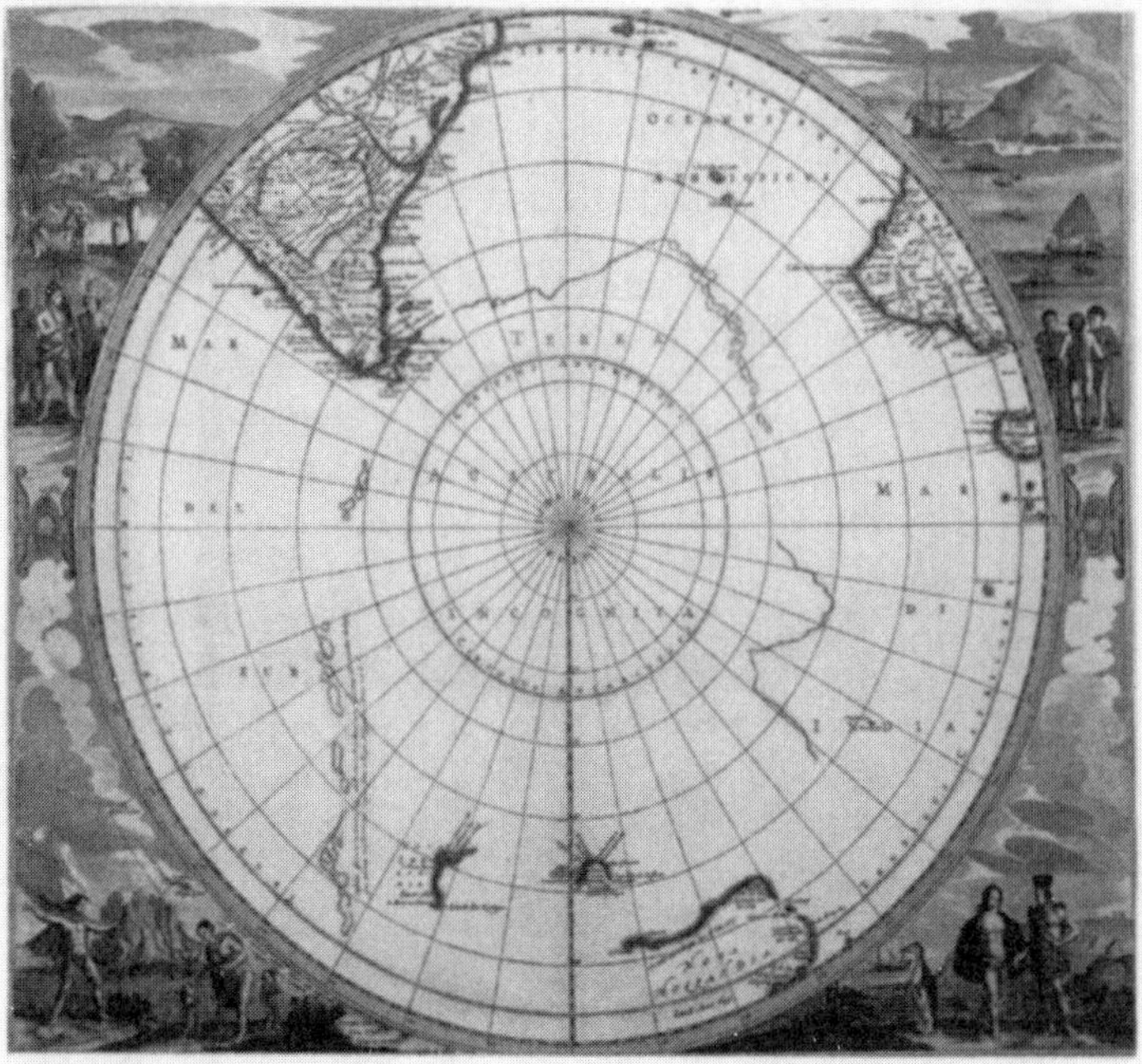

『南極図』ヘンリクス・ホンディウス作（1638年）。画面右下にペンギンとペンギン狩りの様子が描かれている。銅版画、手彩色

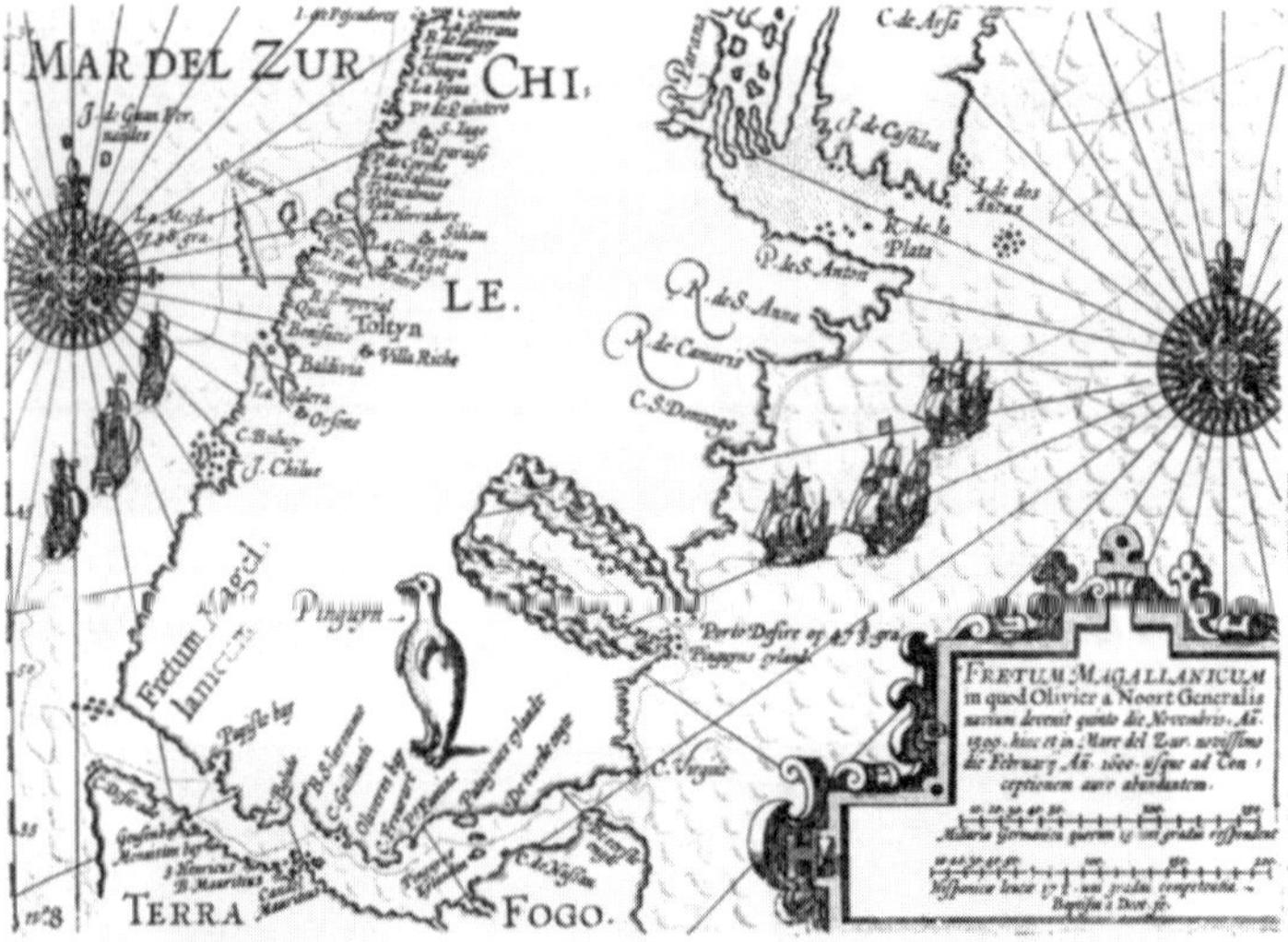

マゼラン海峡図。ノールト船隊の航路を示す。ペンギンの姿と2つの「ペンギン島」の地名が見える。『新世界の歴史』（テオドア・デ・ブリ編、1620年版）

への憧れと冒険心とを最も強く刺激した図像は、なんといっても世界図だったに違いない。地図は、旅のルートや支配領域を示すという実用的な道具であると同時に、それを描いた人物の世界観・価値観をも映し出す。また、これを使い、あるいは観る者の想像を刺激し、作図者の意図しない反応を引き出すこともある。海のかなたに視線を延ばし始めたヨーロッパ人の様々な思いが、当時の地図には反映されているのである。

　この当時の作図上の特徴について、動物地理学の研究者ウィルマ・ジョージは次のように指摘している。

　「地図製作法での装飾芸術は、偉大な一七世紀オランダの出版元、ブラーウ、ホンディウス、ヤンソンの商会でその最高レベルに達していた。…（中略）…旅行家が描いた無邪気な素描から、一七世紀ヨーロッパの高度に専門的な地図製作所で行われた特殊化した作図へのこの地図製作法の進歩は、自然環境への理解が進んだこととと、それを記録する技術が改善されたこととの反映であった。人間にとって重要な自然環境の様相を構成するものの中にあって、鳥と獣は人間に最も近い生き物として、人間を養う素材として、家畜化されていればともに生きる伴侶として、さらには野外にあっては危険の源として、特別な関心を示すに値した。…（中略）…かくして動物は、その大陸の図像表現の上で異論のない位置を獲得したのである。」

では、ペンギンはいつ地図上に現れたのか？　ジョージは「一六〇八年、王立地理学会所属のJ・ホンディウスの世界地図に、ペンギンと何羽かのオオハシが登場している」と記し、これが初出だとしている。しかし、私が知る限り、ホンディウス編のメルカトル地図帳（一六〇六年版）に収められた「マゼラン海峡図」に描かれたものが、今のところ最も古い事例である。この図は、面白いことに南北が逆になっているが、これ以後出版される「マゼラン海峡図」のいくつかはこの形式を踏襲している。例えば、一六一九年に出版されたテオドア・ド・ブリ編『新世界の歴史』に添えられた海峡図には、マゼランと先住民（パタゴン）とをじっと見つめる大きなペンギンが登場するが、この図も南が

「フォークランド諸島とパタゴニア図」。『図説アトラス―世界現代史』モントゴメリー・マーティン編の一部（90）

『世界図』ヴィレム・ブラウ作。南米南端から南東にのびる弧状列島の上にペンギンが描かれている。1665 年

上になっている。また一六〇六年の図には「ペンギン島」＝マグダネーラ島が強調して大きく描かれていることにも注意したい。

ところでジョージは「一五四七年以降、世界の動物は主として世界地図よりはむしろ地図帳の個々の地図の上に描かれた」という。ヘンリクス・ホンディウスによる『南極図』（一六三八年）、またこれを引き継いだヨハンネス・ヤンソンによる『南極図』（一六五〇年）や『ティラ・デル・フエゴ図』（一六五二年）はその好例だといえる。また、一八五一年、ロンドンとニューヨークで発売された多色刷りの地図帳『図説アトラス――世界現代史』（モントゴメリー・マーティン編）はその集大成ともいえるものだ。世界各地の地形や地名だけでなく、その地の民族や景観・動植物をあしらった八二枚の大判地図には全て詳細な解説がつき、古代から一九世紀にいたる歴史の概観、人口、産業、主な国家と

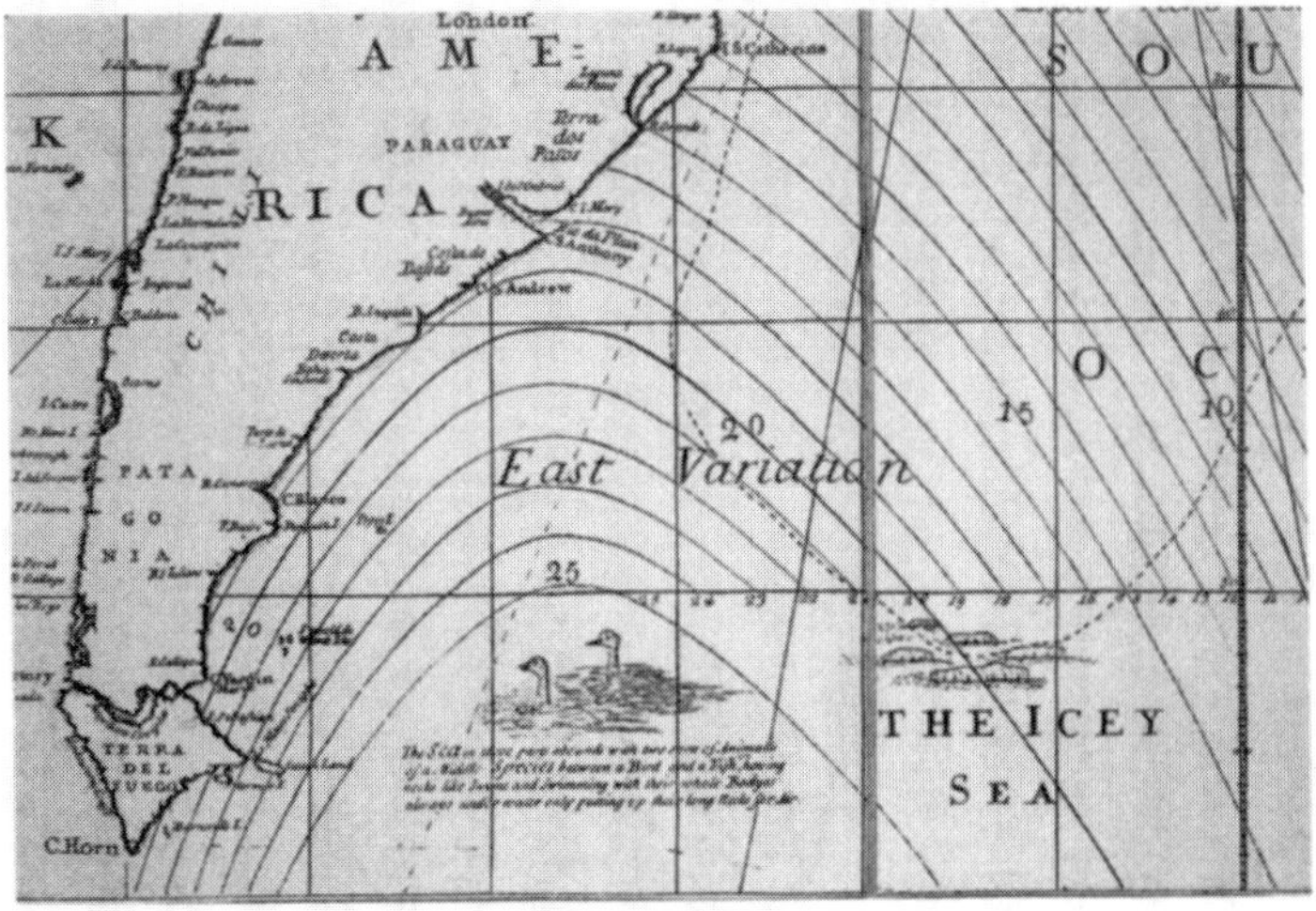

エドマンド・ハレーの世界地図に描かれた「泳ぐペンギン」(135)

その政府に関する情報が得られるようになっている。ペンギンは「西半球図」と「フォークランド諸島及びパタゴニア図」の二枚に登場する。

だとすると、ヴィレム・ブラウによって一六六五年に出された世界図はやや例外的な存在だということになるのだろうか。この世界図では、フエゴ島から南東にむかってのびる弧状列島の上にペンギンが鎮座している。ひょっとすると、これはフォークランド諸島を示しているのかもしれない。その一一五年後、世界図上に地磁気分布を描いたエドマンド・ハレーはもっと変わったことをやっている。フエゴ島東方の南大西洋上に首を水面上につき出して泳ぐ二羽の海鳥の姿を描いた上に、その絵についての解説を図上に書き込んでいるのだ。いわく「この海域では、しばしば鳥と魚の中間的な生きものが見られる。ハクチョウのような首をもち、体をいつも水面下に沈めながら長い首だけ海面上につき出して泳ぐのである」。

ハレーとは例の「ハレー彗星」で有名な科学者だが、

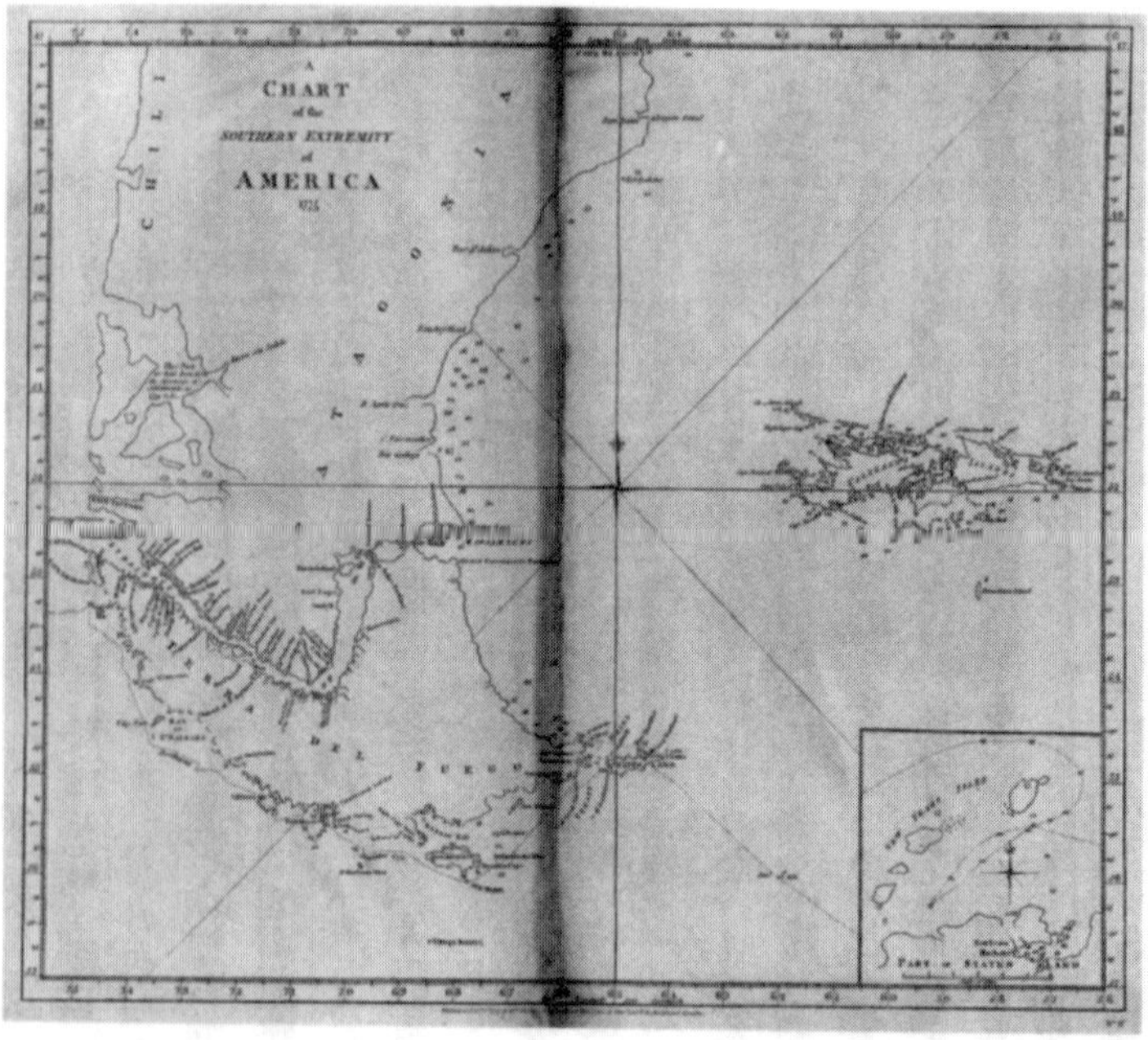

『アメリカ最南端の図』クックによる探検航海の成果をとり入れイギリスで製作された地図。1775年

彼が一七一六年に王立協会で行った演説がきっかけで「金星の太陽面通過の観測」を行うという計画が動き出したのである。ハレーの本来の意図は、この蝕を緯度の異なった地点から観測すれば太陽・地球間の距離が正確に測定できるだろうというものだった。これは、当時の天文学者の間で大きな課題となっていたのである。その結果、クックの第一回探検航海が企てられる。そして、南米南端を詳細に測量したクックの報告に基づいて、一七七五年、今度は「ペンギンの絵ぬき」の地図がロンドンで出版された。この図の北より大西洋岸に「ポートディザイアー」と「ペンギン島」の地名が記載されている。

こうして、一七—一八世紀にかけて、ペンギンは世界図や地図帳(アトラス)

に欠かすことのできない生きものとして定着していく。特に地図の場合、ペンギンの姿や名前（地名）はマゼラン海峡やティラ・デル・フエゴを中心とする南米＝パタゴニアとの組み合わせとして登場する。ペンギンはこの地域（海域）を表す代名詞として記号化されていったといってもよい。後に、一九世紀後半以降、「南極探検ブーム」の中でこのパターンが繰り返されることになる。その時ペンギンは世界図上で「南極を代表する生きもの」となり、世界中の人々の網膜に図像として焼きつけられていくのである。

博物図の誘惑

動物地理学者であるジョージが「ビュフォンの時代までに世界の地図製作法はほぼ完成していた」と言う時、その背景には、一八―一九世紀を通じてそれまで地図の世界に君臨していた動物や植物の図像が徐々に姿を消し、現在我々が目にするような地図ができあがっていったという事実が強く意識されている。地図から脱出した生きものたちは、「博物図」という新しい生息地を獲得していった。ペンギンもまた、博物図の中で個性的な世界を築いていく。

リンネとならんで一八世紀を代表する博物学の巨人ビュフォンは、半世紀にわたってパリ王立植物園総監としてヨーロッパ全体の科学者の研究動向に絶大な影響力を及ぼし続けた。特に、一七四九―六七年にかけて出版した『一般と個別の博物学』は、「新たな知」に目覚めた全てのヨーロッパ人に熱烈に支持され、迎え入れられた。荒俣宏はその理由をこう説明する。

「啓蒙の世紀と呼ばれる一八世紀のなかで、文字どおり『新しい科学』としての博物学を一般市民に向けて説いた良質の書物だったこと。そのために第二の功績が実現された。それは、ビジュアル、すなわち図像を活用したことである。…（中略）…図像の導入により、博物学はあれだけのポピュラリティーを謳歌できたといえる。」

また、リン・バーバーは博物学者における図像の威力を次のように指摘している。

「一九世紀初めに博物学流行をもたらした多くの要因のひとつとして、その視覚的魅惑というものを忘れてはならない。…（中略）…挿絵がきれいだからというだけで本を買うというのはなにかしら不道徳なことと考えられていたが、その絵が自然に関する重要かつ啓示的な真理を絵解きしているものともなれば、恵み深き創造主の『神の構想』を図解したものともなれば、立派に購入の大義名分は立つ。売りのこの重大なポイントを出版者たちが見逃すわけはなく、一八四〇年以降の博物学書で挿絵の入っていないものを見つけるのは難しい。…（中略）…加えて出版者は沢山ある印刷法の中から自由に選ぶことが可能だった。昔からの酸蝕銅版（エッチング）や彫版（エングレイヴィング）。世紀を通してそれらに石版術（リトグラフ）、多色石版術（クロモリトグラフ）、多色の板目木版画（ウッドブロック）が次々と加わり、そして写真術（フォトグラフィー）が棹尾を飾った。手彩色版でさえべらぼうに高くつくというわけではなかった。彩色師たち（婦女子が普通だった）の人件費を抑えていたからである。」

「アニメ大国」日本の底辺を支えていたのが過酷な労働条件を耐え忍ぶ多くの女性アニメーターであったことを考えると、図像の魔力を生み出す産業力の根本は、一八、一九世紀の欧米も二一世紀の日本もさして変わりがないと思えてならない。「バードマン＝鳥人」と呼ばれ、リトグラフと手彩色を駆使して豪華な鳥類図譜を多数残したイギリスのジョン・グールド（一八〇四―一八八一年）の場合も、夫が描いた原画を石版に写すのは妻エリザベスの役目だった。グールドと並ぶこの時代の代表的鳥類絵師ジョン・ジェームズ・オーデュボンもこの事情をよく心得ていて、後年、グールド夫妻の画業についてこう評したという。

「彼女は飾りっけのないなかなかの女で、二人の仕事は自然らしさには程遠いが、評判の良い仕事ではある。」

ロンドン動物学協会付属博物館の学芸員ならびに管理責任者をつとめていたジョン・グールドには三枚の「ペンギン画」がある。いずれも彼の最大の業績と評価されている『オーストラリアの鳥類』（全

ジョン・グールドのコガタペンギン図。リトグラフ、手彩色。1840-48 年

イワトビペンギン（?）図。リトグラフ、手彩色。1840-48 年

七巻＝一八四〇―四四年刊、補遺一巻＝一八八五―九六年刊）に納められている。補遺も含めると全体で六九〇点弱に達するこの博物図集は、グールド夫妻の二年間にわたるフィールド・ワークから生まれた。一八三八年、夫妻は三人の子どものうち長男ヘンリーだけを連れてオーストラリアに旅立つ。タスマニア、ニュー・サウス・ウェールズの各地を巡りながら、多くの鳥を捕らえては剝製標本を作り、精力的にデッサンを蓄えていった。この間、エリザベスはタスマニアで次男フランクリンを出産している。

帰国したグールドはすぐに『オーストラリアの鳥類』の出版準備にとりかかり、エリザベスはそのために八四枚の挿絵を仕上げ、数多くのスケッチを描いた。しかし、幼い子どもたちの世話や仕事の重圧が重なった上、第八子サラの誕生後五日間産褥熱に苦しんだ結果、エリザベスは三七歳でこの世を去る。彼女の玄孫にあたるモーリーン・ランボーンは、グールド図譜に関する著書の中でエリザベスについてこう語っている。

「キャリアウーマンという概念がまだなかったヴィクトリア朝時代のイギリスで、エリザベスは妻と芸術家という二つの役割をになう女性が抱えなければならなかった大きな問題を提示して見せてくれたのだ。エリザベスの死は夫の要求に従順なあまりの過労死だったのだろうか？　エリザベスの名前は影が薄い。彼女の死後、グールドはさらに四〇年間仕事を続け、一八八一年、グールドが死んだときには、エリザベスの貢献はほとんど忘れ去られていた。」

ところで、グールド夫妻の作品、三枚の「ペンギン画」についても少し説明を加える必要があるだろう。三点のうち二点はコガタペンギンである。このペンギンはタスマニアやオーストラリア大陸の南部海岸に広く分布している。陸上で立ち上がっても三〇センチほどしか身長がないが、その羽色は美しい

正体不明のペンギン（左端）。イギリスの博物学の教科書に登場した。銅版画。『描かれし自然あるいは動物の自然史提要』W. ビングレイ編、1814 年

青みをおびており、地元ではブルーペンギンとかリトルブルーペンギンと呼ばれることもある。図は、その青さが正確に表現されていて、しかも巣立ち間近のヒナや陸上での前傾姿勢、海上での羽ばたきといった動作が的確にとらえられている。夫妻の観察力と画力がはっきり画面に表れているといえるだろう。グールドは「荒れ狂う海に逆らっていともやすやすと泳ぐことができる。暴風になると海の底まで潜って、生い茂る海藻の森をかき分け、甲殻類や小魚、海草を探す」と解説している。

これに比べ、「イワトビペンギン」と題された作品に描かれたペンギンには生彩がない。赤いクチバシや黄色い飾り羽といった色彩は美しいが、この種のペンギンはこのような前傾姿勢をとることはほとんどない。描かれたペンギンになんとなく迫力がないのは、おそらく画家たちが生きて動いている実物を観察したのではなく、死体から作った剥製を見てスケッチしたからだろう。この標本は、タスマニアに住む友人の博物学者ロナルド・ガンのおかげで入手できた。暴風の後、島の北部に打ち上げられたものだという。しかも、画面から判断する限り、このペンギン

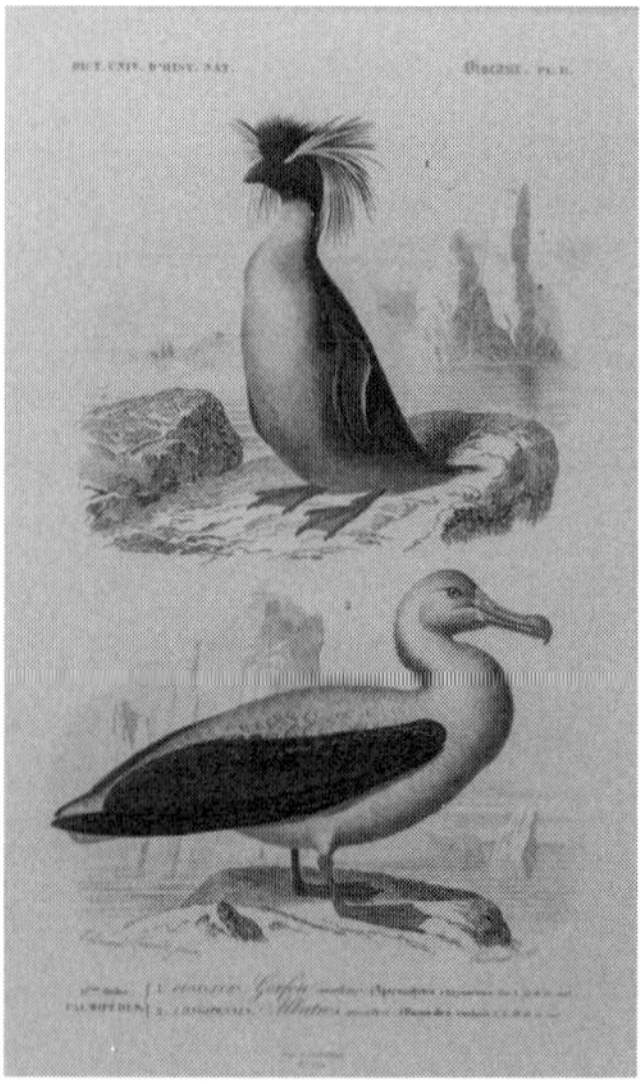

イワトビペンギン図（上）。フランスの博物事典の挿絵。エドアール・トラヴィェ画、銅版画、手彩色。1837 年

キングペンギン図（下）。銅版画、手彩色。19 世紀前半

はイワトビペンギンではない。クチバシや飾り羽の特徴からするとフィヨルドランドペンギンかスネアーズペンギンだろう。この二種はどちらもニュージーランドでしか繁殖しないことが知られている。ただ成鳥は時々オーストラリア南東部の海岸にも姿を見せることがある。グールド夫妻は幸運と良い友人とに恵まれたのである。

ただ、このような思い違いや剥製のスケッチでよしとする制作姿勢は、この時代にあっては特に目くじらを立てて糾弾するようなことではない。書籍に挿絵があるかないかということが読者の購買意欲を大きく左右した時代である。たとえ剥製であっても、「本物」を見ながら描かれたということだけで十分権威はあったし、たとえ孫引き、ひ孫引きといった引き写しの末にでっちあげられた見るからに胡散臭い図像であっても、その間違いを正確に指摘できる者などめったにいなかったのだから、そのことが大きな問題になることはほと

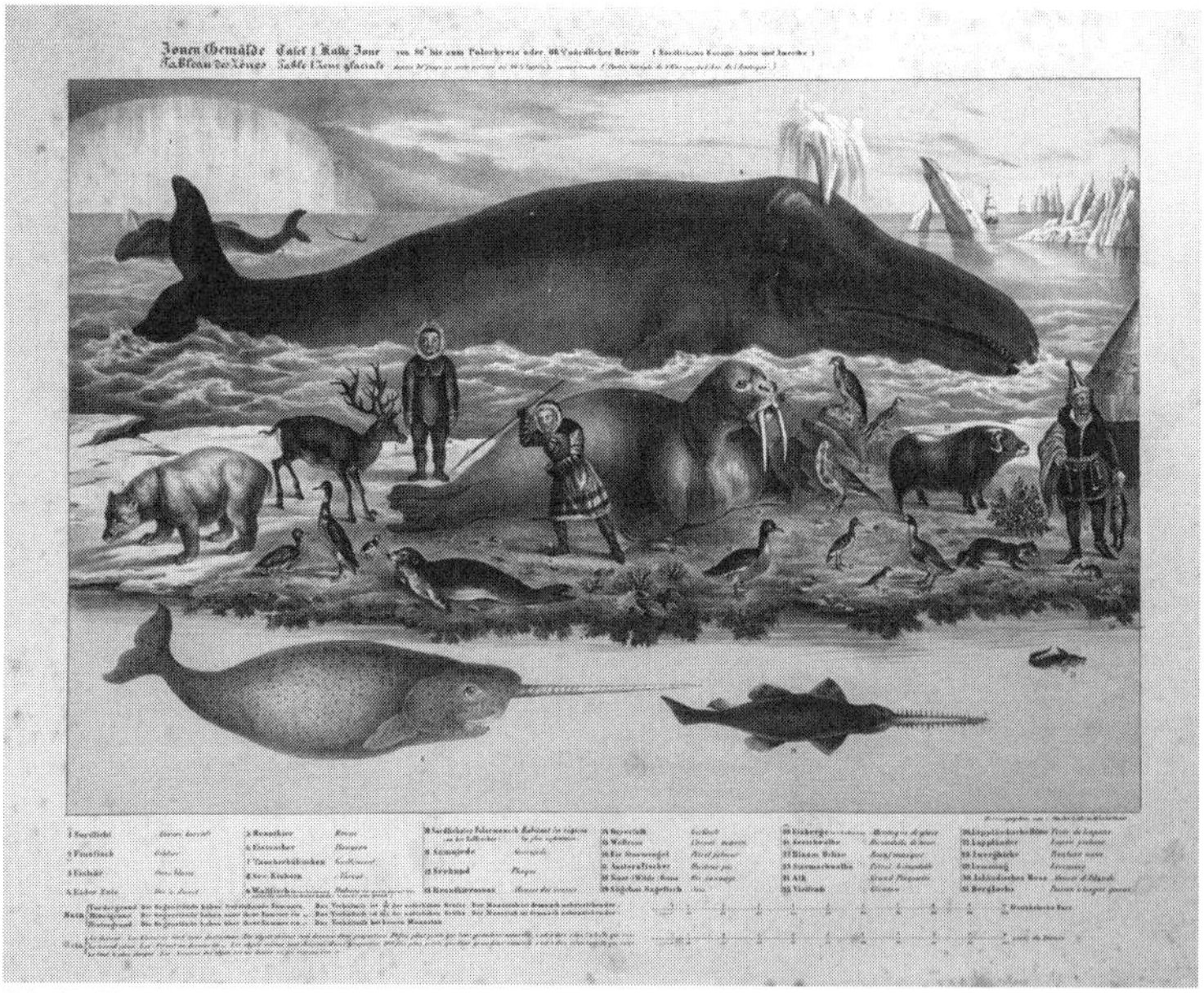

『気候帯あるいは地域ごとにみる自然史の構造』ヤコブ・エマニュエル・ショイエルマン編の「第1区」図。1837 年（89）

んどなかった。

例えば、「パタゴニアペンギン」と呼ばれたキングペンギンは、その大きさと人目をひくオレンジ色の斑紋ゆえに、南米を代表するペンギンとして多くの博物誌に図像が添えられた。しかし、一八六五年に生きた実物が初めてロンドン動物園に姿を見せるまで、不自然かつ滑稽な姿で描かれ続けた。また、一八一四年、ロンドンで出版された『描かれし自然あるいは動物の自然史提要』（W・ビングレイ編）と題する博物学の教科書には、正体不明のペンギンが出現する。これもおそらくキングペンギンを描いたつもりなのだろうが、この挿絵の解説ではイワトビペンギンを意味する「ジャンピング・ジャック」が紹介されたり、南アフリカのケープペンギン狩りのことが語られたりする。要するに、何種類ものペンギ

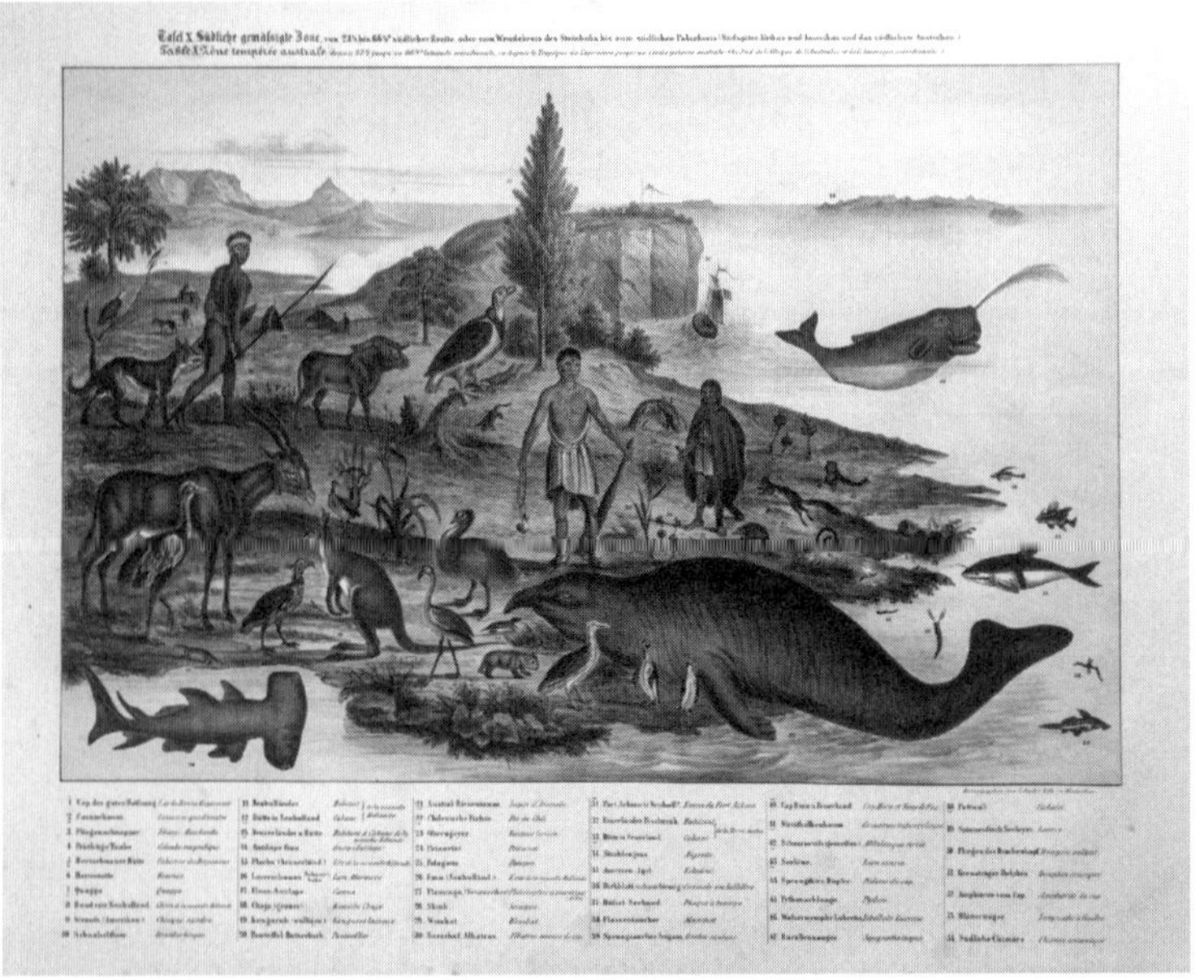

『気候帯あるいは地域ごとにみる自然史の構造』ヤコブ・エマニュエル・ショイエルマン編の「第10区」図。1837年（89）

ンの特徴がごちゃ混ぜになっているのだ。編者のビングレイはリンネ協会の会員でもあり、他にも多くの教育図書を手がけた名の通った博物学者である。

　さらに学校教育用の教材ということでいえば、一八三七年にチューリヒで出版されたリトグラフの大パノラマ画のことに触れないわけにいくまい。『気候帯あるいは地域ごとにみる自然史の構造』と題された一〇枚組の博物図には、合計七〇〇種を超える動植物、各地の民族、住居、景観が画面一杯に描き込まれている。編者であるヤコブ・エマニュエル・ショイエルマンは、同じころ人気を博していたジョセフ・デュフォーの「太平洋の自然」というパノラマ展示にヒントを得て、地球を緯線に沿って一〇本の帯状の地域（ただし北半球を七つ、南半球を三つ）に区分し、それまでに出版

19 世紀中頃以降、スイス、ドイツ、フランスで使われた自然史の教科書。「オセアニア区」にペンギンが登場する。ただし、このペンギンはジョージ・エドワーズの本（1745 年版）に描かれたケープペンギンを手本にしていると思われる。1844 年（91）

された数多くの航海記や博物図譜を参考にして一〇枚の大判博物図（縦四四センチ×横五一センチ）を完成させた。特に、クックの第三回航海に同行し、帰国後すばらしい図録を発表して評判の高かったジョン・ウェバーの作品からは大きな影響を受けている。

ていねいに手彩色された一〇枚の図は、北から順に横につなげて並べると全長五メートル以上になる。これを教室の壁面に掲示すれば、その視覚効果はいっそう高まり、優れた教育効果を発揮するだろう。図には指導者用にドイツ語とフランス語のテキストが別冊として準備されていた。ショイエルマンは、当初これをスイス国内の学校向けに限定販売し

『ケルゲレンランドのクリスマス・ハーバーの景観』ジョン・ウェバー画、銅版画。1784年（88）

たが、人気を呼んだため、一八四二年、五四年に再販して、スイス以外のドイツ語圏・フランス語圏でも流通するようになった。

ペンギンは「第一〇区」に登場し、ミナミゾウアザラシの手前にフンボルトペンギンらしき姿がある。これはかなり正確に描かれているのだが、「第一区」に出てくるオオウミガラスはどう見てもガンのなかまとしか思えない。この図の初版が出た一八三七年といえば、ヨーロッパ中の博物館長が血眼になってオオウミガラスの剝製集めに奔走していた時期だ。オオウミガラスそのものもその七年後には絶滅してしまう。ショイエルマンのこの図は「北のペンギン」に関する正確な情報が当時いかに不足していたかということを証明する貴重な実例だといってもいいだろう。

このように、この時代の博物画には時代的制約にともなう問題点がいくつかあった。しかし、続々補充される観察情報や、グールドやオーデュボンなどのようにフィールドワークを重視する優れた画家たちの作品が高い評価を得るにしたがって、「悪貨」は徐々に駆逐されていった。一方、こういった問題の背景には、一八―一九世紀の間絶えず繰り返された博物学者同士の根深い対立があったともいえる。バーバーはこれを「室内（クロゼット）派」と「野外（フィールド）派」との対立と表現し、その著書の中で一章を設けて詳しく論じている。

「室内派というのは死んだ生物を博物館や『部屋（クロゼット）』の壁の中で調べ、解剖しようとする族（うから）のこと」、「野外派というのはその名の通り、生きた生物を天然の環境の中に置いて調べようとする人々のこと」である。室内派は野外研究によって生物の体系に関わる大きな理論的業績が生まれるとは考えていなかった。だから、フィールドを重視するダーウィンが現れてその偏見を打破するまで野外研究を軽蔑し続け、しかも常に優勢を誇っていた。例えば、当時イギリスに送られたゴクラクチョウの標本は、荷造りに不便だという理由で全て両脚を切断されて送りつけられていた。室内派の博物学者の中には、この鳥には両脚がなく、一生飛び続ける、というでたらめを平気で記す者がいたのである。オオウミガラスの標本を求めた博物館長が自ら生息地を訪ねることなく、実物の生態を記述するチャンスを永久に失ったのは、このような状況を勘案すると無理もないことだったと考えざるを得ない。

しかし、博物図の教育的効用を過小評価すべきではない。ダーウィンの友人であり進化論を書くにあたって植物に関する良き相談相手となった博物学者ジョセフ・フッカーが、この世界に興味を抱くきっかけとなったできごとの一つに、ペンギンを描いたある銅版画との出会いがある。フッカーとともに副船医としてビーグル号に乗り組み、自費でその航海に参加していたダーウィンと親交を結び、後には「ダーウィンの番犬」と呼ばれるようになったレナード・ハクスリーは、フッカーの少年時代の思い出を証言している。「フッカーは父の膝に座り、クック船長の大航海の絵を見たことがある。一番気に入ったのは、ケルゲレン・ランドのクリスマス・ハーバーの版画で、海に突き出したアーチ型の岩と、ペンギンを殺す船乗りたちが描かれていた」。

この絵は、クックの第三回航海の一七七六年一二月二五―三〇日のできごとを表したものだ。クックに同行したジョン・ウェバーとウィリアム・エリスによって、五種類ほどのよく似た構図の作品が残されている。クックは、クリスマスを過ごしたケルゲレン島のこの湾を「クリスマス・ハーバー」と名づけるとともに、船員に命じてペンギンとアザラシを捕殺させた。殺したペンギンからはランプ用の油をとり、残りは食糧として塩漬けにした。

やがてビーグル号の副船医となったフッカーは夢をかなえる。クリスマス・ハーバーで発見したキングペンギンは、彼にクチバシをつかまれても平然としていた。ピーター・レイビーはこの時のフッカーの心境を短く表現している。「航海中、ケルゲレンあるいはデゾレイション島への遠征は、フッカーにとっては神聖なものだった」。

見世物の効果

こうして、博物学は印刷物の普及と図像の視覚的効果に後押しされながらますます盛行し、理解者のすそ野を広げていった。科学の大衆化が促進されたと言い換えてもよい。この点について松宮秀治はこう分析する。

「精確で美しい植物図鑑、動物図鑑、鳥類図鑑といったものは、それ自体で視覚の楽しみともなり、『科学』の知識の普及にもなってくる。この相乗効果が動物園、植物園、諸種の標本を集中させる博物館成立への諸前提を一挙に加速させることとなるのである。」

博物館でのペンギン展示ということで現在たぐることができる最も古い例は、ヴェローナにあったフランチェスコ・カルゾラーリのヴンダーカンマー（驚異物蒐集室）内部を描いた銅版画で、一六二二年のものだ。棚の上にペンギンの姿が見える。だがこれはあくまでも個人のコレクションで、大衆に公開されてはいなかったから、近代的博物館とはいえない。また、描かれているペンギンも「北のもの」か「南のもの」か判然としない。一八三〇年代まで、「北のペンギン」＝オオウミガラスの標本がヨーロッパの博物館には極めて少なかったことはすでに述べた。では「南のペンギン」はどうだったのだろう。

一七五九年一月に開館した世界初の「公立」博物館であるモンタギュー・ハウスのコレクションにペンギンの剥製があったかどうかについてははっきりしない。確かなところでは、一七七二年には公開を始めていたアシュトン・リーヴァーの博物館（後にマンチェスターからロンドンに移転してからはホロピューシコン博物館と呼ばれた）には、ペンギンの標本が展示されていたようだ。オールティックは、一七七〇年代末にこの博物館を見学したスーザン・バーニーの妹宛ての手紙を引用している。「ゴクラクチョウ、それからハチドリがとりわけ美しいものの中に入ると思うわ。何羽かペリカンがいるわ。フラミンゴ、クジャク（一羽はとても白かった）、ペンギンも」。製作年代はわからないが、ストーンとC・ライリーによるリーヴァー博物館内を描いた銅版画に、ペンギンの剥製が見てとれる。

またアメリカでは、画家、博物学者として知られたチャールズ・ウィルソン・ピールが一八二二年に開いた

ペンギンに関するサブカルチャーを概観しようとした「ペンギン本」。平凡社「コロナブックス」シリーズの一冊（168）

博物館にキングペンギンの標本があったらしい。本人が描いた博物館内部を示す二枚の絵の中に二体の剝製標本が見える。わずかこれだけの証拠で即断するのは危険だが、一八世紀以降、「南のペンギン」の標本は「北のペンギン」に比べて博物館や個人のコレクションとしてある程度流通していたのではないかと思われる。探検航海者によって皮を剝がされ、あるいは塩漬けにされたペンギンの一部が市場に流れたこともあるだろう。特にクック以後は、探検船に乗り込んだ博物学者が科学的標本として自ら直接持ち帰ることが定着したからである。

活字の中の漂流

かつて私は『ペンギン・コレクション』（一九九八年、平凡社）の一項を割き、「ペンギン文学のすすめ」と題してペンギンをテーマとする文学作品や絵本をいくつか紹介したことがある。「ペンギン文学」というジャンルが成立するという思いは今も消えていない。そして「ペンギン文学史」について語るとすれば、どの作家・作品をその始原とするかについて少しずつ調査を進めてきた。その結果、今のところダニエル・デフォー（一六六〇―一七三一年）とその二つの作品が「ペンギン文学の嚆矢」とするにふさわしいと考えている。近代小説の先駆とも評される『ロビンソン・クルーソー』を生んだデフォーこそ、この時代のペンギン・イメージを一つの定式化された表象として作品の中で用いた最初の作家であり、後続の作家たちにその作品を通じて多大な影響を及ぼしたといえるからである。そして、文学の世界に確立されたペンギン・イメージは、作家たちの筆を通じて自己保存と独自の進化の道を歩み始める。

その「最初の一歩」をながめておくことにしよう。

デフォーにペンギンを主人公とする作品があるわけではない。あの有名な『ロビンソン・クルーソー』（一七一九―二〇年、平井正穂・中野好夫訳）の中ではほんの一瞬顔を出すだけだ。

「ここにはまた、多種多様の鳥が数えきれないほどいた。かつて見たことがあるものもいれば、全然見たことのないものもいた。大多数のものは肉の味もよかった。しかし名前はペンギンと呼ばれる鳥以外はほとんど私は知らなかった。」

主人公であるロビンソンは、生まれて初めて乗った貿易船が難破し、絶海の無人島に流れついたという設定である。その彼が、南米の太平洋岸にある島にすむ鳥の名前をあれこれ知っているわけはない。「かつて見たことのあるもの」でさえ名前を言えないのだ。しかしペンギンだけははっきり呼び名を指摘している。なぜだろうか？

ここで、一八世紀初めまでに刊行されていた航海記や地図、博物図のことをもう一度思い起こしていただきたい。ペンギンは南アフリカやオーストラリア周辺でも発見され、報告されていたが、なんといっても出現頻度が高いのは南米＝パタゴニアのペンギンである。デフォーが自分の作品の読者として想定しているイギリス人たちの頭の中には、「ペンギン」と聞けば「南米」を思い浮かべる連想回路がほぼで

A NEW
VOYAGE
ROUND THE
WORLD,
BY A
COURSE never ſailed before.
BEING
A VOYAGE undertaken by ſome MERCHANTS, who afterwards propoſed the Setting up an *Eaſt-India* Company in FLANDERS.

Illuſtrated with COPPER PLATES.

LONDON:
Printed for A. BETTESWORTH, at the *Red-Lyon*, in *Pater-Noſter-Row*; and W. MEARS, at the *Lamb*, without *Temple-Bar*. M.DCC.XXV.

ダニエル・デフォー『新・世界周航記』（1715年）の扉。数点の銅版画が添えられているが、ペンギンは描かれていない（86）

き上がっていたはずだ。あるいはもう少し範囲を広げてもよい。「ペンギン」と「未知の南方大陸」、「南の海」、「南半球」という連想はもっとたやすいだろう。旅行記をたくさん読んでいるマニアであれば「絶海の孤島」、「激しい飢え」や「厳しい自然環境」をも思い浮かべるかもしれない。流れついた無人島に生息する鳥の名前としてただ一つペンギンをあげるだけで、大きな演出効果が期待できたに違いない。

デフォーはもう一つ別の物語でもペンギンを登場させている。ただ、こちらの作品は日本ではあまり知られていないので、ペンギンの描かれ方について述べる前に作品の概要を見ておくことにしよう。

「ロビンソン」の場合と同じで、この作品も本来のタイトルはとても長い。『かつて誰もたどったことがない航路を巡る世界周航、すなわち後にフランドル地方で東インド会社を設立した何人かの商人たちによって企てられた航海の記録』という。これではあまりに長いので『新・世界周航記』(一七二五年刊)と略して呼ぶことにする。

物語は「南極」と「未知の南方大陸」発見に挑んだ多くの航海者の業績に触発された主人公(無名)が、数人の仲間とともに、フランス人船長が指揮する五〇〇トンの探検船に乗り込み、「南方大陸」目指してテムズ河を出航するところから始まる。一七一三年一二月二〇日に出発した一行は、約一年四カ月後に無事帰国を果たすが、その間リオ・デ・ラプラタ—喜望峰—マダガスカル—インド—セイロン—スマトラ—シンガポール—フィリピン—ニューギニア—チリ—パタゴニアを巡り、様々な冒険をする。特にニューギニアからは南東に向かい南緯六七度まで南下して「南方大陸」を探索する。

では、肝心のペンギンはどこで登場するのか? 物語の後半、「南極探索」の航海を終え、南米に達した一行は、二手に分かれてアンデス山脈を踏査する。その間、本船はパタゴニア東岸(大西洋岸)のとある島に回航され、物資を調達しながら上陸部隊の帰りを待つことになった。

「その島にはおびただしい数のペンギンがいたので、我々はそれをなんなく捕らえることができた。(そんなわけでこの島はペンギン島と呼ばれていたのだ。)乗組員たちは大型ボートで毎日二回島との間を往復し、一回につき最低でも七〇〇〇羽のペンギンを本船に運んだ。」

お気づきの通り、この表現は一六世紀以来南米南端を通過する探検航海者たちが繰り返し書き残してきたおなじみの「ペンギン狩り」の光景である。そしてこの後、驚くべきことが起こる。ある日、本船のもとに上陸部隊が朗報をもって帰る。彼らは伝説の「黄金の湖」とそこから流れ出る川を発見し、大量の金を持ち帰ったのである。しかし、背後からは追っ手のスペイン軍が迫る。すると、本船が停泊していた島が動き始めたではないか。主人公一行はその混乱に乗じて追撃をまぬがれることができる。

動く島、大洋を浮遊する島の伝説はヨーロッパにも古くからある。しかし、デフォーが『新・世界周航記』のクライマックスで出現させた「動くペンギン島」は、時空を漂い、一八三年後、フランスの著名な作家の筆をかり別の物語の中に漂着する。作家の名はアナトール・フランス、作品はその名の通り『ペンギンの島』(一九〇七年)。アナトール・フランスが描く「ペンギンの島」は南半球ではなく北極海にある。そして、悪魔の奸計にあって同じ極北の海をさまよっていた聖マエールが上陸する。聖マエールはペンギンたちの純朴さに心を動かされ、この島に洗礼をほどこしてしまう。天上では聖マエールの行いをめぐって激論が闘わされるが、結局使者として島におもむいた大天使ラファエルは聖マエールの判断を是認し、その上ペンギンたちを人間に変身させるのである。やがてペンギンたちをのせた島は聖マエールの奇跡によってブルターニュの岸辺に曳航され、長い長い歴史を刻み始める。あたかもフランスの民が歩んだ道をたどるかのように。アナトール・フランスは母国の歴史を「ペンギン人」に託して批判的に描いたのである。

デフォーが二つの作品を通じて定着させた「南の島とペンギン」あるいは「孤島とペンギン」のイメージは、アナトール・フランスだけでなくその後多くの欧米人作家のイマジネーションをくすぐることになった。エドガー・アラン・ポーの『ナンタケット島出身のアーサー・ゴードン・ピムの物語』(一八三七―三八年)、ジュール・ヴェルヌの『二年間の休暇(十五少年漂流記)』(一八八八年)と『神秘の島』(一八七七年)、ハワード・フィリップス・ラヴクラフトの『狂気の山脈にて』(一九三六年)などはその典型的継承者だといえるだろう。

一方、『新・世界周航記』ほどペンギンが重要な役割を担っていないとはいえ、『ロビンソン・クルーソー』が世界文学史上で果たした役割は極めて重大だ。岩尾龍太郎は『ロビンソン変形譚小史』(二〇〇〇年)の中で「ロビンソン物語は、単独の作品としては…(中略)…世界文学の中で最も翻訳・模倣・簡略・改造版が多い物語である。…(中略)…ロビンソン変形譚は一九世紀にウルリヒが数えただけでも一〇〇〇に近づいていた」とその影響力の大きさを指摘している。

そもそも一七世紀末―一八世紀にかけては、虚実とり混ぜた「旅行記」・「探検記」の体裁をとる物語が氾濫した。しかし作家のほとんどは、実際にヨーロッパ以外の世界に旅した経験など全くなく、「本物の探検記」の文字情報や図像から具体的情報を収集し、それを各々の想像力を駆使して膨らませ、切り貼りしたのである。博物誌と同じくこの分野でも「室内派」が「野外派」を圧倒していた。そしていわゆる啓蒙思想家と呼ばれる人々の多くも「室内派」で占められていた。トマス・モア(一四七八―一五三三年）もその一人だが、彼が著した『ユートピア』（一五一六年）は「新世界の浮かぶ島」に理性と平等にもとづく理想郷があるという設定だ。そのスタイルは、後に旅行文学の金字塔として「ロビンソン」と並び称される『ガリヴァー旅行記』（一七二六年）を生んだジョナサン・スウィフトに踏襲されたといわれている。実際、『ユートピア』はスウィフトの愛読書だった。

それでは、やはり生涯イギリスを出なかったデフォーが著したフィクションである『ロビンソン・クルーソー』は、なぜそれほど大きな影響を後世の文学作品に及ぼしたのだろうか。岩尾はその秘密を二つのモーメントに集約させて説明している。第一は「海外へ進出して膨張するヨーロッパ人の集合体あるいは動向そのものを、ロビンソン個人のエネルギッシュな活動に置き換えて表現した」こと。そのためにデフォーは手に入る限りの純度の高い「ノンフィクション航海記」に目を通した。特に、ダンピアによってチリ西方海上のファン・フェルナンデス島に置き去りにされ、四年四カ月もの間苦難をなめた末、ロジャーズ隊によって救出され、無事イギリスに戻った実在の人物アレクサンダー・セルカーク（一六七六―一七二一年）は、ロビンソンのモデルだといわれている。第二に、一八世紀までにヨーロッパに形成されていた文学上の三つの有力な流れを、デフォーはうまく一つに絡めとり「ロビンソン」の中にまとめあげたのだという。三つの流れとは、（1）ユートピア文学、（2）幻想の異世界旅行記、（3）ピカレスク（悪漢小説）の存在である。これら既存の文学運動を継承しつつ、『ロビンソン・クルーソー』はこの運動の坩堝にはまり、それ自体が活発な坩堝となって、他の先行作品を溶解せしめていったのである」。

また岩尾は「ロビンソン変形譚史」を四つの時期（第一期＝一七二〇―六三年、第二期＝一七六三―一八一二年、第三期＝一八一二―一九〇四年、第四期＝一九〇四―現在）に区分する。その第三期に登場する一連の作品群の中に、先ほど掲げたポーやヴェルヌの作品が含まれる。これ以外にも、ハーマン・メルヴィルの『白鯨』（一八五一年）や『エンカンタダス』（一八五三年）の中にペンギンが顔を出す。そしてこの時代はまた、「子ども」が「大人」から独立した人格を獲得していく時期でもある。ジャン・ジャック・ルソー（一七一二―七八年）は有名な『エミール』（一七六二年）の中で、『ロビンソン・クルーソー』だけが唯一子どもに読ませるに値する文学作品だと言明する。これ以降、この物語はしだいに「大人の読み物」から「児童文学」へと所属ジャンルをシフトさせていくことになる。やがて現れる子ども向け絵本や冒険物語の中に、島や海、南極が登場すると、そこにはお約束のようにペンギンの姿がチラホラするのである。ただその事例については次章で見ることにしよう。

このようなわけで、私は今のところデフォーとその二つの作品から現在の「ペンギン文学」が生まれたと考えている。だが、この流れとは別に、いやむしろこのようなイギリスを源とする文学の流れを厳しく批判しつつ、かつペンギンを愛すべき生きものとして活写した作家の作品を、最後に一瞥しておきたい。その人物とはジュール・ミシュレ（一七九八―一八七四年）である。フランス革命期にパリで少年期を過ごし、やがてナポリの思想家ヴィーコと出会って歴史哲学の道に進んだミシュレを「文学者」と紋切り型に分類してはいけないのかもしれない。二月革命のなりゆきに落胆した五〇歳の歴史家が、二度目の妻アデルとともにとり組んだ「博物誌」の連作『鳥』（一八五六年）、『虫』（一八五七年）、『海』（一八六一年）、『山』（一八六八年）は、後にアナトール・フランスがペンギンに託してフランス史を語ったように、自然史という形のフランス革命史と解釈すべきなのかもしれない。

ミシュレは『海』（加賀野井秀一訳）の中で、大航海時代以来一八世紀までのイギリスの所業を厳しく批判する。「ルネサンスと大革命との二つの激動期の間には、弛緩した時代があり、そこでは精神的・身体的な衰弱を示す深刻な兆しがあらわれていた。…（中略）…チャールズ二世の治下で低迷していたイギリスは、やがてウォルポール家の泥沼をも横切るはめになるだろう。国家の衰退とともに、卑しい本能が頭をもたげてきた。『ロビンソン・クルーソー』の見事な本は、まもなくアルコール中毒症が登場するだろうことをほのめかしている……」。そして、イギリスをはじめとするヨーロッパの船乗りたちが地球上のあちこちでくり返してきた生きものたちへの暴虐を非難する。

「人間が人間に対してこのような仕打ちをしてきたのであれば、動物たちに対してもまた、とうていそれ以上に慈悲深く善良であったはずはあるまい。最も柔和な数々の種にむけてさえ、人間は恐ろしい殺戮をおこない、彼らを未来永劫、粗暴に野蛮に殺してきたのだ。およそかつての関係では、彼らは初めてわれわれと遭遇しても、いつでも信頼感と好意的な興味とをいだくだけであったということができる。…（中略）…大小のペンギンは探検家の後についてきて、住まいに出入りし、夜になると水夫の服の下に滑り込んできたものだった。」

また、一連の博物誌の中で最初に書かれた『鳥』（石川湧訳）の中では、「北のペンギン」と「南のペンギン」について度々言及し、特に「極地—魚である鳥」、「つばさ」、「つばさの小手しらべ」の三つの章では多くのページを割いて詳しく論じている。そこでも、ペンギンに対して温かいまなざしが注がれる。

「南極地方の手なし鳥も、またおとなしくて、もっと元気のよい北極地方のペンギンも、じっと動かないでいた。…（中略）…あの進化の古い時代の腹心の友である。これら自然の長子たちは、初めて彼らを見た人たちにとっては、奇怪な謎と見えたのである。彼らはおだやかな、しかし大洋のおもてと同じようにどんよりと青白い目で、この遊星の末子である人間を、古代のどん底から見つめてでもいるかのようだ。」

「どんな無学・文盲の人間でも、どんなに麻痺して鈍感な精神でも、われわれの自然博物館の陳列室に入ったら、尊敬の――むしろ畏怖の――感におそわれない者はあるまい。…（中略）…この博物館の中央、時計のあるところに立ってみたまえ。そこの左手に、南極の手なし鳥のもっているつばさの萌芽が見られるだろう。また、その北方の兄弟たるペンギンにあっては、それよりも一段だけ発達したつばさが見られるだろう。それは鱗状のひれのようなもので、そのつややかな羽毛は鳥よりもはるかに魚を思わせるものがある。地上ではまるで廃疾者である。陸地は彼にはにがてなのだ。大気はやりきれない。だがあまり同情する必要はない。先見の明ある母親は、ほとんど歩く必要のない極地の海に生きるべく彼を運命づけている。」

ミシュレとその作品は、デフォーとともに「ペンギン文学」の祖として評価すべきなのかもしれない。しかしミシュレにはデフォーにはない視点がいくつか認められる。それはペンギンを完全に「極地の鳥」と見ていること、この生きものを苦しめ利用することへの批判的立場、そして進化論的視点からの分析である。これらの見解は、ミシュレがもはや大航海時代以来の古いペンギン観を脱して、新たな価値観でこの鳥を理解しようとしている明白な証しだといえる。ミシュレの「ペンギン文学」はデフォーに続く第二世代に属すものだと考えるべきだ。

第4章

シロクマのともだち

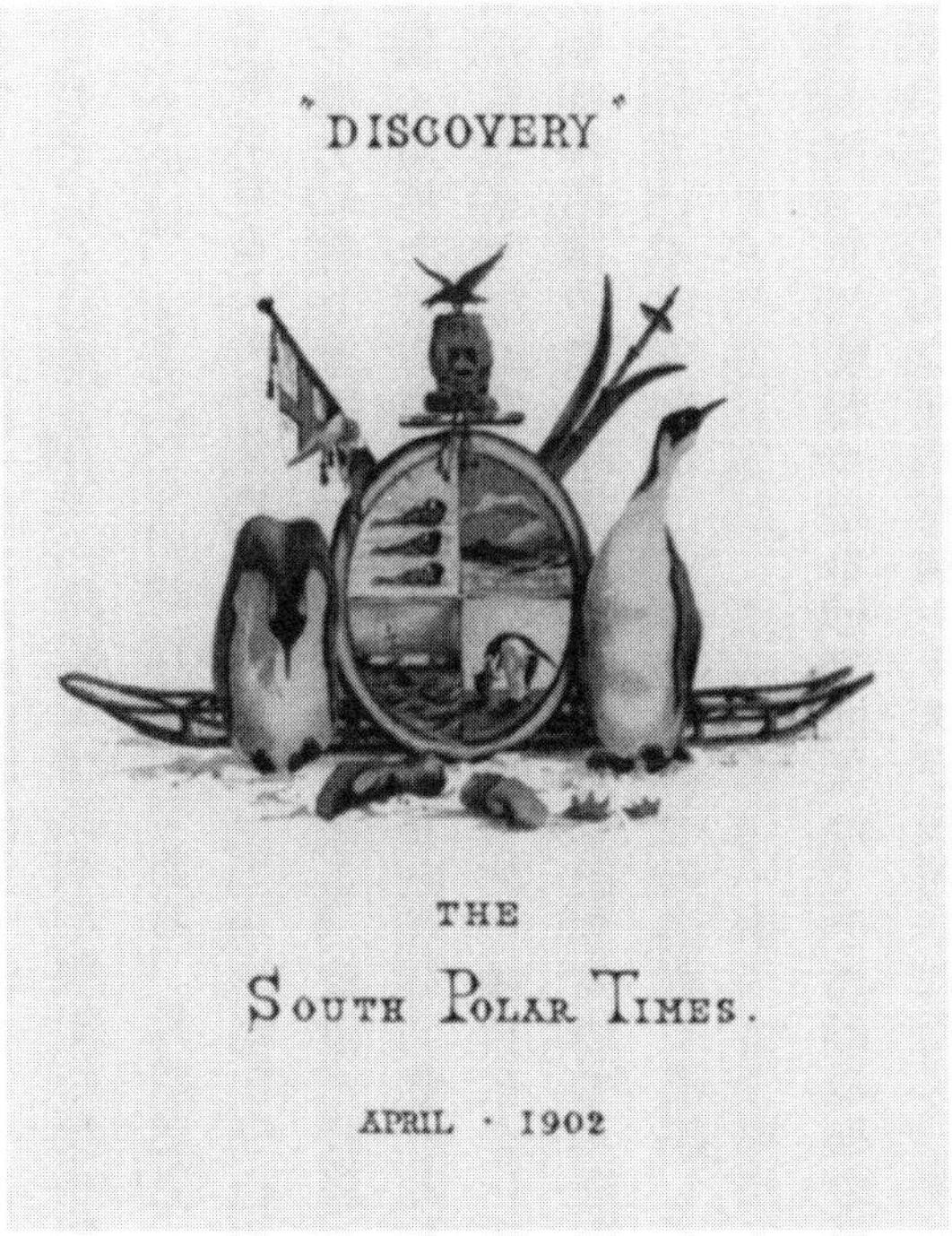

『サウス・ポーラー・タイムズ』1902年4月号、表紙（144）

一九世紀後半から二〇世紀にかけて、ペンギン・イメージは一気に南極に収斂していく。ペンギンが「南極」という言葉と分かちがたい生きものとして広く認識され、「南極を代表する生きもの」として「ペンギン」というヨーロッパ語が世界語化したのは、まさにこの時代なのである。世界史上「パクス・ブリタニカ」「パクス・アメリカーナ」と呼ばれるこの時代は、イギリス・アメリカを中心とする列強諸国によって「世界の欧米化」が急速かつ強力に押し進められた時代でもある。政治・経済・文化あらゆる分野にわたって、欧米的なものが理想・規範として強要され受容されていった。その大きな歴史的潮流の中で、野生のペンギンがいる地域にもそうでない地域にも、欧米のペンギン・イメージが浸透していった。そして、ペンギンという生きものの存在とその呼び名は「新しき白き大地」＝南極の住人として、人類の記憶回路に抜きがたく刻印されていくのである。この章ではその過程を追跡していくことにしよう。

しかし、ペンギンに向けられる人間のまなざしは一気に変わったわけではない。それどころか両極地方への関心が急速に高まり始めた一八世紀後半から本格的な極地探検レースが展開された二〇世紀初め（一九二〇年代）までの間は、それまでとは比較にならないほどの規模でペンギンが殺され、産業革命と生活改善を支える資源として利用された。つまり、この大量殺戮は「飢えた船乗り」が航海を続け、なんとか生きのびる必要に迫られてしでかしたのではない。また、科学的探検航海が頻繁に行われたので大量の「標本」が作られたためでもなかった。命知らずの冒険的企業家たちが、地球上で最も荒れることで知られる南緯四〇―六〇度の海域に足しげく通い、アザラシ、クジラ、そしてペンギンを商業目的で大量捕殺したのである。やや長くなるが、「ペンギン・ジェノサイド」の前奏曲ともなったアザラシ猟と捕鯨について少し詳しくその実情を見ておくことにしよう。

南半球、特に高緯度海域でのアザラシ猟や捕鯨のきっかけをつくったのはクックだといわれている。一七七七年に相次いで出版されたフォルスターとクックの航海記は、この海域が一攫千金を夢見る海の投機事業家にとって魅力的な猟場であることを欧米社会の隅々にまで知らしめたからだ。

ただ、欧米の冒険的猟師たちを危険な南の海域へと駆り立てた張本人はクックだけではない。一八世紀の六〇―七〇年代の国際的毛皮取引の動向が、猟師たちの背中を強く押すもう一つの力となったのである。北米大陸の植民地化でライバル関係にあったイギリスとフランスは、一七五〇年代までにほぼこの大陸のビーバーを捕りつくしていた。一方、ベーリングによる北太平洋域（シベリア―アラスカ）の探検によってこの海域に生息するラッコが発見され、オットセイも豊富であることがわかると、一八世紀後半にはこれらの毛皮の需要が一気に高まった。

英語ではオットセイのことをファーシール（毛皮アザラシ）と呼ぶ。オットセイはアザラシ類やアシカ類と違って柔らかくて光沢のある、人間の目から見ると「優良な品質」＝「商品価値が高い」毛皮をもっていると評価されたからだ。その毛皮は帽子などの防寒具に用いられたり、フェルトに加工されたり、染色されてコートの材料とされたりした。

これに加えて、商品価値の高い毛皮はもたないが、その巨体ゆえに大量の脂肪を蓄えているミナミゾウアザラシも、動物油をとる原材料としての商品価値が高まっていた。ただ、油採取を目的としたミナミゾウアザラシ猟は毛皮を目的としたオットセイ猟が資源枯渇のため下降線をたどり始めた一九世紀初めに最盛期を迎える。しかし、やがて南極海での捕鯨が過熱する二〇世紀初めには、やはり乱獲のため急激に衰えていった。

アザラシ猟船団の最初の標的となったのはサウス・ジョージア島だった。一七七八年に初めてイギリスの猟師がこの島を訪れ、その後アメリカ人が続いた。イギリスの猟師ジェームズ・ウエッデルの推計によれば、この島だけで一八二五年までの間に約一二〇万頭のオットセイが殺されたという。一七九一年までに南極周辺の海域でアザラシ猟に従事していた船舶は一〇〇隻を超える。

こうして、南の海のオットセイとアザラシは絶滅寸前まで追い詰められた。しかし、獲物の減少で採算がとれなくなったアザラシ猟船団は、やがて北太平洋海域へと猟場を移動する。難を逃れたわずかな生き残りが核となって再び小規模な海獣たちのコロニーが南の海に点在する島々に復活するまで、その後半世紀以上の歳月を要したのである。

アザラシ猟船団と入れ替わりに、今度は捕鯨船団が南極周辺の海に姿を見せる。クジラ捕りたちの南半球デビューが遅れたのにはそれなりの理由があった。

自国の捕鯨業を保護しようとするイギリスの規制や妨害をかいくぐりつつ発達したアメリカ式帆船捕鯨は、大西洋からインド洋、太平洋にも拡大し、一八四六年までの間に捕鯨船総数七三五隻、従業員七万人以上を擁する一大産業に成長し、太平洋の漁場をほぼ独占する形勢となった。しかし、乱獲によってマッコウクジラの減少が深刻化したため、アメリカ式捕鯨は一八八〇年頃までにほぼ終焉を迎える。

こうした捕鯨業の全体的衰勢には技術的問題も絡んでいた。これまで欧米の捕鯨船はセミクジラのなかまかマッコウクジラを主な獲物としていた。それは、これらのクジラが他の種類にくらべ動きが緩慢で、しかも殺してもすぐには沈んでしまわないからだった。だから、風の制約を受け、動きが遅い帆船や小型のボートでも十分投資に見合う捕殺数が確保できたのである。しかし、これらのクジラの減少でそれが不可能になると、動きが早く殺した後にすぐ海中深く沈んでしまう他の種類（例えばナガスクジラのなかま）のクジラを捕殺する新しい技術の開発が急務となった。

これを解決したのが汽船と捕鯨砲の発明である。ノルウェー人捕鯨船長スペント・フォインは一八六四年に捕鯨砲の最初の実験を行い、これを実際に汽船に積んでさらに改良を重ねた結果、一八七七年には実用化のめどがついた。

フォインが開発したノルウェー式捕鯨法はたちまち他の欧米諸国に普及していき、一八九九（明治三二）年には日本でも国産のノルウェー式捕鯨船が建造される。しかし、この新技術の普及は、同時に北半球や南半球の既存の漁場で急激な資源の枯渇をまねいた。新しい漁場を求める捕鯨船長たちは、やがて、クック以来蓄積されてきた南極海でのクジラ情報に注目するようになる。

南極海でのノルウェー式捕鯨に初めて成功したのはノルウェー人のカール・アントン・ラルセンだった。一九〇四年、サウス・ジョージア島を基地としたラルセンは、一九五頭のクジラをしとめ、鯨油八八三トンを得た。これは北極海での捕鯨成績をかなり上回る好結果だった。

一八―二〇世紀にわたり、このような経緯で繰り広げられた南極海域でのアザラシ猟と捕鯨は、この海域をすみかとするペンギンたちに重大な影響を及ぼした。船団の多くはペンギンの生息地を見つけると、大航海時代以来のペンギン狩りを再現した。ただ、掠奪の重点はペンギンそのものの肉ではなく、

ペンギンの卵を集めるアザラシ猟師たち。アザラシ猟船フェイバリット号遭難の記録に登場する「卵狩り」の図。1850年代（135）

卵と皮、そして脂肪に移っていった。アザラシ猟の船長たちは、集めたペンギンの卵をゾウアザラシからとった油に浸した上で樽に入れ、卵が壊れないように砂を流し込んで保存した。

また、フエゴ島では、ここにヨーロッパ人がやってくる前から、先住民によってペンギンの皮で装飾品やマントやポシェットが作られていた。ヨーロッパ人が姿を見せるようになってからは、それらを交換用の「商品」としたが、一九世紀の後半にはモンテビデオとブエノスアイレスの市場でマゼランペンギンの腹側の白い羽毛が生えた皮を使った女性用の装飾品が土産物として売られていた。フンボルトペンギンの皮をつかった帽子やハンドバッグ、キングペンギンの皮でできたしゃれたスリッパも船員や科学者に人気があったという。また、南大西洋のトリスタン・ダ・クーニャ島では、ここに定住したヨーロッパ系住民の手で、キタイワトビペンギンの頭部の皮を三〇枚以上縫い合わせた高価な飾り羽つきの敷物が作られた。それ以外にも、帽子、財布、バッグなどが島民の貴重な収入源となっていた。

しかし、商品価値という点ではペンギン・オイルにかなうものはない。キングペンギンともなると全身をおおう皮下脂肪の厚さは二センチにもなる。一八六七年には、ある業者が四〇万五六〇〇羽のキングペンギンから二三万五〇〇〇リットルもの油をしぼりとった。その売り値は四一一九ポンドほどになり、これは当時としては一財産以上の大金である。

ペンギン・オイルは「皮なめし」や灯油、また石鹸の材料としてつかわれた。トリスタン・ダ・クーニャでは、毎月一家族ごとに捕っていいペンギンの数が決められていた。例えば、三月には八〇羽のキタイワトビペンギンを捕り、その油は灯油として、肉は食用に、皮は装飾品の材料としてつかわれた。一羽のキタイワトビペンギンからは〇・五リットルの油が採れたという。しかし、油の質はクジラやアザラシに比べると「一ランク下」と評価されている。

ペンギンを燃料として用いるという点でいえば、もっと直接的な方法がある。肉と内臓を取り除いた本体そのものを燃やすのである。第1章のオオウミガラスの利用法のところで紹介したように、油っぽい太った海鳥の体はそれ自体がよく燃えるのだ。アザラシ猟船には必ず三足の鉄製の釜が二つ以上積み込まれていて、殺したミナミゾウアザラシの皮を分厚い脂肪層ごと数十センチ角のブロックに切り分け、この釜で茹でて油をとった。その時、燃料として準備した高価な石炭や薪を節約するため、近くにペンギンがいればそれを大量に殺して燃やしたのである。フォークランドの自然誌をまとめたイアン・ストレンジは、サウス・ジョージア島とフォークランド諸島での例を次のように述べる。

鉄製三足釜とアザラシ猟用の銛（145）

「アメリカのアザラシ猟船ジェネラル・ノックス号は、一八二〇年、フォークランド諸島のウエスト・ポイント島でペンギン猟をした。しかし、この時はペンギン油をとることが目的ではなく、おそらく捕ったペンギンは全て船に積まれている鉄製釜の燃料としてつかわれたに違いない。これ以前にも、ペンギン皮がミナミゾウアザラシから油をとる燃料としてサウス・ジョージア島のアザラシ猟師たちにつかわれていたという記録がある。このことはそのままフォークランド諸島にもあてはまるだろう。」

ペンギン釜ゆで事件

この時代、ペンギンと人間との間に起こった変化を、もう少し具体的な二つの事例に沿って観察することにしよう。一つ目はフォークランド諸島にすむ四種（キング、ジェンツー、ミナミイワトビ、マゼラン）のペンギンたちの身の上について。もう一つは「ペンギン史」上有名なジョセフ・ハッチとマックォーリー島のロイヤルペンギンをめぐる「ペンギン釜ゆで事件」について。

一六世紀末、一五九二年と九四年にジョン・デイヴィス、リチャード・ホーキンスによって初めてその正確な所在が確認されたフォークランド諸島は、その後「南の海」と東西両ルートでアジアにむかう欧米の船乗りたちにとって、最も重要な中継拠点として利用されるようになる。一六九〇年にジョン・ストロングが指揮するウェルノェア号で上陸したイギリスのリチャード・サイモンは、浜辺で「先住民」の出迎えをうけた。「この島の住人、と呼んでいいと思うのだが、その数はとてつもなく多い。ペンギンたち（アヒルより大きい鳥）が我々一行をまっ先に歓迎してくれた。海岸の岩場に打ち寄せる大波もろとも上陸したペンギンたちは、すっくと立ち上がると、あたりをおもむろに見回し、実にていねいに何度もおじぎを繰り返すのである」。

これはおそらくミナミイワトビペンギンのことだろう。イギリスの船乗りは、激しい怒濤とともに岩場に打ち寄せられ、泡立つ波しぶきの中をとび跳ねながら上陸するこのペンギンを「ジャンピング・ジャック」とか「ジャンパー」と呼んだ。この上陸地点を、ストロングはフォークランド湾と命名したが、これが後（一七〇八年）に、ウッズ・ロジャーズによって大小二〇〇以上の島々からなるこの群島全体の名称となった。一八世紀中頃（一八四〇―四四年）、世界周航を果たしたジョージ・アンスンは、その航海記の中で、フォークランド諸島の詳しい調査と入植とを本格的に進めるよう提案する。

一方、一七六四年、フランスのブーガンヴィルが持ち込んだウシ五〇頭、ウマ六頭が、八二年までの間に各々六二四頭、五〇頭に増え、それがさらに六年後には二一八〇頭、一一六頭と増えていた。この情報を聞いたフランス国王ルイ一五世は、この島が有力な家畜の供給地となると考え、スペインを通じて（当時スペインはブルボン朝の支配下にあった）ポート・ソルダードに総督府を置いた。これは一七六七―一八一〇年まで続き、ブルボン朝が倒れ南米にアルゼンチンが独立すると、一八二〇―三二年まで再び総督府が置かれた。この間、イギリスの支配権は一時中断したが、一八三三年以降再びそれを奪還して現在にいたっている。ペンギンたちは、その後移入されたヒツジやウサギを加え、増え続けた家畜と牧場とによって繁殖地をしだいに奪われていった。

それだけではなかった。一九世紀後半以降、島民による卵狩りが恒例行事化したのである。例えば、一一月一九日のロンドン市長就任記念日には全島民こぞって卵狩りに出かける。ジェンツーペンギンのコロニーから一度に一万三〇〇〇個もの卵が集められた。卵狩りシーズンには一家総出で荷車を押し、大きなバスケットと弁当を持ってペンギンの繁殖地にむかう。中心都市スタンレー近くにあるミナミイワトビペンギンのコロニーのいくつかは、いつの間にか消滅してしまった。フォークランド諸島全域では、住民一人が一年間に平均八一個のペンギンの卵を消費したという。中でも、ジェンツーペンギンの卵はたいへんおいしいので人気があった。しかし、採れる卵の量は年々減り続ける。キッドニー島では一九一一年に八万五〇〇〇個もの卵が集まったが、五二年になると必死で探しても一〇〇個しか見つからなかったという。一九二〇年代後半から三〇年代にかけてフォークランドを訪れた動物学者ハリソン・マシューズは、島民の好みを聞き、自分自身も食べてみた結果、マゼランよりはミナミイワトビの、そしてミナミイワトビよりはジェンツーの卵の方がおいしかったと判定している。

さて、一八世紀後半になると、アザラシ猟船や捕鯨船が島のあちこちに出没し、入植者の生活をおびやかすようになる。一七八四年にはアメリカのアザラシ猟船が一万三〇〇〇枚のオットセイ皮をとっていった。九四年には、オットセイ皮やアザラシ油を積んだイギリスの捕鯨船がエグモント港やルイ港に入り、入港してくる他の船にそれらを売りさばいている。このような動きは一九世紀に入るとますます頻繁になった。特にアメリカの船による密猟が横行するようになる。乗組員一二〇―一三〇人、三〇〇―四〇〇トンの帆船でやってきては入植者の目を盗んでオットセイやアザラシを殺し、ペンギンの卵を奪った。被害額は毎年一万―一万五〇〇〇ポンドにものぼったという。総督は小舟を雇って密猟を監視させたが、あまり効果はなかった。しかし、アメリカの捕鯨船による蛮行は南北戦争後には影をひそめ、アメリカ式捕鯨の衰退とともに一八七〇年までには完全に終息する。

一方、島民によるペンギン・オイルの生産は、この密猟が横行した一八四〇年代後半から始まった。ペンギンやアザラシから油をとる方法を島民に教えたのは、どうやらアメリカの密猟者らしい。フォークランド諸島東部では、一八六六年にペンギン狩りが許可制になったので油の生産は下火になった。しかし、西部に散在する小島にはペンギンの繁殖地や個体数が多かったため、何の制限も加えられなかった。それどころか、六七年、時の総督ウィリアム・C・F・ロビンソンはペンギン・オイルの輸出にふみきった。六四―六六年の二年間にポートスタンレーに運び込まれた油の総量が六万三〇〇〇ガロンに達し、十分利益を確保できると考えたのだ。私有地での油生産には何の制約もなかったが、八〇〇〇ガロンにつき一〇ポンドの税が課せられた。それでも、六七年の内に、ポートスタンレーのペンギン・オイルの総備蓄量は一三万八〇〇〇ガロンに倍増したのである。しかし、「ペンギン・オイル産業（当時実際にそう呼ばれていた）」はペンギンの乱獲のため四年後には行き詰まる。それでもなお五年間の休止期間を置いて、さらに一八八〇年まで続けられた。

前述のイアン・ストレンジによれば、油を搾りとられたのは主にミナミイワトビペンギンで、ジェンツーとキングも犠牲になったらしい。ミナミイワトビの場合、上手にやれば八羽で一ガロンの油がとれたという。七六―八〇年までの四年間に輸出された油の量は三万九七七六ガロンだから、この間だけで約三二万羽のペンギンが殺されたことになる。ペンギン・オイル産業が栄えた一六年間を通してみると、約五〇〇万羽が犠牲になった計算だ。ミナミイワトビの六つの島の繁殖地が全滅し、ジェンツーとキングのコロニーも手痛い打撃を受けた。フォークランド史を著したメアリー・コーケルによれば、キングペンギンの繁殖地がかつての賑わいをとり戻したのは一九五〇年代のことだという。ペンギンから油をとるための釜を据えつけた作業小屋の跡は、今も島のあちこちで見ることができる。その脇には、うず高く積み上げられた夥しい量のペンギンの骨が塚となってより添い、犠牲になった鳥たちの墓標となっている。

しかし、ペンギン・オイル産業をめぐる人間世界のドタバタ劇は、なんといってもマックォーリー島のジョセフ・ハッチをめぐる一件にとどめをさす。マックォーリー島はオーストラリア南方、南緯五四度三五分の南太平洋上に浮かぶ絶海の孤島である。その名は、この島が発見された一八一〇年七月当時のオーストラリア総督の名に因んだもの。発見者はアザラシ猟船パーシーヴァランス号船長フレデリック・ハッセルバーグだった。一七九八年、シドニー港を基地として始まった「アザラシ産業」は、シドニーに莫大な利益をもたらしていた。何隻ものアザラシ猟船が一攫千金を夢見る猟師たちを乗せてシドニーを出発し、ニュージーランドやオークランド諸島でオットセイやミナミゾウアザラシを大量に獲っていた。ハッセルバーグは一八一〇年一月にはキャンベル島も発見し、この海域におけるパイオニアとしてその名を知られていた。発見後わずか二年間で一二万枚以上のオットセイ皮と三五〇トン以上のアザラシ油がマックォーリー島からシドニーにもたらされた。一八一三年、シドニー在住のアンダーウッド兄弟は、島に二カ所の搾油所を設ける。以後、マックォーリー島でのアザラシ油産業は本格化した。

一八二〇年一一月二八日、この島を訪れたロシアの探検家ベリングスガウゼンは、サウス・ジョージア島と同じくこの島でもオットセイは完全に姿を消し、ミナミゾウアザラシも急速に数が減っているようだと伝えている。また、アザラシ猟師たちは、殺したゾウアザラシのヒレや舌、ペンギンの卵を主な食べものとしていること、大量のキングペンギンを殺してそれを釜でゆで、とった油をアザラシの油とは別の樽に詰めて貯蔵していることを細かく記録している。彼らが上陸したガーデン湾のキングペンギンのコロニーはほとんど消滅しているようだという表現もあるので、ペンギン・オイルの採取はアザラシ油生産とほとんど同時に始まったと考えてよいだろう。マックォーリー島史をまとめたジョン・カンプストンによれば、このころ猟師たちはペンギンの卵だけでなくその心臓や肝臓もごく普通に食べていたという。だとすれば、発見後一〇年間で殺されたペンギンの数はかなり多かったと思われる。

その後約七〇年間にわたり、この島のオットセイとアザラシは皮を剝ぎとられ油を搾りとられ続けた。同時に、毎年九―一二月のペンギンの繁殖期には何万というペンギンの卵が消費され、同じく何万というペンギンたちが釜に放り込まれたり心臓や肝臓をシチューの材料に提供させられたりした。オーストラリアやニュージーランド、特にアザラシ猟船の発進基地となったシドニーやダニーデン、インヴァーカーギルの住人の間では、マックォーリー島といえばオットセイ皮とペンギン・オイルの産地という認識が定着していたのである。だから、一八六二年、企業家として大成することを夢見てイギリスからはるばるインヴァーカーギルにやってきた二五歳のジョセフ・ハッチにとって、マックォーリー島の「アザラシ産業」は安定した魅力的な投資対象と見えたとしても決して不思議ではない。

ウシ骨粉やウサギ皮の輸出などを手がけながら五十代に入ったハッチは、一八八七年、インヴァーカーギル市の議員となり「アザラシ産業」への関心を深めていく。翌年、ジャネット・ラムゼイ号を派遣してキングペンギンの油二四トンと何羽かの生きたペンギンを持ち帰らせると、八九年には別の船（アワウラ号）をつかって島にペンギン油をとるための大型ボイラーを設置した。その結果、アザラシ油はトンあたり二〇ポンド、ペンギン油は同じく一〇ポンド、ペンギン骨粉は二ポンドで売れることが確認できた。しかし、この商売に反対する人間が現れる。ヨーロッパの博物館から依頼されてこの海域で動植物の採集をしていたチャップマン父子が、ハッチの行動をニュージーランドとタスマニアの総督に訴えたのである。「自ら食用として必要な分だけ消費するのでなく、この海域に生息する海鳥やその卵を大量捕獲することは法に抵触する行為ではないのか？」

タスマニア総督からはすぐに返事があった。いわく「（ハッチの行為は）一八七九年に制定された狩猟法にも八九年に制定された漁業法にも抵触しない」。

チャップマンの訴えはニュージーランド総督の判断に委ねられる。一八九一年三月二三日、三〇〇人の聴衆を集めてハッチに対する審問会が開かれた。ハッチは自ら立ち上がり、九〇年八月にインヴァーカーギル議会の要請で行われたマックォーリー島での生物調査報告書を引用しつつ、「ペンギン保護」がいかに馬鹿げたことかを力説した。「調査の報告者は島には現に何十万羽ものペンギンがおり、毎年のように何千、何万と殺されしもその数はいつも回復してきたと述べている。ペンギン・オイル産業はニュージーランドにとって極めて利益の大きい産業であり、これを放棄すればいずれはアメリカ人の手からその油を買い取ることになり、損失は倍になる。試算によれば、ペンギン・オイルの売上げはマックォーリー島だけで年間三九五〇ポンドにのぼり、その純益は一二二〇ポンドになる見込みだ。その他、島に生息するウサギを捕獲すれば、その皮の輸出によってさらに年間五〇――一〇〇ポンドの利益が上がるだろう」。

審問をとりしきる議長がハッチの演説をしめくくった。「なお、ハッチ氏からは同島での調査操業の結果得られた利益の中からすでに二二〇ポンドがカカヌイ号ひきあげの資金として寄付されております」。カカヌイ号とはニュージーランド政庁が四五〇〇ポンドの巨費を投じて建造した最新型の鋼鉄製汽船で、ニュージーランド周辺の各地の調査での活躍が期待されていたが、事故で沈没していたのである。こうしてハッチは企業家として、また地元ニュージーランドの利益を守る政治家としての手腕を発揮し、ペンギン・オイル産業への公的な許可をとりつけた。ただし、九一年六月になってタスマニア総督はマックォーリー島でのアザラシ猟をむこう三年間全面的に禁止すると通告してきたので、ハッチは標的をペンギンだけにしぼらざるを得なくなった。また、キングペンギンの場合、油に血がまじることがあって品質が安定しなかった。そこで、一八九四年までの間に、品質のよいロイヤルペンギンを集中的に捕殺するよう方針を変更したのである。

一九一五年五月、ハッチの事業はインヴァーカーギルに本社をおく「南方諸島開発株式会社（資本金一万ポンド）」によって発展的に継承される。ハッチは同社に対し三二三〇ポンドでマックォーリー島産ペンギン・オイルの販売権を譲渡するとともに、同社の専属契約企業として同島でのペンギン・オイル産業を独占的に行う立場をかためたのである。ハッチはこの時までにマックォーリー島に大小九基の大型蒸し釜、五基のボイラー、貯炭場および樽製造工場を持っていた。この島におけるペンギン・オイル産業の最盛期といっていいだろう。

マックウォーリー島のロイヤルペンギン。『サウス・ポーラー・タイムズ』1902年7月号に掲載された挿絵（144）

彼は操業以来様々な批判にさらされたので、ペンギンの個体数が減らないよう細心の注意をはらった。毎年、一二月末から三月までの間に繁殖と換羽のため、ロイヤルペンギンは必ず生まれ育ったコロニーにもどって来る。三月には数十万羽のペンギンたちでコロニーは埋めつくされる。ハッチは一—三月にかけて少しずつペンギンを殺していけば、コロニー全体としての繁殖率が高まって殺した分だけ新しいペンギンが増えるので、個体数がほとんど変わらないことに気づいたのである。

島内に三カ所あったペンギン・オイル製造工場では、一—三月の操業期間中、従業員は二交替制で二四時間機械をフル稼動させた。作業員は、まず工場に隣接（というよりは工場そのものが巨大な集団営巣地の真ん中にあったのだが）したペンギン・コロニーからペンギンたちを追いたて、工場の入口に導く柵の中に追い込む。大型蒸し釜は一度に九〇〇羽しか処理できなかったので、その数だけ柵の中に入れると、細長い台車の上に数十羽ずつ追い込み、棍棒で頭部を叩いて殺した。それを蒸し釜（高さ三メートルほどあった）の上まで運び上げ、次々に放り込んでから、約一二時間蒸し続ける。一羽のロイヤルペンギンから約〇・五リットルの油がとれ、それは一トンあたり一八ポンドほどで買い取られた。こうして一年間に捕殺されたペンギンは一五万羽に達した。

それでもハッチの事業に対する批判はあとをたたなかった。一八九四年、島を訪れたオタゴ大学（ニュージーランド）の研究者に「工場を守るため多くのロイヤルペンギンの若鳥を犠牲にしている」と指摘されると、翌年のシーズン、ハッチはカメラマンをともなって島を訪れ、捕殺が「適正」に行われていることを新聞を通じて映像で訴えようとした。だが、研究者の追及は続く。一九〇一年、スコット隊の一員として南極探検に赴く途中、マックォーリー島を訪れた生物学者エドワード・ウィルソンは、『オタゴ・デイリー・タイムズ』の記者の質問にこう答えた。「人間の行為によって絶滅を余儀なくされたステラーカイギュウやオオウミガラスの例を見ても明らかなように、鳥類の中で重要な位置を占めるペンギンをこのように大量に殺すことが許されてよいはずがない。」

一九一九年一月、ボールドウィン・スペンサーは、オーストラリアの生物学者を代表してタスマニア州政府当局に次のような抗議を口頭で伝えた。「マックォーリー島でペンギンに対して現在行われているような処置が停止されない限り、ペンギンの絶滅は避けられないだろう」。さらに二月二四日、ロンドン動物学協会は南極海の美しい自然が破壊されつつある現状を憂慮する見解を文書で発表し、その中で特にミナミゾウアザラシ、オットセイそしてペンギンが保護されるべきことを強調した。この文書はマックォーリー島を「保護区」とすべきことを暗に示唆したのである。H・G・ウェルズ、A・チェリー・ガラード、スコット探検隊、およびオーストラリア南極探検隊の全隊員が署名したこの文書は、「イギリス連邦政府はこの方針が速やかに実現されることを希望する」という声明とともに五月二日付の『タイムズ』誌に掲載され、六月二三日の『子ども新聞』にも転載された。一方、文書の写しは五月九日にはタスマニア州政府に正式に伝達されたのである。

さらに同年八月一七日付の『シドニー・モーニング・ヘラルド』紙に掲載された写真家フランク・ハーレーの投稿記事はハッチを窮地に追い詰める。「あわれなペンギンたちは屠畜場に向かう羊の群れのように追い立てられ、恐怖に震えおののいた末に、笑いながら棍棒を振り下ろす大男の一撃を頭に受けると、大釜の中に蹴り込まれるのだ。ペンギンで一杯になった蒸し釜に水が満たされ蓋がぴったり閉じられるとボイラーのスイッチが入る。これほど胸が悪くなる光景があるだろうか。タスマニア政府にわずかな収入をもたらすために、毎年一五万羽ものペンギンが犠牲になっているのだ。」

ロンドンに本部をおく王立動物虐待防止協会のジオ・ダフは、その日の内にこの記事の真偽を問う手紙を編集者宛てに出す。「はたしてペンギンは『生きたまま』蒸し殺されているのか？　ハーレー氏の明確な説明がいただきたい」。三日後、ハーレーはその問いに答える。「頭を叩かれたペンギンのほとんどは単に気絶しているだけだ。多くのペンギンが生きたまま蒸し殺されているに違いない」。

このやりとりはそれまでハッチの事業に無関心だった多くの人々の注目を集めた。ハッチは「もしそのような事実を証明できるのならば、すぐにでも一〇〇ポンドを慈善事業に寄付しよう」と応酬した。しかし、タスマニア州政府の姿勢は冷ややかだった。ハーレーの訴えが事実であろうとなかろうと、ハッチに与えたマックォーリー島での事業許可を取り消す方針をかためたのである。同年一一月一〇日、ハーレーとハッチとの論戦が佳境をむかえていた頃、タスマニア州政府の命令によりマックォーリー島でのあらゆる企業活動が禁止され　ハッチに与えられていた権限が正式に取り消されるとともに島全体が禁猟区となった。

では当時、この島のペンギンたちは科学者が指摘したように絶滅にむかっていたのだろうか。結論を先に言ってしまうと、どうもそうではなかったらしい。一九二九―三一年、イギリス連邦政府はダグラス・モーソンの指揮で南極探検を行うが、この時同時にマックォーリー島の生物についても詳しく調査した。その結果、最も激しくロイヤルペンギンの捕殺が続けられていた繁殖地の個体数は、ハッチが長年主張してきた通り、約三〇万羽のまま増えてもいなければ減ってもいなかった。ハッチのペンギン・オイル産業によってこの島のペンギンをめぐる生態系は守られこそすれ、決して破壊されることはなかったのである。ともあれ、マックォーリー島はこのような経緯で、めでたく「ペンギン保護区」の仲間入りをすることができた。そして、ハッチの「ペンギン・オイル産業」をめぐる一連のできごとは、この島の保全という観点からすると一つの大きな転換点だったということができる。

一八世紀の中頃以後、温帯から亜南極に生息するペンギンたちを襲った大量捕殺の嵐は、一九三〇年代までの間に「ペンギン・オイル産業」の衰退とともに終息する。二〇世紀に入ると、ペンギンや南半球の海獣類を保護するための法律が次々に制定されていった。一九〇五年、ロンドンで開かれた国際鳥類会議はオーストラリア、ニュージーランド両政府に対し、ペンギン・オイル産業を完全に停止するよう一層の努力を求める決議案を採択する。サウス・ジョージア島では一九〇九年以降ペンギンの捕殺を禁止する措置がとられ始めた。フォークランド諸島では一九一三年、最初の「野生動物および鳥類保護法」が施行され、六四年に本国政府によって動物保護区が設定された。また保護区以外の私有地でもサンクチュアリが設置されたが、その最初の例は一九七〇年、イギリスで動物園を経営するレン・ヒルがグランドおよびステイプル・ジェイソンの二島を購入したケースである。ヒルの「民間保護区」はBBCのテレビ・ドキュメントを通じて広く紹介され、約三〇〇万羽のペンギンたちの「持ち主」となったヒルは「ペンギン・ミリオネア」と呼ばれ、一躍時の人となった。現在、フォークランド諸島には三四の「民間保護区」と二一の「公立保護区」がある。

『ペンギン・ミリオネア』（1976 年）の表紙（126）

南インド洋に浮かぶケルゲレン諸島は一九三四年、フランス政府によって国立公園に指定された。赤道直下のガラパゴス諸島ではエクアドル政府が一九三四年と三六年に制定した動物保護法があったが、実効力はなかった。しかし、ユネスコと国際自然保全連合（IUCN）が派遣した二人の研究者の努力によって一九五八年、現地にチャールズ・ダーウィン研究所が設立されると、国際的注目度が高まり、急速に保護のための法律と体制が整備された。その結果、ガラパゴス諸島は世界自然遺産第一号に指定される（一九七八年）。こうして一八七一年に発見された唯一の「熱帯に生息するペンギン」＝ガラパゴスペンギンを守る体制がようやく整ったのである。

二一世紀に入った今、南半球に散在する一八種類のペンギンの生息地は、そこを領有する各国政府や地方自治体などが制定する国内法によって守られ、公的な保護区・公園、私的なサンクチュアリが設けられて、維持・管理されている。また、南極の生物資源を略奪から守る目的で制定された「南極条約」（一九五九年）や希少な動植物の商業取引を規制するいわゆる「ワシントン条約」（一九七五年）といった国際条約も、締約各国の国内法が整備されるにしたがって実効性を増しつつある。ペンギンとその生息環境を保全するしくみは、こうして約一〇〇年の歳月をかけて構築されてきたのである。

では、その動きが一九世紀に始まったのはなぜだろう。ペンギンをはじめとする野生動物やその環境を守ろうという発想は、いつどのようにして生まれたのだろうか。前章ですでに少しふれた通り、キーワードはダーウィンとその進化論にある。一九五八年、ガラパゴス諸島の野生動物を保護するために発足した研究所に「チャールズ・ダーウィン」の名が冠せられたのも、彼の主著『種の起原』出版の一〇〇周年を記念してのことだ。生きものに関わる多くの人々にとって、ダーウィンとその思想は、現代の「保全思想」の原点であり基盤であると考えられているからだ。

まず、リン・バーバーの指摘に耳を傾けよう。『種の起原』がもたらした最も重要かつ波及力最大だった影響と言えば、ほぼ先立つ半世紀もの間、宗教と科学に巧みに折りあいをつけさせてきた自然神学の耳触りのよい主張を、それが完膚なきまでに破砕してしまったことである。

自然界の変化は神の好意と知性にあふれた「大構想」の下に起きるのではなく、自然が気まぐれにけじめも意思もなく生み出していく変異の中で、ひとつ有利なものが生じる度に他の何千もが滅びていくという自然淘汰の働きによって起きる。しかもこの原則は人間にも適用される。人間はもはや神によって祝福された「万物の霊長」ではなく、他の生きものを気のむくままに搾取してよい神授の特権を持つものでもない。人間は自然界の一員として、脆い調和の中で他の生きものと共存していかねばならず、その調和が保たれるかどうかに自らの存続もかかっている「一つの種」に過ぎない。ダーウィンをめぐる論争が博物学者だけでなく他の学問分野、芸術、文化へと影響を広めていくにしたがい、このような考え方を多くの人々が受け入れ、日々の生活の中で一つの判断基準として具体的行動に反映させていくようになる。

特にダーウィンのお膝元イギリスでは、一八六一年に紙税が撤廃されたことも手伝って、大衆向けの廉価な書物が一段と大量に出版され始めた。その中で、「思想の大転換」「価値観・世界観の変化」は加速度的に進んだのである。したがって「種の絶滅」というできごとが、今まで以上に重大な意味をもって人々の心に重く受けとめられるようになる。「種の絶滅」は人知の及ばない神の意思と叡知とによってひきおこされるのではなく、動物種としての人間の行為に原因がある場合もある。そして、人為による絶滅は、やがて人間そのものの存立をも脅かす可能性がある。荒俣宏はこれを次のように言う。

調味料（ビーフ・エッセンス）の宣伝用カード（鳥シリーズ）に描かれたオオウミガラス（左）とキングペンギン（右）。19 世紀後半

「そして、人類がいちおう自身の責任を自覚した段階で、絶滅生物学ともよべるような新しい研究分野が成立した」。この絶滅生物学は「人類の活動にともなう結果が大きいと考えられる過去六〇〇—七〇〇年に絶滅の期間を限定する」とともに、特に鳥類の絶滅例を「無意識的なモデルとして選択」した。絶滅鳥類に関する研究は、二〇世紀初め、イギリスの富豪博物学者ウォルター・ロスチャイルドによって体系化されたという。その中でもドードー、オオウミガラス、アメリカリョコウバトの絶滅物語は当時の欧米人に強烈な印象を残したのである。

一八四四年に絶滅した「北のペンギン」オオウミガラスは、一九世紀後半—二〇世紀初めの欧米に一種の社会現象をひきおこした。最初に動いたのはヨーロッパ中の博物館長だった。博物館は「世界の縮図・目録展示場」でなければならない。この世に存在する（あるいは存在した）全ての生きものが「標本」として保存されていなければ完璧とはいえない。彼らが、まだわずかに生き残っていた最後のオオウミガラスの息の根を止めたことはすでに述べた。

絶滅後、この鳥に関する専門的論文が初めてまとめられたのは一八五五年、オランダの博物学者ヤペトゥス・スティーストラプによる。その後一九世紀末までの間に、残された剝製標本や卵殻標本による研究が次々に発表されていく。しかし、この鳥の絶滅にいたる経緯が知れわたるにしたがって、「オオウミガラス・ブーム」ともいえる熱狂の渦がまき起こった。一つは個人的標本蒐集熱の高まりである。リチャード・オーウェン、ジョン・ハンコック、J・J・オーデュボン、J・F・ナウマン、アルフレッド・ニュートン、ウォルター・ロスチャイルド、ジョン・グールドなどの著名人が、標本の市場価格を競ってつり上げた。標本一体、卵一個が大きな邸宅一つと同じくらいの価値をもつようになり、投機の対象ともなった。オオウミガラスの博物画はとぶように売れ、博物誌に添えられた挿絵のページはあっという間に切り取られて転売された。

オオウミガラスの姿は「タバコ・カード」や「マッチ・ラベル」に描かれ、切手の図案にもなった。また『オオウミガラスの卵』(ダーリー・デイル、一八八六年)、『水の子』(チャールズ・キングスレイ、一八六三年)、『ペンギンの島』(アナトール・フランス、一九〇七年)などの文学作品に主要なキャラクターとして登場する。一九一三年には、ルイ・アガシ・フールトが描く細密画がアメリカ鳥類学会の年報『The Auk』の表紙を飾った。欧米人との長い歴史的関係の中で不幸にも絶滅してしまったこの鳥に対する贖罪の念と、「絶滅」という新しい知的概念の象徴として、オオウミガラスの図像とそのイメージが欧米人の間に素早く、しかも深く浸透していったのである。「北のペンギン」の絶滅物語は、ペンギンの名をますます普通名詞化していくとともに、大量捕殺されつつある「南のペンギン」への関心を高め、その悲惨な境遇への同情をかきたてる極めて効果的な触媒ともなった。オオウミガラスの残影が「南のペンギン」を救ったのである。しかし、このような保全思想の普及と高まりは、全てダーウィンの進化論を起源としていたわけではない。

「動物いじめ」から「動物愛護」へ

イギリスには「イングランドはもの言えぬ動物にとって地獄」という諺があるらしい。一八三五年、イギリスの博物学者エドワード・ジェシーは「ヨーロッパの全ての国民の中で、ことによると我々の同胞が、動物を優しく扱いそうにない国民の筆頭であるかもしれない」と書いた。しかし、イギリスの歴史を振り返ってみれば、必ずしもそうではないことを示す事例はいくらでも見つかる。カトリック神学では、動物の苦しみに関心をもち同情をよせるよう強調することはほとんどなかった。むしろ一六世紀以降数を増した清教徒の方が、動物への虐待を真剣に考え、その防止策を具体化したという意味で、より優しく動物に接しようとしたといえるだろう。逃げられないようにした動物に石を投げて楽しむ「スポーツ」は古くから「クマいじめ」「ウシいじめ」「鶏いじめ」などという形で広く行われていた。しかし、一六五四年、護国卿時代には闘鶏と「鶏いじめ」とは正式に禁止された。

だから『種の起原』の八〇年ほど前、オリヴァー・ゴールドスミスが有名な『動物誌』(一七七四年、王井東助訳)の中でペンギンに同情をよせる言葉を連ねていたとしても決して不思議ではない。「この種族の鳥のあるものはわが国の船乗りたちに『ジャッカス(間抜け)』と呼ばれてきた。自分たちが破滅に追いやられるときに見せるまったくの鈍感さのゆえにそう呼ばれたのだ。だがこの鳥たちは、人間という敵がどんなに危険なものかを知らなかったということを考えてもみないから、そんな馬鹿よばわりができるのだ。……（中略）……だからペンギンは、わが船乗りたちが初めてやってきたとき、おとなしく頭をぶんなぐられるままで、逃げようとさえしなかった。群れをなして立ったまま、動こうともせずに、黙ってただ驚き呆れながら、ひとり残らず殺されてしまったのだ」。

とはいえ、一八〇〇年、「ウシいじめ」の廃止をめざす動物保護法案が初めて下院に上程された時には、あっさり廃案になってしまった。『タイムズ』は廃案を歓迎する記事を掲載し、後の首相ジョージ・キャニングは「この娯楽は勇気を養い、高潔な情と精神を生み出す」として「ウシいじめ」を擁護する。しかし、一八二一年、形勢は大きく変わる。この年リチャード・マーティンが下院にはかった「家畜に対する残酷で不適切な扱いを防止するため」の法案は、翌年までの間に上下両院で可決される。聖職者、ロンドンの治安判事をはじめ多くの市民が法案を支持する請願書に署名した。こうして、一八二四年、動物愛護協会（略称SPCA）が設立される。

さらに一八三五年、愛護協会は重要なパトロンを獲得する。ケント公爵夫人と皇女ヴィクトリアである。一八四〇年、女王に即位したヴィクトリアは協会に「王立（ロイヤル）」の称号を添える許可を与えた。

身近な家畜を虐待することへの批判として始まった動物愛護運動は、やがて『種の起原』以後、博物学との交流を深めていく。その最初の分野は鳥類学だった。一八世紀以降、鳥の種を確実に同定するためには銃で撃ち落す以外に方法はない、というのが博物学者の常識だった。だから、一八一二年、オークニー諸島の最後のオオウミガラスをウィリアム・プロックがボートから銃で撃ち殺した事を非難する者はほとんどいなかった。しかし、一八五九年に最初のプリズム双眼鏡の特許が認可され大量生産がはじまると、この新しい光学機材は銃にかわって鳥類学者の必需品になった。その直後、一八六〇年代なかばに、野鳥、特にカモメの良質な羽毛つきの帽子が、女性の最新モードとして大流行したのである。議会は女性を中心とする野鳥保護運動の高まりを受けて、野鳥の乱獲を防止する法案（野鳥保護法＝一八八〇年）を成立させる。その中で、世界最初の野生生物の保全団体「ヨークシャー海鳥保護協会」が設立された。

この運動はアメリカでは「羽毛の戦い」と呼ばれ、一八九〇年代まで続く。この間、一八八五年、大西洋をはさんでアメリカとイギリスに相次いで誕生した二つの団体、オーデュボン協会とセルボーン協会はやがて合体し、鳥類保護協会と名乗った。一九〇四年、「王立」を冠した同協会は、自然保護区（ネイチャー・リザーブ）の拡充を基本的活動の一つとしたが、これは環境全体を保存することを重視するダーウィン由来の発想をバックボーンとしている。

バーバーは、この愛護思想と保全思想の提携のなりゆきと意味を次のようにまとめる。「ある種が生存できるか否かは、その環境が存続するかどうかと不即不離の関係にあるのだ、ということを科学者たちは認識していた。……（中略）……自然保護主義者はもう相手の感傷に訴えていく必要などない。自然の現状を保存していくことがヒトにとっても最良なのだということを、理屈として説得できるようになったのである」。

野鳥は捕らえたり撃ったりするのでなく、本来その鳥が生息している環境を守りつつ観察するもの。「バード・ウォッチング」こそ野鳥に接する最も基本的な方法だという考え方が少しずつ広まっていった。双眼鏡、ハイド（観察用隠れ蓑）、フィールドノートに加えて、やがてカメラがこの分野の標準装備となる。初期のカメラは露出時間の関係で動きの激しい野生動物の記録には不向きだったが、一八八〇年代中頃には飛んでいる鳥や動いている動物の撮影ができるようになった。九〇年代中頃までの間に、フィルム、フラッシュ、望遠レンズが発明され、カメラの用途はさらに拡大した。また、八九年にはルートヴィッヒ・コッホが初めて鳥の鳴き声の録音に成功した。

「こうした技術革新――録音と写真――のおかげで動物生態の記録は一段と客観性を増し、つまりは野外研究が科学の名に恥じないまともな活動として市民権を獲得したのである。」（バーバー）

近代的科学技術と産業革命の進展によって実現した博物学における技術革新は、科学的・学問的業績の蓄積に貢献するとともに、野生動物の生態や自然環境をよりリアルかつ詳細に大衆に伝える効果も発揮した。一八世紀から普及してきたグリーティング・カードやポスト・カードは、写真の登場でより多くの利用者を得たし、新聞・雑誌などの定期刊行物には挿絵とともに写真が幅をきかせるようになる。「南極探検」は、このような道具立てが整っていく中で展開されたことを忘れてはならない。

こうして「油産業」を支える資源としてのペンギンの利用は、産業と実利の論理では支えきれなくなる。『種の起原』以後、手を携えて勢いを増し、論理的整合性と市民活動としての合法性とを獲得した愛護運動と保全運動は、ついにペンギンを「守るべき生きもの」と評価し、その認識の徹底をはかるようになった。保護や愛護を掲げる特定のグループのメンバーだけでなく、広く一般にこのような新しいペンギン・イメージが定着していく過程で、出版物や博物館が果たした役割については前章でもふれた。一九世紀後半以降は、それらに加えて学校教育、各種の博覧会、そして動物園が、ペンギン・イメージの変化と普及を促進させる社会装置として本格的に機能し始める。また一方、一八世紀に始まった「ペンギン文学」の流れは、「子ども」が社会的人格を得るとともに「児童文学」と「絵本」という新たなジャンルに新天地を得て、華やかな展開をみせる。

これらの変化は、南極探検が世界の耳目を集めた一九世紀末―二〇世紀初頭にかけてほぼ同時に進行する。ペンギンが南極の生きものとして特化していく経過を見る前に、まずこれらの新しいできごとを整理しておくことにしよう。

動物園デビュー

欧米では一九世紀中頃まで民衆教育は宗教団体や民間の個人に委ねられてきた。「教育は社会の問題ではない」というレッセ・フェール原理や「民衆教育の普及が社会秩序を脅かす」という支配者の思惑が勝っていたからだ。しかし、イギリスでは産業革命の進展にともなってくり返された工場法規定の見直しの中で、初等教育の大衆化が進み始めた。一八三三年や四四年の工場法では、繊維産業で働く児童に毎日二、三時間学校へ通うことが義務づけられる。一八七〇年には初等教育法が制定されたが、この間、一八五〇年に六九％だった識字率は八〇％まで伸びている。一九〇〇年、識字率はついに九三％に達し、教育の大衆化がほぼ完成した。ペンギンに関する情報は、動物地理学や博物学などの授業や教材を通じて、組織的に子どもたちに伝達されていくようになった。また、識字率の向上は、様々な媒体を駆使するようになったジャーナリズムが大量伝達（マスコミ）へと成長する社会的前提となった。南極探検とそこに登場する南極ペンギンに関する情報は、一九世紀前半までには想像もできなかったほどの規模と組織的機能性とをもって大衆に刷り込まれていったのである。

労働条件の改善は、子どもだけでなく労働者の生活をも大きく変えていったことは言うまでもない。フランスの近代史家アラン・コルバンによれば、一八五〇―一九〇〇年までの半世紀間にフランスの労働者の「一年間ののべ労働時間」は一八万五〇〇〇時間から一二万一〇〇〇時間に減少し、「一生の起きている時間に占める労働時間」も七〇％から四二％に減ったという。さらに、一九八〇年には、前者は七万七五五〇時間、後者は一八％となる。「一日八時間労働」はすでに一八三三年、ロバート・オーウェンが要求していたが、様々な曲折の末に一九二〇年までの間に欧米列強でほぼ実現していく。また、イギリスでは一八七〇年にバンク・ホリデー法が成立すると「毎年恒例の休暇」が定着し始め、二〇世紀までの間に「夏のヴァカンス」が慣例化し、一九三〇年代までに有給休暇制度が普及した。

こうして「自由時間」を獲得した欧米の大衆は、動物園や博覧会、パノラマ館や映画館に殺到する。さらに金銭的余裕のある者は国内や外国を旅行し、そのことがまた旅費を工面できない人々に遠い異国への思いを募らせることになる。近代マス・ツーリズムそして「パック旅行」の生みの親、イギリスのトーマス・クック（一八〇八―一八九二年）がこの時代に旅行業で大成功をおさめる社会的環境はすでに十分整っていたのである。

そして、このような大衆の流動化・大移動を物理的に可能にしたのが、交通手段の機械化にともなう高速・大量輸送技術の確立と普及であることは言うまでもない。社会史家園田英弘は『世界一周の誕生』（二〇〇三年）の中で、大衆が「地球は丸い」ということを実感できるようになったのは、一九世紀後半、様々な交通手段が整備され、探検家でなくても世界を巡ることが可能になったからだという。『小さく』球形になった地球は、すなわち地球の縮小化は、人類の社会に初期的な形態ではあれ、グローバルな世界をもたらした」。

つまり、一九世紀前半以前は、ほんの一握りの人間に限られていた「世界＝地球」に関する実感をともなった認識が、それ以後は大衆によって共有されるようになる。あるいは大衆が本当の意味で現代的な「地球観」を獲得し、今まで以上に「世界」に眼を向け、その情報を求めるようになったのである。だから、この時代に地球上で最も遅く発見された大陸＝南極が大衆の注目を浴びたのは、決してそれがただ珍しかったからだけではない。これまでのどの時代にも増して一九世紀後半以降の大衆は「地球の最新情報」に敏感であり、貪欲だったからだ。その南極にすむ生きもの＝ペンギンに、これまでとは違った数段熱い視線が注がれるようになったとしても決して不思議ではない。

まさにこの時、生きたペンギンがヨーロッパに姿を現す。古くはフランスのブーガンヴィル（一七六九年）やロシアのベリングスガウゼン（一八二〇年）など多くの探検航海者たちによって試みられてきた「生体の飼育と輸送」が、この時初めて成功したのである。一八六五年三月二七日、フェン・ウィックク船長率いるクリッパー型軍艦ハリアー号によって、フォークランド諸島で積み込まれた一二羽のキングペンギンの内、一羽だけが生きたまま無事ロンドン動物園に運び込まれた。この個体は残念ながら五月二三日には死んでしまう（死後の解剖でオスと判明した）が、これを皮切りにロンドン動物園には次々に生体が到着する。一八六七年一〇月二六日、南アフリカからケープペンギン、七一年一二月六日、南米からフンボルトペンギン、七三年七月一日、フォークランド諸島からミナミイワトビペンギン……。一九二七年までの間に、以上四種のほか、マカロニ、ロイヤル、フィヨルドランド、シュレーター、キガシラ、コガタが次々に来園し、ロンドン動物園はペンギン飼育と生きているペンギンに関する情報の一大ステーションとなる。

　生きたペンギンが一八六五年以降続々ヨーロッパにもたらされたのは決して偶然ではない。このできごとにはこの時代特有のいくつもの歴史的背景がある。そもそも野生動物を手もとに置いて飼いならすということは、政治的征服を象徴するわかりやすい手段として洋の東西を問わず古代から権力者によって行われてきた。だから、一八二八年に開園したロンドン動物園が東インドで大英帝国の勢力拡張のために活躍したスタンフォード・ラッフルズの発案になるものだということも、さして不自然な組み合わせではない。ハリエット・リトヴォは言う。

「野生動物を捕らえて飼育し、研究することは、人間が自然界を支配していることとイングランドが僻遠の領土を支配していることを二つ同時に象徴するものであって、帝国の事業を再現し、拡張する何にもまして生き生きとしたレトリック上の手段を提供してくれるのであるから、ラッフルズはイングランドの権力と事業の中心地に戻ったあとも、こうした比喩的な形で植民地建設の仕事を継続するつもりでいた。」

　当初、入園者を帝国をリードする一部のエリートだけに制限しようとしたラッフルズの目論みは破綻し、一八四六年には入園料を支払えば誰でも利用できる施設となったが、大英帝国の威信を具現するというねらいはその後も貫かれた。

「ロンドン動物園は、英国による帝国主義的な植民地支配を象徴するものであるから、必然的に、英国とライバル関係にある西洋諸国との優位をめぐる競争の象徴にもなる。ロンドン動物園に動物を入れる手伝いをすることは、領事やその他の植民地官僚にとっては半ば公務となり、彼らが頻繁に動物を贈っ

「ダイヴィング・バード・ハウス」の大型水槽。この中でペンギンやウに生きた魚を与え捕食の様子を観客に見せた。ロンドン動物園内。1882年頃(147)

たことは動物学協会の議事録に感謝を込めて記録された。」

先ほど少し紹介したロンドン動物園へのペンギン搬入の経過は、全てこの議事録（プロシーディング）から拾い上げたものである。議事録はロンドン動物学協会の会員に頒布されただけでなく、公刊され、イギリスの威信を示す証拠文書となった。こうして、南半球の高緯度海域に分布する英国領の島々から様々な種類のペンギンたちがはるばる海を渡って集まってきたのだ。この海域に領土を持つフランスはもちろん、植民地はないがアザラシ猟船団や捕鯨船団を送り込んでいるアメリカやドイツも、これに負けじとペンギン収集に力を入れた結果、欧米の動物園にこの鳥が「常備」されることになったのである。

しかし、ペンギンを生きたまま連れ帰ることは容易なことではなかった。まず、新鮮な魚やイカを毎日与えなければならない。見当違いの餌を与えたり、人の手から食べものをもらうよう慣れさせることに失敗すると、この鳥はあっけなく死んでしまう。そして何よりも決定的だったのは船足が遅いことだった。南半球から欧米に向かうには、必ず暑い赤道を通過しなければならない。暑さに弱い亜南極のペンギンたちはそれだけで死んでしまうし、温帯のペンギンたちも、湿気の多い熱帯に入ると青カビ（アスペルギルス・フミガートゥス）が肺にびっしり繁殖して呼吸ができなくなり、バタバタ倒れた。これらのハードルを乗り越えるためにはスピードが全てだったのである。園田によれば、イギリス東インド会社が雇用した船による一〇〇回の航海を分析した結果、イギリス—広東間を平均一一四日半で走破したという。やがて、一八三〇年代にクリッパー型の帆船が登場すると、一八四三年にはニューヨーク—中国間を往路九二日、復路八八日で結んでいる。また、汽船では、一八三六年に東インド会社のベレニス号がイギリス—ボンベイ間を六三日で走った。こうして輸送時間の壁は造船技術と航海術の発達によって突破されたのである。

ところで、動物園におけるペンギン展示は、当初南極とは縁もゆかりもない演出の下に行われていた。例えばロンドン動物園の場合、搬入されたペンギンはガンやカモなどと同じ池付きの平らな展示場で飼育された。繁殖実績もよくなかった。今のところ確認できる最も古い飼育下繁殖の記録は、一九〇三年四月パリ動物園におけるケープペンギンのものだ。なお、亜南極性のキングペンギンは、一九一九年エディンバラ動物園で初めて繁殖に成功している。また、ロンドン動物園では、一八五三年、園内の一角に「フィッシュ・ハウス（水族館）」がつくられていたが、一八八二年にはその一部を改造して大型ガラス水槽（縦五フィート×横一〇フィート）を設置し、そこで潜水性の鳥に生きた魚を与えて観客に「捕食行動」を見せ始めた。それ以後この建物は「ダイヴィング・バード・ハウス」と改称される。

ロンドン動物園のアシカプールでアシカと一緒に展示・飼育されたケープペンギン。1905年頃（147）

ハーゲンベック動物園「北極パノラマ」の絵葉書。1907 年頃

使われたのはケープペンギンとウだった。初めは昼(一二時)一回だけ、一九〇〇年代に入ってからは夏場は一二時と一七時、冬場は一二時と一五時の二回、毎日生餌を与えたらしい。

ペンギンの展示施設に大きな変化が生じたのは二〇世紀に入ってからだ。ロンドン動物園は、ケルン動物園でアシカプールの設計を手がけたウルス・エッゲンシュヴァイラーに同じ手法で自分の園にもアシカプールを造るよう依頼した。エッゲンシュヴァイラーは大きな自然石を積み上げ、プールを海に見立てて海岸の岩場を再現する技術に優れていた。一九〇五年には、完成したこのアシカプールでケープペンギンも一緒に展示されることになった。この組み合わせは、その二年後にハンブルク近郊のシュテリンゲンにオープンしたカール・ハーゲンベックの動物園でも再現された。しかし、ハーゲンベックはこの「岩場展示場」に大胆な改造と演出をつけ加える。

ハーゲンベック動物園は「近代動物園史上最大の変

革」を巻き起こしたことでよく知られている。最近数年、欧米では歴史家や業界の専門家の手になる「動物園・水族館史」の編纂や出版がちょっとしたブームになっている。ハーゲンベックの業績はそれら最新の文献でも「ハーゲンベック革命」として高く評価されている。

一九〇七年、ハーゲンベックはエッゲンシュヴァイラーの岩場技法を用いて巨大な「北極パノラマ」を園内に完成させる。ここにはトナカイ、ホッキョクグマ、アシカ、アザラシそしてケープペンギンが展示された。パノラマの正面に立つと、これらの動物が手前のプールから奥の岩山まで一続きの展示場に一緒に飼われているように見える。しかし、実は全体が三つに区分されていて、しかも各々の区画の間には深く幅の広い壕があるので、動物たちが他の区画に侵入できないように工夫されているのだ。ただし、アシカ、アザラシ、ペンギンは一番手前のプールと低い岩場のセクションに一緒に入れられていた。さらに見逃してはならないのは、手前の岩場には、コンクリートを盛りつけそれを白く塗って雪と氷に見せる演出が施されている点である。「北極パノラマ」なのだから雪と氷やホッキョクグマは当たり前だろう。しかし、そこに南アフリカにしかいないケープペンギンを入れるというのはいったいどうしたことだ。

このとんでもない組み合わせと演出の謎を解くには、ハーゲンベックのキャリアをもう少し遡って洗いなおしてみる必要がある。ハーゲンベック動物園のレターヘッドには「一八四八年」と記されているが、これはハーゲンベック一家がハンブルク市内で魚屋を開業した年で、彼らがその後の動物園に直接つながる動物取引きを実際に始めたのは一八六〇年代の初めだといわれている。一八六六年、父親から動物商部門を引き継いだカール・ハーゲンベック（一八四四―一九一三年）は、ちょうど欧米全体に巻き起

Sea-lions and penguins at Stellingen.

カール・ハーゲンベックの自伝『BEASTS AND MEN』(1909年)には、シュテリンゲンに造られた「アシカとペンギンの展示施設」の写真が掲載されている。写真が不鮮明なため正確な種の同定はできないが、「氷の上」に群がっているのは明らかに「温帯域のペンギン」である(124)

こりつつあった動物園・水族館ブームにのって事業を拡大した。有能なハンターを雇って野生動物捕獲のネットワークをつくる一方、サーカスと動物展示に「民族展示」を加えた新しいショー・ビジネスで成功をおさめる。

「民族展示」とは、世界各地の少数民族を本人たちはもちろんその家や生活環境もろともヨーロッパに運んできて実際の暮らしぶりを再現してみせる企画のこと。こういったショーの発想そのものは、すでに一八世紀中頃、ブーガンヴィルやクックが太平洋からオトゥールやオマイというタヒチ島人を連れ帰って宮廷や学者たちに見せ、「善良な未開人」の見本としたころから芽生えていた。「民族展示」が明確な形をとり始めるのは一八五一年のロンドン万国博覧会である。パリ産業博覧会(一七九八年)に始まる最新の産業機械の展示と大英帝国の植民地から集められた

「諸民族の展示」との対比は、一九世紀の欧米人に強烈な「優越感」を与え、イギリスの「豊かさ」を最も雄弁に物語る物証だと受けとめられた。一八五五年のパリ万博以降、「人間の展示」は万博に不可欠の要素となり、会期終了後も各地の公園・動植物園や博物館に同様の施設が造られ、「偉大な実物教材」として人気を博した。ハーゲンベックはこの流れに注目し、「移動民族展示」を売りものにしたのである。

一方、南北戦争後のアメリカでは、ヨーロッパにやや遅れて動物ショー・ビジネスが復活していた。コネチカット出身の動物ショー業者P・T・バーナムはドイツ系移民の動物商ライへ兄弟と組んで、アメリカ各地でサーカスと水族館を展開していた。中でも一八七六年一〇月、ニューヨークのブロードウェイ三五番街にオープンした都市型水族館は、クジラやアシカの展示で大成功した。このアシカプールは自然石を積み、背後の壁に生息地の風景を描いたもので、特に人気が高かった。その七年前、ハンブルクを訪れハーゲンベックからキリンとダチョウを買っていたバーナムは、この頃から急速にハーゲンベックとの取引きを拡大するようになり、八四年以降はアメリカ国内のサーカス興行に「博物館テント」を併設し、その中で「民族展示」を開始した。九三年シカゴで開かれた「世界植民地博覧会」にバーナムと組んで動物ショーと「民族展示」を出展したハーゲンベックは、ニューヨーク水族館のアシカプールの手法をとり入れて「インド洋水族館」をつくる。これが後のハーゲンベック式パノラマ展示の原点となる。

折からドイツ帝国ではビスマルクが退き（一八九〇年）、皇帝ヴィルヘルム二世の下で露骨な対外拡張政策が展開され始める。ハーゲンベックはこの時流にのり、ドイツ国民が渇望していた最新の国際動向をとり込んだ動物展示のアイディアをひねり出す。それが、一八九六年、ハンブルクのハイリゲンガイ

A

RECORD OF THE PROGRESS

OF THE

ZOOLOGICAL SOCIETY OF LONDON

DURING THE NINETEENTH CENTURY.

EDITED BY THE SECRETARY.

LONDON:

PRINTED BY WILLIAM CLOWES AND SONS, LIMITED,

STAMFORD STREET AND CHARING CROSS.

1901.

『19 世紀中のロンドン動物学協会に関する進捗記録』ロンドン動物学協会事務局編、1901 年版。この冊子には 1829 年 3 月 27 日—1900 年までのロンドン動物学協会とロンドン動物園の動物と人物の異動に関する詳細なデータが記載されている。動物園・水族館の信頼できる記録としては、これが最も古い文献史料の一つとして定評がある（146）

1936 年、ロンドン動物園に新設されたペンギン展示新設。オーブ・アラップ設計の「ペンギンプール」には、コンクリート製の 2 本の小道が交差していた。ケープペンギンとフンボルトペンギンが混合展示されていたこともある。1997 年 12 月、上田撮影

ストフェルト・サーカスで初めて公開された「北極パノラマ」である。ハーゲンベックは展示場内に「インド洋水族館」の経験をもとに、石とコンクリートと背景画を組み合わせて二段組みのパノラマをつくった。手前（観客側）の一段低くなったプールがある展示スペースにアシカとケープペンギンを入れ、奥の一段高くなったスペースにホッキョクグマを入れた。二つの展示スペースの間には、観客席から見えないように深く幅の広い壕が設けられた。動物の調教を通じてその運動能力や行動上の特徴を知りつくしていた彼は、ホッキョクグマが決して越えられない壕のサイズを割り出したのである。そしてもう一工夫。当時、欧米中の話題をさらっていた北極探検のヒーロー、ノルウェーの探検家フリチョフ・ナンセンがつかった極地探検専用船フラム号の一部を展示場内に原寸大で再

現して配置したのだ。
コンクリートの一部は雪と氷のように白く塗られ、背景画には巨大な氷山が描かれた。極地、雪と氷、探検船とくれば、もうアシカとシロクマとペンギンしかいないではないか。アシカはアザラシの代用、ケープペンギンにはオオウミガラスを含めた全てのペンギン（特に極地性ペンギン）を代表してもらおう。この「北極パノラマ」は大好評だった。首都ベルリンはじめハンブルク以外のドイツ諸都市はもちろん、パリでも大当たりをとった。一九〇四年には大西洋を渡り、セントルイスの博覧会（ワールド・フェア）にもお目見えした（ただしこの時はフラム号はなかった）。この「北極パノラマ」はハーゲンベックの長年にわたる総合的動物ショー・ビジネスの集大成ともいえるものだ。組織的に動物を入手・確保し、これを調教し、人間や環境を加えたパノラマの中でいくつかの種をまとめて見せるという発想は、当時欧米にあったどの動物飼育・展示施設にも見られない極めてユニークな手法である。

このペンギン展示・演出手法は世界中の動物園・水族館に絶大な影響を及ぼした。以後造られるペンギン・プールにはほとんど岩場がつくられ、その多くは雪と氷を表す白い塗料で塗られたのである。一九三六年、ロンドン動物園に新築されたペンギン展示場はモダン・アートの旗手オーブ・アラップの設計になるもので、岩場を排した曲線的・幾何学的なコンクリート造形は「革命的」だと絶賛された。しかし、陸上部は全て白く塗られ、雪と氷のイメージはそのまま継承された。しかも、このプールで

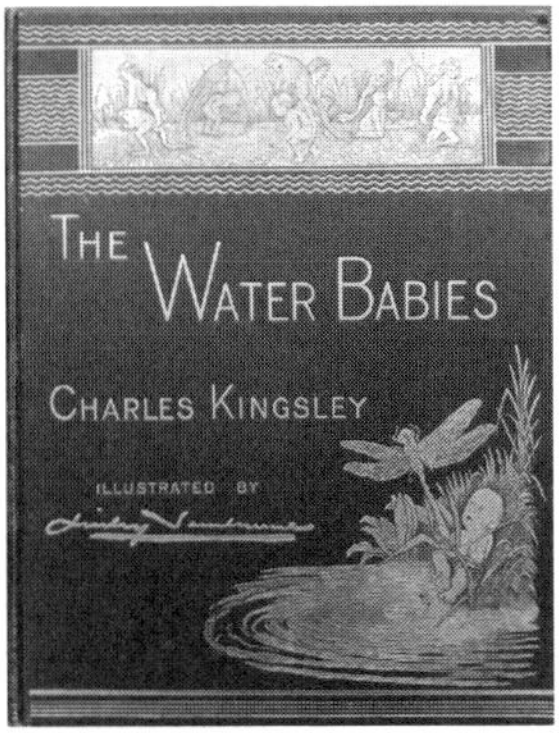

『水の子』チャールズ・キングスレイ作、リンレイ・サンボーン絵、1885年版表紙（129）

は温帯性のケープペンギンやフンボルトペンギンがずっと飼育され続けたのである。

　ハーゲンベックの「北極パノラマ」はペンギンに雪と氷のイメージを定着させる強力なしかけとなり、欧米はもちろん、全世界の動物展示施設にその手法が普及していった。人々は学校の教科書や南極探検記、そして南極と探検家の活動を伝える様々なスタイルの報道を通じて、ペンギンを見ては雪と氷を連想し、動物園を訪れてはその連想を「実物」で確認するという「ペンギン・イメージ強化システム」の中にとり込まれていったのである。

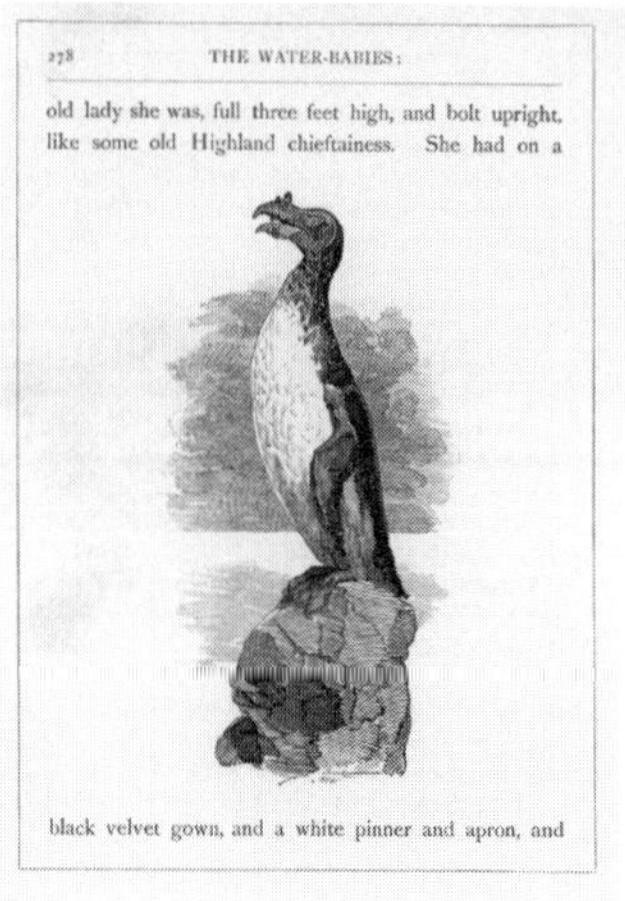
278 THE WATER-BABIES:

old lady she was, full three feet high, and bolt upright, like some old Highland chieftainess. She had on a

black velvet gown, and a white pinner and apron, and

『水の子』に登場する「一人ぼっち岩」のゲアファウル。サンボーン絵。1885 年（129）

マザー・キャレイと海鳥たち。右上、マザー・キャレイの腰の上に立っているのはおそらくケープペンギン。カツオドリ、ツノメドリの姿も見える。『水の子』の挿絵。サンボーン絵。1885 年（129）

「百年、あるいはそれ以上にわたって、断続的に、あまりパッとしない歩みをつづけてきた児童文学が、十九世紀の半ばになって、なぜ急に飛躍的な発展をとげたかということは、検討してみる値打ちがある。おそらく、その時代の精力的で探求的な精神に大きな原因があるのであろう。」（『子どもの本の歴史　上』、一九七四年、高杉一郎訳）

作家であり児童文学史の研究者でもあったジョン・ロウ・タウンゼンドのこの言葉ほど、この時代にペンギンが子どもの本の世界に活躍の場を見出した理由をきっぱり分析してみせた表現はないだろう。欧米では「世界」で活躍する大人たちの姿に子どもたちも熱いまなざしを注いでいたのだ。作家たちは時代の空気を呼吸しつつ、子どもたちに「世界」を理解するキーワードを発信し続けた。「南極とペンギン」は最も魅力的なキーワードの一つだったに違いない。

A FAIRY TALE FOR A LAND-BABY.　305

Carey's children, whom she makes out of the sea-water all day long.

He expected, of course—like some grown people who ought to know better—to find her snipping, piecing, fitting, stitching, cobbling, basting, filing, planing, hammering, turning, polishing, moulding, measuring, chiselling.

x

マザー・キャレイの左肩にのっているのは、コガタペンギンかフンボルトペンギンのなかまの幼鳥だと思われる。『水の子』の挿絵。サンボーン絵。1885年（129）

タウンゼンドは「一八六〇年代に生まれた二つの偉大なファンタジー」として、C・L・ドジスン（＝ルイス・キャロル＝一八三七―九八年）の『アリス』シリーズと、チャールズ・キングスレイ（一八一九―七五年）の『水の子』をあげる。『アリス』にはドードーは登場するが残念ながらペンギンは登場しない。一方『水の子』にはオオウミ

1840 年 1 月 19 日。デュルヴィル一行の「南極祭（南緯 66 度 33 分を越えて南極圏内に入ったことを祝う）」画面右寄りに奇妙なオオウミガラス？　がいる。デュルヴィルの探検記の挿絵。銅版画。1840 年代（50）

ガラスが印象的な姿で登場し、挿絵の中に二種類のペンギンが象徴的に描かれている。物語の主人公トムは小さな煙突掃除小僧だが、逃げ出して川におぼれ、水の子になる。トムは川を下って海にいき、やがて泳いで探検の旅に出る。その途中、「一人ぼっち岩」に一人ぼっちで立っているゲアファウル（オオウミガラス）に出会う。三フィートほどの背丈のおばあちゃんウミガラスは、しわがれ声をふりしぼり、大昔まだ赤ん坊だった頃に憶えた歌をトムに歌ってきかせる。

　小さな鳥が二羽岩の上にすわってた
　一羽が泳ぎ去り　あとに一羽が残された
　フォール・オーラ・レイディー
　残った一羽も泳ぎ去り　そしてだあれもいなくなった

『世界地理ボードゲーム』フランス製、箱の絵。1880年頃

かわいそうな岩だけが一人ぼっちで残
　された

フォール・オーラ・レイディー

歌い終わると、オオウミガラスはトムに語ってきかせる。あんなに大勢いた仲間がどうしていなくなったのか。彼女の話は全て本当だったが、本当過ぎて奇妙にきこえた。やがてトムは南極にたどりつき、探していたマザー・キャレイに出会う。本文にペンギンという言葉は使われていない。しかし、憂いに沈むマザー・キャレイの周囲に挿絵画家リンレイ・サンボーンは二種類のペンギンの姿を描いている（一八八五年版）。一つはケープペンギン、もう一つはフンボルトかケープの幼鳥のようだ。ケープは一八六七年、フンボルトの幼鳥は一八七九年にはロンドン動物園にきている。画家は、おそらく動物園で本物を観察したか、

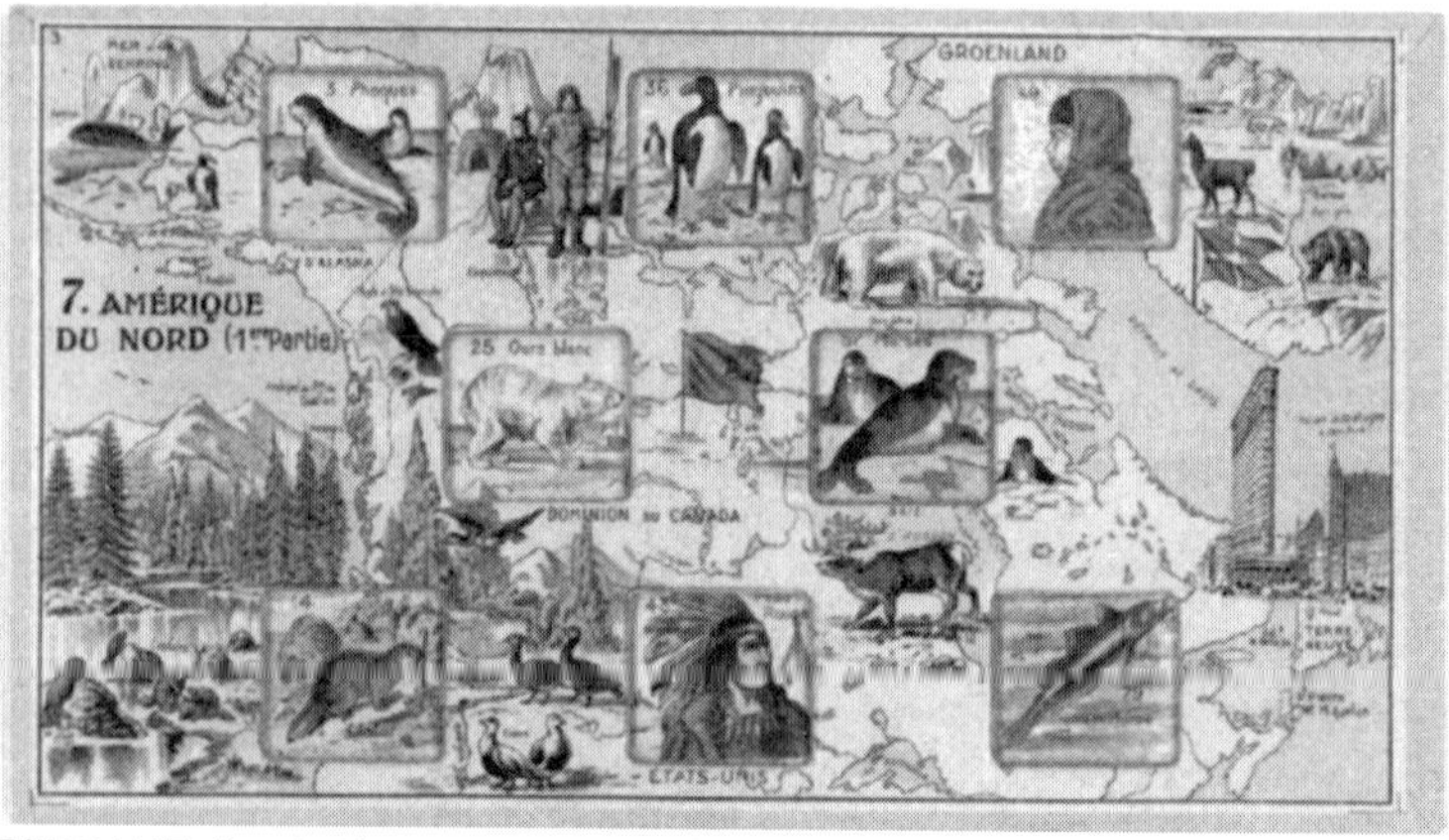

『世界地理ボードゲーム』フランス製、「北アメリカ」のボードの北極海のところにオオウミガラスのようなペンギンが描かれている。1880 年頃

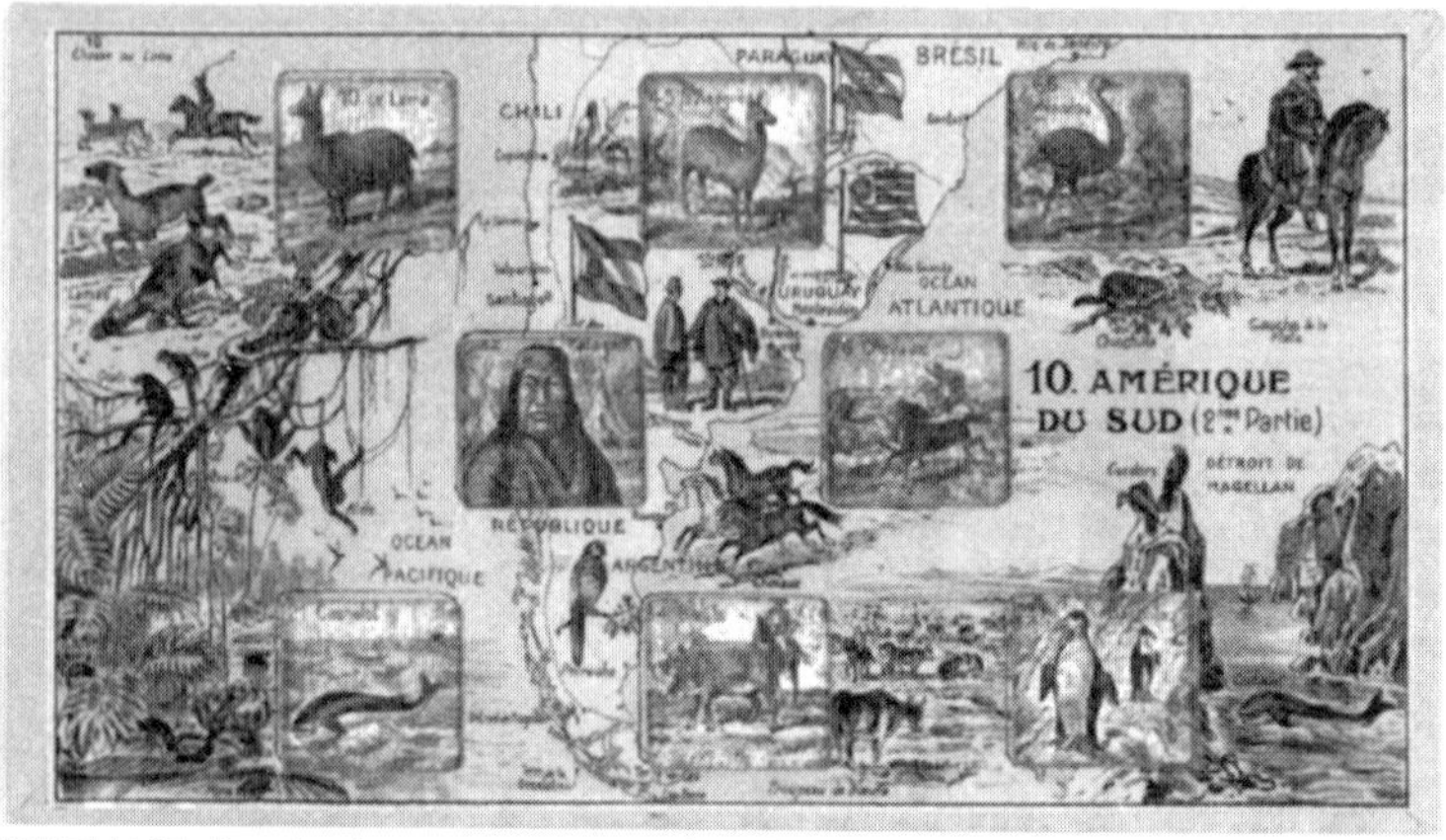

『世界地理ボードゲーム』フランス製、「南アメリカ」のボードのマゼラン海峡のところにオオウミガラスのようなペンギンが描かれている。1880 年頃

19 世紀末～20 世紀初めにかけて流行した「動物園双六」。ペンギンが「動物園の標準的飼育動物」として定着していったことがうかがえる

かなりできの良い剝製標本を観てスケッチしたのだろう。そうでなければこれほどリアルな仕上がりにはならないはずだ。『水の子』の中で「北のペンギン」と「南のペンギン」が出会い、世代交代しようとしている、というのは少し深読みが過ぎるだろうか。いずれにしても、この作品にゲアファウルとペンギンが登場することで二つのことがわかる。一つは「オオウミガラスの残影」がまだ人々の脳裏にくっきり影を落としていること。もう一つは「南のペンギン」全てが「南極のペンギン」化してきていることである。

ペンギンとオオウミガラスの混交は一九三〇年代頃まで様々な形で現れる。デュモン・デュルヴィルの探検記に添えられた銅版画には、船上で行われた「南極祭」の仮装の中にオオウミガラスの姿が見える（一八四〇年）。一八八〇年代に流行した『世界地理ボードゲーム』では、オオウミガラスと南米のペンギンが同じ姿で描かれている。アナトール・フランスは『ペンギンの島』の序文でオオウミガラスとペンギンとの相違を長々と注釈した（一九〇七年）。オーストラリアの動物を描いた絵本に登場するペンギンは、どう見てもオオウミガラスである（一九三五年）。欧米人以外のペンギン描写にはこのような混乱がほとんど見られないことを考えると、この傾向は一九三〇年代までの欧米人のペンギン・イメージが、ビジュアル的にはまだ不安定だったことを示しているといえるのかもしれない。しかし、そのような混乱は三〇年代を境に終息する。タウンゼンドは、第一次世界大戦をはさんで児童文学における「イギリスの優

『ペンギンの世界』と題する歌の楽譜には、ペンギンが描かれた。氷の上にいるのは、やはり「温帯域のペンギン」たち（1900年代）

THE PENGUIN

The Penguin has a pleasant face,
He swims at a tremendous pace;
But don't disturb him at his nest,
When in the water, don't molest;
From any little girl or boy,
Such actions only will annoy.
Don't do it, even for a lark,
For if you do, this bird will bark!

[1]

オオウミガラスのような姿のペンギン。フィリス・シリート画。オーストラリアの自然と動物に関する詩集の挿絵。1935年（114）

『ポッパーさんのペンギン』表紙（109）

The penguins were now so well trained that Mr. Popper decided that it was not necessary to keep them on leashes. Indeed, they walked to the bus line very nicely in the following line of march: —
Mr. Popper
Greta
Captain Cook
Columbus
Victoria
Mrs. Popper
Nelson
Jenny
Magellan
Adelina
Bill Popper
Janie Popper
Scott
Isabella
Ferdinand
Louisa

『ポッパーさんのペンギン』リチャード＆フローレンス・アトウォーター文、ロバート・ローソン絵。1938年版の挿絵。この作品はアメリカの児童文学の古典として高く評価され、アメリカの主要な図書館や学校図書館には必ず常備されている（109）

位」が崩れ、アメリカとそれ以外の地域に優れた作家・作品が数多く現れるようになったと分析している。ペンギン・イメージの統一もそのことと関係があるのかもしれない。

例えば、一九三四年、イギリス出身のエリノア・ファージョン（一八八一―一九六五年）は『町かどのジム』の中でフィリップという名のアデリーペンギンを登場させているが、その描写は挿絵（エドワード・アーディゾーニ）ともどもとても正確である。また、アメリカのアトウォーター夫妻は『ポッパーさんのペンギン』（一九三八年）の中で、当時すでに定評のあった自然誌『ナショナル・ジオグラフィック』や南極からのラジオ放送をおりまぜながら、アデリーペンギンの仕草を生き生きと描いた（挿絵ロバート・ローソン）。さらにオーストラリアでも、ノーマン・リンゼイ（一八七九―一九六九年）が『魔法のプディング』（一九一八年）の主人公の一人にアデリーペンギンのサムをすえ、すばらしいファンタジーを完成させている。この作品はなぜか日本ではあまり人気がないが、タウンゼンドも絶賛している通り「食べでのある味つけの濃いファンタジー」である。いずれにしてもこれらの三つの作品

『魔法のプディング』ノーマン・リンゼイ文・絵。1918 年の表紙（133）

『魔法のプディング』の主人公の一人ペンギンのサム。1918 年（133）

は、全て児童文学の古典として高く評価されており、二一世紀の現在まで世界中で訳され、映画化、アニメ化され、様々な変型版が現れている。「ペンギン文学」の第二世代を代表する古典であることは間違いない。

フランス語圏でも事情はほぼ同じである。フランス文学とフランス児童文学の研究者、私市保彦によれば、一八―一九世紀の社会的大変動期に子どもの本の世界は学校教育の普及にともなって、大きな成長期をむかえたという。さらに一九世紀末―二〇世紀初頭にかけて、ナンセン、スコット、アムンセンなど多くの探検家の活躍のニュースが世界中をかけめぐると、子どもたちも血を騒がせ、探検や冒険に熱中した。シャルル・コース（一八六二―一九二〇年）とシャルル・ヴァンサン（一八五一―一九二〇年）という二人の作家がマエルというペンネームで書いた一連の冒険小説の中にペンギンはたびたび登場する。また、一九世紀後半以降登場した少年雑誌や連載漫画の中にもペンギンが現れる。一九二五年五月から『絵入り日曜日』誌上に連載が始まった『ジグとピュスはアメリカにゆきたい』では、フランス漫画史上初めて「吹き出し」が使われる。やせとでぶのコンビがアメリカに行く前に北極に漂流し、ペンギンに出会ってアルフレッドと名づけて友だちになり、やがてウマのマルセルも連れて愉快な旅をするというストーリーだ。作家はアラン・サン＝ドガン（一八九五―一九七五年）である。

ただ、ひょっとするとサン＝ドガンのこの作品は、一九一九年からイギリスの新聞『デイリー・ミラー』紙に連載が始まったA・B・ペインの『ピップ、スクィークそしてウィルフレッド』の影響を受けているかもしれない。イヌとペンギンとウサギのドタバタ・トリオが演じるコメディーは、新聞紙上に連載された漫画としては大好評をとる。これを読んで楽しんだのは欧米人だけではなかった。一九二三（大正一二）年一〇月に『東京朝日新聞』で連載が始まり、その後人気をよんで「正ちゃん帽」まで全国に流行した『正ちゃんの冒険』シリーズ（織田小星＝一八八九―一九六七年と東風人＝一八八八―一九六五年の合作）は、どうやらペインの漫画に着想を得たものらしい。鳥越

『魔法のプディング』は「オーストラリアの古典的児童書」に選定されている。その時発行された記念切手。1980 年代

20 世紀のペンギン絵本の例　その①。オーストラリア、フィリップ島の傷ついたコガタペンギンをスーザンとトニーの姉弟が助け野生にもどす物語。写真絵本。ジョイス・ニコルソン作、L.H. スミス写真。1967 年（139）

信は、朝日新聞の編集部員だった鈴木文史郎の回想を紹介している。

「これは当時ロンドンのタブロイド新聞『ミラー』にのっているペンギン鳥を中心とした連載漫画が馬鹿におもしろいので、それからヒントを得てペンギンの代わりにリスそれに『正ちゃん』という幼年を加えたのである。」

ところで一九世紀末以降は「動物絵本」が急増し、その中にペンギンが頻繁に登場する。特に二〇世紀後半には、写真絵本も含めてリアルな設定のペンギン絵本が各国でつくられ、いくつもの有名シリーズやキャラクターが現れた。私の手もとには内外含めて八〇〇点以上の「ペンギン絵本」があるが、それを全て紹介するわけにはいかない。ここではその先駆けともいえる作品を四つだけ紹介することにしよう。

一九一六年に出された『A・B・C・ブック・オヴ・バーズ』（ホッジマン文、ステッチャー絵）には、

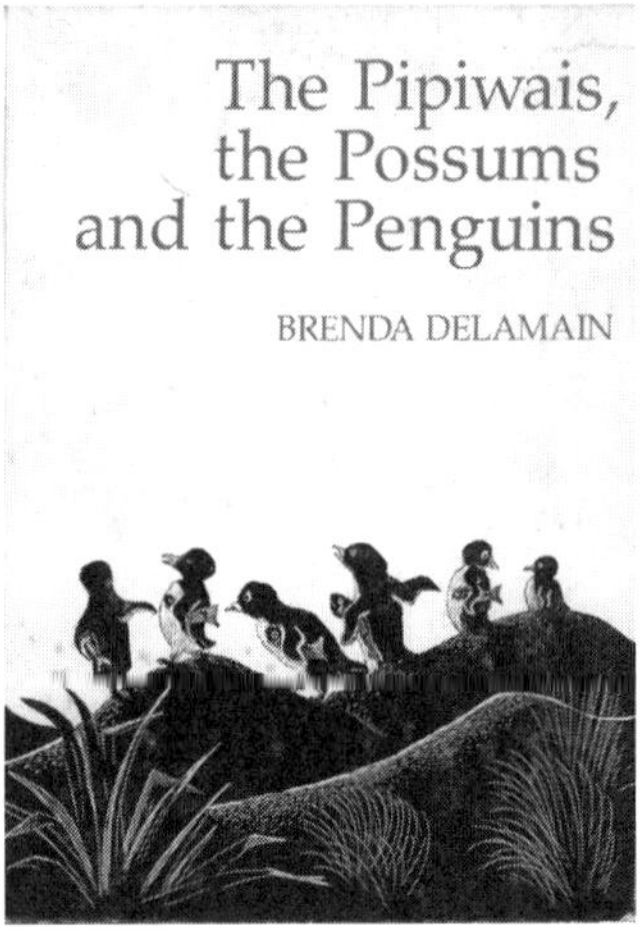

20世紀のペンギン絵本の例　その②。ニュージーランドに住むピピワイス一家とオポッサムとペンギンの物語。ブレンダ・デラメイン文・絵、木版画。1978年（120）

20世紀のペンギン絵本の例　その③。「ゴールデンクレスティッドペンギン」のビリーが南極からオーストラリアまでペンギンや海の生きものたちを紹介する物語。「ゴールデンクレスティッド」とはおそらくスネアーズペンギンのこと。ブルック・ニコルス作。1934年（138）

表紙見返しに「AUK」（オオウミガラス）がある。また、一九二〇年代の『チリトーズ』（リーディング文・絵）は、ピップとベグというペンギン兄弟の学校生活が描かれる。一九五〇年代の『動物園の子どもたち』（ラングレイ文・絵）は、動物園で生まれた様々な動物の子どもを文章と巧みなスケッチで紹介している。しかし、『ひとまねこざる』シリーズで有名なレイ夫妻の『ペンギンくん、せかいをまわる』ほど数奇な運命をたどった作品は他にあるまい。夫妻は一九三七年、パリ万博のブラジル・パビリオンで働いている時、その前にあったペンギン展示場のペンギンたちを二人でスケッチし、この物語の下絵を描いた後、ドイツ軍に追われパリを脱出する。作品はそれから六三年後（二〇〇〇年）やっと出版されるのである。ペンギンくんの友だちがシロクマとアザラシであること。万博会場にペンギンが展示されていたという事実。一九三〇年代のペンギンと人間との関係を知る上で、様々なヒントがこの作品の中に凝縮されている。

『A・B・C・ブック・オヴ・バーズ』キャロリン・ホッジマン文、ウィル・ステッチャー絵。1916年（128）

ペンギンのピーターは南極にすんでいるのに足が冷たいといって毛皮の靴をはいている。なかまから「チリトーズ」とあだ名をつけられたペンギンの話。ジャックリーン・リーディング文・絵。1910年頃（142）

『動物園の子どもたち』ニーナ・S・ラングレイ文・絵。1950年頃（131）

一九世紀に入ると、欧米諸国の南北両極地方への関心が一気に高まった。南半球ではジェームズ・ウェッデル、ジョン・ビスコー、ピーター・ケンプなどがアザラシ猟船団を率い、探検航海者顔負けの様々な発見実績をあげていた。彼らの名はウェッデル海、ビスコー諸島、ケンプランドなどといった地名となって南極地図の中に残された。また一九世紀末にはカール・アントン・ラルセンらの捕鯨業者が南極の地理的発見に貢献する。彼らは、各々自らの成果を本にまとめて出版し、事業の正当性と産業界への寄与を喧伝した。特に火薬用のグリセリンの原料として鯨油の商品価値が高まった第一次世界大戦前半（一九一五―一六年）には、捕殺頭数は一万二〇〇〇頭を超え、捕鯨船団の活動はピークに達した。

一方、北半球ではナポレオン戦争後（一八一五年）大艦隊をもてあましたイギリスによって北西航路の探索が加速する。ジョン・ロス、ウィリアム・エドワード・パリー、ジョン・フランクリン、ジェームズ・フランクリン・ロスなどが、一八一四―三一年の間北極海に挑み続けた。しかし、一八四五年に消息を絶ったフランクリン隊の捜索が終わると（一八五九年）、探検家の関心は「北極点到達」に移っていった。一八七〇年代「極点レース」はまず北極から始まったのである。

アメリカ、ドイツ、イギリス、イタリア、ノルウェー、スウェーデンが競って探検隊を組織した。一八七九年のアメリカ隊は『ニューヨーク・ヘラルド』紙の拡販戦略の一翼を担っていたし、一八九九年のイタリア隊を率いたのは母国の期待を一身に背負ったサヴォイ公位継承者ルイ・アマデウス王子だった。ハーゲンベックが「北極パノラマ」にとり入れたノルウェー人探検家フリチョフ・ナンセンがフラム号で北極点を目指したのもこの頃（一八九三―九六年）である。しかし、これらの国の中で「北極点レース」に最もヒート・アップしていたのはアメリカだった。一九〇九年九月一日、アメリカ人探検家フレデリック・クックが前年四月二一日ついに北極点に達したというニュースが世界に流れる。人々がまだ信じられぬ面持ちでクックの続報を待っていた九月五日、今度は〇九年四月六日にアメリカ人探検家ロバート・エドウィン・ピアリーが北極点に立ったという知らせがＡＰ電で報じられたのである。二人のアメリカ人が一年間隔で相次いで北極点を征服したという事実は多くの人の運命を変える。後に南極点

スコット率いるイギリス隊の副隊長エドワード・エヴァンズ（1880―1957 年）の自筆イラストとサイン入りカード（1929 年）。無事生還したエヴァンズは、名刺代わりにこのようなペンギンを描いた

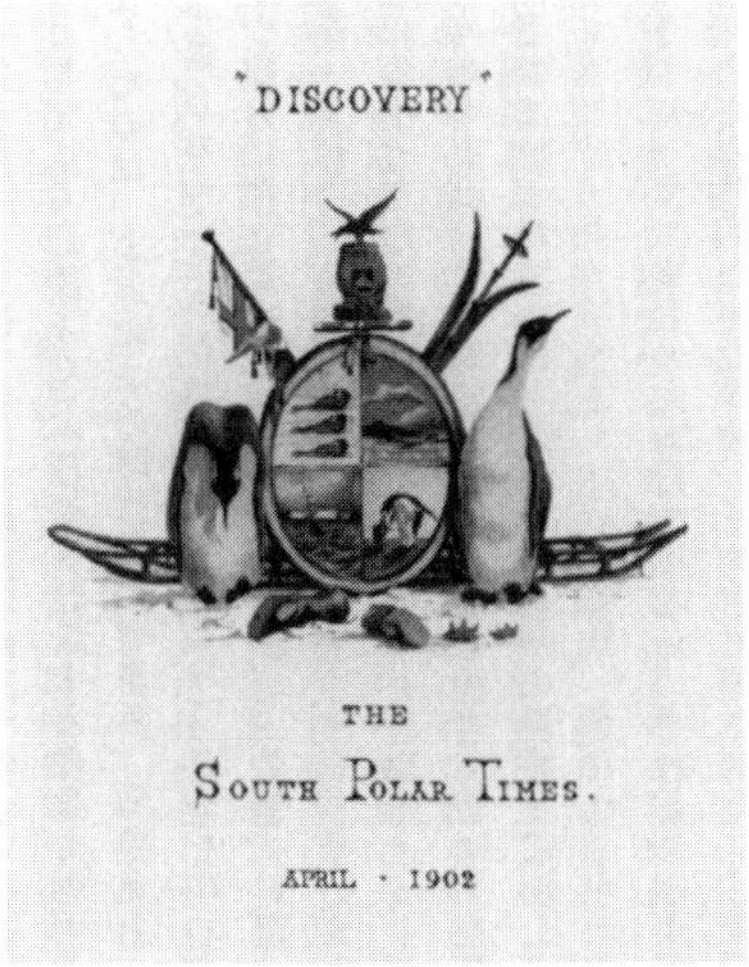

『サウス・ポーラー・タイムズ』1902 年 4 月号、表紙（144）

『サウス・ポーラー・タイムズ』1902年4月号、エンペラーペンギンの捕獲の様子を描いた挿絵（144）

初到達を果たしたノルウェー人探検家ロアール・アムンセン（一八七二―一九二八年）は、その著書『南極点』（一九一二年）の中でこの時の思いを記している。

「『北極点到達は果たされた』。このニュースは瞬く間に世界に伝わった。数多くの人が到達を夢に見、そのために努力し、苦しみ、命をなげうった目標が達成されたのだ。…（中略）…私は電線を走ったニュースに負けない速さで方向転換を決意した。……回れ右して南に向かうのだ。」

こうして、世界の目は一転「南極点レース」のなりゆきに注がれることになった。そして、この方面ではイギリスのロバート・ファルコン・スコット（一八六八―一九一二年）が一歩リードしているという点で、衆目は一致していたのである。しかし、スコットは南極での科学的調査の重要性を常に主張し、そのことにこだわっていた。というのも、彼は王立地理学協会の会長クレメンツ・マーカムを尊敬し、マーカムが議長をつとめた第六回国際地理学会議（一八九五年、ロンドン）の見解に沿って南極での活動方針を決めていたからである。「南極地域での探査はいまだ手をつけられていない地理学探査の中の最大課題である」という認識の下に、三組の科学調

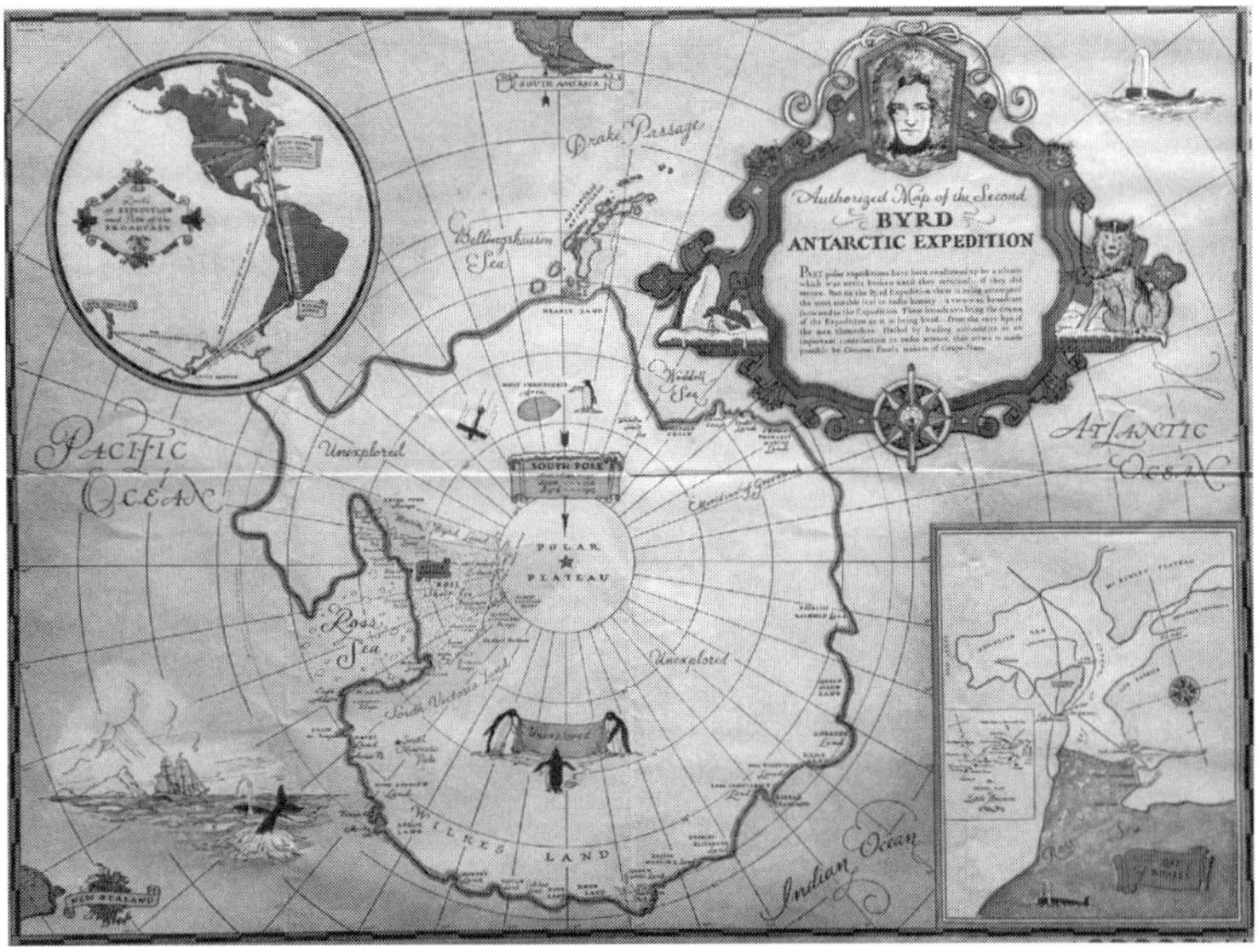

リチャード・バードの南極探検飛行を記念して作られたポスター。あちこちにペンギンがあしらわれている。1934年

査隊が組織され、この「未踏の白い大陸」を三分して調査活動に入っていた。一つはエーリッヒ・フォン・ドリガルスキー率いるドイツ隊で、東南極を中心に一九〇一―〇三年にかけて活動した。その結果は〇四年に出版された。二つめは、地質学者ニルス・オットー・グスターフ・ノルデンシェルド率いるスウェーデン隊で、彼らはラルセンが船長をつとめるアザラシ猟船アンタルクティック号で南極半島に向かった。シーモア島の近くで絶滅した大型ペンギンの化石を発見するなど多くの科学的発見をしたが、隊はいくつかに分裂し、各々越冬のために必死の思いで食糧を調達した。ペンギン四〇〇羽、アザラシ三〇頭を蓄えたり、アデリーペンギンの卵六〇〇〇個を集めたりした。ノルデンシェルド隊の調査結果と探検記は一九〇五年に相次いで出版されたが、どれもペンギンを表紙に描き、この鳥の生態を詳しく報告している。

20世紀の「南極ペンギン記」の例　その①。アデリーペンギンの生態を中心に南極の自然を紹介した絵本。ルイス・ダーリン作、1961年（117）

　そして最も注目を集めたのが、スコット率いるイギリス隊（一九〇一―〇四年）によるロス海での調査活動だった。探検は海軍、王立科学協会、王立地理学協会の合同企画として立案され、科学探検用の専用調査船ディスカヴァリー号が特別に建造された。スコット隊は多くの科学的業績を残すが、中でもエンペラーペンギンに関する新しい知見と「真冬の卵収集旅行の顛末」はその後の様々な報告書や報道を通じて一般にも広く知られることとなった。新しい知見とは、エンペラーペンギンが南極の冬に繁殖するということを確かめたことである。地球上で最も低温にさらされる南極の冬に、大型脊椎動物が氷の上で卵を産みヒナを育てるなどということは、それまでの生物学の常識では想像もつかないことだった。もう一つの話題は、隊員の一人アプスレイ・チェリー・ガラードの著書『世界最悪の旅』（一九二二年、加納一郎訳）を通じて世界中に知れ渡ることになった。

　ガラードは自らも生物学者だったが、主席科学隊員であり南極生物学に造詣の深い生物学者エドワード・エイドリアン・ウィルソンの助手としてインド海軍少佐ヘンリー・ロバートソン・ボアーズとともに三人で、クロジール岬にある真冬のエンペラーペンギンの営巣地を訪れ、その卵三つを採集してきたのである。この無謀ともいえる真冬の旅を決行したのは、当時専門家の間ではエンペラーペンギンが最も原始的な鳥類だと考えられていたからだった。だから、その有精卵の中にある胚児を研究すれば、爬虫類とそれから進化した鳥類との間の失われた連鎖が証明できる。ウィルソンとガラードはそう考えたのである。結局この仮説は否定されるが、ガラードの著書を通じて南極のペンギンが秘めた謎がわかりやすく大衆に伝えられたため、この不思議な島への一般の関心はますます高まった。また、ガラードの本が出版されたタイミングも劇的な効果を演出するポイントになった。

それは、アムンセンに「南極点初到達」の栄誉を奪われ、その帰途遭難死したスコット、ボアーズらイギリスの第二次南極探検隊の悲劇（一九一二年）が、イギリスだけでなく欧米全体に知れ渡っていたからである。また、スコットの第一次探検隊に加わり、その後自ら探検隊を組織して内陸探検や南極大陸横断に挑戦していたアーネスト・シャクルトン（一八七四―一九二二年）の奇跡の生還劇（一九一四―一七年）が、第一次世界大戦後詳細に報じられ始めてもいた。さらに、ウィルソンが絵筆をふるいシャクルトンが編集長をつとめた第一次探検隊の隊内紙『サウス・ポーラー・タイムズ』や、ウィルソンが残した数多くの美しいペンギンのスケッチがいたるところで引用され、紹介されていたことも見逃せない。ガラードがその著書の最後に記した言葉は特に有名で、その後輩出した多くの探検家・冒険家の座右の銘となった。

「探検とは知的情熱の肉体的表現である。……（中略）……君の欲するものがただ一個のペンギンの卵であるにしても、君は冬季のソリ旅行でむくわれるところが必ずあるであろう」。「南極

20 世紀の「南極ペンギン記」の例　その②。1953 年、オーストラリア隊が行ったハード島での調査活動を紹介した絵本。ケン・ダルズィール作、1955 年（116）

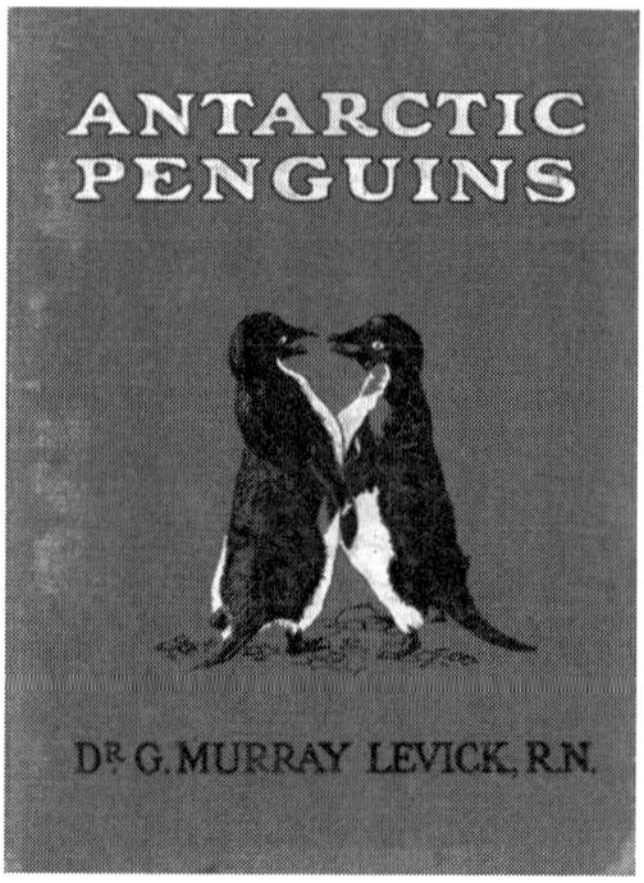

20世紀の「南極ペンギン記」の例　その③。1910―13年、イギリス南極探検隊に加わった動物学者マレー・レヴィックによるアデリーペンギンの生態を紹介した一般書。1914年（132）

点レース」はこうしてアムンセンの勝利に終わり、彼は世界史上にその名を刻むことになった。しかし、レースに敗れたスコット隊の隊員たちが残した科学研究の業績と活動は、その後も営々として引き継がれ、今日に至っている。ペンギンについて見れば、その影響力ははかり知れない。ガラードはその著書の中で、スコットの別動隊ヴィクター・キャンベル率いるマクマード湾越冬隊の医師マレー・レヴィックが著した『南極のペンギン』（一九一四年）を絶賛しているが、これはアデリーペンギンの観察記録である。ガラード自身も数ページを割いてアデリーペンギンの生態を解説している。特に、天敵であるナンキョクオオトウゾクカモメへの対応や、ヒョウアザラシを警戒してなかなか海に飛びこもうとしないことを「ある種の利己的精神」と表現する点などは、後の研究者の注目するところとなった。そればかりか、その後現在までくり返されてきた「南極ペンギン」や「ペンギン」の典型的形容がその文章の中に姿を現す。

「彼らはとてもよく人間の子どもに似ている。この南極の世界の小さな住人は、子どもに似ようが大人に似ていようが、精一杯尊大ぶって黒い燕尾服に白いワイシャツを着て、どちらかといえばでっぷりとしている。」

現代のペンギン・イメージはこの時決まったといっていいだろう。「子どものように愛すべき生きもの。南極の住人。白黒のタキシードで身をかためた尊大なデブ」。南極点レース以後、南極探検は領土権の主張や資源獲得をめぐる各国の外交的かけひきの道具としての色彩を強める（一九二〇年代）。あるいは、アメリカの飛行士リチャード・バード（一八八八—一九五七年）のように、アムンセンの支持を受けつつ南極点を飛行機で空から確認しようというデモンストレーションが、フォード、ロックフェラーといった大財閥の援助を受け、アメリカの先進技術と経済力を世界に誇示することとなった（一九二八—四一年）。そのいずれの場合も、ペンギンたちがマスコットとして、またある時は資金獲得に苦しむ探検家の強力な助っ人として利用された。南極ペンギンの写真が様々な媒体に登場し、映画館ではニュース映画で愛嬌をふりまいたのである。特に、一九三二年の第二回極年（IPY）には四四カ国が参加し、地球規模で科学的観測・研究が展開されたが、この時も南極のペンギン・イメージが世界に喧伝された。『町かどのジム』（三四年）、『ポッパーさんのペンギン』（三八年）など、子どもの本の世界に南極のペンギンがリアルな姿で現れるのは、ちょうどこの頃からだ。

20世紀の「南極ペンギン記」の例　その④。1902—03年、アンタルクティック号で南極大陸を探検したオットー・ノルデンシェルドの記録。1904年（140）

それらの作品のすばらしさは、もちろん作家の筆力に負っている。しかし、ガラード以後、探検家の多くが各々個性的な「ペンギン記」を著し、それがよく読まれたこと、南極ペンギンの生態を写真入りでやさしく解説した本が出回っていたことが、作家の創作意欲を刺激したであろうことは想像に難くない。これ以後、探検家たちの「南極ペンギン記」は、大人向きの小説や児童書と並んで「ペンギン文学」の重要な一ジャンルを形成していくのである。

一九八五年、南アフリカのペンギン研究者ジョン・クーパーらによって一八二〇年代から一九八〇年代までの『ペンギン文献目録』がまとめられた。英・仏・独の三カ国語だけにしぼったものだが、それでも収録文献数は一九四二点にのぼる。この内、一九世紀のものは七二点（約三・七％）にすぎない。残りは全て二〇世紀に入ってからのものだ。また、全期間を通じて南極―亜南極に分布する極地性ペンギンを扱ったものが六六・八％、温帯―熱帯に分布する温帯性ペンギンを扱ったものが三三・二％だった。エンペラーペンギンとアデリーペンギンの南極二種だけにしぼっても出現頻度は二三・六％である。因みに、日本人著者による文献は一〇点に満たない。

この数字から類推できることは明らかだ。二〇世紀に入って書かれたペンギンに関する文献の三分の二以上が「極地性ペンギン」に関するものなのだ。特にエンペラーとアデリーはそれぞれ四分の一の確率で顔を出すのである。この傾向は第二次世界大戦後に行われた国際地球観測年（一九五七―五八年）以後に起こった「南極ブーム」によって、また一段と強められる。ペンギンといえば南極、南極といえばペンギンという世界共通のお約束がしっかり結ばれるのである。

第5章

オタクの国のペンギン踊り

『堀田禽譜』1826（文政9）年3月、シーボルトのペンギン図を栗本丹洲が手写ししたもの。キングペンギンだと思われる（宮城県図書館所蔵）

いよいよ日本の番だ。二〇世紀末以来、日本は「ペンギン大国」だといわれている。一〇〇以上の動物園や水族館でペンギンが飼育され、個体数は四五〇〇羽を上回るという。巷にはペンギン・キャラがあふれ、漫画やテレビCM・アニメなどにこの鳥はちょくちょく顔を出す。いつからこんなことになったのか？　そもそも日本にはいない南半球の海鳥が初めて日本に紹介されたのはいつなのか？　そして、どのような経過でこの鳥は日本人の心の中にどっかと腰をすえてしまったのだろう？

ここまでほぼ時間の流れに沿って、野生のペンギンが生息している地域でのペンギンと人間との関係をながめてきた。だから、世界の「ペンギンのことを知らなかった人間たち」にこの鳥のことを伝えたのは、「北のペンギン」を絶滅させ「南のペンギン」を利用しまくった欧米人だということはもうご存知の通りだ。日本人も「知らなかった人たち」の中に入ることは言うまでもない。しかし、ペンギンという生きものがいるらしいということは、少なくとも一八世紀初めには一部の日本人は知っていた。また、ペンギンの皮もその直後日本にもたらされ、一部の学者や為政者の間では話題になっていたのである。その後、明治になって、欧米人から多くのものを「国策」として貪欲かつ組織的に吸収するようになると、ペンギンに関する情報は「文字と図像」の形で着実に増加し、二〇世紀に入る頃には「南極の生きもの」という共通認識がほぼできあがっていた。有名な南極探検家の白瀬矗《のぶ》が多くの剥製を持ち帰り、さらに上野動物園などで生きたペンギンが飼育され始めた一九一〇年代中頃以降、この鳥は完全に

「愛すべき生きもの」としての地位と人気とを獲得していたのである。

ではまず、ペンギンという生きものの存在を初めて知った日本人の話から始めることにしよう。この鳥を文献に初めて記録したのは新井白石（一六五七―一七二五年）である。彼の著書『采覧異言《さいらんいげん》』巻二「アフリカ」の「カアブトホユスペイ（ケープタウンのこと）」の項には次のような記事がある。

「一種大鳥。其羽盔纓と為す可く。又形大雁の如き有り。長喙大脚にして浅黒き色。好んで立つこと人の如し。其名ペフイエゥン。」（原文は片仮名部分以外は全て漢文）

この本の中には昆虫を含め野生・家畜を問わず合計七六種類の動物が登場する。この内「ペフイエゥン」のような解説をともなうものは八種類だけで、あとは全て名前が記されているだけだ。しかも、解説つきの八種の内、三種はクジラのなかまの相違（ワルハシ、ブレンヘス、ノルカフル）について述べたもの、三種はエミュウの三通りの漢字表記（厄幕、厄墓、厄慕）について述べたものである。一種の動物について詳しく説明しているのは「ペフイエゥン」と「ハアラデイシホコル（風鳥）」の二つに過ぎない。白石の「ペフイエゥン」へのこだわりが垣間見えるというのは大げさだろうか。

白石が『采覧異言』を脱稿したのは一七一三（正徳三）年三月である。この書は、長年調査を続けた世界地誌に関する研究成果をまとめたもので、『西洋紀聞』（一七一五＝正徳五年二月）とともに日本初の本格的世界地理書として白石の主要な業績の一つだと評価されている。ただ、白石といえば朱子学者・文人として、あるいは六代将軍徳川家宣に登用され一連の改革を行った政治家としての顔の方が有名であろう。しかし、彼の博物学者としての活動を高く評価する専門家も少なくない。江戸時代を「徳川の平和＝パクス・トクガワーナ」とよび、特にその中期から後期＝一八―一九世紀中頃を、日本独特の博物学と博物趣味が栄えた時代とみる西村三郎は次のように言う。

「この時代、わが国の博物学を学問的に担ったのは、一般に本草家または本草学者といわれた人々である」。彼らは医師あるいは儒学者＝朱子学者だったが、朱子学の重要な教説である「格物致知」あるいは「窮理」という考え方、すなわち「自然物を単に有用という観点からだけでなしに、物そのものとして研究する姿勢、いわゆる博物学的立場からの理由づけを重視しその発達をうながしたのである」。特に「事物とその名称をただすこと、古来、名物学と称されてきた分野」がその中心にあった。

白石による二冊の世界地理書は、彼が朱子学者であり、本草学＝博物学に傾倒していたからこそ成しえた業績だったといえる。では、白石はどのような経緯でペンギンに関する情報に接したのだろう。そのきっかけは、一八世紀の日本が置かれた歴史的・政治的状況を色濃く反映するものだった。

一五八七年、豊臣秀吉によるキリスト教徒追放令以来、いくつかの曲折を経て、一六三九年の鎖国令によって日本は諸外国との交流を自ら制限する体制を固めた。しかし、一七世紀末になると中国（明）や東南アジアで海禁（鎖国）が解かれたこともあり、ローマ教会では「第二のザビエル」としてジョヴァンニ・バッティスタ・シドッチ（一六六八―一七一四年）を日本に派遣し、布教活動を強化する方針をとった。三年間日本の風俗と言語を学んだシドッチは、一七〇三年、ローマを出発、インド経由でマニラに到着、ここで四年間日本渡航のチャンスを待った。一七〇八年八月、セント・トリニタス号でマニラを出発、一〇月一〇日、ついに屋久島への上陸に成功する。しかし、事態を知った幕府はただちに彼を捕らえ、長崎（網場）の獄舎に収容して簡単な取調べを行った後、すぐに江戸は小石川にあった「切支丹屋敷」に送り、拘禁を続けた（一七〇八年一一月）。その屋敷で大目付とともに本格的尋問を行ったのが白石である。

実は、シドッチの江戸送付は、白石自身が六代将軍の座についたばかりの家宣に進言して実現した。この間の事情に詳しい宮崎道生によれば、八月にシドッチの屋久島潜入第一報を聞いた時から、白石はすでに海外事情を知るため様々な資料を急いで集め、シドッチ尋問に備えていたらしい。尋問のポイントはシドッチがローマ教皇から派遣された「信使」（教皇の親書を持つ正式の外交使節）なのか、単なる「宣教師」（布教活動が目的）なのかという点であった。国禁を敢えて犯して日本に潜入した外国人を処罰するにあたって、この相違は重大だった。前者であれば国外追放もあり得るが、後者であれば通常極刑はまぬがれない。

幕府は白石らが示した三つの処分案、上策「かれを本国に返へさざる事」、中策「かれを囚となして助けおかるる事」、下策「かれを誅せらるる事」の内、中策をとる。シドッチはそのまま「切支丹屋敷」に囚禁され、一七一四(正徳四)年一一月に死去する。白石はこうして自ら申し出た「潜入犯シドッチ審問」という表向きの責務を果たす。しかし、博物学者としての情熱はこの間にますます高まり、囚禁後もシドッチを訪ねたり、長崎や江戸にいるオランダ人や「オランダ通詞」を質問ぜめにして、精力的に海外情報の収集につとめた。『采覧異言』と『西洋紀聞』はその成果なのである。

それでは、先ほどの問いにもどろう。ペンギンのことを白石に教えたのはシドッチだったのか？　どうやらそうではないらしい。宮崎は『新井白石の洋学と海外知識』（一九七三年）の中に白石の自筆本『外国之事調書』を収録している。これは、白石が一七二五（享保一〇）年に死去する直前まで手もとに置き、外国事情研究のために書き続けた覚書きである。その一七一三（正徳三）年三月五日の条に次のような記述が見える。

「図中にある黒き鳥の事　ベーフイエゥン　カーブにあるもの也　雁に似たり。」

この日、白石はオランダ商館長（カピタン）コルネリス・テルダインと外科医ウイロン・ワーヘマンスに世界図を見せながら、不明な点を細かく質問した。右の一文はその時のメモである。「カーブ」とは「カアブトホユスペイ（ケープタウン）」の略であるから、これが『采覧異言』の「ペフイエゥン」につながるものであることは明らかだ。しかし、二つの疑問が残る。一つはテルダインとワーヘマンスのどちらがペンギンのことを教えたのかということ。もう一つは「図中」とある世界図とはいったいどのようなものだったのかということだ。

第一の点については「二人ともペンギンについて知っていた」と考えてもよいだろうが、ワーヘマンスの方がより可能性が高いように思われる。というのも、『采覧異言』の「序」で白石はワーヘマンスのことを「少しく自ら西南諸州に遊学す。草木鳥獣の名を識ること多し」と特筆しているからである。一七六五（明和二）年に出た後藤梨春の『紅毛談』の中にも「ワアガマンスは白石に世界探検の話をした」という記述が見える。

もっと大きな謎は二点目にある。この日、白石は資料として『万国総図』を持参し、それを指し示しながら二人のオランダ人に細かい質問をした。その『万国総図』の正体がわからないのである。もしこの地図が一般に知られている『万国総図』であったとすれば、白石が「図中にある黒き鳥」と指摘することはなかったと思われる。というのも、一般に『万国総図』とは、一六四五年（正保二）年、長崎で作られた初めての国産世界図とその形式を継承したものを指すからだ。この世界図には鳥の絵はおろか生きものに関する記述がほとんどないのである。しかし、シドッチ尋問の時、白石は何種類もの「世界全図」を使っていて、その中には図上に様々な生物の姿がちりばめられ、それらについての解説がついているものもあるので、『万国総図』とはそういう地図のことを指しているのかもしれない。だが、たとえそうだったとしても、白石が用いたと思われる「世界図」の中に「謎の黒い鳥」の絵が描かれたものが見当たらないのだ。最も可能性が高いのは、現在上野の国立博物館に所蔵されているいわゆる『ブラウ世界地図』（一六四六年、J・ブラウ製作、オランダ製）、中国（明）から渡来した『坤輿《こんよ》万国全図』（一六〇二＝万暦三〇年、利馬竇作）だろう。しかし「白石が使用した」と伝えられるこれらの図にも「黒い鳥」の絵は描かれていない。唯一残された可能性は、図中のテキストの中に「黒い鳥」についての記述があるということだ。しかし、今のところそれらしい記事は発見できていない。

いくつかの謎が残るものの、いずれにしても、白石がペンギンのことを知る上で、あるいは初めてペンギンに関する記述が残される過程で、世界図が果たした役割は決して小さいものではなかったということは確かである。鎖国というと、海外についてのあらゆる情報がシャットアウトされ、江戸時代の日本人には世界の姿を客観的に知る手だてがなかったかのように思われがちだ。しかし、世界図、地誌、外国（オランダ、中国、朝鮮）人からの聴き取りという形で、世界に関する情報は着実に流れ込み、それらを熱心に拾い集めた博物学者によって「世界地理書」がまとめられ、政治家や専門家に普及していったのである。江戸時代を通じて、大衆に広くペンギンという生きものの存在が知らしめられることはなかったが、白石の遺した『采覧異言』は貴重な「地理学書」として幕府の重要な情報源となった。また、白石の海外事情や外国語（特にオランダ語）に対する研究姿勢は、その後青木昆陽（一六九八―一七六九年）や大槻玄沢（一七五七―一八二七年）によって創始される蘭学・洋学に引き継がれ、八代将軍吉宗以降の学問的発展の下地をつくったといわれている。白石の『采覧異言』とペンギンに関する情報は、少しずつ洋学者や為政者の手によって伝えられ、広まっていったと考えられる。

例えば、大槻玄沢門下の蘭学者山村昌永によって一八〇三（享和三）年にまとめられた『改訂増訳采覧異言』は、「幕末開国期前にわが国が集積した世界地理知識の総決算」として高く評価されている。白石は漢籍には通じていたが、オランダ語などヨーロッパの言語を自在に解読することはできなかった。その点に不満を感じた昌永が新たに二冊の洋書（地理学）を訳して増補し、さらに三〇冊の洋書を含む和漢洋の関連図書一二六冊を参照してまとめたのである。宮崎が強調するように、「世界地理学ないし西洋事情の研究は、対外的危機がようやく顕現する次の段階になると、海防論ないし富国強兵論と結びついて、洋学中で科学技術におとらぬ比重を占めるようになる」とすれば、白石がまとめた事実は、昌永などの洋学者や世界情勢に関心を持つ知識人の間に、時を経るにしたがってより広く深く伝わっていったといえる。

企鵝の謎

ところで世界図とペンギンをめぐる謎ということでいえば、もう一つまだよくわからないことがある。それは、中国語でペンギンを「企鵝」あるいは「起鵝」・「鱗鵝」と書くが、朱子学者であり漢籍に通じていた白石がなぜこの鳥を片仮名表記したのかということだ。つまり、白石がこの鳥を漢字表記しなかったということは、三つの可能性を示唆している。(1)中国にペンギンという生きもののことが伝えられておらず、まだ「企鵝」などの漢名がなかった。(2)ペンギンの漢名はあったが、白石にその知識がなかった。(3)白石は漢名を知っていたが、あえて片仮名書きにした(あるいは理解不足からそうなった)。

言うまでもないことだが、日本は古くから中国の文化や諸制度を積極的に学び、それらを手本として尊重してきた。これを改変・応用し「国風文化」を創造することはあっても、中国にすでに存在するものをあえて無視することは極めて少なかった。特に、もともと日本にも中国にもいない外国の鳥について、もし中国で先に名前(漢名)がつけられていれば、それを黙殺して片仮名表記することはちょっと考えにくい。まして、白石は中国思想そのものともいえる儒学の専門家であり、さらにやはり中国に起源をもつ本草学・名物学にも造詣が深い。例えば、『采覧異言』に出てくる七六種の動物のうち、片仮名だけで表記されているのはクジラのなかま三種と「ペフイエゥン」の合計四種のみである。ただしクジラのなかま三種は「鯨」という漢字でくくられているので、純粋に片仮名表記だけとはいえない。とすれば、ペンギンだけに漢名がないことになる。

今のところ、この事態を説明できる妥当な解釈は(1)であって、(2)や(3)の可能性は低いと思う。一流の儒学者であり名物学にも関心がある者であれば、何かを書き残す際、それまでに知られている事実をあらゆる方法を駆使して調べ上げるだろう。仮に見落としがあれば、それは学問的な失点となり、自らの記述の価値や信用を貶めることになる。まして白石は、将軍に仕え幕府所蔵の貴重な文献を利用したり、様々な分野の専門家を直接訪れてことの真偽を確認する機会と立場に最も恵まれていた人物である。もし、(2)や(3)に類することが実際にあったのだとすれば、それは「認識の食い違い」

というケースだろう。つまり、既存の文献にペンギンのことがちゃんと「企鵝」と書かれ説明されていたにもかかわらず、その「企鵝」と「図中にある黒き鳥」が同一のものだと思い当たらなかった場合だ。しかし、この可能性はほとんどないと思われる。それは、中国の文献に実際に「企鵝」などの漢名が登場するのはもっと後、一八五〇年前後のことだと考えられるからだ。

このことを説明するには、少し話を脱線させる必要がある。つまり、中国や日本にもしペンギンのことが伝えられるとすれば、どのようなルート、タイミングが考えられるのか、話を整理しておかなければならないからだ。ペンギンのことを一番よく知るヨーロッパ人がやってきた時期は、中国も日本もさほど大きな違いはない。中国に初めてたどりついた「ペンギンのことをよく知っている可能性が高い」ヨーロッパ人はポルトガル人で、一五一七年のことだ。日本の種子島に同じくポルトガル人が漂着したのはその二六年後である。ポルトガル人は一五三五年にはマカオで貿易を始め、五七年に明から正式にマカオ居住を許される。この間、有名なフランシスコ・ザビエルが日本で布教活動を行う。しかし、日本で弾圧にあったイエズス会をはじめとするカトリック系諸会派は、布教の中心を中国にしぼり、次々に有能な宣教師を送り込む。特に、イエズス会はローマ大学を経営しており、数学・地理・天文などの学問や時計製作技術を習得した卒業生を明・清に派遣した。彼らは、実際的・科学的な知識・技術を中国に伝えたので、明末—清初の歴代皇帝はこれを厚遇し、中国の知識人にその学芸習得を促した。

マテオ・リッチ（イタリア人、中国名＝利馬竇）、アダム・シャール（ドイツ人、中国名＝湯若望）、フェルビースト（ベルギー人、中国名＝南懐人）、ブーヴェ（フランス人、中国名＝白進）は、暦法、大砲鋳造術を伝えたほか、世界図製作を通じて中国に最新の世界地理学や「世界観」を広めた。特に、マテオ・

リッチの『坤輿万国全図』（一六三〇年）は、中華思想に配慮して中国を中心に描き（ということは日本も図の中心にくる）、細かい解説を全て漢文で記したので、すぐに日本でも「中国文化の精華」として受け入れられていった。約一〇〇年後、白石がシドッチ尋問に用いた何種類かの世界図の中に『坤輿万国全図』もあった。

しかし、先ほども見たように、白石が用いた世界図には「企鵝」の表記はなかったらしい。というのも、もしそう記してあればそれを『采覧異言』の中に記しただろうし、「図中にある黒き鳥」と書き表すことはないだろう。どうやら、明末─清初にかけて中国で活躍したイエズス会系宣教師たちは、ペンギンのことを伝えなかった可能性が高い。しかも、やや遅れて中国にやってきた他の会派との争い（典礼問題）が原因で、一七四二年イエズス会の布教活動が正式に禁止されてからは、彼らの文化的活動も下火になった。この間、逆に、イギリス、アメリカ、オランダとの通商が年々拡大し、一七九三年にはイギリス使節マカートニーが、その翌年にはオランダ使節ティチングが清を訪れる。これらの使節は全てケープタウンやケルゲレン諸島を経由して訪中したので、途中ペンギンを食糧として積み込んでいた。この頃、中国にペンギンの存在あるいは皮などの実物が初めてもたらされたとしても何の不思議もない。

『中国学芸大辞典』（一九五九年）には、明末─清初にかけて中国を訪れたマテオ・リッチをはじめとするヨーロッパ人宣教師二一人が出した文献一三四点が一覧になっている。しかし、そのほとんどは天文学、暦学、物理学、農学、宗教関係の文献で、世界図を含む地理・地誌に関するものはわずか三点にすぎず、動物学を含む博物学関係の本は一つも見当たらない。これに対し、道光帝（清第八代皇帝＝一八二〇─五〇年）以後、清末（二〇世紀初）までに翻訳・出版された欧米文献三五三点のほとんどは世界地理・地誌・歴史と造船・軍事に関するものだという（梁啓超『西学書目表』光緒二九＝一九〇三年による）。したがって、中国では一八世紀までは、ヨーロッパや世界の地理や自然史への関心が極めて希薄であり、逆に一九世紀に入るとそれらへの注目度が一気に高まったと考えてよいだろう。「企鵝」の語は一九世紀前半の早い段階で中国語文献の中に現れた可能性がある。

しかし、現在私が確認できる範囲では、中国で出版された文献に「企鵝」の表記が現れるのは『地理全志』（上・下篇各五冊、慕維廉著、嘉永九＝一八五三年）が最初である。「企鵝」の文字は本文中ではなく、下篇巻五の巻末に付された「生物分布図」の中に見える。いわゆる動物地理学的分布図で、南米南端―南アフリカ南端―オーストラリア南部―ニュージーランド南島を曲線で結び、その線を「企鵝之北界」と称し、南極大陸の輪郭に「大企鵞」と記してある。著者の慕維廉とはウィリアム・ミューアヘッド（一八二二―一九〇〇年）の中国名。ミューアヘッドはエディンバラ出身のロンドン会系宣教師で、一八四七年に上海を訪れ、その後『天路歴程』などを漢訳した後、何冊かの地理学書を参考にしてこの書を漢文で著し上海で出版した。

『地理全志』はすぐに日本に輸入され、一八五八（安政五）年には二種類の和刻本となり、さらに一八七四（明治四）年には阿部弘國が『増訂和訳地理全志』として刊行している。この書は、幕末から明治初期の知識人に大きな影響を与えたようだ。例えば、幕末の志士橋本左内はこの書を読んだ感想を長々と記しているし、金沢、福井、出石、田辺、神戸、淀、延岡、武雄、伊勢度会などの地方の学館では教科書として用いられた。また明治に入ってからも、この書が直接教科書となったり、初等教育・中等教育用の教科書を新たに執筆する際には必携の参考文献となったという。鮎澤信太郎はこの本を次のように評している。「本書に至つて漸く近代的地理学の体系を備へ、支那人は勿論、わが幕末維新時代の人々に世界地誌を知らしめると同時に地理の学的内容の型をも教へたものと思はれる」。

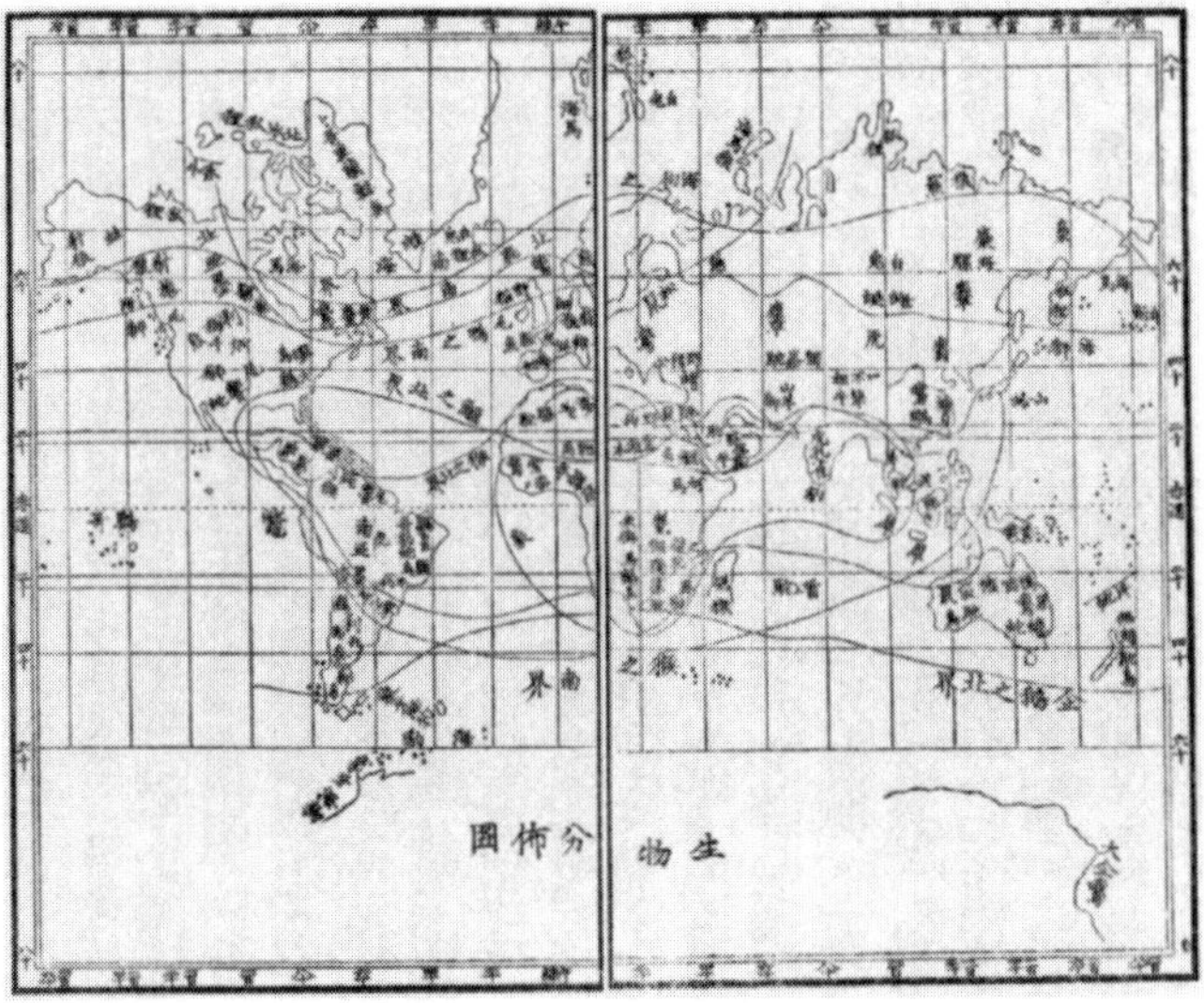

『地理全志』下篇巻五「生物分布図」。「企鵝」・「大企鵞」の表記が見える。1853年（207）

アヘン戦争（一八四〇—四二年）からアロー戦争（一八五六—六〇年）にいたる時期は、清でも魏源（一七九四—一八五三年）によって『海国図志』（六〇巻、一八四二年）などの世界地理書が刊行されるなど、政治情勢の緊迫にともなって世界や地理に対する関心が一気に高まった。日本では『海国図志』の研究が進み、その和訳や和刻本が一八五五—五六（安政二—三）年のわずか二年間に二〇種以上現れ流布したという。「企鵝」というペンギンの漢名は、こういう時代の空気の中で生まれ、いくつかの書物にとり入れられるとともに、中国内で普及していったのではなかろうか。例えば、日本では一八七七（明治一〇）年、博物学の教科書として文部省から刊行された『具氏博物学』の中に「企鵝（ペンジュン）」という用例が見える。これは、アメリカ人の博物学者S・G・グートリッチの著書を須川賢久が翻訳したものだが、おそらく須川は翻訳にあたって既存の『地理全志』などの漢文表記を参考にしたのであろう。

ペンギンの漢名「企鵝」を白石が用いなかった背景には、以上のような歴史的事情があったのではないか。しかし、これはまだ不完全な仮説に過ぎない。一七世紀末――一九世紀中頃の中国の関連文献を全て吟味したわけでは到底ないし、そもそも「企鵝」の語源・由来が全く不明なのだ。辞典や字典をひけば「企」は「爪先立つ」の意、「鵝」は「ガチョウ・水鳥」の意だから、その全体が意味するところはすぐに了解できる。しかしこの表現を最初に用いたのは誰かということになると、全てはいまだに闇の中なのである。少なくとも慕維廉(ミューアヘッド)以前の人物であることは確かだが、それ以上のことはわからない。「起鵝」・「鮬鵝」にいたってはさらに五里霧中である。先学のご教示を切に願うところだ。

それはともかく、日本ではこの「企鵝」という漢名は定着しなかった。白石以後、表記法は少しずつ異なるが、この鳥について記す場合、大多数の書き手は欧米語の発音を片仮名で写しとる方法をとったのである。この大きな流れが白石以来今日まで継承されていることは間違いない。

ペンギンを食べた「日本人」第一号?

さて、ここまでは「ペンギン」という生きものの存在を初めて記録した日本人」は江戸時代の儒学者・政治家の新井白石だということで話を進めてきた。「ペフイエゥン」という呼び名が記録された白石の著書『采覧異言』がまとめられたのは一七一三（正徳三）年、一八世紀、江戸時代のこと。

しかしここで、もう一度時間を一〇〇年以上巻き戻さなければならない。一六〇〇（慶長五）年四月一一日、豊後（現大分県）臼杵領内にあった佐志生に現れた帆船には、「ペンギンを食べた二十四人の船員」が乗り組んでいたからだ。到着地を佐伯湾とする説もあるが、大事なことはその帆船が「リーフデ号」というオランダ船籍の船であり、船員は全員ヨーロッパ人だったという点にある。

リーフデ号（乗員一一〇人）は「ハーゲン船団」と呼ばれた五隻編成のオランダ船団の副旗艦として、一五九八年六月二七日にロッテルダムを出港した。その目的は、マゼラン海峡を通って南米太平洋岸を北上し、可能ならば太平洋を横断してアジアに到達することだった。「リーフデ」という言葉は「愛」という意味だが、それ以前は「エラスムス号」と呼ばれており、船尾には人文主義者・神学者として名高いデジデリウス・エラスムスの彫像が飾られていた。エラスムスはロッテルダム出身であったことから、この町の人々は特にこの神学者を尊敬していた。

この船団を企画したのは、アムステルダムとロッテルダムを拠点に活動していたアントウェルペン出身の商人ピーテル・ファン・デル・ハーゲン。この頃、アントウェルペンはスペイン王国からの独立戦争に敗れ経済活動が停滞していたため、ハーゲンは商取引の拠点を北ネーデルラント（オランダ）のアムステルダムとロッテルダムに移していた。

ハーゲン船団に加わるため、ロッテルダムにはオランダ人を中心に五〇〇人を超える船乗りが集まり、中には数十人のイギリス人、一〇人ほどのフランス人の兵士、ポルトガル人一人も含まれていたという。五隻のガレオン船からなる艦隊の旗艦となったのは、最も大きい「ホープ号」（乗員一三〇人）。この船にイギリスからやってきたベテランの船乗り、ウィリアム・アダムスが舵手（航海士）として乗り組む。その後、アダムスはリーフデ号の舵手となり、太平洋を横断して戦国時代末の臼杵にやってくることとなる。ちなみに、ハーゲン船団の残り三隻は、ヘローフ号、トラウ号、フライデ・ボートスハップ号という。

また、アダムスは一人でロッテルダムに来ていたわけではなかった。弟のトーマス・アダムス、アダムスの友人ティモシー・ショッテン、トーマス・スプリングなどの舵手もいた。特にショッテンは、イギリス人一行にとって非常に重要な意味を持っていた。彼は、マゼラン海峡を通過して世界周航を達成したキャヴェンディッシュの船に乗り組んでいた経験を持ち、当時まだ数少ない「アジアへの渡航経験者」だったからだ。船団の出航を待つ間、アダムスたちはショッテンから多くの航海情報、アジア情報を仕入れていたに違いない。

実は、ハーゲン船団が組織されつつあったちょうど同じ頃、ロッテルダムではもう一つ別の船団が企画されていた。この町で宿屋を営んでいたオリフィール（オリヴァー）・ファン・ノールトも、アジアへの渡航を計画し、四隻編成の船団（船乗り四〇〇人規模）を準備していたのだ。当時のロッテルダムの人口は一万人ほどだから、二つの船団合計九〇〇人の乗員希望者がひしめき合っていたことになる。

また、二つの船団は、表向き「大西洋を南下しアフリカの喜望峰沖を通過してインド航路でアジアを目指す」と喧伝されていた。しかし、実際には、大西洋を南下した後、進路を西にとりマゼラン海峡を通ってチリ沿岸のスペイン植民地を襲い、その後太平洋を西航してアジアに向かうという極秘作戦が準備されていたのである。そのため、どちらの船団も、全ての船に大量の武器弾薬が積み込まれ、重武装されていた。

第2章冒頭（八四―一〇四ページ）で詳述した通り、一六世紀後半―一七世紀前半にかけて、ヨーロッパでは、当時世界を二分する形で発展しつつあった絶対主義帝国スペイン・ポルトガルの支配に対して、イギリス人やオランダ人による抵抗運動や独立戦争が激化していた。例えば、「マゼラン海峡東端」に位置する「ペンギン島」＝サン・マグダネーラ島を通過したヨーロッパ船団と主要人物の流れをまとめてみよう。

①、一五二〇年一―二月：マギャランイス（マゼラン）率いるスペイン艦隊（五隻）　初の世界周航
②、一五二七年七月：ガルシア・ホフレ・デ・ロアイサ率いるスペイン艦隊（七隻）
③、一五七八年八月：ドレイク率いるイギリス艦隊（五隻）　二人目の世界周航
④、一五八四年二月：ガンボア率いるスペイン艦隊＋陸軍　南米（主にチリ）沿岸に防衛拠点建設失敗
⑤、一五八七年一月：キャヴェンディッシュ率いるイギリス艦隊（三隻）　三人目の世界周航
⑥、一五九三年六月：リチャード・ホーキンス率いるイギリス艦隊（三隻）　日本も目的地の一つ
⑦、一五九九年八月：オランダのハーゲン船団（五隻）
⑧、一五九九年一一月：ファン・ノールト率いるオランダ船団（四隻）　オランダ人として初の世界周航

この内、①のマギャランイスのスペイン艦隊は、五隻の船団だったが、その乗組員はポルトガル人、イタリア人、フランス人、ギリシア人、イギリス人が中心で、スペイン人は少数派だった。この艦隊の生存者によって、「マゼラン海峡」や「ペンギン島」の情報が、イギリスや他のヨーロッパ諸国に拡散していく。また、②の艦隊はドイツの金融業者フッガー家が資金提供し多数の香料仲買人の支持とスペイン王家（スペイン・ハプスブルク家）の後援を受けていた。④の艦隊は、世界帝国樹立を目指すスペイン王フェリペ二世の意向を受けて派遣されたもので、イギリスやオランダの挑戦を撃退することが主な任務だった。さらに⑧の報告書は、一七世紀以降何回も出版され、途中から「銅板画」の挿絵が添えられるようになった。八三ページに掲載した図版は、一六二〇年版に掲載されたもので、「ペンギン島でペンギン狩りをするファン・ノールト一行」を描いている。筆者も二度この「ペンギン島」を訪れたが、現在でも島中いたるところで多数のマゼランペンギンが営巣しており、観光地として公開されている。島の灯台には「マグダネーラ島の歴史」を紹介する展示があり、この図版のコピーが掲示されていた。

つまり、ロッテルダムで組織されたハーゲン船団もファン・ノールトの船団も、スペイン帝国の世界支配にチャレンジするため、敢えてマゼラン海峡を突破しチリ沿岸のスペイン人の拠点を攻撃した上さらにアジア到達を目指していたのだから、その乗組員たちは「ペンギン島」やペンギンに関する情報を事前にある程度集めていたものと想像できる。弟のトーマス・アダムスと共にハーゲン船団に身を投じた経験豊かなウィリアム・アダムスも、「貴重な食糧としてのペンギン」についてなんらかの予備知識を持っていたに違いない。

著名な海洋小説家、白石一郎は、ウィリアム・アダムスの生涯を描いた作品『航海者』（幻冬舎、一九九九年）の中で、このような背景を次のように描いている。

「そこはペンギン島とマゼランが名づけた島の岬だった。かなり大きな島でフエゴ諸島の主島である。この島の北西に波静かな入江があった。マゼラン海峡の第三の入江である。ペンギンが群棲し、絶好の食糧の補給場所として航海者達に名を知られていた。世界周航を志すほどの航海者なら、まだ見ぬ海の島々の豊富な食糧の名だけは心得ていた。ガラパゴス諸島の巨大な陸亀。モーリシャス諸島の珍鳥ドードーなどである。フエゴ諸島のペンギンもその一つだった。」

チリのモチャ島で、先住民アプチェ族のスペインに対する大規模な反乱に巻き込まれて弟のトーマスを失い、病気で臥せっていたリーフデ号船長ヤーコブ・クワッテルナックに代わって日本の戦国大名との交渉役を務めながら、イギリスで彼の帰りを待っている妻宛の手紙の中で、アダムスは次のように述べている。

「（一五九九年）四月八日には、順風に恵まれて（マゼラン海峡の）第二水道をなんとか通過した。そしてペンギン島の近くに停泊してボート一杯のペンギンを捕まえた。この島はアヒルより大きい。われわれはたくさんの食糧のおかげで大いにリフレッシュできた。」

この時捕殺したペンギンは一四〇〇羽以上だったという研究者もいる。この文章以外にも、「ペンギン島」ではない場所で、ムール貝やカモ類、ペンギンを捕ることができたという記述もある。もちろん、ペンギンを食べたのはアダムスだけではない。臼杵にたどり着いたリーフデ号に乗っていた二四人の乗組員全員が、ペンギンで飢えをしのいで南米太平洋岸を北上し太平洋を横切ったのだ。

結局、ハーゲン船団でスペイン帝国に対する秘密作戦をなんとか完遂し、アジア＝日本にたどり着いたのはリーフデ号だけだった。ロッテルダムを出港した五〇〇名の船乗りのうち二四人だけが成功者となった。では、彼らにはその後、どのような運命が待ちかまえていたのだろう？

一六〇〇（慶長三）年四月、臼杵に到着したリーフデ号乗員二四名の内、歩くことができたのはアダムスを含めて五人だけだった。南米西岸サンタマリア岬、南緯三六度付近を一五九九年一一月に離れ日本を目指したアダムスたちは、四カ月と二二日間かけて太平洋を斜めに横断し、北緯三二度三〇分に位置する臼杵にたどり着く。途中「ウナ・コロンナ」と呼ばれていた硫黄島を眺めた以外ほとんど島影を見ることもなく、日に日に衰弱し死んでいく乗組員を乗せたガレオン船は、ようやく目的を達成した。オランダサイドの公式記録ではこれを「オランダ人による初めての日本到達」と表現するが、当時の日本人は「漂着」だと捉えた可能性が高い。

アダムスが遺した書簡によれば、多数の小舟でリーフデ号にこぎ寄せた日本人がずかずか乗り込んできて、船内から手軽に盗めるものをあらいざらい持ち去ったという。生き残った乗組員に危害を加えることはなかったが、アダムスたちはその狼藉に抗う術もなくただ茫然と見つめるしかなかった。

古来、ヨーロッパや日本では船が遭難した場合、その船や積荷は海岸に住む人々の所有物として認められるという慣習法があった。また、その地を治める領主にも「略奪の権利」を主張する者がいた。しかし、豊臣秀吉は一五八八（大正一六）年、ヨーロッパ諸国に先んじる形で海賊行為を禁止する「海賊禁止令」を発布。一五九二（大正二〇）年には「海路諸法度」を制定して、船が遭難した場合、生存者の有無にかかわらず、船も積荷も基本的に船主に返却すべきことを定めた。

この「海路諸法度」が発布されてからまだ八年しか経過していなかったことを考慮すると、臼杵近辺の住民がリーフデ号に狼藉をはたらくことを未然に取り締まれなかったことはやむを得ないのかもしれない。とはいえ、時の臼杵城主、豊臣秀吉に近く朝鮮出兵にも加わった太田一吉は、「リーフデ号漂着」の翌日、急ぎ兵を佐志生に派遣し、盗難を取り締まると共に積荷を保全した。だが、その同じ日、生き残った二四人の内三人が死亡。さらに三人が長患いの末、日本で死んだ。こうして「ペンギンを食べた乗組員」は一八人となる。

日本到達から二年後までの間にリーフデ号乗員一八人には行動の自由が与えられ、多くの者は日本を去った。中には、オランダ人やイギリス人にとっては「敵」にあたるポルトガルやスペインに寝返る者もいた。アダムスは「イギリスの妻宛の手紙」にこう記している。

「さらにわれわれの二人が裏切り者となり、命の保証と引き替えにポルトガル人の仲間になって彼らの王に仕えることになった。一人は母親がミッデルブルフ（オランダ）に住んでいるギルバート・コニングという男で、彼は船の全商品の販売人であると吹聴した。もう一人はヨン・アベルソン・ヴァン・アウター（ファン・オワテル）という。これらの裏切り者たちはあらゆる手段で商品を自分たちの手に収めようとし、また、われわれが、航海中に経験したこと全てを彼らに告げ口しようとした。」

文中に登場する「彼らに告げ口しようとした」の「彼ら」とは、すでに日本で経済活動を展開していたポルトガルやスペインの商人、そして布教活動をしていたイエズス会の宣教師たちのこと。スペイン・ポルトガル世界帝国の主要な植民地であるヌエバ・エスパーニャ（新スペイン）＝南北アメリカ大陸の南端＝マゼラン海峡を突破し、大胆にも太平洋を横断して突然日本に出現したオランダ船やイギリス人は、「彼ら」にとって目障りな「敵」以外の何者でもなかった。実際、一五六八年にスペイン・ハプスブルク家に対して独立戦争を開始したネーデルラント（オランダ）とエリザベス一世のイギリスとは、一五七七年には同盟を結んでいた。こうして、日本を舞台に、ヨーロッパ諸国の地球規模での勢力争いが始まった。

一方、アダムスを含む四人は日本人と結婚し、日本で生活する道を選ぶ。徳川家康に通訳として仕えたヤン・ヨーステン、東南アジア貿易に携わったメルヒョール・ファン・サントフォルト、三浦郡浦賀に居を構えたギルバート・コニングである。そして、アダムスは家康に重用され、三浦安針という日本名を得て「武士」として生涯をとじる。この四人は、日本に帰化した日本人だと考えてよいだろう。こうして、彼らはペンギンを食べた「日本人」第一号となった。

徳川家康はペンギンを知っていた？

徳川家康は日本史上知名度ベストテン入りするに違いない超有名人だ。それにくらべるとウィリアム・アダムス＝三浦安針はマニアックな存在かもしれない。しかし、欧米では比較的よく研究されている「日本人」である。

森良和は、「没後四百年記念出版」としてまとめられた『三浦安針　その生涯』（東京堂出版、二〇二〇年）で、「洋書一次史料・史料集」二三点、「洋書の二次史料・翻訳書」一二点、「外国人による二次文献」三九点を列挙している。一九八〇年代のアメリカのテレビドラマ『将軍』は、日本でも話題になった。「青い目のサムライ」と形容されることもある。日本の武士に対する欧米人の幻想、あるいはエキゾチシズムを刺激するのかもしれない。

一方、森は前掲書の「まえがき」で次のように指摘している。

「アダムスが日本で過ごした二〇年間は、近代以前の日本としては例外的な、束の間のグローバル時代でした。この時代にはポルトガル、スペイン、オランダ、イギリスの西洋諸国が日本を舞台に活発な外交活動を展開し、抗争していました。アダムスはそれらの国すべての言語に通じ、日本語の通訳も行って、幕府の貴重な臣下として活躍しました。」

また、ベルギー生まれの研究者フレデリック・クレインスは著書『ウィリアム・アダムス――家康に愛された男・三浦安針』（ちくま新書、二〇二一年）の「はじめに」の中で家康とアダムスの「世界史的関係」について、次のように評価している。

「また、アダムスの記録を通じて、家康の外交手腕もみえてくる。家康は、その後継者たちと違って、活発な外交活動を行った。家康の外交に関する日本側史料はほとんど残っていないためか、このことはあまり知られていないようだ。それゆえ、鎖国を始めた為政者というイメージが強い。一方、西洋側史料を見ると、全く逆の事実が浮かび上がる。家康は日本の門戸を西洋人に開いて、積極的な誘致活動まで行った。外交顧問としてのアダムスの活躍を出発点として、家康の見事な外交手腕も浮かび上がらせることができる。」

「ペンギンを食べて日本に着いたリーフデ号の生存者」の中で、家康が重視した人物は三人。到着時は衰弱して身動きできなかったリーフデ号船長のクワケルナック、オランダ人航海士ヤン・ヨーステン、アダムスである。クワケルナックは、一六〇五年、日本を離れることを許され東インドへと去ったが、ポルトガル艦隊との戦闘で戦死した。ヤン・ヨーステンは、アダムスと共に将軍直属の旗本身分と江戸の屋敷とを与えられ、通訳として活動すると共に、朱印状を得て平戸からシャムに渡航し貿易に従事し、一六二三年に没する。

内外の研究者の多くは、この三人の中でも、家康から別格の厚遇を受けたのはアダムスだと明言している。その背景として専門家が強調するポイントは以下の四点である。

①、アダムスの生い立ちと優れた造船技術者、航海者としての見識・実績。
②、一六―一七世紀前半の国際情勢、地球規模での経済活動に関する深い理解と洞察力。
③、有能だが多弁ではなく、宗教的・政治的対立を超えて極めてプラグマティックに様々な課題に対応する姿勢。
④、当時の先端的天文学・幾何学・数学・地理学に精通し、卓越した語学力を有していたこと。

現代の研究者だけではない。アダムスが軟禁を解かれて間もなく、大坂に彼を訪ねて面会したイエズス会士ペドロ・モレホンも、その非凡な才能に気づき、上長に報告している。だからこそ、戦国時代に終止符を打とうとしていた歴戦の強者=徳川家康のお眼鏡にかなったのだろう。

では、旗本ウィリアム・アダムスは、いかにしてその才能・技能を培ったのか？　家康から全幅の信頼を得た三浦安針の修行時代と実績について、簡単にまとめておこう。

アダムスは、一五六八年、ジリンガム出身。九月二四日、この町の聖マリア・マグダネラ教会で洗礼を受けた記録がある。この教会の尖塔は遠くからもよく見えたので、船乗りたちのランドマークとして知られていた。町の西方には、エリザベス一世の海軍工廠として知られるチャタムという町もあった。生家の正業や両親について詳しいことはわかっていない。しかし、一二歳の時に父親を亡くしたアダムスは、生まれ故郷を離れロンドンに近いライムハウスの船大工ニコラス・ディギンズの徒弟奉公人として住み込む。

一六世紀後半、ライムハウスはロンドンの外港として機能し、ドレイクをはじめとする「私掠船団（海賊船団）」の活躍を技術的に支援していた。ドレイクらの活動は、やがてエリザベス一世によって「王立海軍」としての地位と名誉とを与えられていく。例えば、カリブ海を舞台に、スペインの「銀輸送船団」とイギリス海賊船団との激闘が繰り広げられ、ヌエバ・エスパーニャの富やアフリカからの奴隷貿易を中心とする「大西洋三角貿易」が、後の大英帝国の経済的基礎を構築していった。

船大工は身分が低く、中世では職人の数も少なかった。ところが、アダムスの少年時代には、イギリス商船や王立海軍用の船の建造が急増し、船大工の需要が高まるとともに、貧しい階層の若者の間では人気の職種となっていた。しかし、一二年間の徒弟奉公を終え二四歳になったアダムスが選んだ仕事は「王立海軍」だった。

クレインスは、前掲書の中で、一六世紀後半の「王立海軍」について次のように説明している。

「当時の商船は軍艦と同様に戦闘時に備えて設計されており、大砲を積んでいた。現代と違って、商船は戦争と無縁ではなかった。商船が海賊や敵国の軍艦に遭遇すれば、自己防衛が必要だった。また、前述のように商人による私掠も広く行われた。さらに、戦争になれば、これらの商船は王立海軍の軍艦に組み入れられる。アダムスが王立海軍に入隊した一五八八年に寄せ集められた艦隊は二百二十六隻の船から構成され、そのうち商船の数は百九十二隻に上っていた。」

この時、スペインとイギリスとの対立は頂点に達していた。ドレイクの艦隊が北西アフリカ沖のスペイン植民地＝カーボ・ヴェルデ諸島を急襲し、さらにカリブ海に入ってスペインの拠点で次々に略奪を展開したからだ。激怒したスペイン王フェリペ二世は、スコットランド元女王メアリをイギリス王位に就ける陰謀を企てていたが、それを放棄し、イギリス本土の直接侵略に踏み切ったのだ。フェリペ二世は「無敵艦隊（アルマダ）」の戦力増強を命じた。

一五八七年、スペインによるイギリス侵略計画に関する情報を得たエリザベス一世は、ドレイクにスペインの軍艦建造を遅延させるよう命じる。ドレイクは、すぐさまこれに反応し、二〇隻の艦隊を率いてスペイン南西部のカディスを急襲。「無敵艦隊増強計画」を一年間遅らせることに成功した。アダムスが「王立海軍」に入隊したのは、まさにイギリスにとって危急存亡の秋であった。

クレインスは、その間の事情をこのように説明している。

「アダムスが弟子入りしていたディギンズは商船を造っていたので、船主たちと親密な関係にあった。海軍には商船だけでなく、水夫や兵士のほかに船長も当然必要とされた。この緊急時に人員が不足していたことは想像に難くない。ちょうど徒弟奉公の期間が終了したところで、船のことも熟知しており、知性の高いアダムスは船長として適任だったと思われる。ディギンズの知り合いを通じて船長に抜擢されたのかもしれない。また、アダムス自身も航海に関心を示していたのだろう。」

これに続けて、次のような史料を紹介する。

「大英図書館に、無敵艦隊と戦った王立海軍に所属した船のリストが残っている（ハーレアン文書）。その中に百三十一番目の船としてリチャード・ダフィール号が記録され、その船長として『ウィリアム・アダムス』の名前が明記されている。乗組員は二十五人だった。アダムスの船が配属された部隊は、かの有名なドレイクの艦隊だった。」

アダムスが任されたリチャード・ダフィール号の主任務はドレイク艦隊への食糧と弾薬の補給だった。プリマス港に停泊していたドレイク艦隊に、王立海軍＝連合艦隊総司令官チャールズ・ハワード伯爵率いる本隊が合流する。そのプリマス沖に、無敵艦隊が突然姿を現す。アルマダの戦艦は一隻一隻がイギリスの船に比べて巨大だった。激戦の結果、戦闘はフランスのカレー沖に移る。爆発物を搭載した無人船の夜襲を受けた無敵艦隊はパニックに陥り、接近戦を挑んできたイギリス艦隊に撃破された。生き残ったスペイン船もアイルランド沖で難破し、母国に戻れなかった。ヨーロッパ史、いや世界史の流れをも大きく変えたと言われる「アルマダの海戦」は、こうして無敵艦隊の大敗という結末を迎えた。

この大海戦に勝利者側の一船長として参戦したアダムスだったが、王立海軍は本隊を除いて解散されたため、臨時の隊員だった彼は除隊を命じられた。その後、イギリスと北アフリカ、特にモロッコとの貿易独占権を持つ貿易会社「バーバリ商会」に就職。二五歳から三三歳までの一〇年間弱、船長として活躍した。この間、アダムスはメアリ・ハインと結婚し一男一女を授かった。

ただし、このバーバリ商会には通常の貿易活動以外の「特別任務」があった。それは、当時のモロッコがオスマン朝トルコ帝国、スペイン、ポルトガルという強国に囲まれており、特にポルトガルとは敵対関係にあったことに起因している。イギリスとモロッコとの貿易は一五五〇年に始まったが、モロッコへの航路はスペイン船とポルトガル船の航路を横断するものだった。つまり、バーバリ商会の船には、モロッコへの往復の過程でスペインやポルトガルの船を襲い、できれば船ごと拿捕して連れ帰るという任務が与えられていたのだ。従って、私掠船、海賊船としてのバーバリ商会船は、大砲などで重武装し、敵の船に乗り移るための要員が乗組員として多めに配置されていた。アダムスは私掠船長として、一〇年間ほどの経験を積んだわけである。

ヨーロッパの軍事史上、近世＝一六―一七世紀の特徴は傭兵制の発達にある。この特殊な軍事システムは、一八世紀以降形成される「常備的国民軍」とはかなり様相が異なる。ルネサンス、宗教改革（宗教戦争）、絶対主義国家の出現といった近世ヨーロッパの文化的・宗教的・政治的変化を支え、現実の権力構造を変革していったのは、一種の企業家であった傭兵隊長とそこに集まった傭兵たちだった。彼らにとって「国籍（出生地）・身分・信仰・言語」の相違は致命的な問題ではない。大切なのは、正確な情報収集力、知識と技能、経験に根ざした冷徹な判断力と実行力だった。例えば、ヨーロッパ史上最大の傭兵隊長として知られるアルブレヒト・フォン・ヴァレンシュタインは、一七世紀前半の三十年戦争（一六一八―一六四八年）の流れを大きく左右した。ほぼ同じ時代、スペイン・ハプスブルク帝国からの独立を宣言し、私拿捕船として名を馳せたネーデルラント北部諸州の「ゼー・ゴイセン（海の乞食団：オランダ語ではワーテルヘーゼン）」やエリザベス一世時代のイギリス人海賊たちも、規模の大小や陸か海かという違いはあるものの　一種の企業家であり広い意味での「傭兵隊長」だったと言えるのではないか？

特に、船という閉鎖空間を長期間支配し、「敵」と闘いながら目的達成をはかる当時の船長や航海士の「仕事」は、ほとんど傭兵隊長のそれと同じである。船大工—王立海軍船長—バーバリ商会船（私掠船）の船長を務めながら、アルマダの海戦を勝ち抜いてきたアダムスは、優れた企業家＝傭兵隊長としての手腕を磨いてきたとも言えるだろう。

一六〇〇（慶長五）年五月一二日、アダムスはヤン・ヨーステンとともに大坂城で徳川家康と面会する。得体の知れない異国人の話を家康はどのように聴いたのか？　その後、アダムスとヨーステンとを旗本として重用した家康は、なにを根拠にこの二人を信頼したのだろう？　面会でのやりとりを具体的に吟味する前に、当時の日本国内の概況、家康がおかれていた立場について、ざっとおさらいしておきたい。

アダムスらを載せたリーフデ号が臼杵に姿を現した一六〇〇（慶長五）年四月、家康は大坂城にいた。二年前に豊臣秀吉が没し、五九歳となった家康を事実上の首座とする五大老によって政務が執り行われていた。一五九九（慶長四）年閏三月、五大老の一人前田利家が死ぬと、家康の力はますます強まり「天下殿」と呼ばれるようになった。同年九月二七日、家康は居を伏見から大坂城に移し、西の丸に天守閣を増築して豊臣秀頼を圧する権勢を誇示する。さらに、五大老の一角である上杉景勝への対応を練っているところに、豊後臼杵に謎の「唐船の敵船」が漂着したという知らせが入った。

「唐船」とは、当時中国、ポルトガル、スペインなど南蛮貿易で使われた外国船全般を指す呼び名。しかも、その「唐船の敵船」には初めて耳にする国名＝オランダ、イギリスの人が乗船しているという。彼らは、日本との貿易を希望しているが商人とは思えないし肝心の商品も少ない。その上、船は重武装され大量の武器・弾薬・武具が積載されている。イエズス会士によれば「海賊」だとのことだが、どうもただの「海賊船」ではない。リーフデ号漂着の第一報を受け取った時の権力者が家康だったというタイミング、組み合わせは、まさに歴史的出会い、幸運だったというほかはない。二年以上前であれば豊臣秀吉が、一年前であれば前田利家が、家康の判断と対応に大きな影響を与えたことだろう。

例えば、秀吉は、一五九六（慶長元）年六月に起きたスペイン船サン・フェリペ号事件の折、その船長から聞いた「スペイン帝国の宣教活動を用いた武力による世界戦略」に激怒し、長崎にて多数のキリスト教徒を磔刑に処した。このいわゆる「二六聖人殉教」によって、一五九三（文禄二）年にスペインと結んだ公式通商は事実上破棄された。鈴木かほるは、『徳川家康のスペイン　向井将監と三浦按針』（新人物往来社、二〇一〇年）の中で、秀吉と家康の外交政策の相違を次のようにまとめている。

「家康の外交政策は、秀吉の武断政治とは異なる平和主義が採られた。東アジアの国々に小まめに書簡を送り、友好的な為政者であることをアピールし…（中略）…貿易による国利を増やそうとする経済的見地から尽策されたのである。」

この発想は、やがてオランダやイギリスによって推進される「貿易差額主義による国富増大」の考え方とほぼ同じであって、近世末期の世界的動向に合致したものだとも言える。従って、一五九八（慶長三）年九月、秀吉が伏見城で没すると、五大老筆頭として「開国への道」を積極的に進み始める。鈴木はさらにこう続ける。

「家康がスペインとの国交正常化に尽力した理由は、大型洋式帆船の建造技術および新しい金銀製錬法の導入もさることながら、当時、日本国内の経済的分業は未熟であり、市場が狭隘であったため、スペインの毛織物および中国産の上質生糸＝白糸や高級絹織物は、当時の日本の領主経済には不可欠であり、これらの品々は国内市場で大きな需要があったからである。…（中略）…家康の対外政策には、ポルトガル船の生糸独占体制を崩し、スペイン船を誘致して両国の均衡を図るという意図もあったと思われる。」

家康が「唐船の敵船」＝リーフデ号に興味をもった理由については、研究者によって微妙な見解の相違がある。

例えば、鈴木は前掲書で次のように指摘する。

「家康がアダムスを外交顧問とするうえで、何よりも好都合であったのは、彼が旧教国のスペインやポルトガルと違って、商売と布教とを切り離して考える新教国のプロテスタントであったことである。家康にとって、アダムスは、対スペイン交渉に役立つ通詞であり、太平洋横断に堪える洋式帆船も建造できるという、この二つの夢を叶えてくれる格好な人物であった。」

一方、クレインスは次のように説明する。

「家康は平和的な外交に特別な関心を示していた。秀吉の死後に、家康は五大老の首座として、朝鮮出兵していた武将たちを日本に帰還させ、明国や朝鮮との国交正常化に努めた。さらに東南アジアのほかの国々にも書簡を送って、外国貿易の促進に向けて日本の門戸を広く開こうと考えていた。長崎でのポルトガル人による日本貿易の独占を好ましく思っていなかった家康にとって、ポルトガルとスペイン以外にも日本に船を派遣できる国の存在は新鮮な情報として受け止められたに違いない。また、熱心な仏教徒であった家康にとって、イエズス会士の言っていることは信頼に値するものではなかったはずである。」

さらに、白石一郎は海洋小説『航海者』の中でこのように述べている。

「徳川家康は秀吉と違い、海外情勢に極めて敏感な覇者だった。海外貿易による利益の莫大なことを知り、徳川幕府の財政の基礎を固めるには、それが必要不可欠であると信じていた。しかし、メキシコやフィリピン、モルッカ諸島のようにヨーロッパ人の支配に組み込まれるようなことがあってはならない。家康は海外の詳しい情報と知識を真剣に求めていた。」

これらの解釈はどれも誤りではあるまい。家康が独自に培ってきた「地球観」あるいは「国際情勢に関する分析や認識のアンテナ」が、怪しい「唐船」出現の報に接して鋭く反応したのだろう。しかも、その「唐船」はなぜか多数の人砲を装備し、大量の武器・弾薬を積載しているという。この一件を、海外貿易を統括していた長崎奉行に一任するという選択肢もあったはずだ。しかし家康は自ら検分する道を選ぶ。家臣を豊後に派遣し、問題の「唐船」の乗組員二人を大坂に連行せよと命じたのだ。

家康の注意をひいたリーフデ号の武装と積荷については、豊後からの第一報を受けて長崎から現場に急行し船内を検分した寺沢広高が目録を作成している。

「粗目毛織物が入った大型衣装箱一一箱、四百本の珊瑚枝と大量の琥珀、多様な色彩のガラスビーズ、多数の鏡と眼鏡、多数の子ども用笛、二千クルザドスのレアル貨、一九門の青銅製大砲と他の小型砲、五百挺の鉄砲、五千発の砲弾、三百本の鎖、火薬五〇キンタル（二九三七キログラム）、鎖帷子と四分の三等身の鋼鉄製胸板と胸当ての特大箱三箱、三五三本の火矢、極めて大量の釘、鉄製工具、ハンマー、大鎌と鍬、その他多種多様な家財道具。」

確かに、これだけの武器・弾薬・武具があれば、再び大きな戦をひかえていた家康とすれば、一人の武将としてもリーフデ号の積荷に強い関心があったに違いない。事実、大坂でのアダムスらとの初めての面談（取り調べ）＝五月一二日のわずか四カ月後、九月一五日の関ヶ原の戦いにおいて、「ヤン・ヨーステンら数人のリーフデ号乗組員が家康陣営から小早川陣営に対して砲撃を行った」と主張する研究者もいる。小早川秀秋に寝返り実行を促すためのいわゆる「問鉄砲」は、リーフデ号の大砲を用いた砲撃だとする説である。

森良和は、二〇一八年四月、アダムスを扱ったNHKのテレビ番組中で「関ヶ原の戦いにはリーフデ号の船員も参加しており『寝返り』を促したのはリーフデ号の大砲だった」と説明されていた事例を上げながら、しかし「この説には同意できない」として四ページにわたって論じている。その最後は「仮に関ヶ原に連れていかれたオランダ人がいたとしても、小型砲を若干放った程度で、戦局に全く影響しなかったでしょう。リーフデ号船員の関ヶ原の戦い参加説は、オランダ人の来日に恐れをなしたポルトガル人とスペイン人が、天敵の行動に脅威を感じ、自分たちの推測を交えて記録したものと思われます」と結ばれている。さて、「ペンギンを食べて日本に来たオランダ人」たちは、果たして関ヶ原の戦いに参戦しその帰趨を左右するような活躍をしたのだろうか？　今後の論争が楽しみである。

話を家康とアダムスらとの「初めての面談（取り調べ）」に戻そう。

家康からの使いが到着した時、臼杵で応対したのはウィリアム・アダムスだった。船長のクワッテルナックは病気で動けなかったので、「リーフデ号の代表二人」は航海士のアダムスとアダムスが選んだ名門商家出身のオランダ人ヤン・ヨーステンと決まった。一行は五隻の和船で瀬戸内海を大坂に向かった。五月一二日、大坂に着くと、すぐに大坂城に連れていかれた。

この時の家康とのやりとりを、アダムスは後に「イギリスの妻宛の手紙」と「未知の友人宛の手紙」

とに詳しく書き遺している。クレインスの著作の中から、そのポイントをまとめてみよう。

「家康は自分の面前に座ったアダムスとヨーステンをじっくり見つめた。謎の船の船員は何者なのか。家康が鷲のような目で見極めようとした光景が目に浮かぶ。アダムスの予想に反して、家康は二人に対して非常に好意的な態度を取った。家康はアダムスに向けて色々な身振り手振りをした。アダムスに理解できるものもあれば、全く理解できないものもあった。」

その後、ポルトガル語ができる日本人が出てきた。その通訳者を介して、家康は、「どの国から来たのか。なぜこんなに遠い日本に来たのか」とアダムスに尋ねる。アダムスは「持参した世界地図」上で自分の国＝イギリスを家康に示し、「我が国は長い間アジアへ渡航する方法を模索してきており、貿易を通じてアジアの全ての君主と友好関係を築くことを望んでいる」と答えた。アダムスの手紙には記されていないが、日本側の記録によると同席したヨーステンも同じ尋問を受けているので、ヨーステンは「オランダ人」だと答えただろう。この時点で、家康はポルトガルとスペイン以外の二カ国の情報を入手できることになった。ポルトガルとスペインとのバランスをとりながら、開国・貿易拡大を目指していた家康にとって、この出会いは大きな驚きと同時に喜びだったに違いない。

家康の次の質問は「あなた方の国は戦争をしているか？」というものだった。ここに、家康の「鍛え上げられた戦国武将としての鋭い勘」が秘められている。この日の尋問の直前、ポルトガルと関係が深いイエズス会士たちから、「リーフデ号は海賊船だ」との情報が寄せられていたからだ。ポルトガル人からの強い敵視、リーフデ号の異常な武装、という状況は、スペイン・ポルトガルとオランダ・イギリスとの間に何らかの深刻な対立・抗争が存在することを示唆している可能性が高い。しかも、家康は「ポルトガルやスペインと戦争しているか?」と直接尋ねるのではなく、「イギリスが戦争をしているか?」と間接的に尋ねている。この質問への答え方次第で、リーフデ号が「海賊船か否か?」についても確認できるだろう。

アダムスは頷いて、「はい、スペインとポルトガルと(戦争している)。ただし、ほかの全ての国々とは平和に付き合っている」と答えた。この質問にも、ヨーステンから「オランダがスペインとポルトガルと戦争している」という回答があったに違いない。

家康からの第三の質問は「アダムスの信仰」についてだった。「天と地を造った神を信じている」というアダムスの答えは、熱狂的なイエズス会士の語り口とは趣が異なっていただろう。家康はさらにいくつか宗教について質問した後、リーフデ号の航路に話題を移した。

アダムスは「世界地図」を広げ、ハーゲン船団が南米南端のマゼラン海峡を五カ月かけて通過し太平洋を横断した航路を指し示した。家康はかなり驚いた様子で、アダムスたちが嘘をついていると疑っているようだった。

その後、リーフデ号の積荷について質問されたが、「貿易の許可」については、家康からの明確な返事は得られなかった。尋問が終わると、アダムスとヨーステンは牢屋に収容された。一回の尋問だけでは「海賊の嫌疑」は払拭されなかったのだ。

しかし、その二日後、二人は再び家康に呼び出される。そして、開口一番「なぜそんなに遠いところからわざわざ日本にやって来たのか?」と再度尋ねられた。アダムスは「世界の全ての国々と友好関係を結び全ての国々と交易したい」からだと答えた。次に、家康は「オランダ・イギリスとスペイン・ポルトガルとの戦争」について、次から次へと質問を重ねた。アダムスとヨーステンは、自身が体験した「アルマダの海戦」やヨーロッパの国際情勢について、懸命に具体的な説明をしたことだろう。アダムスの手紙には「彼（家康）は非常に喜んでいたようにみえた」と記されている。

クレインスは、その後の様子を次のように表現している。

「その後、話題はオランダやイギリスの特色や状況に移り、さらに、あらゆる種類の動物や家畜、天体などにも及んだ。アダムスはマゼラン海峡で見たペンギンについても話したのだろうか。いずれにせよ、家康はアダムスのすべての返答に非常に満足しているようだった。」

クレインスが「アダムスはマゼラン海峡で見たペンギンについても話したのだろうか？」と曖昧に記しているように、この時、アダムスが「ペンギンという生きものがいる」という事実を家康に伝えたという確かな証拠はない。アダムスはもちろん、ヨーステンも家康サイドの記録にも「家康がペンギンについて話を聞いた」という同時代の記述は、今のところ全く見つかっていないからだ。とはいえ、極寒のマゼラン海峡を命懸けで突破した船乗りたちの空腹を満たした海鳥の話を、「あらゆる種類の動物の話をした」というアダムスがしなかったとも考えにくい。

家康研究、アダムス研究を重ねていらっしゃる全ての方々に教えを乞いたい。この時、あるいはこの後の家康とアダムスとの関係の中で、「家康がアダムスからペンギンの話を聞いた」ことを証明できる一次資料があればご教示いただきたい。それが見つかれば、「日本におけるペンギンに関する文字記録の嚆矢」となるのだ。家康とペンギンという異色の組合せは、ペンギンと人間の関係史の中でも「世界的スケール」を持つ話題になるだろう。

さて、最後に、アダムスが三浦按針と名乗り家康の旗本となった経緯について、ごく簡単に触れておこう。

一六〇三（慶長八）年頃、アダムスは家康から「洋式船の建造」を命じられる。アダムス自身も船大工の修行はしていたが、本格的な造船は経験がない。そこで、リーフデ号乗組員の中から船大工と造船経験者とを募り、日本人船大工と協力して二隻の「唐船（西洋帆船）」を建造した。一隻目の小型船（約八〇トン）は三〇人乗りで一六〇四（慶長九）年、二隻目のより大型（約一二〇トン）の船は四〇―五〇人乗りでその翌年に完成した。二番目の船は「サン・ベエナベンツーラ号」と名付けられ、フィリピン総督ドン・ロドリゴ・デ・ビベロに貸与されて、一六一〇（慶長一五）年、メキシコに向かった。家康は、この船に京都の商人田中勝介らを乗せてアメリカ大陸に派遣した。主な目的は金銀製錬技術を伝えるスペイン人鉱夫を招聘するためだったが、これが「幕府船としての初めての太平洋横断航海」となった。咸臨丸に先立つこと二五〇年の快挙である。

この造船事業の成功を高く評価した家康は、一六〇五（慶長一〇）年、三浦半島の逸見（現横須賀市）を領地としてアダムスに与えた。これに因んで、以後アダムスは「三浦按針」と呼ばれるようになる。一六〇二年には日本人の妻を娶り子どもにも恵まれたが、何回かイギリスへの帰国を家康に願い出ている。だが、その願いが叶えられることはなく、一六二〇（元和六）年、日本で没した。

アダムスはイギリスへの帰国を望んだが、家康などから朱印状を得て平戸を拠点として琉球やシャムに航海した際にも、決してヨーロッパに逃走を企てることはなかった。そのような意味でも、アダムスは家康との約束＝契約を忠実に守ろうとした「企業家」だったといえるだろう。アダムスは「ペンギンを食べた最初の日本人」であり、「家康にペンギンの存在を伝えた航海者」である可能性が高い。一六世紀に東南アジアに進出した日本人に関する具体的事例・記録が確認されない限り、アダムスあるいはリーフデ号以前にペンギンを見たり食べたりした事例を見つけることは、ほとんど不可能だと考えられる。

ペンギン皮がやってきた

白石が『采覧異言』を脱稿した三年後、一七一六（正徳六）年四月、第七代将軍徳川家継がわずか八歳で没すると、徳川吉宗が八代将軍位に就き、六月には改元されて享保元年となる。この享保年間（一七一六―三五年）に、少なくとも二回以上「ペンギン皮」が日本にもたらされた。一つはおそらくキングペンギンの若鳥のもので、もう一つはフンボルトペンギンだと思われる。前者は一八二六（文政九）年、医師・本草学者の栗本丹洲（一七五六―一八三四年）が『堀田禽譜《きんぷ》』の中で「ピングイン」についてまとめた解説文で知ることができる。

「享保中蛮船ヨリ舶来セル全剝皮ヲ肖像ニ作レルモノ藍水田村元雄ニ寄贈レリ是ヲ得テ珍襲ノ一品トス（享保年間にオランダ船が舶来した全剝《まるむき》の皮を剝製にして田村元雄に寄贈したが、彼はこれを代々伝えるべき珍品とした。）」

田村藍水《らんすい》（一七一八―七六年）というのは栗本丹洲の実父で、やはり医師・本草学者である。丹洲はこの文に続けて、その剝製にした鳥の特徴を次のように説明している。

「大きさは雁ほどで、形状は長くてアイサに似ている。頭と首の羽毛は半黒・半白で、斑紋は鮮明でない。思うにこれはメスに違いない。その翼はいたって短く、コウモリに似ていて、細かい羽毛が魚の鱗のようで、非常に緻密であり、まるで毛織物のようだ。これが他の鳥と異なるところだ。海水に入って游盪《たゆたう》のみで、（翼は）飛行するためには用をなさない。その脚は『コリースデス』のように尾の両側についており、水かきはなく、三指で、陸上を歩行することはできない。」

大きさ、斑紋の存在とその不鮮明なこと、一八世紀前半に日本に渡来したことなどを総合すると、キングペンギンの亜成鳥である可能性が高い。丹洲は「メスである」と言っているが、ペンギンは外見だけではほとんど雌雄の判別ができない。また、「脚に水かきがなく……陸上を歩行できない」と書いているることから類推すると、オランダ船が持ち込んだ時点ですでに脚が切り取られていたので、剝製にする時に体の大きさに見合う他の鳥（おそらく猛禽類）の脚をつけたのではないかと思われる。

もう一つのペンギン皮は『諸禽万益集（鳥飼万益集）』（三巻）の中に正確に描かれた図像が収められている。解説文はないが、羽の色・胸の黒い羽毛の帯・クチバシの形状などからフンボルトペンギンだと思われる。ただし、こちらも脚があやしい。一応水かきは描かれているが、全体が肌色でフンボルトの脚にある黒い部分が全く見当たらない。これも他の水鳥の脚をつけたのかもしれない。ただ、『諸禽万益集』は鳥の飼育法について記した実学書で、一七一〇（宝永七）年の『喚子鳥《よぶこどり》』（蘇生堂主人著）以来いくつかの類書があるが、どれも外国産の鳥についてはほんの少し紹介する程度である。この本の編・著者とされる左馬之助も、蘇生堂主人なる人物と同一人物なのかどうか不明な点が多い。

しかも、享保年間の時点では、キングの剝製を秘蔵した藍水にも、フンボルトの図像を収録した左馬之助にも、この鳥がなんとよばれ、どこでどのような生活をしているのかについては何もわかっていなかった。はっきりしているのは、フンボルトの図が『諸禽万益集』が編まれた一七一七年以前に描かれたものだとすると、現在わかっている中で日本人が描いた最古のペンギン図像だということだ。いずれにしても、享保に入ってから、立て続けにペンギン皮が渡来したことになる。

ペンギン皮の相次ぐ舶来の背景には、対外交易と外国情報収集に対する幕府の基本方針転換という事情があったことは間違いない。この傾向はすでに六代将軍家宣の頃から現れているが、吉宗が将軍職に就き後に「享保の改革」といわれる一連の政治改革が断行されていく中で、長崎貿易と国内の博物学者の動きに大きな変化が生まれた。改革の眼目は五代綱吉以来ほぼ破産状態に陥っていた財政の建て直しにある。対外的には、銀の過剰流出となっていた長崎貿易を制限する一方、海外の有用な技術・産物に関する情報の積極的入手につとめた。すなわち、いわゆる「正徳新令」によって長崎に入港する貿易船数を清船は年三〇隻、オランダ船は年二隻までに制限することによって貿易赤字の縮小をはかり、他方、外国産の鳥類・ウマなどの動物や国内の産業育成につながる植物（食用・薬用）を進んで海外に発注してとりよせた。また、天文暦学に深い関心を示した吉宗は、天文学者中根元圭の建議を入れて「西洋書輸入厳禁」の方針を改め、キリスト教への言及がない洋書の輸入を許可した（一七二〇＝享保五年）。これが後に「寛政の改暦（寛政九＝一七九七年）」となって結実し、蘭学・洋学の興隆を生む実質的な端緒となったことは言うまでもない。

また、内政については、全国規模での殖産興業をはかった。日本各地の特産物、とりわけ国産薬物（和薬）の開発と製品化は急務だった。というのも、莫大な貿易赤字の大半は中国・朝鮮・オランダからの薬物輸入によって生じたものだったからだ。舶来薬品の代替品を発見しこれを国産化すべしとの方針はすでに白石が示していたが、これを実行したのは吉宗だったのである。吉宗は、本草学者や医者を登用し各地に派遣して調査にあたらせると同時に、各藩に命じて領内の自然物を調査・報告させた。この調査活動は朝鮮半島（対馬藩が担当）、中国商人、オランダ商館長にまで及ぶ徹底したものだった。特に、一七三四（享保一九）年に実施された「諸国産物調査」は、「利用の有無にかかわらずその領内に産する全ての物産・自然物を調べ、俗名を記し、必要あらば図および簡単な説明をつけて報告せよ」というものだった。各藩・領主は「産物帳」「産物絵図帳」を作製して幕府に提出した。この一連の作業が当時の人々に与えた影響について、西村は「調査に関係した人々の間に自然物に対する関心を呼びさます上ではたした役割は無視できないだろう」と述べている。

また、先ほどキングペンギン皮のところで名前が出た田村藍水は、この「享保の改革」の鍵を握る最も重要な人物の一人である。江戸に生まれ、人参の研究が認められて幕府医官となった田村は、吉宗が重視した薬事政策の中心課題「薬用人参の国産化」を担当した。西村は言う。「幕府の医官となってからは、単に素材に限らずひろく博物学全般へと関心を広げていった。江戸派本草学の祖ともいうべき人物である」。

さらにもう一つ重要なことは、「享保の改革」によって始まった各地の産物への関心の高まりがやがて「物産学」の興隆を生み、これがともすると文献だけに頼りがちだった従来の日本の本草学（あるいは名物学）に、フィールドに出て実際の自然物を観察・確認することの重要性と楽しさとを再認識させるきっかけとなったことである。物産学とは「自然物・人工品を問わず、ある土地に産出する物品、特に有名品や特産品をとりあげてその産状や品質などを論じる一種の商品学ないしはその一分野である」。幕府の殖産興業によって接近した本草学と物産学は、やがて藍水の弟子の一人平賀源内などの巧みな演出によって、大衆・大名の別なく博物趣味の大流行を招来する。江戸時代には、同好の士が集まって「連」「社」「会」などと呼ばれる様々な組織がつくられ、各種の会合をもったが、源内は「物産会」という形で薬物・薬品を持ちより意見交換するイベントを催したのである。展示品はやがて薬品の枠を超え、動植物全般・人工物・歴史的遺物へと拡大していった。「ものとその名」へのこだわり、そしてそれらを見物し論じ合うことの喜び、楽しみを共有する人々が、身分や藩の違いを超えて急増した。これがやがて、幕末以降激流となって押し寄せた欧米の地理学や博物学を受け入れ吸収していく素地となった。江戸時代中頃までは、ごく一部の知識人にしか知られていなかったペンギンという鳥の名が、幕末以降急速に知れ渡るのは、このような日本的本草学の伝統と特徴とがあったからだろう。

話をペンギン皮のことにもとそう。享保年間に入ってペンギン皮が次々に舶来したのは、欧米人にとってもこの生きものが「珍品」に属するものであったと同時に、改革の進展にともなって国の内外を問わず生きもの全般に対する日本人の関心(需要)が高まっていたからでもあろう。しかし、先にあげたキングとフンボルトの皮がもたらされた正確な日付はわかっていない。次にペンギン皮の記録が現れるのは、八〇年以上後のことである。

一八二一(文政四)年春、長崎のオランダ商館長が時の長崎奉行筒井和泉守政憲にペンギンの皮を贈った。この皮は、前年六月一五日、長崎に入港した二隻のオランダ船によってもたらされたことがわかっている。和泉守はこれをさらに他の大名か幕府高官に贈呈したらしい。しかし、この皮の正体がはっきりわからなかったので、蘭学者大槻玄沢と本草学者栗本丹洲が調査にあたった。その結果を玄沢は『異鳥羽皮憶説』（一八二二＝文政五年三月）として、丹洲は前に一部紹介した『堀田禽譜』の「ピングイン」に関する解説（一八二六＝文政九年四月二日）にまとめた。両方とも五〇〇字を出ない小論だが、日本における最初の「ペンギン論」と呼んでよいだろう。二人の報告には四年間ほどの隔たりがある。しかし、玄沢の依頼を受けた丹洲は、父藍水が持っていたペンギンの剝製をスケッチし、それに自分の見解を添えて送るなど、四年早く論をまとめた玄沢に全面的に協力している。だから、二人の小論は細部にいくつか違いはあるものの「表裏一体の共作」と考えた方がよいだろう。

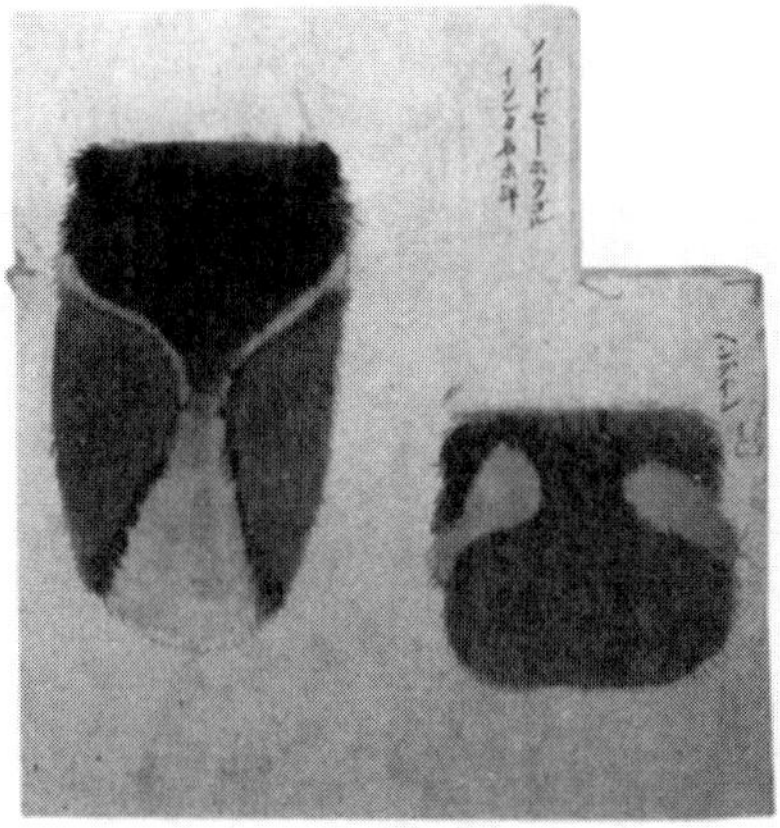

『堀田禽譜』1826（文政9）年のペンギン皮図（宮城県図書館所蔵）

では、この時船来した皮はどんなものだったのか。『堀田禽譜』に残る図像を見ると、キングペンギンの後頭部から喉にかけての部分的な皮だったことがわかる。図に付された解説には「全皮ニアラズ　長サ六寸余リ幅三寸余リコレヲ袋ニ造リテ容物ノ用ニ備フ」とある。図の左側に描かれたものは解説のいうサイズにちょうど合うが、右側のものはあてはまらない。したがって、皮は異なる大きさのものが二枚あったということになる。しかも、袋状のいれもの＝小さなポシェットのように加工してあったというから、羽毛のついたこの皮の裏側に別の皮が縫い合わせてあったのだろう。ポシェットの両面に同じ斑紋があったとすれば、ポシェット一つにつきキングペンギン二羽分の皮が使われていることになる。羽毛が片面だけだったとすれば、一羽のキングペンギンの後頭部（背側）の皮と喉（腹側）の皮とを別々に使って二つのポシェットを作ったのだろう。一八二〇年代には、欧米のアザラシ猟師たちの間でペンギン皮の様々な加工品が土産として流通していたことを思い出していただきたい。その一部が、流れ流れて日本の大名や学者たちを面白がらせていたのだ。

ところで玄沢と丹洲の「ペンギン論」にはいくつかの違いが見られる。その多くは、前者が書かれた後、四年の間に調べたことを丹洲が書き加えた結果生じたものだと思われる。しかし、それだけでは説明できない点もある。これらの相違点にもまた、当時の歴史的事情を垣間見ることができる。

まず、玄沢は論の冒頭で『羽譜《うふ》』（植木宣胤著、一七八八＝天明八年）という文献に記されたペンギンの特徴を述べる。それによれば「この鳥はジャガタラ国（バタヴィア）より出るもので、バリケンのように頭と頬が黒く、目の辺りと胸、腹が白く、クチバシはハトに似て長大で黄色である。肉翅は黒く、脚はカワセミに近い」という。『羽譜』は、和産・舶来鳥類約五〇〇点について諸書の記述を集成したものだ。漢文で書かれ図はついていない。著者については全く不明なので正確なことはわからないが、ペンギンを「ヘンクイン」と表記していることや「バタヴィアより出るもの」という記述からみて、白石の『采覧異言』を典拠としていないことは明らかだ。しかし、丹洲は『羽譜』を引用していない。また、玄沢は出府中のオランダ人に直接質問して、この鳥のオランダ名が「ペングイン」であることを確認し、「南海にすむ水鳥で大きさはガチョウ程度」など形態上の特徴もつかんでいる。だが、丹洲は、ペンギンは「北海の人跡が絶えた島上に産する」と記しているのだ。これらの相違は何が原因なのだろう。

二人の見解の相違は、一八二三（文政六）年七月七日、密命をおびて来日したドイツ人医師・博物学者フィリップ・フランツ・フォン・シーボルト（一七九六―一八六六年）にあると思われる。一八二六年三月一九日、丹洲はオランダ商館長らとともに江戸に出府中のシーボルトを訪ね、持参した「ペンギン・ポシェット」を見せて教えを乞うた。この時のことを丹洲は次のように記している。「今般、この鳥の頭皮をもってオランダの官医勃爾篤（シーボルト）に見せて質問したところ、小冊子を一巻出してきて、このものの縮図を示し『ピングイン』であると言った。彩色を施した写生図が自分のところ、長崎の崎奥旅館（シーボルトの自宅のこと）にあるので、帰ったらその図を写して進呈すると約束した。」

『堀田禽譜』に収められた「ピングイン」と題する二羽の大型ペンギンの図は、シーボルトから贈られた図を、さらに丹洲が手写したものである。左側の斑紋がない方が若鳥、右側の斑紋がはっきりしている方が成鳥だと思われる。ただし、成鳥の斑紋の形がもう一つはっきりしない。この図だけではこれがキングペンギンなのかエンペラーペンギンなのか断定するのは難しい。だが、丹洲がシーボルトからペンギンの図を贈られた一八二六（享和九）年の時点では、エンペラーペンギンをはっきり目撃した者も、その全身標本を持っている者も、世界中どこにもいなかったはずだから、この図はキングペンギンを描いたものにほぼ間違いない。エンペラーペンギンの姿がはっきりわかるのは、一八四二年、ロス隊による南極調査の時だからである。丹洲も例の解説文の冒頭に「この鳥はオランダ語で『ピングイン』、ラテン語で『アプテノディテス』と称する」と書いているので、シー

『堀田禽譜』1826（文政9）年3月、シーボルトのペンギン図を丹洲が手写したもの。キングペンギンだと思われる（宮城県図書館所蔵）

ボルトからそう教えられたのだろう。キングペンギンの学名アプテノディテス・パタゴニクスが定まったのは一七七八年だから、シーボルトが丹洲に見せた小冊子（おそらく図入りの博物誌）にもその名が載っていたに違いない。因みに、エンペラーペンギンの学名アプテノディテス・フォルステリが定まるのは一八四四年のことである。

丹洲が自らの小論をまとめるにあたって玄沢が引用した『羽譜』を無視したのは、やはりシーボルトの実力と名声ゆえであろう。オランダ東インド会社はすでに解散（一七九九年）し、ナポレオン戦争中フランスに占領されて一時本国すら失った植民地オランダ人たちは、ウィーン会議後新王国として復活した母国オランダの勢力回復のためにも東インドでの交易拡大を切望していた。そのためには日本人の信頼をつなぎとめるとともに、日本に関する詳細で精確な地誌的調査が必要不可欠だった。オランダ東インド政庁総督ファン・デル・カペレンは、シーボルトにその任務の成否を託して送り込んだのである。シーボルトはその優れた医術・博物学的知識を発揮してたちまち多くの日本人信奉者を獲得し、その門人を通じて情報収集網を拡大していった。江戸参府旅行に出発する時も、事前にその日程を京都・名古屋・江戸の著名な医師・博物学者・蘭学者に伝えて、会見の手はずを整えていたのである。

だとすれば、やはり同じ解説文の中で丹洲が「ピングイン」のことを「北海の人跡が絶えた島上に産する」と記しているのも、シーボルトの教示によるものだと考えるのが妥当だ。一九世紀のこの時点でキングペンギンが「北海に産する」海鳥だと誤解していた欧米の博物学者は確かに少なくない。ただ、動物学に造詣の深かったシーボルトまでもがそうだったとなると、欧米人のオオウミガラスへの思いがいかに強かったかという事実を再認識せざるを得ない。この点については、四年前に別のオランダ人に

「ヘンクイン」について尋ね、「南海にすむ水鳥」だという返事を得てその事実を記した玄沢の方が正しかったことになる。

ただし、「ソイドゼーホウゴル　蘭名コレヲ南島ノ鳥ト譯セリトイフ」と題する解説を『堀田禽譜』に加えた堀田正敦《まさあつ》（一七五五―一八三二年）の場合は、別の歴史的背景を考える必要があるだろう。正敦は、キングペンギン皮ポシェットについてシーボルトに尋ねさせたところ、次のような答えが返ってきたという。「南の島にいる鳥で、大きさは鴨ほど、常に水辺にすんでいてえさを求めて海中に入る。翼があって高く飛ぶことができる。名も形状も詳しくは知らないがヘングインとは別種ではないかと言ってよこした。今考えるに、このオランダ人の説は詳悉なものではない」。

正敦の記述を額面通り信じると、例のポシェットに加工された皮はペンギンのものではなく、しかもこのペンギンは「南の海にすむ空を飛べる潜水性の鳥」だとシーボルトは答えたということになる。これは丹洲が伝えるシーボルトの答えと大きく異なる。果たしてどちらが真実を伝えているのだろうか。

堀田正敦は「博物に濃厚に染まった大名」としてよく知られている。彼は仙台藩主伊達宗村の末子として仙台に生まれ、三〇歳の時近江国堅田藩主堀田正富の養子となり、翌年家督を相続した。三四歳の時に幕府の若年寄に任ぜられ、天保三（一八三二）年までその職にあり、その間下野佐野に転封されている。文人・博物家としても知られ、多くの著作を残し、玄沢・丹洲などとも親しかった。ポイントは正敦が幕府の要職にある大名だったというところにある。

一八二八（文政一一）年八月に発覚したいわゆる「シーボルト事件」は、ヨーロッパの博物学者を尊敬し深く関わった人々を巻き込む大事件となった。国禁の地図などをシーボルトに贈ったとして逮捕された幕府天文方の高橋景保《かげやす》は、事件発覚の翌年獄死する。その他多くの医師・蘭学者・本草学者が厳しい取調べをうけた。シーボルトの愛弟子の一人、伊藤圭介は日本初の西洋流植物学書『泰西本草名疏』（一八二九＝文政一二年）を出版するにあたって、シーボルトに「稚膓八郎」と変名をあてたり、シーボルトの名を伏字にしたりと苦労している。累がわが身に及ぶことを恐れた人々は、皆手のひらを返したようにシーボルトを批判し、あるいは彼の名を出すことを避けた。一八二九年九月、シーボルトは「日本御構（追放、再来日禁止）」と言い渡され、一二月には日本を去る。堀田正敦はこの間ずっと若年寄の地位にあったのである。『堀田禽譜』に関わった日本人著者を守るため、また自らの保身のため、正敦が短文を加筆した可能性は高い。丹洲にキングペンギンの図を送ってよこしたシーボルトがその同じ皮について「名も形状も詳しくは知らないがペンギンとは別種ではないか」などと言うとは思えない。短文の最後に「今考えるに（今按ルニ）……」とあえてつけ加えているのも、博物学を愛した大名が事実に反することを記さざるを得ない苦悩が言わしめたものかもしれない。

『堀田禽譜』と文政四年に舶来したキングペンギン皮製ポシェットにはそんな物語が封じ込められているのである。

舶来イメージ広がる

ペンギン皮の渡来というできごとはあったものの、幕末から明治（一九世紀後半―二〇世紀初）にかけて、ペンギンに関する情報はほとんど文献によって日本にもたらされ、学校教育や出版活動を通じて日本語の語彙の中に定着していった。「企鵝」の項で述べた『地理全志』はその一例だが、輸入や和刻・翻訳文献、教科書や字典・辞典に現れたペンギンの姿を丹念に追っていくと、この鳥がどのように日本語の中にとり込まれていったのか、その一端をうかがい知ることができる。

そもそも西洋学術の習得・世界情勢に関する情報収集は、一部には来日した外国人から直接聴取したりその指導を受けること、あるいは幕末の留学生や遣外使節団員による視察などの形でも行われたが、大部分は輸入図書によった。輸入書には江戸時代に入ってから蛮書・蕃書・蘭書などと呼ばれた洋書と、中国からの漢籍があった。漢籍は輸入書の大部分を占め、しかもその内容は中国固有の学術・文芸に関するものが大多数だったが、中にはすでに見た「漢訳洋書（中国では西学書という）」が少数含まれ、その割合は幕末―明治初めにかけてしだいに増加していった。幕府は一八一一（文化八）年、天文方に蘭書の翻訳を行う「蕃書和解御用」を設置し、一八五五（安政二）年に「洋学所」、さらにその翌年名称を「蕃書調所」として蘭書と外交文書の翻訳・西洋研究を行い、同時に蘭語に関する教育機関とした。ところが、一八五三（嘉永六）年のペリー来航による開国以後、オランダ語以外に英語・フランス語・ドイツ語・ロシア語を駆使する必要が急速に高まった。この頃から西洋学術の学習や研究は「洋学」と呼ばれ、西洋図書は「洋書」と呼ばれるようになる。一八六二（文久二）年、「蕃書調所」は「洋書調所」となり、さらに翌年には「開成所」と改められた。以後、二回の改称を重ねた末、一八七七年、この研究・教育機関は医学系の教育機関と統合されて「東京大学」となる。

江戸時代の洋書の輸入状況を長崎オランダ商会の取引帳簿をもとに概観すると、一六四一（寛永一八）―一八〇〇（寛政一二）年までは少なく、江戸後期、特に幕末には急増する。貿易形態には「本方貿易

（会社貿易）」と「脇荷貿易（個人貿易）」とがあったが、洋書の輸入は長崎のオランダ商館長、船長・船員らが行う脇荷貿易が主であり、幕府や長崎の役人らの注文によるものも少なくなかった。幕末になると英語文献の輸入が目立つようになる。例えば、一八六〇（万延元）年「万延遣米使節」一行は多くの英文図書を輸入し、これを幕府は外交・洋学機関に配布した。また、一八六七（慶応三）年の遣米使節に通訳として二回目の渡米を果たした福澤諭吉は、学校教科書として同一版本を数十部ずつ大量輸入し、慶應義塾の洋学教育の充実をはかった。同年六月二六日付の『ニューヨーク・タイムズ』には「日本に送られるアメリカの教科書」という見出しで、パトナム社からウェブスターの辞書ほか約二八〇〇冊の本が幕府の注文によって横浜へ出荷されたという記事がある。

開国後、長崎で検閲を受け「改め済み」の印を押された輸入洋書のほとんどは、利用者の多い江戸へ送られ、長崎屋で販売された。この店は一八五八（安政五）年一〇月以降、江戸で唯一の洋書店として知られていた。明治にはいると横浜の居留地内でハルトリー、アレン、チップマン、マイヤー、ケリー・ウォルシュ商会などが洋書店として活動した。また、一八六九（明治二）年には、西洋医の早矢仕有的《はやしゆうてき》が福澤諭吉の勧めで横浜に丸善商社洋書店を開業し、翌年東京にも出店した。丸善出版が出した一八八三（明治一六）年一〇月発行の「洋書販売目録」には総計一二二八点が記載され、その内英語文献は一〇七四点（約八七・五％）を占めた。内容としては科学技術（工業が主）が最も多く、次いで社会科学、語学、歴史・地理、哲学・宗教となる。この目録の序文には「此書目ニ記載ノ書籍ハ多ク諸学校ノ教科書ニテ最モ得ク世間ニテ御用ヒノ書ヲ撰ミ精々揃置……」とある。当時、高等教育機関ではテキストの多くが原書（洋書）であったことをしのばせる文面である。

では、ペンギンはいつ頃どのような文献に登場するのだろうか。現在わかっている範囲では、一八五二（嘉永五）年ころに出版されたといわれている『漂荒紀事』が最も古い例だ。これは膳所藩の蘭学者黒田行元《ゆきもと》（麹盧）によって翻訳されたオランダ語版『ロビンソン・クルーソー』である。「アメリカに於いて、ペングィンスと云鳥あり」と片仮名で表記している。黒田は後（一八六二＝文久二年）に開成所助教となり「譯官」に列したほどの碩学だが、この物語を「実録」と考えたらしい。そもそも作者のデフォー自身がノンフィクション仕立てで書いているのだから、「本当にあったこと」だと勘違いした読者は決して少なくない。この作品は同じ頃（一八五七＝安政四年）、江戸の横山由清《よしきよ》によって『魯敏遜漂行紀略』と題して訳出されているが、こちらの原本はオランダの子ども向き絵本であったため、ペンギンの登場シーンは省略されている。その後も、明治時代だけで十数種の訳が刊行され、「漂流記」ものの代表作品と考えられるようになった。この作品を英語版から初めて訳したのは井上勤で、一八八三（明治一六）年『絶世奇談魯敏遜漂流記』と題して「第一部」が完全に近い形で刊行された。

次に目立つのは百科事典と語学（英和辞典）である。日本における欧米の百科事典の翻訳ということでは『厚生新編』を無視して話を先に進めるわけにいかない。原本はフランス人N・ショメールが編纂したもので、これをオランダ語に訳し増補された刊本（一七七二年）が寛政年間（一八〇〇年前後）に輸入され、蘭学者に重宝されていた。内容はオランダ語版の原題通り「家庭百科事典」ともいうべきもので、当時の欧米文明全体と世界に関する知識のあらゆる分野を含んでいた。幕府は、一八一一（文化八）年、天文方の高橋景保にその翻訳を命じ、高橋はもと長崎通詞だった馬場佐十郎を通じて大槻玄沢をはじめとする当時の主要な洋学者十数名の協力を得て、翻訳作業にあたった。このいわゆる「ショメール御用」

はその後三〇年近く続けられたが、シーボルト事件によって内容が制約された上、一八四〇（天保一一）年の「蛮社の獄」による蘭学圧迫で、ついに訳業は中断し、訳稿が出版されることもなかった。一九三七（昭和一二）年『厚生新編』はようやく活字本となって陽の目を見る。だが、この訳業の中に「ペンギン」の項目はない。ただし、第一巻の「諸鳥並飛出類」の部に「アルク」としてウミガラスのなかまの生態とその捕獲法や卵採取の方法などが解説されている。

ペンギンの項目が記載された百科事典の最初の翻訳例は一八八三（明治一六）年、丸善商社版『百科全書』である。この事典は三巻（一二冊）からなるが、その上巻第一冊「自然神教及道徳学」の項と同じく上巻第二冊「動物綱目」の項にペンギンが登場する。前者では鳥類の体の各部位に関する説明の中でペンギンのクチバシについてこう説明している。「企鵝類（ペングィン）ノ嘴ハ其端ヲシテ鋭利ナラシメ而タ其側面ノ互ニ相接スルハ恰モ小刀ノ刃ノ其柄ニ於ケルカ如ク以テ細小ノ生餌ヲ捕捉スルニ便ナラシメ……」。一方、後者では鳥類の分類と各種の解説の中で「游水類」の「アルシデー族（Alcidae）（アウク族）」としてペンギンを紹介している。いわく「凡游類中構造殊ニ水住ニ適セル者ハ、即此族ナリ、蓋此族中ニテ其構造ノ最モ完備セル者ハ、乃ペングィンナリ……」。ペンギンの図像はないが、ツノメドリを「プッフィン」と表記して図示している。

この事典の原本はチェンバース兄弟編纂の『チェンバース・インフォメーション・フォー・ザ・ピープル』（一八五六―五八年、二巻本）である。ウィリアムおよびロバート・チェンバースはスコットランド人で、一八一九年エディンバラで出版会社を起こした。この事典は「教育講座」の形で立案されたもので、初版は一八三三―三五年だが、その第四版を二回目の渡米中に福澤諭吉が入手して持ち帰ったらしい。これを明治の初めに文部省の編輯頭・翻訳局長を歴任した箕作麟祥《みつくりりんしょう》が部下に命じて翻訳させ、文部省編書課長をつとめた西村茂樹が課員に命じて修正させた。翻訳には何人もの人間が携わったので、ペンギンの表記も漢名と片仮名を併記したり、片仮名だけで記したりと不統一な部分もある。また、文部省は翻訳が終了した綱目から逐次刊行したので、その期間も一八七三（明治六）―八三（明治一六）年と長期にわたった。最終的に全体は九二篇となったので、これを「百科事典」とは呼ばず「百科全書」としたらしい。しかし、文部省版は訳出していない部分があったり、製本が不揃いだったりしたので不便な点が多かった。そこで、原書の第五版（一八七四―七五年）をもとに新たに翻訳し直し、三巻一二冊にまとめたのが丸善版『百科全書』である。後に田口卯吉は自身の編纂した『日本社会事彙』に『泰西政事類典』、『大日本人名辞書』とこの『百科全書』を加え、「此の四書は実に日本の百科全書なり」と述べて、日本におけるその出版の意義を高く評価した。

一方、一九〇八―一二（明治四一―四五）年に出版された『国民百科辞典』（冨山房刊）には「寒帯動物」の項にペンギンの解説と図像がある。「ペングィン」と題する部分には「水禽なれど普通のものとは全く異なりたる類にして、翼は半退化して魚鰭の形をなし、以て巧みに水中を游泳す。羽翔する事能はず。南洋の氷地に住す」とある。また、ツノメドリ、ホッキョクグマとともに「大ペングィン（南極）」と「小ペングィン（同）」の姿が描かれた図がつけられている。「大ペングィン」はおそらくキングペンギン、「小ペングィン」はアデリーペンギンの若鳥だと思われる。一応全て日本人が執筆したことになっているが、序文には明治三八（一九〇五）年より準備したとあり、また凡例に「欧州諸国のミニチュア・サイクロペディアをまねる」とあるので、一九世紀末―二〇世紀初の欧米のペンギン・イメージが色濃く反映されていることは間違いない。「寒帯動物」でありホッキョクグマと近しく「南洋の氷地に住す」るという理解は、ちょうどこの時代に白瀬隊もまじえて華々しく展開された「南極点レース」の影響を強く受けているとみることもできるだろう。

ペンギン・イメージの変化は、幕末から明治にかけてさかんに出版され利用された「英和辞典」でも確かめることができる。日本で初めてつくられた本格的英和辞典は、一八一四（文化一一）年の『諳厄利亜語林大成』（一五巻七冊）だが、ここにはまだペンギンの項目はない。この辞典には約二〇〇〇語が収録されているが、その多くは外交・通商上の交渉を進める際に有用か否かという基準で選別されていて、一般的な地誌・博物学に関する単語は省かれている。というのも、そもそも幕府がオランダ語以外の西洋言語を研究する必要性を痛切に感じたのは、一八〇八（文化五）年八月一五日のいわゆる「フェートン号事件」でイギリスやロシアなどの脅威を初めて深刻に受けとめたからだ。一八世紀末―一九世紀初めにかけて度々ロシア船が来航するようになり、その上オランダ船を装って長崎港に侵入したイギリス船フェートン号がオランダ商館員二人を人質に水や食糧を要求するという騒動が、海外情勢の急変を告げていた。

「penguin」という単語が英和辞典に初めて現れるのは、一八三〇（天保元）年に訳された『英和・和英語彙』（メドルースト原著）である。しかし、そこには「海鳥」としか記されていない。この状況は、一八八五（明治一八）年に出た『英和隻解事典』（オースティン・ナットール原著、棚橋一郎訳、丸善出版）や『附音・図解英字彙』（柴田昌吉・子安峻著、文学社刊）でもほとんど変わらない。両者とも「海鳥ノ名（鵝類）」とあるだけでそれ以上の解説は全くない。しかし、このようにあっさりした説明しかないのは、これらがもともと「単語集（字典）」だからだろう。永嶋大典のまとめによれば、幕末から一八八七（明治二〇）年までの間に約七〇点の英和辞典がまとめられているが、そのほとんどはこのような実用性・利便性を重視した「単語集」である。文明開化を急ピッチで進めるためには、とりあえず広く浅く知ることが求められたからだろう。

明治二〇年代（一八八七年以降）に入ると、このような状況が大きく変わり始める。その代表的な例がいわゆる「ウェブスター辞書」の翻訳と普及である。ノア・ウェブスター（一七五八―一八四三年）は、アメリカの典型的な愛国者で、独立戦争に義勇兵として加わり、ワシントン大統領を熱狂的に支持するジャーナリストとして活躍した。新興国家アメリカの政治的統一はまず言語的統一によってなされねばならぬという信念の下に、一七八三年から辞書編纂を始めた。最初に手がけた『ウェブスター・スペリング・ブック』は本人の死後も出版され、総計一億部くらい売れたといわれ、日本でも復刻版が出た。この成功をもとに一八〇六年以降、ウェブスターはヨーロッパまで足をのばして取材し、単なる「単語集」ではない教育的・百科事典的要素をもった辞書の編纂を進めた。その結果、一八二八（文政一一）年、ついに新しい『アメリカン・ディクショナリー』（二巻本）が完成し、これがその後のアメリカ辞書のスタイルを決定した。すなわち、各語の解説は充実し、必要に応じて図版がつけ加えられたのである。

ウェブスターの辞書を初めて日本にもたらしたのは福澤諭吉（一八六〇＝万延元年）だといわれているが、それが翻訳されたのは一八七四（明治七）年『袖珍英和辞典』（関吉孝訳、内川勇蔵版）が最初である。その後、一八八五（明治一八）年、八六年には別の訳が出たが、ペンギンに関する詳しい解説と付図がついた版は一八八八（明治二）年の『ウェブスター氏新刊大辞書』（南條文雄増補、イーストレーキ・

棚橋一郎訳、三省堂)が初めだと思われる。解説文の下には「鵝属の図」としてキングペンギンらしき絵がそえられている。解説にいわく「鵝属〔南極ノ海濱ニ住スル鳥ニシテ其翼甚タ短シ故ニ空中ヲ飛ブ事能ハス唯水中ニ在テ其翼魚ノ鰭ニ於ケルガ如キ用ヲ為スノミ〕」。

ペンギンを図像つきで「南極の海浜に住する鳥」と「定義」したウェブスター辞書の影響力は絶大だった。ウェブスター本人の名を冠した辞書はもちろん、その後出版されたほとんどの英和辞典にこの「定義」が継承されていったのである。しかも、見逃してはならないのは、この影響が国語(日本語)辞典にまで及んだことだ。ただ、最初の近代的国語辞典として高く評価され一般に普及した『言海』(大槻文彦編・著、一八八九＝明治二二年)には「ペンギン」の項目はない。これには二つほど理由が考えられる。第一に、大槻は国語辞典編纂にあたってウェブスター辞典を手本としたが、それは近代的辞書が備えるべき条件として「発音・品詞・語源・語訳・出典」を明記するという形式を重視し採用しようとしたのであって、決してウェブスターに収録された単語をそのまま引き写そうとしたのではないということだ。大槻自身、『言海』の「凡例」第四九条で次のように説明している。「動植鉱物ノ注ハ、其各学問上ノ綱目等ノ区別ヲ以テ説クベキナレドモ、今ノ普通邦人ニハ、解シ難カルベシト思ヘバ、今ハ、姑ク、本草家ノ旧解ヲ採リテ、眼ニ視ル所ノ形状ニ就キテ説ケリ」。第二に、大槻が参照したのは同じウェブスターの辞書でも一八七一(明治四)年以前に出た「オクタボ」と呼ばれる簡略版で、収録語彙数が少なく、「ペンギン」の項目はなかったのである。したがって、日本初の近代的国語辞典に「ペンギン」は登場しない。

しかし、その後次々に出版された国語辞典には「ペンギン」が収録されていく。例えば、『大日本国語辞典』(上田萬年・松井簡治著、冨山房、一九二〇＝大正九年)の「ぺんぐぃん」の項目には一〇〇字ほどの解説とキングペンギンらしき図があり、「南亜米利加洲に産す」と結ばれている。また、その八年後（昭和三年）に出版された『広辞林』（金澤庄三郎編、三省堂）と『日本大辞典改修言泉』（落合直文著、芳賀矢一改修、大倉書房）の「ペングィン」（前者）と「ぺんぐぃん」（後者）の項には各々「南極地方に棲息す」、「南極の氷地に群棲す」とある。特に後者は一三〇字以上かけて解説し、正確なキングペンギン図を付す一方、六通りの表記例（ぺんぎん・ペンギン・ぺんぐぃんてう・ペングイン鳥・ペンギン鳥）を収録している。

そして、大槻文彦自身とその息子文雄によって一九三二—三五（昭和七—一〇）年にかけてまとめられた『大言海』（全五巻、冨山房）には、内外の辞典の定義の総括ともいうべき「ペンギン解説の決定版」が現れる。「ペンギン‐てう　水鳥ノ名。南極地方、氷海ノ寒冷ナル地ニ棲息ス。大ナルハ、数尺ニ至ル。翼ハ小サクシテ鰭ノ如ク、脚ニ蹼《ミヅカキ》アリ、短クシテ、直立シテ歩ム。背黒く、胸白く、水ニ潜レバ、游泳極メテ敏捷ナリ」。こうして、ペンギンの名は、一九世紀末—一九三〇年代にかけて、英和辞典をはじめとする外国語辞典はもとより、国語辞典にも必ず登場する外来語として定着していった。この場合、大切なことは、この単語が一過性の、つまり「目新しい流行語」としてとり上げられたのではなく、「南極を代表する生きもの」として日本語の「普通名詞」となったということである。生物学や鳥学などの専門書に名前や解説が載るのでなく、一般的な国語辞典に「単語」として収録されるということは、この生きものの名が大衆の日常生活の一部となったことを意味する。こうして、一九三〇年代までに、日本人のペンギン・イメージはほぼ完成し、この鳥に関する共通認識が確立されたのである。

ところで、この鳥の片仮名表記が現在のような「ペンギン」という形に固定されたのはいつ頃のことなのだろうか。新井白石の「ペフイエゥン」にはじまり大槻玄沢の「ヘングイン」、栗本丹洲の「ピングイン」、黒田行元の「ペングィンス」など、江戸時代から明治にかけて様々な表記が乱立した。これらが「ペンギン」という形に統一されていったのも、どうやら一九三〇年代までのことらしい。ただ、用語統一の牽引役を果たしたのは、文学でも辞典でもなく、博物学・生物学の専門書と教科書だったようだ。今度はその流れを追ってみよう。

一八六四（元治元）年、開成所は博物学のテキストとするため『博物新編』（全三集）を翻刻し、官版として刊行した。原本は清でイギリス人ベンジャミン・ホブソン（中国名合信＝一八一六—七三年）が著した漢文科学書である。第一集が物理学、第二集が天文学、第三集が鳥獣編だったが、第三集は動物全体の概論がなく、少数の動植物を図示するだけの簡単なものだった。ペンギンの図はあるが解説も名称の表記もない。しかし、この漢文テキストは好評で、一八七二、七四年に再版され、さらに一八六八—七〇年と七四年には和訳本が出て多くの学生が用いた。明治に入ると、一八七五（明治八）年、内田正雄が『地学教授本初編』（全六巻、修静館）の中で「寒帯ノ地ハ…（中略）…鳥ハ『ペンクィン』等ト名クル者多ク……」と記している。このテキストは、内田がアメリカのジェームズ・クリュックシャンクとイギリスのM・マッケーの地理学書（いずれも英文）を参考にしつつ、日本の初等教育にあたる教員の参考用にまとめたものである。この二年後には、前に紹介した『具氏博物学』（博物学の高等教育用教科書）の中に「企鵝（ペンジゥン）」という表記が現れる。また、そのさらに二年後には、やはり文部省から『地理論略』（A・ウォーレン著、荒井郁之助訳、丸善出版）が地理・地誌の教科書として出され、その中に「ペンウィン鳥」の表記が現れる。因みに、この本にはペンギンの図があり、パタゴニアとケルゲレン諸島の例をあげて「キングペンウィン」に言及している。

これらの例を見ても明らかだが、明治に入ると博物学や生物学のテキストはいずれも主に英文のものが選ばれ、原書とともにその訳業が普及していった。また、明治政府が任用したいわゆる「お雇い外国人」の中に占める英語圏諸国出身の教員の数は、ドイツ系・オランダ系教員とともに次第に増加していった。これにともなって、ペンギンの片仮名表記も少しずつ英語の発音を写す形に収斂していったのである。一九一二（大正元）年、動物学者秋山蓮三は『内外普通動物誌』の中で「ペングイン科」の一六種について、その名称と特徴を解説した。またその二年後、やはり動物学者の谷津直秀は『動物分類法』（丸善出版）の中で「ペングイン類」と表記している。ヨーロッパでの留学経験をもつ著名な動物学者石川千代松も、すでに一八八三（明治一六）年、著書『動物進化論』の中で「ペングィン（鳥）」と記し、さらに一九二八（昭和三）年の『動物園』の中でも片仮名ではないが「ぺんぐぃん」と書いている。ペンギン研究者青柳昌宏によれば、一九一三（大正二）年、恵利恵が著した『動物学精義各論』では「ペングヰン」という表現が見られるようだが、大正から昭和初期にかけて、専門家の間では「ペングィン」という書き方がほぼ定着していたようだ。

青柳によれば、さらに一九三〇年代（昭和五―一五年）の間に「ペングィン」から「ペンギン」への移行があったという。例えば、一九三一（昭和六）年に最新科学図鑑の第一四巻として刊行された『動物図譜』（谷津直秀・佐藤金治共著、アルス）では「ペンギン類」と記されている。また、その四年後『内外普通脊椎動物誌』（受験研究社）を著し、一七種のペンギンの和名を示し各々について解説した秋山蓮三は、一九一二年に用いた「ペングィン」という表記を「ペンギン」と改めている。もちろん、全ての出版物や書き手がこのような専門家の表記方法の変化を直ちに採り入れたわけではない。

いずれにしても、幕末から明治・大正にかけて、日本人が欧米の文化・文明を積極的に受容していく過程で、ペンギンには常に「舶来イメージ」が漂っていたことは否定できない。それはこの鳥に関する情報がほとんど全て欧米人の手になる文献や専門家の口から日本に伝えられたからである。その時、この鳥について語る欧米人は「オオウミガラスの絶滅」や「ペンギン油採取のための大量捕殺」については、全くといってよいほど口を閉ざしていた。そして、一九世紀末以降になると「未知の大地南極の愛すべき生きもの」という定式化されたイメージが、出版物だけでなく映像や剝製、あるいは動物園での生きた実物の展示を通じて、立体的・複層的に反復されるようになる。日本人のペンギン・イメージは二〇世紀初頭に世界中の話題となった「南極点レース」に白瀬隊が加わることによって、ほぼ焦点が定まったといってよい。この時点で「南極といえばペンギン」という「世界的常識」を日本人も共有することになった。では、白瀬隊の探検でペンギンはどのような役割を演じたのだろうか。そして、その前後にペンギン・イメージはどのように大衆に広まり、吸収されていったのだろうか。

白瀬隊「謎のペンギン踊り」

一九一〇（明治四三）年一一月二八日、白瀬ら二七人を乗せた開南丸は、東京芝浦を出航した。当日、芝浦の埋立地には三万とも五万ともいわれる見送りの群衆が集まったという。ニュージーランドのウェリントン港を経由して南極海に入った一行は、翌年二月一七日、ついに本物のアデリーペンギンを捕まえる。

「二月一七日の朝のことであった。海獣に似た水禽が舷側めがけて泳いできた。三井所衛生部長は、長竿の先に袋をつけてこれを捕獲した。みんなでよく見ると、これはニュージーランドの博物館で見覚えのあるペンギン鳥に相違ないことが確かめられた。ペンギン鳥のことはかねてから聞いていたが、眼で見るのはいずれも初めてなので、非常に面白かった。西洋では『紳士鳥』とよぶそうであるが、まるで子供が燕尾服でも着たような姿である」（『私の南極探検記』白瀬矗著、一九四二＝昭和一七年）。今のところこれが、「日本人が野生のペンギンを見た」最初の記録だと思われる。

白瀬の秘書であり探検隊の書記長でもあった多田恵一は同じ日のことをこう記している。「『魚に似て魚に非ず』『鳥に似て鳥に非ず』『泳ぐ時は魚に似たり』『浮かぶ時は鳥に類す』奇奇怪怪の動物よと百方捕獲の策を講じ、遂に小網に入れたるは、アドレイ片吟の若殿なりしなり。我等は写真によつてこそ片吟の面影を偲びたれ、生きたるに会ふは今日が始めて。万歳万歳の連発も無理からぬ沙汰なり。可憐なる哉片吟鳥」（『南極探検私録』一九一二＝明治四五年）。また別の記録の中で多田はこうも言っている。「イカサマ直立不動の姿勢を取つた処は、宛然燕尾服を着た朱孺児（イッスンボシ）の形ソックリで、半人間に類する丈けが珍奇である」（『南極探検日記』一九一三＝大正元年）。

白瀬も多田も「燕尾服」、「子ども」、「朱孺児」、「紳士鳥」、「半人間」という表現を用いているが、これらは一九世紀末から南極のペンギンに出会った欧米の探検家たちが用いてきた「常套句」である。もちろん、これは生きたアデリーペンギンを初めて見た二人の正直な感想でもあったろう。しかし、探検を前にして南極に関する様々な文献や報道に眼を通しているうちに、二人の記憶回路にペンギンの定型表現が刷り込まれていたであろうことは容易に想像できる。

ところで、この日、海上にこのペンギンの姿を発見した当初は「南極からはるばるのお出迎えだといって大騒ぎ」になり、白瀬は「そんなに簡単に捕獲できぬだろう」と射殺することに決め、隊員に散弾の用意をさせていたという。だが、生捕りに成功する。「そこですぐに鳥箱を造って入れてやり、食物を与えたけれども一向に食わないので、パンを粉にしてくちばしの中に入れてやった（白瀬）」。しかし、ペンギンは居眠りを続けるだけで与える餌を一切受けつけず、三週間後（三月一〇日）に絶命した。これが白瀬隊の「ペンギン剝製第一号」となる。そしてこの日、南極に冬の訪れを告げる浮氷群に包囲された開南丸は、上陸をあきらめ一旦オーストラリアかニュージーランドに引き上げ再起を期すことになった。

オーストラリアのシドニー港に入った開南丸は、その地に留まって翌シーズンの再挙に備え、その間、野村直吉船長と多田書記長が一時帰国して今後の方針と資金調達について後援会と調整することになる。二人は日本郵船の貨客船日光丸でシドニーを発ち、長崎、神戸を経由して六月一五日横浜港に着く。港では二人を歓迎する花火が上がった。「煙火には開南丸あり、白瀬隊長あり、片吟鳥あり、就中凱旋門は、誰の発案か尚早きに過ぐる。世に憚りある不成功の我等には、両脇から汗が出る」と多田は記している。翌月一四日、神田錦輝館で「南極探検後援演説会」が開かれた。会場には後援会長の大隈重信はじめ一時帰国していた野村、多田も出席したが、大雷雨のため予定されていた「活動写真上映」は中断された。しかし、会場内に展示されたアホウドリとアデリーペンギンの剝製は大人気だったという。ペンギンの剝製は例の「第一号」で、三省堂が本剝製に仕上げたものをこの会場で展示し、その後大隈の手を経て明治天皇に献上したらしい。この記念すべき剝製がその後どうなったかは不明だが、青柳は皇室の「生物学御研究所」に保存されている可能性を示唆している。

一一月一九日、白瀬隊は第二次南極探検にむけシドニー港を出発した。翌年一月一六日、ロス海の鯨湾に進んだ開南丸は、フラム号に出会う。南極点到達を目指す兄ロアール・アムンセンを送り出した弟のニールセン船長が指揮するこの船は、一旦アルゼンチンのブエノスアイレス港で修理を終え、南太平洋で海洋調査をしつつ鯨湾にもどり、上陸隊の帰りを待っていたのである。二隻の乗組員たちは互いの船を表敬訪問しあったが、どうも十分な意志疎通と情報交換はできなかったらしい。アムンセン隊の方は「オハイオ」しか日本語を知らなかったし、白瀬隊の方もノルウェーの言葉を全く知らなかった上に片言の英会話しかできなかったからだ。この時の白瀬隊の行動について、フラム号のトルヴァル・ニールセン大尉は次のように記している。

「船（開南丸）はわれわれが停泊しているところまでまっすぐ入ってきて、そばを二度通過し、定着していない氷に横付けして停泊した。すぐに一〇人の男がつるはしとスコップを持ってバリア（氷壁）に登り、一方残りの者はペンギンを捕ろうとして乱暴に追いまわし、そして銃声が夜じゅう響いていた。」

ニールセンはイギリスのシャクルトンが南極で馬を犠牲にしたことを批判する白瀬の言葉を紹介した後で、さらにこう続ける。「それでは彼ら（白瀬隊）はよほど動物を愛護する人々かと思えば、私には正直のところそうは感じられなかった。彼らはいくつかの小さい箱にペンギンを入れ、それを生かしたまま日本に持ち帰ろうとしていた！　甲板にはトウゾクカモメの死体や半死状態のが、うず高く積まれていた。船のそばの氷の上にはアザラシが一頭、腹をすっかり切り裂かれ内蔵の一部が氷の上にはみ出した状態で横たわっており、そしてそのアザラシはまだ生きていた」。

この時のことを白瀬隊の公式記録『南極記』(一九一三=大正二年)は次のように伝えている。「氷堤の頂上に立つて、遥かに沖合を瞰下すと、碧波平かにして流氷処々に白く点在し、湾内一面の野氷尽くる処、開南丸、フラム号の二隻は、寂然として墨絵のごとく浮かんでゐる。開南丸付近の氷上には、黒き人影点々として右往左往動き廻り、時々銃声も聞こえてくる。之は船員達が長途の航海の労を慰めんが為め、籠を出ている小鳥の如く、野氷上を歩き廻つては、ペングィン鳥や海豹の類を狩猟して居るものと察した」。

さて、アムンセンの上陸部隊がまだ戻っていないことを知った白瀬隊は、「内陸突進隊」と「観測隊」とからなる上陸グループと、開南丸に残ってエドワード七世ランドを調査するグループとに分かれた。一九一二(大正元)年一月二一日、エドワード七世ランドを望むビスコー湾に達したグループは湾内の氷上におり立ち、ソリをひきながら調査を開始する。すると三キロほど行った所で大きな鳥の足跡を発見する。その跡を追っていくと、三方を高い氷壁に囲まれたところで六羽の大きなペンギンに出会う。しかし、ペンギンたちの方は人間を見ても少しも動じない。「で、試みに一ツ、拳骨をお見舞申して見た処、愚物の彼等は、人間の殴つたものとは少しも思はず、隣りのペングイン鳥がつついたものと心得て、其細長い嘴を以つて、直ぐ隣なるペングイン鳥をつついた。すると隣に居たペングイン鳥は、又、其隣のペングイン鳥をつついたので、到頭最終の六羽目まで悉くつつかれて終はつたのである」。彼らが出会ったのはエンペラーペンギンだった。このグループにいた多田は、剝製標本とするためこの六羽を全て撲殺して収容した。多田は、エンペラーペンギンのことを「帝王片吟(インピリアルペンギン)=大片吟」

と表記し「身の丈四尺、重量十貫目内外」と報告している。

内陸突進隊は一月二〇日、南緯八〇度〇五分の地点に達したが、それ以上進むことを断念し、その付近を「大和雪原」と命名して引き返した。白瀬が望んだ「南極点一番乗り」は達成できなかったが、一人の隊員も失うことなく、フラム号の乗員に「よくもこんな船でここまで来られたものだ」と言わしめた貧弱な開南丸で、二度の南極探検を成し遂げたのである。五月一六日、白瀬ほか数名が日光丸で先に帰国し、六月二〇日、残りの隊員とともに開南丸が芝浦埋立地に帰還した。後援会長大隈をはじめ多くの名士が出席した盛大な歓迎式典には、約五万人が集まったという。夜は早稲田大学その他の学生五〇〇人による提灯行列が行われた。ペンギンが提灯を持っている玩具が作られ人気をよんだのもこの時のことである。

こうして探検は終わったが、それにしてもその間白瀬隊は実に多くのペンギンを捕獲している。白瀬本人も言う。「航海中、よくペンギン狩りをした。棒や櫂で追い廻すと実に面白い。…（中略）…時々氷盤上でつかまえて背負ったり抱えたりして船のなかに持ち帰ったものである。けれどもしまいには殺して剥製にしてしまう。その肉は食べる。別にうまくもないが、さりとて、まずくもない」。また、多田は帰国後『南極土産片吟鳥の話』（一九一二年）と題する単行本を出し、ペンギンをメイン・テーマに南極探検の思い出を

『ペンギン日記』（朝比奈菊雄、読売新聞社、1957年）。エンペラーペンギン、アデリーペンギンの写真とともに、第一次観測隊の活動がわかりやすく紹介されている（255）

語っているが、そこでもくり返しペンギンを捕まえたことが紹介されている。因みに、この本はペンギンの生態を記した日本最初の本格的「ペンギン本」であり、戦後行われた南極観測の結果著された観測隊員による「ペンギン本」(例えば第一次観測隊の朝比奈菊雄による『ペンギン日記』など)のルーツともいえる作品である。また、「南極点レース」の項で述べたように、欧米の探検家たちの手でこれに類する数多くの「南極ペンギン本」がすでに著されていたから、この流れはその「日本版」と見ることもできる。

さて、探検中頻繁に「ペンギン狩り」が行われたのは、食糧調達が目的だったからではない。白瀬隊とその後援会にとってペンギンは資金調達のための切り札だったからだ。そもそも白瀬の南極探検は、その企画段階から資金調達に苦しんだ。白瀬は長年「北極点到達」を夢見ていたが、それがピアリーによって達成されると、目標を南極に切り換えた。この方向転換はアムンセンと同じだった。しかし、アムンセンが持っていた近代的探検船フラム号や長期の探検をとりあえず支える資金(アムンセンは北極点到達用に獲得した資金をそっくり南極用に転用した)が手もとにあるわけではなかった。そこで白瀬は面識のあった元宮城県知事千頭清臣と宮城県選出の前代議士遠藤良吉の助けをかり、第二六帝国議会に「国土領域ノ拡大ト国ノ富強」の見地から「南極探検ニ要スル経費下付請願」を提出した。一〇万円の下付請願は衆議院をそのまま通過し、貴族院では三万円に減額されたがこれもなんとか通過したのである。しかし、時の政府(第二次桂内閣)はこれを全く無視し、「来年にならなければ支弁できない」とした。この時点でスコットとアムンセンの「南極点レース」はすでに始まっていた。来年まで待つわけにいかない白瀬は、官金よりも時を選ぶ。

一九一〇（明治四三）年五月下旬、東京毎日新聞と萬朝報に白瀬の南極探検計画を報じる簡単な記事が掲載されると、七月五日には神田錦輝館で「南極探検計画発表演説会」が開かれ、その日の夕方「南極探検後援会」が発足した。後援会長にははじめ乃木希典陸軍大将が推されたが、乃木は学習院長であることを理由に辞退し、乃木の強い推薦によって大隈重信がその座についた。この会の盛況ぶりを目にした朝日新聞社と大坂毎日新聞社から探検後援の申し入れがあり、白瀬は朝日と契約を結んで資金募集の全面的支援を受けることになった。朝日は五〇〇〇円の資金を提供するとともに、東京・大阪を中心に一大キャンペーンを展開し、これにいくつかの地方新聞社・雑誌社も同調して全国各地で募金運動が展開されたのである。まず、この段階でペンギンが早くも姿を見せる。八月一日から五日まで東京の新富座や赤坂の演技座、大阪の朝日座などでは「南極探検応援特別興行」と銘打って「南極探検劇」が演じられ、その純益を全て後援会に寄付した。連日大入り満員の盛況だったというが、その中でも最も人気があったのが座員総出のペンギン踊りであったという。白瀬の実弟知行の孫にあたる白瀬京子は次のように記している。「この芝居にペンギンが登場して、その愛くるしい姿に人気がわいたというが、こうした芝居を通して、人々は初めて南極というものを視覚的にとらえることができたわけである」。しかし、この踊りがいったいどのような振り付けだったのか、今のところ詳細は全くわからない。

第一次探検の後、一時帰国した野村と多田が持ち帰ったアデリーペンギンの剥製も大人気だった。一九一一（明治四四）年一〇月一五日発行の『動物学雑誌』（第二三巻第二七六号）に、東京の山越工作所の広告があり、その新着標本の一つに「南極産ペングイン定価四〇円」とあったという。これは実際にはケープペンギンだったらしいが、当時まだ生きたペンギンは日本に持ち込まれていなかったから、ペンギンの剝製は大変な珍品だったと思われる。第二次探検に出発する際（一九一一年一二月一一日）、白瀬は「命令第八三号」で次のように述べる。「尚沿岸隊は故国の最好土産たるペンギン捕獲に充分力める事」。ただし、同じ部分を白瀬京子は「但シ沿岸隊ハ数百羽ノペンギン鳥ヲ捕獲スベシ」と伝えている。どちらにしても、この命令は単なる科学的標本採集の域を大きく超えている。その理由は、一九一四（大正三）年一〇月二四日、後援会の名で発表された「南極探検会計報告」に明らかである。その「経過報告」の後半で、募金活動終了（一九一二年三月）後、極地で撮影した活動写真の興行収益を唯一の収入源としてきたが、明治天皇崩御にともなう大葬の礼のため、興行の規模を順次縮小せざるを得なくなったことを述べた後、こう続けている。

「大正二年一二月頃ヨリ規模ヲ縮小シテ漸次活動写真興行ヲ廃止シ専ラペンギン鳥ノ販売ニ奔走スルニ至レリ」。「収入の部」には「活動写真収入演芸収入ペンギン売却代其他雑収入」として「一金参万九千参百八拾八円九拾五銭也」と記されている。東郷平八郎が命名した開南丸（一九九トン）が二万五〇〇〇円で後援会に買い取られ、探検後二万円で売却されたことを考えると、活動写真とペンギン剝製の市場価格がいかに高かったか、つまり人気があったかということがわかる。一二（大正元）年八月一一日から大阪道頓堀の浪花座で行われた「南極実景大活動写真」（後援会主催）の宣伝チラシには、映画内容として「南極名物ペンギン鳥群集」とあり、また「一行二七名の勇士が南極圏において採集せしペンギン鳥を始め珍奇なる動植物標本の一部を陳列し観覧に供します」と謳われている。入場料は特等八〇銭－三等二〇銭（軍人と小学生は半額）だった。したがって、会場を訪れた人々はペンギンの剝製を間近に見物し、その動く映像を観ることができたのである。この貴重な映像を撮影したのは、活動写真製作・配給会社Mパテー商会（日活の前身）の若手カメラマン田泉保直だった。Mパテー商会の社長であり中国革命を推進する孫文を支援したことでも知られる梅屋庄吉は、親交のあった大隈から要請されて田泉を派遣したのである。田泉は、綿密な撮影計画を立てて丹念に探検を記録した。しかし、五〇キロもある手回し撮影機（三五ミリ）を極寒の南極で操るのは至難の業で、しかも白一色の世界に黒いものは人間とペンギンだけだったので、ピントを合わせるのにも苦労したという。

結局、探検の費用は二〇万七〇〇〇円ほどで、一般募金一二万九〇〇〇円弱にその他の収入を加えても、差し引き四万円弱の赤字となった。帰国後の白瀬の後半生は、この莫大な借金返済のための流浪の旅となる。「その他の収入」には、一三（大正二）年五月大正天皇から下賜された二五〇〇円も含まれていた。これはおそらく、前年六月二五日、青山御所に招かれて白瀬らが行った活動写真上映とエンペラーペンギンなどの剝製献上への褒章だろう。この時まだ皇太子だった大正天皇はじめ皇族殿下御三方（昭和天皇、秩父宮、高松宮）ならびに各殿下は、Mパテー商会の技師が上映する活動写真や白瀬の写真説明を大いに楽しまれたという。特にアザラシ射撃やペンギン捕獲の場面には各殿下身を乗り出してご覧になり、ペンギンの剝製を興味深げに観察し、手を触れていらっしゃったようだ。白瀬は、自宅を売り払い、軍服や軍刀も手放し、南極で撮影した映画と写真を持って全国を講演して廻る。彼の郷里、秋田県金浦町にある「白瀬南極探検記念館」には一四―一六（大正三―五）年の「南極探検講演巡回学校名」と題する自筆の書類綴りが保存されている。それによると関東一円および新潟県内の学校が特に多い。後には、満州、朝鮮、台湾にまで出かけたという。昭和に入ってからは講演依頼はほとんどなくなったが、一九三五（昭和一〇）年にやっと借金返済を終える。この年月は白瀬家の親族にとっては地獄の日々だったであろうが、「南極とペンギン」に関する情報が日本全国津々浦々に着実に浸透していった時期でもある。

ペンギンを探検資金調達のメイン・キャラクターとしたのは、もちろん白瀬だけではない。一九三〇年代までに南極探検に挑んだ欧米の探検家たちの多くも同じ方法をとったのである。シャクルトン、アムンセン、バードはその代表例だが、三人の業績は特に後二者が訪日したこともあって、国内でも様々な形で紹介された。彼らの探検をまとめた本や記事には必ずといってよいほど「南極ペンギン」の写真や挿絵が添えられている。二〇世紀初頭に展開された「南極点レース」は、こうして第一次世界大戦をはさみ、くり返しペンギンの名前と姿を日本人の脳裏に焼き付けていったのである。

生きてるペンギンがやってきた

「日本における最後の本草学者」とも評される動物学者高島春雄は、外国産動物の日本渡来について多くの記述を残している。彼は一九五一年の文献に「福田信正氏の御教示によると、上野動物園の記録に大正四年六月一〇日、南米イキケより一羽入荷、評価格二〇円とあるそうで、それが少なくとも上野動物園には最初の入園らしい」とフンボルトペンギンの上野到着について記している。また他の文献にも「剝製は明治の終わり、四四年頃から舶来したが、生きたのが到来したのは大正になってからである。「日はっきりわからぬが大正四年六月に上野動物園に来たものが最初のようにも見える」と述べている。「日本におけるペンギンの飼育史」に関する論文の中で、福田道雄は「この個体は上野動物園百年史の初来園リストに記載されたフンボルトペンギン、『一九一五年六月一〇日一羽、小澤磯吉氏寄贈』と同一であった」とし、これが日本でのペンギン飼育第一号であるとしている。しかし今のところこの小澤磯吉なる人物がどのようにして南米チリ北部に位置するイキケからフンボルトペンギンを入手したのか、詳しいことは全くわかっていない。

動物園史の研究者佐々木時雄によれば、明治三〇年代（一八九七年―）上野動物園のコレクションの充実を積極的にはかった石川千代松は、オーストラリアやニュージーランドから固有の鳥類を入手することに力を入れたという。しかしペンギンを収容するまでにはいたらなかった。日本にもたらされた「生きたペンギン」が必ず動物園などの飼育施設に搬入されるとは限らない。一九世紀末―二〇世紀初にかけて、民間の見世物小屋や好事家が入手した「生きたペンギン」がいたかもしれないが、今のところそのような事実を示す証拠は何も見つかっていない。したがって、先に述べた上野動物園へのフンボルト到来が、日本における「生体の初渡来」ということになる。

一九二八（昭和三）年、石川千代松は「ぺんぐぃんは南洋の南端に近い海にをりますが、動物園ではたいていどこでも見られるものです」と記している。また、一九五三（昭和二七）年、上野動物園長の古賀忠道は「日本にも、戦争まえには、よくペンギンがきました。しかし、それは、みな小さいペンギンで、大きいペンギン類にくらべると、わりあいあたたかいところにすんでいるペンギンなのです」と述べている。高島はじめいくつかの文献には、戦前にアデリーペンギンの生体がもたらされたことが示唆されている。一九三四（昭和九）年以降、日本も南極海における母船式捕鯨に参入したが、当時外貨の乏しい日本にとって南極海捕鯨はサケ・マス缶詰製造と並ぶ国策産業であり、政府も金融機関もこれを積極的に支援した。その結果、捕鯨船団の乗組員によってエンペラー、アデリー、キングなどの塩漬けにした「ペンギン皮」が多数持ち帰られ、国内の剝製師に本剝製に仕立てる注文が相次いだという。福田は「恐らく捕鯨が盛んになった早い時期から、ペンギンの捕獲が行われていて、中にはうまく生きたままで持ち帰れたこともあったかもしれない」と指摘している。しかし、今のところ戦前に温帯性ペンギン以外の種が国内で飼われていたという明確な証拠は見つかっていない。福田のまとめによれば、一九四一（昭和一六）年の段階で、日本国内（台湾、朝鮮を含む）でペンギンを飼育・展示していた動物園・水族館は一五カ所あり、この時までにフンボルト、ケープ、マゼランの三種の飼育記録が確認できるという。中でも、阪神パーク動物園でのケープペンギンの展示は大きな話題をよんだ。

阪急電鉄による宝塚開発をライバル視していた阪神電鉄は、郊外型大衆向けリゾート都市として甲子園経営地の開発を企画していた。遊園地開設はその基本計画の一部だったが、一九二八（昭和三）年九月、旧枝川の一帯で「御大典記念国産振興阪神大博覧会」を催したのを機に、その施設の一部を会期終了後も「甲子園娯楽場」として営業を続けた。これを一九三二（昭和七）年に「阪神パーク」と改称し、動物園と遊園地、汐湯と演芸場とからなる総合レジャーランドとしたのである。都市文化論が専門の橋爪紳也は言う。「園内で人気を集めたのが動物園である。ここでは柵の代用に堀で動物舎をかこむ、ドイツのハーゲンベックが創案した新しい展示手法を全面的に採用した。池を掘り島の中央に猿を放し飼いにする『お猿島』の趣向、四八羽のペンギンが遊泳する姿をみせる『ペンギンの海』、二〇〇坪もある『アシカの海』、坂を登る習性を利用した『山羊の峰』など、動物の生活をそのままに見せる一種の『生態展示』である」。

正確にいうと「ペンギンの海」は一九三五（昭和一〇）年に増設された「水族館」の一部をなす。一九六二（昭和三七）年に日本動物園水族館協会がまとめた『日本動物園水族館要覧』の「施設概要」でも「南氷洋さながらの水族館式〝ペンギンの海〟」と自己紹介されている。三五年六月、南アフリカから輸入された三三羽のケープペンギンは、その年の一〇月から繁殖を始め、四一年までの間に一〇〇羽に達したという。「ペンギンの海」は約一〇〇坪の敷地の中央に白く塗ったコンクリート製の氷山と陸部を置き、その周囲をプールで囲むという造りだった。川端裕人が指摘する通り、「技術的にもペンギンの数の面でも、戦前最大のペンギン展示」であることは間違いない。それどころか、現在の基準でいっても「最大級」のペンギン展示施設だといえる。

一方、動物園活動の一環としてゾウ、ライオン、チンパンジーなどを調教し、「動物サーカス団」を編成して全国を巡業した。この企画は、当初他の動物園から邪道だと非難されたが、その人気の高さを見た施設の中にはこれに追随するものも現れた。経営者は「生きた動物園、動く遊園地」を標榜したが、その姿勢には「ハーゲンベックに追いつき追い越せ」という強烈なライバル意識がはっきり見てとれる。例えば、当時の阪神パークのパンフレットは「小象の曲芸」について「これらの芸はハーゲンベックより承け、ハーゲンベックを凌いでいます」と謳っている。また、無柵放養式展示の全面的採用と改良、広大な展示スペースといった特徴は、どちらもハーゲンベックを「お手本」としていることは明らかだ。「ペンギンの海」の中央に「氷山」を配したのも「南氷洋さながら」と表現している点を別にすれば、シュテリンゲンのハーゲンベック動物園における「北極パノラマ」の展示手法を継承したものであることは間違いない。この「氷山型展示手法」が阪神パークのオリジナルで欧米の動物園・水族館にも前例がな

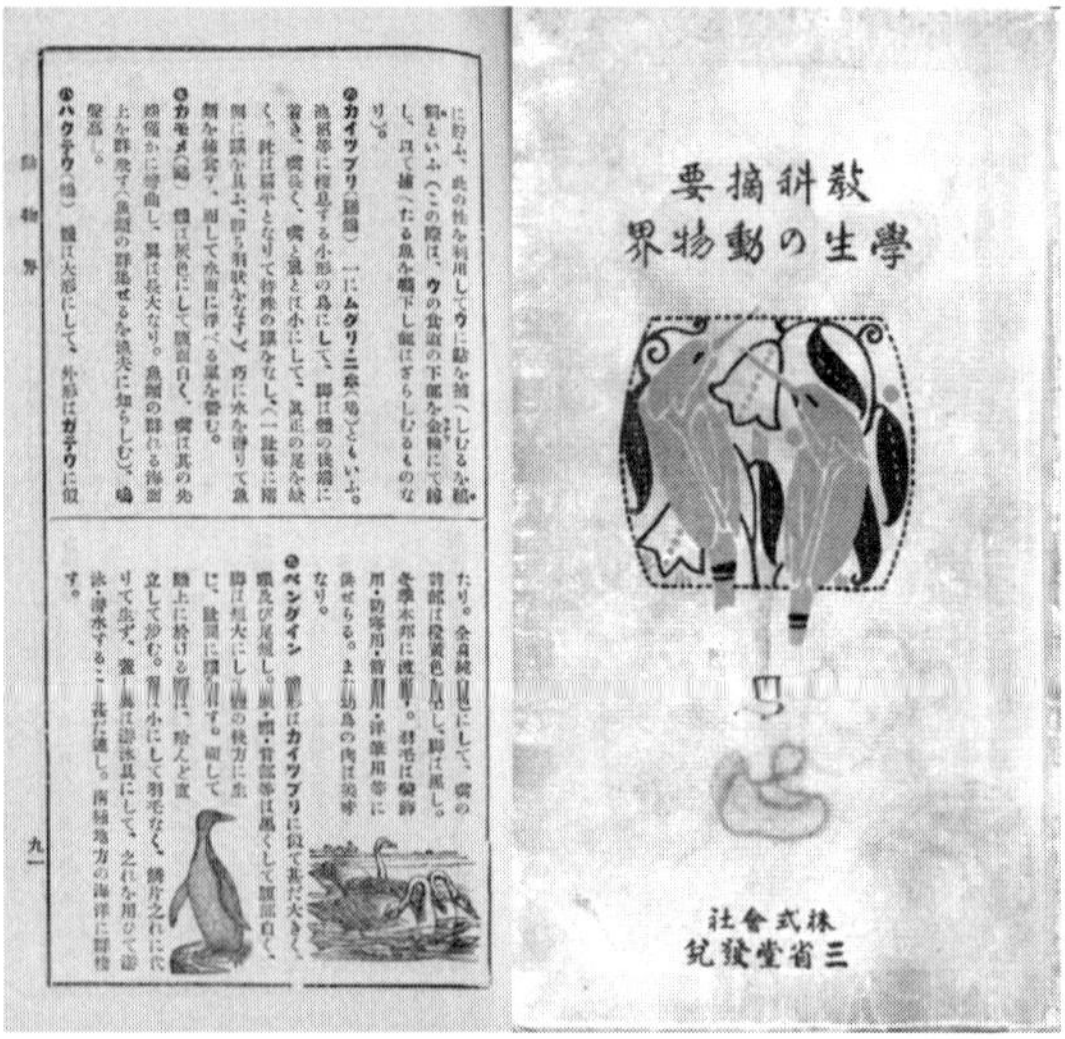

『教科摘要学生の動物界』（1923年）の表紙とペンギンに関する解説部分（185）

いと主張する邦語文献もあるが、決してそうではない。すでに述べたように、一八九六年ハーゲンベックが始めた「ケープペンギンと氷」を組み合わせる展示方法は、ハーゲンベック動物園開園（一九〇七年）後またたく間に欧米に広まり、ドイツ、イギリス、オランダ、アメリカでは一般的な手法となっていたからである。

ただし、ハーゲンベックが「北極パノラマ」の中に温帯性の南アフリカにしかいないケープペンギンを入れるという「二重の誤り」をしていたのに対し、阪神パークは「北極」を「南極」としている点で「一ポイント誤りを減らした」と評価してよいかもしれない。それでも「南アフリカ固有のケープペンギン」を「南極と氷山」にくっつけてしまうのはけしからん、と思われる方もいらっしゃるだろう。例えば、川端は「その八年の飼育期間中、『彼ら（ケープペンギン）が南極からやってきた』という誤解はついぞ解消することがなかった」と述べた後、当時の新聞報道でも「南極」と明記され続けたことを指摘し、「当時、すでにペンギンが記載された図鑑類が日本でも手に入る状況だったため、この間違いはちょっと調べれば容易にわかるはずだった」という。そして「氷山型展示」が、その後長い間日本のペンギン展示施設で一般化したため「長い目で見た時、ペンギンの『真実』を貶める道を彼らは選んだのだった」と批判している。

だが、この評価は当時の一般的ペンギン・イメージとペンギンに関する正確かつ詳細な情報の不在もしくは希少性を考えると、少し厳しすぎるような気がする。確かに、秋山蓮三などによって一九一二（大正元）年以降ペンギンに関する情報が整理され始め、「ペンギンの海」がオープンした三五年には詳しい専門的文献も出版されている。しかし、これらの専門文献は、たとえ新聞記者であってもすぐに入手し活用できるほど多数印刷され普及していたわけではない。また、一般の科学辞典や中等教育までの学校教材に登場するペンギンは、ほとんど「南極の」、あるいは「氷海の」という枕詞とともに説明されていた。

例えば、一九二三（大正一二）年版の『教科摘要学生の動物界』（三省堂）では、キングペンギンらしき図像が添えられた一五〇字弱の解説文の最後に「南極地方の海洋に群棲す」とあるし、三四（昭和九）年版の『自然科学辞典』（石原純監修、非凡閣）では、一〇〇字弱の解説の末尾に「群棲をなして氷海上に居る」とある。特に白瀬以降、一九三〇年代にかけて、内外を通じてペンギンは「南極探検」や

『キンダーブック「トリ」』1940（昭和15）年10月15日号、フレーベル館。表紙と「ペングヰン」の項（175）

「南極捕鯨」と必ずセットで語られ紹介されてきた。この組み合わせはほとんど「疑いを差し挟む余地のない常識」と化していたから、「ペンギンとは何か?」と改めて専門文献をひもとく必要性を当時の日本人は感じなかったのだと思う。例えば、四〇(昭和一五)年発行の『キンダーブック』シリーズ『トリ』の解説部分で、倉橋惣三は「見慣れてゐて知らないもの、見なれないで知ってゐるもの」と題してこう語っている。「かうして、いろいろ鳥の絵をならべてみると、見なれてゐて知らないものが少なくなく、見なれないで知つてゐるものの少なくないことに気づきます。…(中略)…ペングヰンに就いては何彼と知つてゐながら鶏のことはつきりしてゐなかつたりです」。

しかも、この時期に「氷山型展示」を採用したのは阪神パークだけではない。「ペンギンの海」が造られた二年後、一九三七(昭和一二)年六月一九日、同年三月にオープンした名古屋市東山動物園に「ペンギン鳥の氷山」が出現する。この展示施設がどれくらい阪神パークの「ペンギンの海」の影響を受けているのかについてはよくわからない。ただ、阪神パークからケープペンギン八羽を盗み、それを東山動物園に売り込んだ者がいた。当時、東山の園長だった北王英一は、これが「盗品」だと知らずに一羽三〇〇円という破格の高額で即座に全て買いとった。しかし、後にこれが阪神パークのものだとわかると、両園は協議の末、四羽を阪神に返し残りをそのまま東山に置くことにしたのである。ただ、「ペンギン鳥の氷山」の竣工を記念して製作された写真絵葉書をよく見ると、展示場の陸部にはケープペンギンと一緒にフンボルトペンギンが立っているのがわかる。東山動物園に残る古いアルバムには、同園が現在の東山に移転する前、名古屋市鶴舞公園内にあった時のものと思われる写真が保存されており、その中にフンボルトの若鳥らしいペンギン三羽が写っている。名古屋ではフンボルトとケープが混合展示

名古屋市東山動物園「ペンギン鳥の氷山」写真絵葉書。1937（昭和 12）年

されていたのだ。また東山での新動物園建設と移転には、ハーゲンベックの強力なバックアップがあったことも見逃せない。一九三二（昭和七）年、名古屋で興行したハーゲンベック・サーカス団を率いていたローレンツ・ハーゲンベックが新施設の設計に協力したのである。特に、ホッキョクグマとライオンの展示場は無柵放養式の大きなものとなった。この時、ペンギンの新施設にも「氷山」をとり入れることになったのではなかろうか。

　一九一五年から日本に入り始めたペンギンたちは、こうして大衆、特に子どもたちの人気者になった。しかし、福田によれば、動物園や水族館で飼われていたペンギンたちは第二次世界大戦末期の物資欠乏の中、一九四五年一月二五日に上野動物園で死んだフンボルトペンギンを最後に、一旦一羽もいなくなってしまう。ペンギン展示が復活するのはその二年後、四七（昭和二二）年三月二九日、諏訪山動物園においてヒゲペンギンが登場した時だという。だが、生きているペンギ

『女子教育最近世界地理』1923（大正 12）年、三省堂。表紙と本文（186）

ンが国内にいなくなってしまったからといって、日本人のペンギン好きの火まで消えてしまったわけではない。ペンギンに関する情報は様々な出版物や映像を通じて、着実に供給され続け、その量を増やしていった。まず、学校では地理の教科書で必ずペンギンが紹介されるようになった。『女子教育最近世界地理』（一九二三＝大正一二年、三省堂）では、「南極地方」の本文中に「其等（ウィルクスランド、ビクトリヤランド等）の沿岸には、卓状の大氷山多く浮流して、ペングィン鳥群棲し……」とあり、「南極の火山とペングィン鳥」と題するエンペラーペンギンのかなりリアルな図像が載っている。また『中等教育最近地理通論』（一九二九＝昭和四年、三省堂）には「自然地理＝生物の分布」の項にジェンツーペンギンのコロニーの写真があり、「寒地の生物＝南極地方に於ける光景で四辺寂しき氷島にペングイン鳥が遊んでゐる」という解説がつけられている。

一九一〇（明治四三）年一一月発行の『少年』（時事新報社）には、軍艦生駒による世界周航に同行した安岡生の記事の中に、ブエノスアイレスの動物園について述べた部分がある。「（飼われている動物の）

『中等教育最近地理通論』1929（昭和4）年、三省堂。表紙と本文（187）

其主なるものを挙ますと、南極のペングイン鳥、アンデス山のコンドール鳥…（中略）…、ペングイン鳥は誠に面白い格好をした鳥で…（中略）…其格好や歩き振りを見て居るとツヒ笑ひたくなりました」。また、同誌の一一（明治四四）年八月号には「南極に上陸したるスコット大佐」の写真付記事の下に「英国皇族とペンギン鳥」という記事と写真がある。「英国皇帝皇后両陛下は六月四日東宮、メーリー内親王ジョージ親王と共に倫敦の動物園に成らせられましたが、御一行で海驢（アシカ）の前へ御出になると、例の極地の名物鳥ペンギン鳥が一羽、スックとばかり立現はれ恭しく御一行を迎へ奉りましたので、メーリー内親王を始め奉り、大層お喜びになり、御自づから背をお撫になると、鳥は益々乗気になり、ヒヨロヒヨロと案内者めかしてあるき出したので、御一行いづれも非常に打興ぜられました」。ロンドン動物園での様子を伝える写真の下には、エンペラー、アデリー、ジェンツーの剥製展示（ジオラマ）の写真があり「蘇格蘭（スコットランド）が多年来殆ど独力で北極圏を探検した結果として、此程グラスゴーに開かれた博覧会に出陳したペンギン部で、四囲の光景をば実地其儘にしつらへ……」と解説されている。

『少年』1911（明治44）年8月号、東京時事新報社。表紙と本文（196）

芥川龍之介は『動物園』（一九二〇＝大正九年、雑誌『サンエス』）の中にペンギンを登場させている。「ペングイン　お前は落魄した給仕人だ。悲しさうなお前の眼の中には、以前勤めてゐたホテルの大食堂が、今もAurora australis のやうに、輝かしい過去の幻を浮き上らせる事がありはしないか？」

この作品には合計三七種類の動物が登場するが、八年前に上野動物園に出現したペンギンもこの文学者の心にしっかり住み着いていたらしい。しかも「Aurora australis」という言葉には「南極」あるいは「極地」のイメージが託されているようだ。

両極地方の探検というテーマもこの時代の出版物に頻繁に現れる。例えば『極地探検記』（小学生全集第二三巻、一九二七＝昭和二年、興文社）では、スコット、アムンセン、バードなどの活動がまとめて紹介され、キングペンギンの写真には「南極唯一の愛嬌者であるペンギン鳥が、群遊んで居る所であります」というキャプションがついている。この写真とキャプションは、同全集第四〇巻の『極地探検記』（ロワール・アムンゼン著、一九二九＝昭和四年）でも使われ、さらに同四一巻『世界一周旅行』（小学生全集編集部編、

『極地探検記』ロワール・アムンゼン著、1929（昭和4）年、興文社。表紙と挿絵・写真

『子供動物・植物学』石川千代松・上原敬二著、1929（昭和 4）年、興文社、文藝春秋社。表紙と挿絵（163）

『動物と植物の生活』寺尾新・本田正次著、1933（昭和 11）年、新潮社。表紙と写真（197）

一九三〇＝昭和五年）の挿絵として流用されている。同じ年に出された『バード少将南極探検』（齋藤進訳、カオリ社）では、イヌぞりの前にたたずむアデリーペンギンの写真が「リツル・アメリカに於ける橇犬とペンギン鳥」と題して添えられている他、探検隊員の会話として次のような文章が見える。「ペンギン達は面白い奴等で、よいお友達なんだ。彼奴等はまるで品のいいお爺さん達みたいに立つて、ヨチヨチ歩くんだ。彼奴等はとても、物を知りたがつて、何にでも鼻を突つ込むんぢやない、嘴を突つ込むんだ」。本文の中では、バード隊がラジオを用いて南極からの実況放送を試みたことや、パラマウント映画会社が作ったこの探検の記録映画が大好評を博したことが紹介されている。「我々は、目の當りにロッスの氷壁を見、海豹、ペンギン、鯨等の動作を眺めることが出来るのであります」。

動物学関係では、小学生全集第六三、六五巻に『子供動物学・子供植物学』（石川千代松・上原敬二著、一九二九＝昭和四年、興文社、文藝春秋社）、『鳥物語・花物語』（鷹司信輔・牧野富太郎著、一九三〇＝昭和五年、興文社）という本がある。前者では数カ所でペンギンが登場するが、特に「動物の形や器官」の項では「ペングインと言ふ鳥は、南氷洋に沢山群してゐる鳥だが、始終水中に計り居るもので、決して空中を飛ばない……」という解説とともにキングペンギンらしき挿絵がある。また、後者の本文中ではオオウミガラスの絶滅物語が挿絵つきで紹介され、ペンギンについても次のような説明がある。「第八目は、太郎様も知りぬいて居るペンギン鳥ですが、此の鳥は極地の寒い所にばかり居るかと云ふと、時には潮について熱帯地方まで来ることもある鳥であります」。一九三三（昭和一一）年版の『動物と植物の生活』（寺尾新・本田正次著、新日本少年少女文庫第七篇、新潮社）には、「玩具のやうなペンギン」としてアデリーペンギンの親鳥が二羽のヒナを守っている写真が掲載されているほか、シャチが南極海で「流氷を引つくり返して、水の中にすべり落ちたペンギンを食べてしまひます」と記されている。

子ども向け創作絵本でも、ペンギンをメイン・キャラクターに据える作品が登場する。一九二八（昭和三）年に誠文堂から刊行され始めた絵本叢書「コドモヱホンブンコ」の中に『クマ吉トペンチャンノアフリカ旅行』（二八年一〇月一五日刊）がある。岩手県出身の深沢省三の作品。深沢は『赤い鳥』の表紙面・口絵・挿絵を数多くてがけ、特に動物画では定評があった。ストーリーは、北極にすむシロクマのクマ吉とペンチャンが南の島へ冒険旅行に行くというもの。ペンギンを主人公とする絵本ということでいえば、おそらくこの作品が日本人作家による最初のものだと思われる。さらに、子ども向けではないが、一九四三（昭和一八）年にはカール・ハーゲンベックの著書『動物記』が平野威馬雄によって訳出される（大道書房）。その中では、あの「北極パノラマ」や無柵放養式の展示が一八九六年に初めて実現したことが語られていたり、「ペンギン島」（「北極パノラマ」とは別のペンギン専用展示施設）の写真などが掲載されている。訳者の平野は、序文の中で「今さら、ハーゲンベックについて喋々するまでもなく、読者諸賢は、とうの昔、この由緒遠い独逸の動物家については御存知のことと思ひます」と記す。当時の日本で、いかにハーゲンベックの名が知られ、そのサーカスや動物園のことが話題となっていたか、この一文でも推察することができるだろう。

こうして、戦前のうちに、日本人のペンギン・イメージはほぼ完全に「南極」に固定され、確立された。動物園や水族館に本物の「南極ペンギン」が現れることはなかったが、フンボルト、ケープ、マゼランといった「温帯ペンギン」たちが、ハーゲンベックの仕掛けに起源をもつ「氷山型展示」の上で代役をつとめたのである。戦後、平和国家として再建されていく新生日本の各地に多くの動物園・水族館が出現し、そこに南極海から本物の「南極ペンギン」たちが大量に搬入され始めても、この基本的構造は全く変わらなかった。日本人の「ペンギン好き」は戦争によって息の根をとめられることはなかったのである。むしろ、軍国主義の軛から解き放たれることによって、その嗜好は質・量ともに成長を遂げ、独特の光彩を放つようになる。

戦後のペンギンと日本人との関係を「ペンギン大国」と表現することがある。最初にこの言葉を使ったのは、朝日新聞社の科学雑誌『サイアス』（一九九六年七月）だ。この年、ペンギンの保護・研究を進める日本の民間団体「ペンギン会議」の提唱で、「フンボルトペンギン保護国際会議」が横浜で開かれた。当時、日本にはこの絶滅に瀕したペンギンが一二〇〇羽以上も飼育されていて「世界最大の飼育下個体群」を有していた。福田のまとめでは、九五年時点で日本には一一種二四〇〇羽のペンギンがおり、世界第二位の飼育数を有するアメリカでも一七〇〇―一八〇〇羽ほどだった。そこで『サイアス』は「ペンギン大国日本」を宣言したのだろう。また、最近（二一世紀に入ってから）は「ペンギン好きが世界一多い」という意味をこの表現に込める方も増えている。

『動物の子どもたち』八杉龍一著、1951（昭和26）年、光文社。表紙

しかし、「〇〇大国」という大向こう受けする表現がお好きな方の思いに水をさすようで申し訳ないが、私はもう少し冷静に現状を観察してほしいと思う。確かに日本は、どれだけペンギンを飼っているかという意味では「ペンギン飼育大国」と呼べるだろうが、ペンギンに関するあらゆる面で他の国々の追随を許さない「ペンギン大国」では決してない。確かに、巷にはペンギン・グッ

『とりのかんさつ』内田清之助監修、1963（昭和38）年、フレーベル館。動物分布図。南極以外にペンギンは描かれていない

ズやペンギン・キャラクターが氾濫しているが、ペンギン好きが多いかどうかはそういうことだけで推し測れるものではない。「でも、動物園や水族館でアンケートをとると、日本ではペンギンが『好きな動物ベスト一〇』に必ずといっていいくらい入るのに、外国ではそうでもないぞ」という意見もある。では、ペンギンの科学的研究やペンギンについて書かれた本の数やそのレベル、そしてペンギンの保護や救護に実際に参加した人の数はどうだろうか。これらの分野では、もう目を覆いたくなるほど日本は欧米に水を開けられている。

例えば、一九八八年八月、ニュージーランドのオタゴ大学で開かれた「第一回国際ペンギン会議」には一二〇人ほどの研究者や保護関係者が各国から集まった。参加者はいずれ劣らぬ「ペンギン・ファン」で、当時世界のペンギン研究者のリーダーとして慕われていたイギリスのバーナード・ストーンハウスなどは、連日ペンギン柄のトレーナーをあれこれとっかえひっかえ着てきては研究者たちの羨望の眼差しを浴びていた。だが、「世界ペンギン史」にとって記念すべきこの国際会議に参加した日本人（正確にはアジア人）は、筆者一人だけだった。その後も、四年ごとにこの会合は開かれているが、「さすがペンギン好きだけあって日本人が一番多いネ」と言われたことは一度もない。また、二〇〇〇年六月、南アフリカのケープタウン沖で鉱石運搬船トレジャー号が沈没、一三〇〇トン以上の燃料用重油が流出して多数のケープペンギンがその油を浴びた時には、二〇カ国から一万二〇〇〇人のボランティアが救護のためにかけつけた。しかし、油汚染された海鳥の救護活動史上最も成功したと評価されているこの活動を、現地で支援した日本人はわずか数人だった。確かに、私が所属するペンギン会議を含め、日本の民間団体が最近四〇年近くにわたってペンギンの保護や研究にあたっている人々に贈り続けてきた寄附金額は、決して少なくない。しかし、それでもその総額は「世界第四位の経済大国」の実力からはほど遠いものだ。

『おもしろい世界めぐり一年生』表紙

私は、ペンギンのために地道な努力を続けてきた人々を貶めようとしているのではない。私自身、それらの民間団体や国際会議に参加し、主催者側の一員としてずっと活動してきたからだ。だからこそ、日本は「ペンギン飼育大国」と呼ばれるにふさわしい実績と実力とを備えていることは認めるものの、決してオールラウンドの「ペンギン大国」を自ら名乗れるほどの実態があるとはとても思えないのである。そして、

『小学四年生　冬休み増刊』号、1960（昭和35）年、小学館。表紙

このことこそが「戦後八〇年のペンギンと日本人」の関係をよく象徴しているとも思う。

日本人のペンギン・イメージは、基本的に戦前（一九一〇―三〇年代）とほとんど同じで、大きく変わっていない。つまり、「ペンギン＝南極」というあの「お約束」である。夏が近づくとペンギンの映画が封切られたり、雪と氷の涼しいイメージをテレビやネットなど様々な媒体で大安売りしているのは、たいていペンギンかシロクマである。そして、秋とともに長い冬眠に入る。ペンギンは完全に「季節商品」と化しているのだ。

川端は、日本人が「世界的に見ると異常なほどペンギンが好き」になった道筋を次のように説明している。「戦後、南氷洋捕鯨（捕鯨オリンピック）や南極観測（科学者たちのオリンピック）への参加が、国威発揚の一環として熱狂的に支持されていた時代があった。この時、南極の生き物の代表格と考えられていたペンギンは、見知らぬ世界への夢を担う立場に立たされた。従来からあった『南極＝ペンギン』のイメージに、夢や希望といった新たな次元が加わることになる。また、ちょうどこの頃、ほかの国では不可能だった極地ペンギンの長期飼育を可能にする技術を、日本の動物園が手に入れた。それによって、多くのペンギンが人目に触れ、ペンギンが『可愛い』ということを、日本人は社会的なコンセンサスとして『発見』することができた。強烈な求心力を持ったこれらのイメージを得たことで、日本人が『ペ

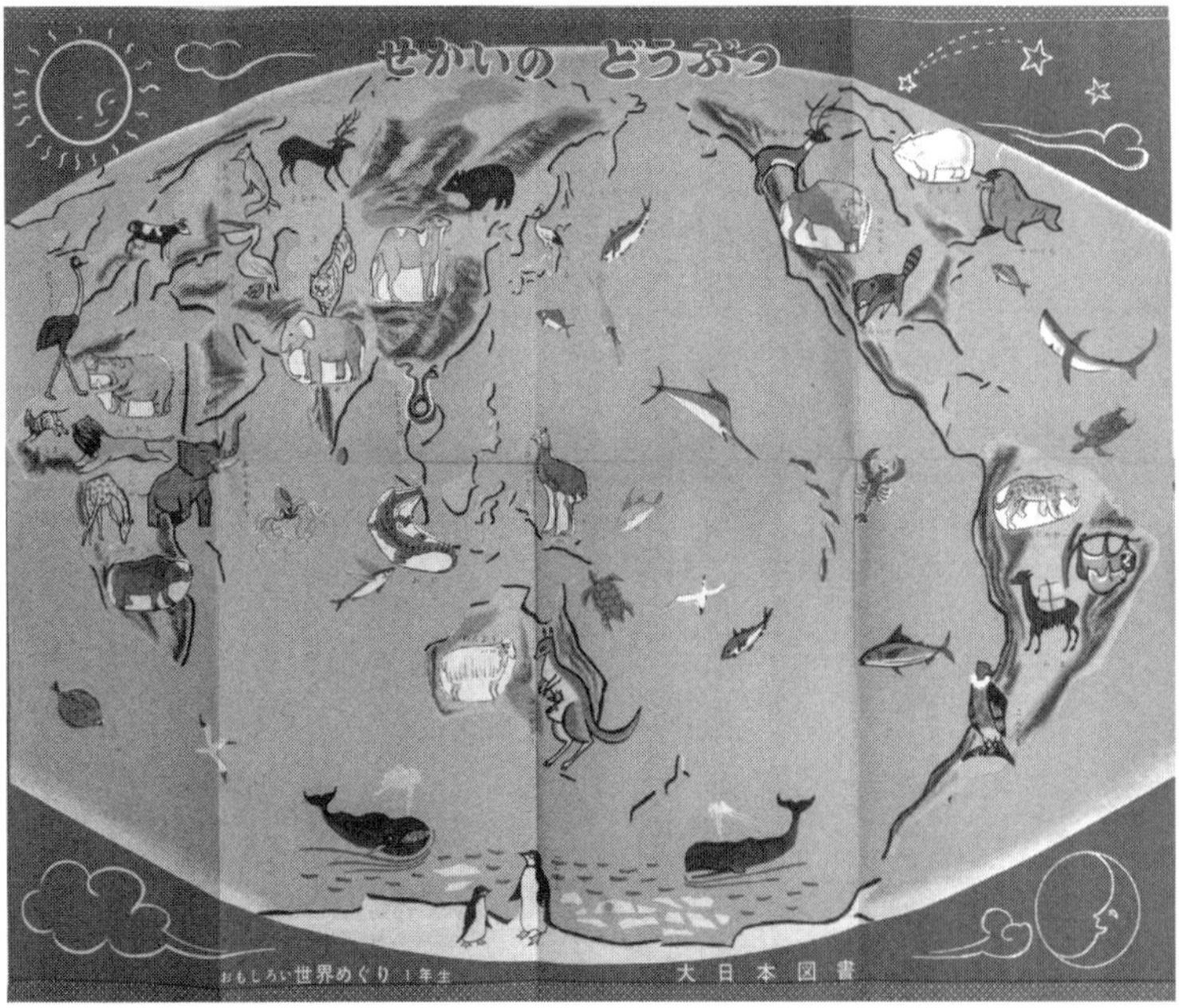

『おもしろい世界めぐり一年生』別枝篤彦著、1956（昭和31）年、大日本図書。動物分布図

ンギン好き』への道をたどるスイッチがオンになった」。

南極捕鯨、南極観測そして動物園での極地ペンギンの長期飼育という三つのできごとが、一九五〇―六〇（昭和二六―四四）年代にかけてほぼ同時進行し、これが「ペンギン＝南極」という戦前からあった世界共通の定型イメージを強化したという見方には全く同感である。しかし、これらによって「夢や希望といった新たな次元」がペンギン・イメージに加わり、「ペンギンが『可愛い』という……社会的コンセンサスを『発見』した」という見解には賛成できない。「極地ペンギン」こそ飼育していなかったが、日本人は戦前からペンギンを「愛すべき生きもの」と感じていたことは、これまで引用し紹介した記録によって明らかだ

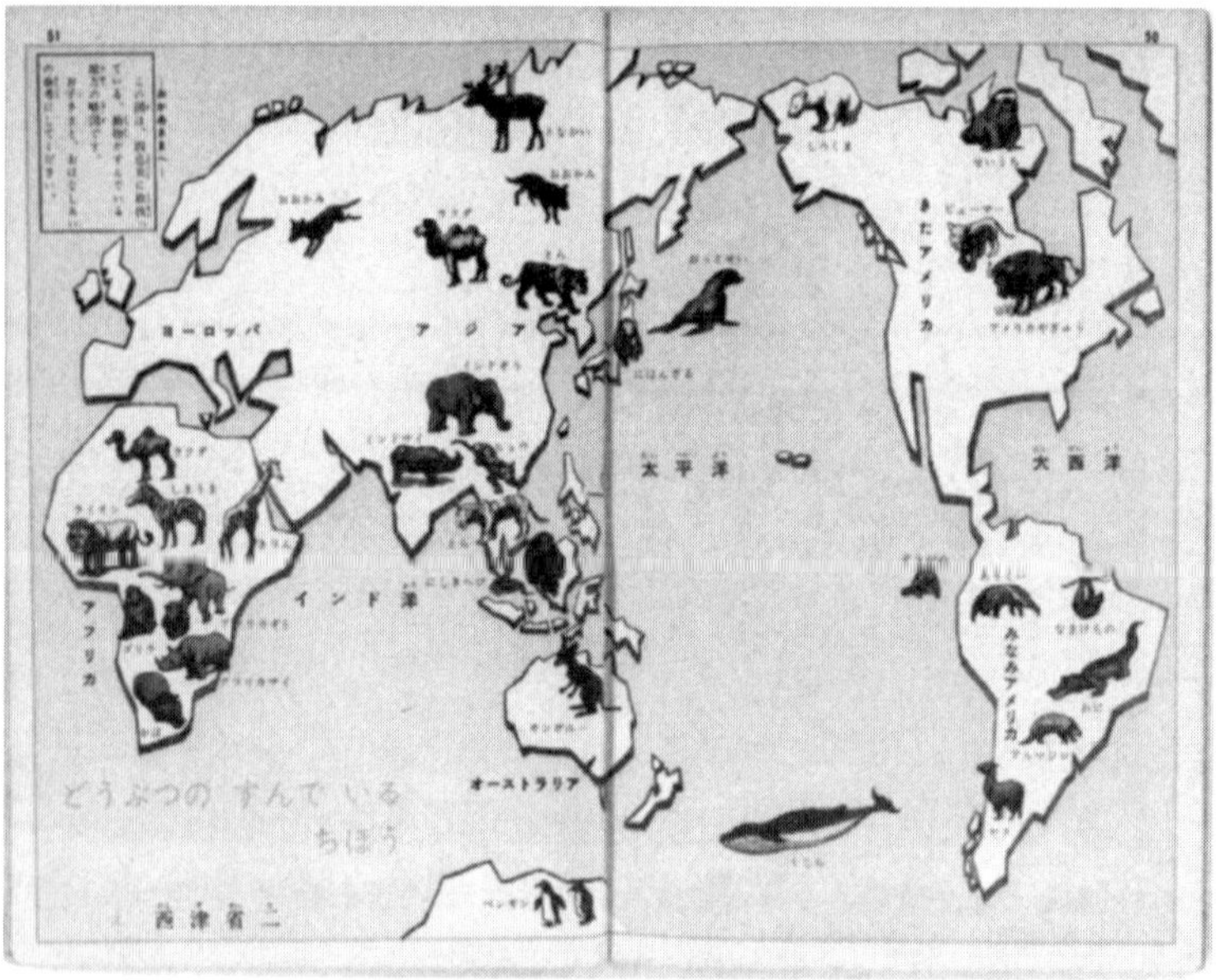

『動物画集』西洋省二画、1950年代末頃、講談社。動物分布図

と思う。捕鯨船団や観測隊の協力によって戦後初めて実現した南極ペンギンの渡来と飼育は確かにセンセーショナルなできごとだった。それが、上野動物園を「世界一のペンギン・コレクション」と高度な飼育技術を持つことで世界的に有名にしたからである。しかし、それによって初めて多くのペンギンが人目にふれるようになったかというと、必ずしもそうではない。福田によれば、一九六〇（昭和三五）年時点でペンギンを飼育していた施設は三一カ所、そこで飼われていたペンギンの総個体数一九一羽のうち南極種（エンペラー、アデリー、ヒゲ）は合計二五羽に過ぎなかった。戦前の一九四一（昭和一六）年にくらべ、確かに施設数は倍増（一五から三一）しているが、飼われている種類はあいかわらずフンボルト（一五〇羽）とケープ（三羽）の温帯ペンギンがほとんどを占めていたのである。

この時期の日本人のペンギンへの思いが戦前と大差ないことを示す例は枚挙に暇がない。一九五一（昭和二六）年刊行の『動物の子どもたち』（八杉龍一著、光文社）の表紙にはヒナに餌を与えるジェンツーペンギンのカラー写真が使われている。だが、その写真解説の冒頭には「南極の人気もの、ペンギン鳥の親が、子どもに口うつしにえさをやっているところ」とある。現在でもまだ誤解が解けていないといけないので敢えて説明するが、ジェンツーペンギンは「南極のペンギン」ではない。しかも本文にはペンギンは登場しない。また、五六（昭和三一）年の『おもしろい世界めぐり一年生』（別枝篤彦著、大日本図書）の付録である「せかいのどうぶつ」分布図は、南極だけにペンギンを描いている。この傾向は、それから数年後の他の絵本『とりのかんさつ』（フレーベル館）や『動物画集』（講談社の絵本シリーズ）の分布図でも変化がない。六〇年の『小学四年生　冬休み増刊』号（小学館）の表紙には、南極観測船宗谷をバックに、イヌ（タロとジロか？）と正体不明のペンギンが描かれている。

　しかし、この嵐のような「南極ブーム」の中にあって、「ペンギンは南極だけではない」ことを伝え

『動物園』古賀忠道著、1952（昭和27）年、筑摩書房。表紙（179）

『アサヒカメラ』1952（昭和27）年8月号、表紙。イギリスの写真家ウェルナー・ビショップの動物園とペンギンをテーマとした組写真を特集した。ペンギンについては古賀忠道が解説している（157）

『ながいながいペンギンのはなし』いぬいとみこ作、1957（昭和32）年、宝文館。表紙（166）

ようとする努力が少しずつ現れてくる。例えば、上野動物園長の古賀忠道は五二（昭和二七）年版の『動物園』（小学生全集22、筑摩書房）でも、同年八月発行の『アサヒカメラ』の解説でも、ペンギンにはいくつもの種類があり南極以外にもすんでいることを強調している。「ペンギンには、大体十八種類もありますが、すべて南半球にすんでいます。そして、その大部分は、寒い南極に近い所です。しかし、ペンギンは、けっして極寒の地だけにすんでいるのではありません。ガラパゴス・ペンギンという種類は、南米の太平洋岸、赤道直下のガラパゴス島にすんでいるのです」（後者の解説の一部）。また、五六（昭和三一）年刊の『世界のなぞ』（三浦義彰、新編日本小国民文庫7、新潮社）では「エンビ服の紳士《シンシ》のようなペンギンは、南極大陸の代表者である。地球上には十七種ばかりのペンギンがいて、赤道に近い、南米のガラパゴス諸島や、ニュージーランド、オーストラリアなどにいる種類もあるが、赤道をこえた北半球には、一種もすんでいない」と説明されている。

また、捕鯨船の乗組員や観測隊員に寄せられる「ペンギンの土産を持って帰って」という要望が強い中で、「ちょっと待って」というサインをはっきり出す人々も現れる。例えば、第一次南極観測隊に参加した朝比奈菊雄は「ペンギンを大いに土産にしよう」という隊員が多い中、自分が編集を担当していた隊内紙『南極新聞』紙上でペンギン擁護の論陣を張った。彼のペンギンへの思いは『ペンギン日記』（五七＝昭和三二年、読売新聞社）に詳しく綴られている。また、児童文学者いぬいとみこは『ながいながいペンギンのはなし』(五七年、宝文館、ペンギンどうわぶんこ)の中で、捕鯨船員のセイさんにこんなことを言わせている。「おまえ(アデリーペンギンの子どもルル)は、おれをおぼえていてくれたね。そして、おれといっしょにいきたいけれど、なぜだか、だめだっていうんだね。よしよし、むりにつれていきはしないよ。またいつか、おれのほうで、きてやるからな」。いぬいは、表紙見返しにある読者へのメッセージにこう記している。「みなさんは、どうぶつえんや、ゆうえんちで、いやちかごろは、まいにちのように、しんぶんで、ペンギンのすがたをみているでしょう。…(中略)…みなさんとどうように、さくしゃも、ペンギンがだいすきです。そして、なんきょくのいろいろなふしぎをさぐり、ペンギンのせかいをしらべて、ちいさなみなさんのために、ながいながい…そしてたのしい……ペンギンのおはなしをかいたのです」。この二つの作品は、三年先行した檀一雄の『ペンギン記』(五四=昭和二九年、現代社)とともに、高度経済成長期に入った頃の代表的「ペンギン文学」である。作者たちのペンギンへの思いは、七〇年代以降に本格化する野生動物保護の動きを先取りしていたと考えてもよいだろう。

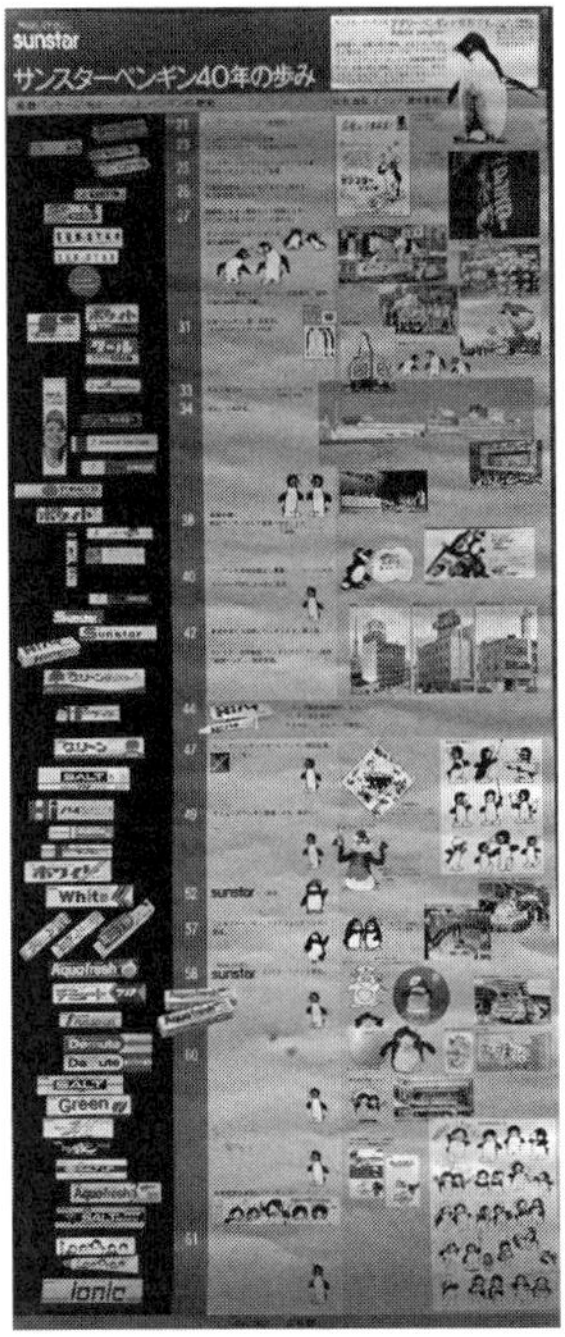

サンスター作成の「サンスターペンギン40年史年表」。ファミリー化されていく経過がまとめられている

この経済的豊かさと平和こそが、戦前にはなかった新しいペンギン・イメージをつくり出す最も重要な原動力なのである。戦争を放棄して軍隊に依存することをやめた日本人は、戦火による傷跡が癒えるにしたがって、

また経済的・物質的安定を得るにしたがって、少しずつ生活環境の積極的改善（公害問題への本格的取組み）や野生の動植物に深い関心を示すようになっていった。元来、日本人は生きものをはじめとする身の回りの様々な事物に強い関心とこだわりを示す傾向がある。この性向は、近いところでは江戸時代の本草学・名物学・物産学の発展、各地の見世物の盛行などに源があると思う。明治維新以後も、例えば万博を始めとする各種の博覧会はたいへんな人出でにぎわったし、動物園に新しい動物が入るたびに入園者数が増えていった。しかし、戦前の日本はまだ全体的に貧しく、独立と国力を維持するため不断の侵略戦争と新しい植民地の獲得を必要としていた。戦後生まれの者には実感がわかないが、戦争・軍隊・貧困の三つは日本人の伝統的価値観や嗜好を制約し、日常生活に様々な歪みを生んでいたに違いない。

言い古されたことだが、高度経済成長はそんな日本人の行動パターンに有形無形の大きな影響を及ぼした。ペンギンとの関係について考えると、まずペンギンを展示する施設（動物園や水族館）が六一—八〇年までの間に三一から六〇へとほぼ倍増した。これは四一—六〇年の増加数（一五から三一）を大きく上回るハイペースだ。新しい施設が次々にオープンしたこともあるが、既存の施設も増築や改修によってペンギンを受け入れていった。六一年に一九一羽だった飼育個体数は八〇年には五〇〇羽に達する。この急激な増加は、人口増と家族で楽しめる手近な娯楽施設を大衆が求めていたことにもよるが、ペンギンが動物園でも水族館でも展示される動物であったことも重要なポイントだった。その後、展示施設の増加率はほぼ変わらず、九〇年代には一〇〇カ所を突破した。一方、飼育個体数は八六年以降急増し、九〇年代後半までの間に約八〇〇羽から二三〇〇羽へと三倍近い増加を示した。このデータをまとめた福田は、その背景を「多数の個体を飼育する大型飼育施設の増加」と「新施設・新展示舎のオープン時に多数を購入」したことだと指摘している。いずれにしても、ペンギンが人目に触れる機会は、南極捕鯨、南極観測、南極ペンギンの飼育がブームになった六〇年代半ばまでよりも、それ以後の方がずっと高いペースで拡大したことになる。

一方、いわゆるペンギン・キャラクターものの出現時期について見ると、「ペンギン　ペンギン　かわいいな……」（重園よし雄作詞）で有名になったサンスターのペンギンは四八年に現れ、五一年にラジオ番組「ペンギン・タイム」のテーマ・ソング「ペンギンさん」の歌で一躍スターダムにのし上がる。また、南極ペンギンが描かれたロッテのクールミントガムは、極寒の世界でも硬化せずおいしく楽しめる特製ガムを南極観測隊から発注されたことがきっかけで、五六年に出現する。この二つのキャラクターは、いわゆる「南極ブーム」に明らかに連動したものだ。しかし、日本でのペンギン・キャラ・ブームが本格化したのは、むしろ六〇年代後半—八〇年代にかけてである。ホシザキ・ペンギン、ペンジャミン、マスコウィッツ・ペンギン、タキシードサム、山一ペンギン、サントリー・ペンギンなどは、それまで考えられなかったペンギン・グッズの爆発的増加を生んだ。例えば、スチュアート・マスコウィッツの代表作『コーポレーション』（一二羽のペンギンがピラミッドをつくっているイラスト）に描かれたペンギンは、八四年以降日本で次々に商品化されていったが、人気が高くあちこちで模倣された。八〇年代後半—九〇年代前半に国内で販売された「ペンギンぬいぐるみ人形」の多くは、どこか「マスコウィッツ・ペンギン」に似ているといわれている。この時期、マスコウィッツは著作権をめぐる訴訟を山ほど抱えていたという。また、サントリー・ペンギンのCMに登場したキャラクターたちは、八五年に公開されたアニメーション映画『ペンギンズ・メモリー　幸福物語』でも大活躍する。主役のマイクと恋人役のジルは「Sweet Memories（松田聖子歌）」をテレビ・コマーシャルで渋く歌い上げ、八〇年代に大ブームを巻き起こしていた。現在の「カワイイ」ペンギンのルーツはこのあたりにあるのだ。

戦前からあった「可愛い」と、サンスター・ペンギンの「かわいい」と、サントリー・ペンギンの「カワイイ」は、それぞれ少しずつストライクゾーンがずれている。白瀬隊の多田が感じた「可愛い」らしさは、彼本人がくり返し表現している通り「可憐な」という意味合いが強い。戦後の「南極ブーム」期の「かわいい」は、サンスターが後にファミリー化を目指したように、「家庭的な温かい親近感」が核になっている。それに対して八〇年代の「カワイイ」は、「小さい」、「丸い」、「やわらかい」、「きれい」、「きもちいい」、「よい」、「気に入った」、「好き」などどこに投げてもストライクなのだ。『トータルペンギン』（一九九〇年、沢近十九一訳）の著者ジェームズ・ゴーマンは、ペンギンの「可愛らしさ」について特に一項を設け、詳しく考察している。ゴーマンはまず、古生物学者スティーヴン・グールドがミッキーマウスの可愛らしさについて分析したエッセイを読んだようだ。そこには、ノーベル賞を受賞した動物行動学者コンラート・ローレンツの次のような説が引用されていた。動物がもつ「相対的に大きな顔、広い額、大きくて低い位置にある目、ふっくらしたほっぺた、太くて短い手足、弾力があり、しなやかで柔らかい体、そしてぎこちない動き」などが、人間から「まあ可愛い」という言葉を引き出せるのだという。大切なことは、南極で野生のペンギンを実際に観た多田の「可愛い」はこの規準にあてはまるが、戦後の「かわいい」と「カワイイ」に果たしてこのローレンツ理論が適用できるのかということだ。サンスターのペンギンもサントリーのものも、どちらも「本物はさておき」という点で共通している。しかし、描かれたキャラクターをさらに独立した個性として商品化したり映画化したりといった点では、「本物無視度」はサントリーの方がより大きい。

つまり、白瀬以後、約八〇年の歳月を費やして、日本人はペンギンから「可愛い」という要素を抽出し、それを純粋培養してより強力で汎用性の高い「カワイイ」を開発したのである。この作業工程で肝要なのは実物を観察することやそれをよく知っていることではもちろんない。人間に「可愛い」という言葉を使わしめるツボを絞り込み、余分な夾雑物を捨て去ることだ。こういう、それ自体はなんの生産性も有用性もない作業は、基本的に暇で、かつ遊びに使えるモノが豊富でないとできない。七〇年代「安定成長期」に入った日本には、まさにその「暇とモノ」が「そこにあった」のだ。こうして、日本独特のペンギン・イメージが生まれる。「カワイイ」のじゃまになる「たくましさ」を削ぎ落とされたペンギン・イメージは、動物園や水族館で実物を見てもほとんど修正されない。それどころか、ボーッと突っ立っていたり寝転んでいたりするペンギンを見るたびに、癒し効果がある「ゆるキャラ」を受け入れるツボが刺激されて、見物客は「ペンギンってやっぱりカワイイ!」とますますその意を強くする。

川端も『ペンギン、日本人と出会う』(二〇〇一年)で記しているが、ペンギン研究者の青柳昌宏は、晩年よく「かわいいをなんとかしないとネ」と口にしていた。八七—九〇年のわずか三年間だが、私は青柳に師事し、「ペンギン学」について多くのことを教えていただいた。その間、残念ながら野生の現場に連れて行っていただいたことは一度もなかったが、フィールド・ノートの作り方からブリザードに襲われた時のサバイバル術にいたるまで、主に外国語ペンギン文献の翻訳作業を通じて詳細に教えを受けた。青柳もペンギン・グッズやペンギン・キャラクターが嫌いではなかった。しかし、好んで手に入れ身につけたのは、既成の大量生産されたブランド・キャラクターではなく、リアルな手作りグッズだった。アデリーペンギンのヴォーカル・コミュニケーションを研究する「機材」として、特製の実物大ペンギンぬいぐるみをオーダーメイドして実際に南極で使った話をする時、青柳は本当に楽しそうだった。彼のフィールド・ノートには、野生のペンギンの動きを生き生きと描いたすばらしいスケッチがたくさん残されている。その一つが、日本で最初のペンギン保護を目的とした民間団体「ペンギン基金」（一九八六年創設）のロゴ・マークになった。正面を向いたアデリーペンギンの姿は決して「カワイイ」くない。しかし、それを見る者になにかを訴えかけてくる。

青柳の「かわいいをなんとかしないと」という言葉は、決して「カワイイ」ペンギンを全面的に否定するものではない。ペンギンを「カワイイ」と感じることは人間の自然な心のあり方の一つだからそれはそれでよいのだ。ただ、せっかくペンギンに目をとめ、「カワイイ」と感じてくれたのならば、もうあとほんの少し時間を割いて、本物のペンギンも見てほしい、知ろうとしてほしい。そういう願いが込められている。ペンギンのことを少し知っていて、しかもこの生きものが好きでその未来が気になるならば、そういう人（例えば青柳や筆者）は、ペンギンを「カワイイ」と感じている人たちにもっと知恵をしぼってなにかを働きかけていかなくっちゃ。私は青柳の言葉をそういうふうに理解している。「カワイイ」は入口なのだ。この言葉がたとえ感嘆符として使われようと、それがペンギンを見て発せられたのならば、その人はこの生きものに好感を抱き、なんらかの関心を持ったのだ。そういう考え方をすれば、ペンギンを「カワイイ」と言ってくれる日本人が多ければ多いほど、この鳥と人間の関係について真剣に考えてくれる日本人が増える可能性も高いことになる。日本人特有の「カワイイ・ペンギン・イメージ」は、この生きものと人間との関係を実物や現実と乖離した幻の世界に雲散霧消させてしまう危険をもはらんでいる。だが、一方で、新しい展望を開く大きな力になるかもしれないのである。

変身はまだまだ続く

ペンギンと人間とのつきあいは数千年以上にわたる。しかし、人間がこの生きものをはっきり意識し始めたのはたかだか数百年前のことだ。最初は「役に立つ太った鳥」という「くくり」で、ごく大雑把なとらえ方だった。「おいしい」、「よく燃える」、「皮がつかえる」、「フンがつかえる」という実用面の認識がまさっていた。一五世紀以後、南北両半球を股にかけてヨーロッパ人が動き回るようになると、「飛べない」という特徴が加わる。「鳥と魚の中間的存在」と考えた者もいた。欧米人の中でも「神の被造物の全リスト」をつくることに情熱を燃やす者は、この生きものの形態上の特徴を細かく調べ、あれこれ比較して分類し始める。この頃、やっと、「ひょうきんさ」や「たくましさ」をこの生きものに感じる者が、ほんの少し現れるようになった。

そして、一八四四年、決定的な事件が起こる。「北のペンギン」＝オオウミガラスを殺し尽くしてしまったのである。欧米人はこれを「種の絶滅」とよび、悪しきできごとと考えるようになる。と同時に、身近な生きものへの同情を積極的に口にし、法律をつくってその命や生活を守ろうとし始めた。

この時、「南のペンギン」は大殺戮の嵐に翻弄されていた。人間は、自分自身で消費するためでなく、商品として売るためにペンギンの大量捕殺を続けた。企業的ペンギン狩りは、二〇世紀初め、ようやく終息する。企業家たちにペンギンをあきらめさせたのは、進化論を武器に自然神学を脱却した動物学者と動物愛護を謳う人々、そして南極探検家たちだった。南極の「紳士」、「子ども」として、ついにペンギンは「愛すべき、守るべき生きもの」の地位を獲得する。

こうしてペンギンは記号になった。

動物学者は、この生きものが十数種からなる海鳥のグループだと定義し、実際に南極で生活しているのはその内二、三種類にすぎないことを確かめ、公表してもいた。しかし、大衆にはそんなことはどうでもよかったのである。「ペンギンは南極の生きもの」と決まったのだし、「ひょうきん」で「紳士」的で「子ども」のようだから皆に大切にされている。それ以上何が必要だというのか！

日本人はこの「記号としてのペンギン」を受け入れた。否もおうもない。圧倒的な力と情報力とを持つ欧米人がそう定義しているのだ。最初は、鎖国の網をくぐりぬけ、少しずつ流れ込む世界の断片を懸命に拾い集めた。やがて自ら南極にでかけ欧米人と肩を並べて「南極点レース」を戦った勲章として、剝製や生きた本物が渡来した。この生きものからは、最初から舶来の香りが漂い、華やかな「世界」や「文明開化」の後光がさしていた。印象が悪かろうはずがない。

その上、姿や動作が人間に似ていて「愛らしい」のだ。長い戦争の時代をくぐりぬけ、軍国主義の鎧を脱いだ日本人は、アメリカ式の物質文明を吸収し、わがものとすると、あの江戸時代から血の中に流れている「好奇心」を解放する。「神の摂理」や「学問的体系」に惹かれ、生物学者とよばれる専門家になったものもいたが、それは例外。普通の人間は「生きもの」を商売にして喰ってはいけないのだから、そこそこのところまで理解したら、あとはその「記号」で遊び楽しめばよいのだ。それ以上何をせよというのか！

こうして、日本の動物園と水族館にはペンギンがあふれ、夏が近づくたびにペンギンが「南極の涼しさ」を切り売りするようになった。

ペンギン・イメージの現代的変化は野生の現場から起きている。二〇世紀前半に、「南のペンギン」をゆるやかに覆い始めた「保護のヴェール」は、残念ながらほころびやすいものだった。「大量捕殺」は止めることができたが、重油流出や魚網による混獲、生息地の環境破壊による大量死にはほとんど無力だった。

ほかの問題もある。研究業績を上げることだけに夢中になった動物学者が、科学者の特権に守られてペンギンの生活を必要以上に脅かすようになった。動物園・水族館の「定番」となったペンギン・コレクションを維持し、さらに充実させるため、野生のペンギンが大量に捕獲された。世界の秘境を廻り尽くした好奇心旺盛な観光客が、停止線を越え、ペンギンががまんできる上限を超えてズカズカとペンギンの領域に踏み込み始めた。ペンギンがその種を維持するために最低限必要な食べもの、イカやアンチョビー（カタクチイワシ）やオキアミが乱獲によって激減した。

このようなプレッシャーは、人間と生活圏が重なる熱帯―温帯に生息しているペンギンたちを最初に襲い、次に亜南極、最後に南極へと魔の手を広げていく。

確かに人間は、ペンギンを捕殺し資源として利用することはほとんどなくなった。しかし、気づかない間に群れとして、あるいは種としてのペンギンを絶滅の淵に追い詰めているのだ。別の言い方をすると、熱帯から温帯にいるペンギンは「各個撃破」される危険が高まっている。

ペンギンを観る目を細かくしなければならない。フンボルトペンギン、キガシラペンギン……という種単位で、もっと欲を言えば各々の種の個々のコロニー（繁殖地）単位で、この鳥とのつき合い方を考えていかなければいけない。そして、南アフリカ、ニュージーランド、オーストラリアでは一九六〇年代から、南米でも八〇年代からいくつかの具体的なとり組みが始まっている。

だが、その様子が北半球の人々に正しく伝えられているとは思えない。いや、この言い方は不正確だ。伝えられてはいるのだが、受けとる側にその意味を理解する準備ができていないのである。

人々は「ペンギン」は知っているが「フンボルトペンギン」や「キガシラペンギン」は知らない。一時期男性用整髪料のコマーシャルで有名になったので「イワトビペンギン」の名はほんの少し市民権を得ているようだ。だが、その「ロッキーくん」と「ホッパーくん」は、スーパーハードで固めた頭が氷山につき刺さっていたので、「南極にいる」と思われているのだろう。残念ながらイワトビペンギンは南極には一羽もいない。そんなに寒い所では生きていけないのである。しかも、その個体数は過去半世紀でほぼ十分の一に激減し、絶滅が心配され始めた。

つまり「ペンギン」という生きものはいないのだ。実際にいるのはフンボルトペンギンやエンペラーペンギンといった一八種類ほどの海鳥たちである。しかも、この海鳥のグループは、各々かなり個性的な生活をしていて、中にはいまだに基本的生活史の全体像がはっきりわかっていないものすらある。特に、温帯性ペンギンについては、生態の解明が早いか絶滅が早いか、微妙なタイミングになっているものもいくつかいる。

一八種類もいるのだから、一、三種類絶滅しても「ペンギン」がいなくなるわけではない。だが、本当にそれでも構わないだろうか？

欧米でも日本でも、ペンギンへの関心は高い。この幸運な海鳥たちは、近現代の歴史の波にもまれるうちに、好感度の高いプラス・イメージの生きものに変身した。日本人と欧米人が思い描くペンギン・イメージは同じではない。欧米人は「ひょうきんさ」、「たくましさ」をより強く感じ、日本人は「可愛らしさ」をより強く感じるらしい。しかし、どちらが優れどちらが劣っているか、あるいはどちらがよりペンギンが好きかというふうに比較するのは難しい。というより、そんなことを比べて競い合ってもほとんど無意味ではないか。

大切なことは、ペンギンと人間がこれから末永くつきあい、ペンギンの新たなイメージが幸せな形で積み上げられ、変化していくように心がけることではないだろうか。ペンギンと人間との関係はまだまだ続く。今後もペンギンは人間の歴史にクチバシを入れ続け、変身し続けるだろう。

第6章

ペンギンの現在地・人間の現在地

第1回国際ペンギン会議（IPC）発表要旨集の表紙(1988年)。オタゴ大学(ニュージーランド）で開催され、キガシラペンギンの個体数激減の現状と保全活動の緊急性に注目が集まった

ペンギンに関する一般書＝啓蒙書には何冊か有名なロングセラーがある。一九六七年に初版が出たジョン・スパークスとトニー　ソーパーによる『PENGUINS』は典型的事例の一つ。その冒頭「はじめに」を、二人の共著者はこう締めくくっている。

「動物学者たちは、長年にわたって南極で研究活動をつづけてきた。しかし、それにもかかわらず、ある研究者は、もうだいぶ以前に軽率にもつぎのように記した。『ペンギンの博物学は、もはや完成の域に達したと判断しうる。』科学的な研究論文がなおもつぎつぎに出版され、数を増やしつつあるというのにである。私たちがこの本でこころみたのは、これまでに明らかになったペンギンの世界の包括的映像を提供することである。」

その二〇年後、一九八七年版の「はじめに」には「改訂版に寄せて」として、次のような説明が追加された。

「一九六七年に私たちがこの本の第一版を著して以来、私たちのペンギンに関する知識の地平はおおいに広がった。たとえば、個々の鳥の行動を追跡する技術が改善され、その結果、今では、野生のペンギンがどれだけ深く潜水できるのか、私たちは正確に知ることができる。ペンギンの体の動き、視覚の詳細、そして南半球の海洋資源と大規模なルッカリーとのせめぎ合いについて、今日では二〇年前にくらべ、格段に理解がすすんでいる。そこで、私たちは、ペンギン世界の包括的映像を提供するという当初の目的を犠牲にすることなく、本書を部分的に改訂する必要にせまられた。」

ちなみに、筆者は、一九八九年、この「改訂版」を青柳昌宏と共に『ペンギンになった不思議な鳥』（どうぶつ社）として翻訳・出版した。さらにその一七年後（二〇〇六年）、筆者は本書の前身である『ペンギンは歴史にもクチバシをはさむ』（岩波書店版）を発表することになった。その時、ジョン・スパークスとトニー・ソーパーが『PENGUINS』の初版と改訂版の冒頭に記した先の二つの言葉が、鮮明によみがえったことを覚えている。

つまり、「ペンギンの理解」は常に変わっているということ。「ペンギンの包括的映像」をまとめるにしろ「ペンギンと人間との関係史」についてまとめるにしろ、加速度的に増えつつある研究実績や新発見の記録やデータが、「ペンギンに関する理解」を絶え間なく変容させていることを常に念頭に置いておかなければならない。

言い換えれば、ペンギンの科学的探求と人間との様々な関係は、最近一世紀近く、絶えず拡大し深化

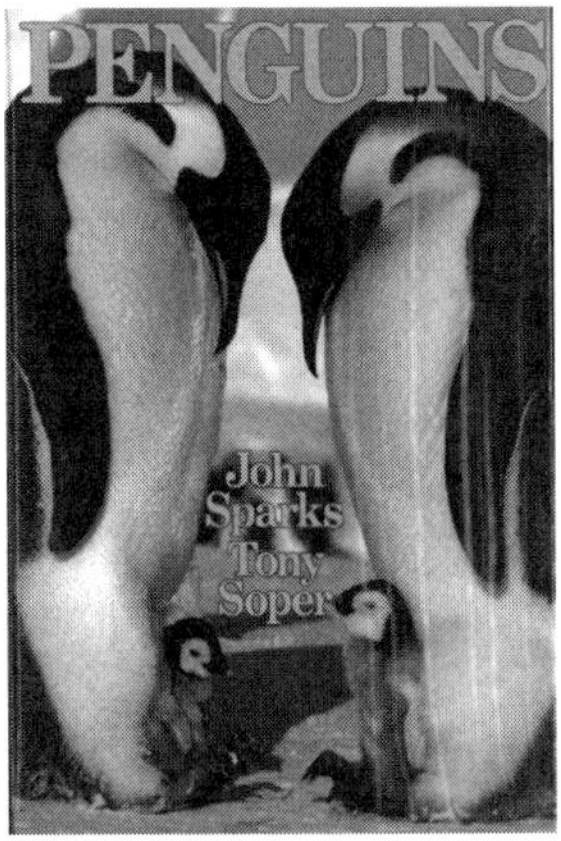

スパークスとソーパーによるペンギン本のロングセラー。初版は 1967 年（302）

スパークスとソーパーのペンギン本を青柳と上田が 1989 年に邦訳した（239）

し続けているのである。例えば、一九八八年に初めて開催された「国際ペンギン会議（IPC）」は、当初四年に一度開かれていた。ところが、ペンギン研究者の増加と関係論文の急増、ペンギンと人間との対処・解決すべき課題の増加によって、三年に一度のペースで開催せざるを得ない状況になっている。

このような事実、変遷をどのように解釈すれば良いのだろう？ 岩波書店版『ペンギンは歴史にもクチバシをはさむ』の「エピローグ」（本書では第5章の「変身はまだまだ続く」）は、二〇〇六年時点での一つの「まとめ」に過ぎない。つまり、ペンギンと人間との関係は絶え間なく変化し、ペンギンという生きものは人間の中で常に「変身」し続けてきたのだ。

①、六二〇〇万年ほど前に地球上に登場したペンギンという生きものは、五〇〇万年ほど前に人類が現れるまで、長い長い間、人間以外の生物との関係や自然環境の変化の中で、少しずつ進化しながら生存し続けてきた。

②、人間が現れると、まずは「食糧・資源」として捕獲され利用された。

③、一五世紀以降は、「食糧・資源」として利用されつつ、人間の視野や活動範囲の増大・拡張とともに、「未知の世界」、「未知の南方大陸」、「南極」の象徴・アイコンとして利用され始める。

④、特に一九世紀―二〇世紀前半にかけて、ペンギンはホッキョクグマと並んで「南北両極を代表する生きもの」として、記号化され「世界の常識」となっていった。

そういう見方で仮のくくりとしたのである。ではその後、ペンギンはどうなったのか？ 一例をあげれば、現生一八種中、一一または一二種に「種としての絶滅のおそれ」が指摘されている。残りの六または七種の個体数は「安定」している。その内、ジェンツーペンギンだけは順調に個体数を増やしているのだ。二〇二三年の第一一回国際ペンギン会議では、そのジェンツーペンギンを四つの独立種とし、ハネジロペンギンを再び独立種として、全体を一八種から二二種に増やすべきだという分類学上の提案が出てきて専門家を驚かせた。

岩波書店版の「エピローグ」(本書では第5章の「変身はまだまだ続く」)をご確認いただきたい。「ペンギンという生きものはいない。実際にいるのは一八種類ほどの海鳥たちであり、この海鳥たちを観る目を細かくしなければならない」という趣旨のくくりである。この思いは今も変わらない。二〇〇六年以降の動向は、筆者の中で、そういう方向性をさらに強めることになった。

この第6章では、最近三〇年間ほどのペンギンと人間とを巡る出来事を中心に、場合によっては一九世紀末・二〇世紀初頭にまで少しさかのぼって、ペンギンの立ち位置と人間の立ち位置を確認していきたい。さて、私たちはどこにいて、どこに向かおうとしているのだろうか?

「ノルウェーに放されたペンギン」の逸話

ペンギン本における世界的ロングセラーの一つ、前掲の『ペンギンになった不思議な鳥』には奇妙なエピソードが紹介されている。少し長くなるが、「物語」の主要な部分を引用しよう。

「一九三六年一〇月、ノルウェーの自然保護協会に所属するカール・ショイエンの手によって、同国北部にあたるフィンマーク、リュスト、ロフォーテンおよびギュスヴァエルの四か所で九羽のキングペンギンが放された。その二年後、国立自然保護連盟が主催して、さらに多数のマカロニペンギンやケープペンギンがこれに加えられたのである。なぜペンギンを放したのか、その理由は定かでない。しかし、その結末は、まちがっても成功などといえるようなものではなかった。というのも、その地方の人々にとっては、自分たちの生活圏内に外来の生物が入り込んでいるなどということは、まったく思いもよらないことだったから、何羽ものキングペンギンが屈辱的な最期をとげるという結果をまねいたのである。たとえば、換羽中に発見された一羽は、見るからにみすぼらしい格好をしていたためか、すぐさま殺されてしまった。ほかの一羽は、ペンギンをお化けだと思いこんだ婦人の手によって、たちどころに退治されてしまったのである。一九四四年には、水深六―一五メートルのところに仕掛けられた漁師の釣針にかかって、もう一羽が死んだ。それはたぶんマカロニペンギンだったと思われるが、健康状態はじつによく、約四・二キログラムもの体重があったという。」

スパークスとソーパーがこのエピソードを紹介したねらいは主に二つある。一つは、「生態系を無視して外来の新しい種を導入し定着させることによって引きおこされる問題は、じつに深刻」だということ。二つ目は、「大西洋北部という環境は、南半球の高緯度から運び込まれたペンギンたちがひとたび季節の逆転という変動に慣れてしまえば、十分生存・繁殖可能な条件を備えている」ということである。後者の視点には、北半球にあるペンギン飼育施設は、各々のペンギン本来の生息環境に近いところ、あるいは条件で飼育した方が良いだろうという含意があることは言うまでもない。

同じ逸話を、一九九七年、青柳昌宏は『ペンギンたちの不思議な生活――海中飛翔・恋・子育て・ペンギン語…』（ブルーバックス、講談社）で紹介している。本文とは独立したコラム「ペンギンこぼれ話」の冒頭一ページにことの経緯を簡単に述べたあと、以下のようにまとめている。

「その後、生態系を乱すような試みはおこなわれていないが、船舶がたまたま捕らえたペンギンが北半球の沿岸で船から逃げ出し、泳いでいるところを発見されたことがある。日本でも、三陸沖を泳いでいたペンギンが捕獲され、現地の水族館で飼育された記録がある。」

青柳はこのコラムの出典を明示していない。おそらく、「その後、……」以前の部分は、スパークスとソーパーの文献からの引用だと思われる。というのもスパークスらの方が先行文献であり、しかも記述がより詳しい。そして最も重要なのは、どちらも「ペンギンをなぜ放したのか、その理由は定かでない」（スパークスとソーパー）、「理由は詳しく残されていない」（青柳）と異口同音に記していることだ。

一方、スパークスとソーパーはこの「背景不明の物語」の典拠と思われる論文を巻末の「参考文献」に提示している。実は、翻訳版の『ペンギンになった不思議な鳥』では、原著の「参考文献一覧」を割愛してしまった。お詫びの気持ちを込めて、この奇妙なエピソードの出典（三点）と著者を簡単にご紹介したい（詳細は巻末の「引用・参考文献一覧」参照）。

①、一九四五年、P.A.Munch によって記されたトリスタンダクーニャで行われたノルウェーによる科学的調査（一九三七—三八年）の報告書。
②、一九五二年、Y. Hagen によって記された①と同じ調査に関する報告書。
③、一九六六年、ジョン・スパークスが記した『Why no northern penguins?』という記事。

『ペンギンたちの不思議な生活』（青柳昌宏、ブルーバックス、講談社、1997年）の表紙（254）

後述するように、一九二〇—三〇年代、いわゆる「大戦間期（第一次世界大戦と第二次世界大戦との間）」、ノルウェーは盛んに両極地域や亜南極海域への探検と科学的調査活動とを実施した。①と②はその成果文書の一つである。そして、スパークスたちが紹介した「ペンギンのノルウェーへの導入」という試みは、まさにこの時期に実行されたのだ。

だが、すでに結論は明白だが、スパークスたちが提示した「典拠（①②③）」にも、このエピソードがどのような目的や意図をもって実施されたのか、歴史的背景や経緯を説明した記述はない。だからこそ、『ペンギンになった不思議な鳥』にも青柳のコラムにもはっきりした説明がないのである。

この物語は、スパークスらの一般書によって広く知られてはいたものの、謎に包まれた逸話の一つだった。なぜなら、ほかの著名なペンギン本には、全く記述がなかったからだ。例えば、ロジャー・トリー・ピーターソンの『PENGUINS』（一九七九年）にも、ジョージ・ゲイロード・シンプソンの『PENGUINS Past and present, Here and There』（一九七六年）にも、あるいはバーナード・ストーンハウスの一連の著作にも登場しない。

ひょっとすると、この出来事に関する詳しい背景や顛末は、一九二〇—三〇年代、すなわち一〇〇年—九〇年以上前、ノルウェー語で書かれた新聞や文書を大量に読み込んでいかないと確認できないという「言語の壁」によるものかもしれない。大戦間期は、第一次大戦の戦後処理や世界恐慌などに大国の耳目が注がれ、北欧に位置し第一次大戦では中立を保ったノルウェーの細かい動きを、英語・フランス語・ドイツ語などのマスコミ網が伝え損なっていた可能性は大きい。

二〇一六年、二人の歴史家によって、この前後の詳しい事実が明らかになった。なぜ、ペンギンたちは無謀にも南半球から連れ去られノルウェーの海岸に放り出されたのか？　この物語を巡る「歴史のしがらみ」を確かめていこう。

基本的事実の確認

二人の歴史家とは、イギリスのピーター・ロバーツとノルウェーのドリー・ヨルゲンセンのこと。彼らは、『環境および社会史に関する雑誌』二〇一六年第一巻に、「大戦間期におけるノルウェー王国による動物の政治的利用について」というタイトルの論文を投稿した。ちなみに、ヨルゲンセンは、二〇一三―一七年にかけて、ヨーロッパ環境史学会の会長を務めた人物で、この分野のベテラン研究者でもある。まずは、この二人の論文に基づいて「南半球からノルウェーへのペンギン移入」の経過、基本的推移を確認しておこう。

ことの始まりは、ノルウェーの探検家ラルス・クリステンセンの提案だった。クリステンセンは、南極ロス海を何回かにわたって探検し、一九二八年一月には、南大西洋に位置するブーベ島（南緯五四度二六分・亜南極）に上陸。そこに永久基地を設営すると宣言し、一九三一年、ブーベトニアと名付けてノルウェー領とする道を開いた影響力の大きい人物だった。ちなみに、ブーベ島にはヒゲペンギン、アデリーペンギン、マカロニペンギンが生息している。

クリステンセンはペンギンとその卵の利用に着目し、アドルス・ホエルに呼びかけ、「ノルウェー王室の探検事業」の一環として「南半球のペンギンをノルウェーに移植する計画」を立案した。アドルス・ホエルは、ノルウェーの地理学者、環境活動家、極地研究者として知られており、一九三五年には「ノルウェー自然保護協会」会長に就任している。

一九三六年、クリステンセンが運用する船の一隻が、キングペンギン一三羽をノルウェー本国に移送した。ただし、このキングペンギンをどこで捕獲したかについてははっきりしない。おそらく、ノルウェーとイギリスの捕鯨基地があったサウスジョージア島から運んだと思われるが、確証はない。これらのキングペンギンたちは、二つがいがロスト島、二つがいがロフォーテン諸島の南西海峡、残り五羽がフィンマークのグエスヴァールに放された。

ホエルは、この計画を支持したという理由でノルウェー自然保護協会会員から公式に非難される。その急先鋒に立ったのが博物学者のカール・ショーイエンだった。しかし、ショーイエンは、ロスト島固有の生物やロスト島の生態系には精通していたが、ペンギンについての認識には乏しかったので、ホエルへの責任追及の舌鋒はどうしても精彩を欠き、理論的なレベルを出ることがなかった。

結局、一三羽のキングペンギンたちは放置された。さらに、該当地域に住む人々にペンギンに関する情報が周知されることもなかった。二羽のペンギンは島民によって撃ち殺された。「悪魔が実際に現れたと思ったから……」という住民の言葉が残されている。

これを見たホエルは、さらに三〇羽のキングペンギンをノルウェーに運び込み、海岸に放つ。彼は、ラジオと新聞とを通じて「ペンギンとはなにか」について解説し、この新しい海鳥がいかにノルウェーの自然環境にふさわしい生きものかを力説した。ところが、今度はホエルが予想しなかった方面から横やりが入る。それは「イギリス政府当局からの通達」だった。いわく、「(ホエルが新たにノルウェーに運び込んだ)三〇羽のキングペンギンは、大英帝国フォークランド保護領から不法に持ち去られたものであり、それらの移動については大英帝国政府が全権を保有している」という内容だった。ただし、この通達は、決して高圧的なものではなかった。文書には、極めて事務的に次のように記されていた。

「フォークランド諸島を管轄する責任者として、もしノルウェーに移入されたキングペンギンたちを回収し返却すれば、キングペンギンよりは小さいが個体数が多いペンギンを代替として与えてもよい。」

ホエルはこれを承諾。三〇羽のキングペンギン以外の何種類かのペンギンを、サウスジョージア島からノルウェーへと運び出すことを許された。この時にホエルが手に入れたのは、ケープペンギンとマカロニペンギンだったという。さらに後日、三〇羽のキタイワトビペンギンを、ノルウェー政府によるトリスタンダクーニャ諸島の科学調査(一九三七—三八年)の際に入手している。これらの新たなペンギンたちは、ノルウェーのトロンドハイム経由でロスト島に送り込まれたという。

一九三六—三八年に起こったペンギンを巡る一連の動きの背景には、当時のイギリス政府やフランス政府の外交的思惑が透けてみえる。この時期、ヒトラー政権率いるドイツは、強硬な軍国主義、新帝国主義的外交政策を展開し、イギリスやフランスはもちろん、ノルウェーをはじめとする北欧諸国にも政治的・領土的圧力を強めていた。翌年、一九三九年には、ドイツ軍とソ連軍がポーランドに攻めこむという時期である。ノルウェー国内にも様々な政治的対立があったが、ノルウェーとの友好関係を維持しようという国々の中には、ことさらに外交関係を荒立たせない配慮があったに違いない。

そのような国際情勢とは別に、この段階で一つ大きな謎がある。実は、ロバーツとヨルゲンセンの論文には地図一枚と当時の写真が三枚掲載されている。その写真の二枚目（付図としては三点目）には、次のようなキャプションがある。

「一九三八年六月、南極圏内の島々からロスト島への移送の途中、中継港としてノルウェーのトロンドハイムで積み換えを待っているペンギンたち。」

その写真には合計四羽のペンギンが写っている。一羽は簡易プールで泳いでおり、ほかの三羽はプール手前で立っている。立っているペンギンの一羽は動いてしまってブレているので不明だが、ほかの三羽は明らかにジェンツーペンギンである。頭部にあるジェンツー特有の白いヘアバンドのような斑紋がはっきり写っているのだ。

実は、腑に落ちない点はもう一つある。大英帝国政府から特別に搬出を許されたサウスジョージア島のペンギンとして「ケープペンギン」が入っていることだ。ケープペンギンはアフリカ南部（国としては南アフリカとナミビア）の固有種である。サウスジョージア島には生息していない。あるいは、なんらかのルートで南部アフリカからケープペンギンがサウスジョージア島に運び込まれていたのだろうか？　そもそも、ケープペンギンは「温帯に生息するペンギン」だから、高緯度に位置するサウスジョージア島でしばらく飼育したりノルウェーで放したりには適さない。

先ほどの写真にあるペンギンの謎とサウスジョージア島にはいないケープペンギンの名前が上がって

いるという二つ目の謎は、同時に解くこともできる。サウスジョージア島からノルウェーに運ばれたペンギンは、実際には「マカロニペンギンとジェンツーペンギン合計三〇羽」であり、ケープペンギンは種名を誤記されたものだという解釈だ。そうだとすれば、寒冷な亜南極（南極の周辺）に生息するマカロニペンギンやジェンツーペンギンをノルウェーに移入しようとしたこととの整合性もつく。

この「実際にノルウェーに運ばれたペンギンの種類」に関する謎については、今後の追加調査の結果を待つしかないだろう。さて、その後、ペンギンたちはどうなったのか？

新たに三〇羽のペンギンを移入したことについて、ノルウェー自然保護協会は、かつてクリステンセンの南極探検に参加したスラ・オルスタードやショーイエンらの助言に基づき、「これらの美しく奇妙な鳥がノルウェー沿岸に移入されることを承認する」と公式見解を発表した。ホエルはさらにこうつけ加える。

「ペンギンたちはノルウェー海岸で生存し続けるのは明白であり、このような『移植政策』は今後も推進されるべきだ。」

さらに、ノルウェー自然保護協会から「ペンギン移植計画」のとりまとめを正式に諮問された時には、「（ノルウェーにペンギンが導入されることによって）ノルウェーの鳥類相が南極種によってより豊かになる」と答えた。ホエルの見解によれば、ロスト島よりも南に位置するロフォーテン島の方が海鳥の生息地としてより適しており、ペンギンたちに相応しい場所であることは明らかだと断言した。

このようなホエルの力説にも拘わらず、ほぼ一〇年前に彼が提唱した「南半球ブーベ島からのナンキョクオットセイのノルウェーへの移入計画」挫折の事実を、鋭く指摘する声も上がった。ホエルが「ペンギン移植計画」を発表した一九三八年五月時点でも、過去の類例（ナンキョクオットセイの挫折事例）をもっと考慮すべきだという「読者の意見」が、ノルウェーのトンスベルグス・ブラッド新聞に掲載されている。

事実、ペンギン導入計画の経済的効果は極めて疑わしかった。ペンギンの肉や卵はほとんど入手できなかった上に、漁網が台無しにされる恐れがあった。しかもペンギンの繁殖地はひどく汚れ悪臭が漂っている。最後には、ペンギン導入を容認する理屈として最も重要なのは、「オーストラリア周辺の島々に移入され瞬く間に増殖して被害を拡大したウサギよりはマシだ」という見解だった。これらの批判に対するホエルの反論は単純明快だ。すなわち「ペンギンは空を飛ばないので容易くコントロールできる」というのである。

ホエルだけではない。ノルウェーの全国紙『ダイデンズ・テグ』紙上で、ショーイエンは「ペンギン移植計画」について次のように述べている。「ペンギンには『優れた繁殖力』があり、しかもより体が小さい種類の方が集団繁殖率が高い」。もちろん、この認識は明白な誤りである。だが、ショーイエンは、「本来の生息地と同じような環境に一旦適応すれば、ペンギンたちはロスト島周辺の島々にたちどころに拡散していくだろう」と強弁した。彼独特の想定はこれだけで終わらない。

「ペンギンの拡散と増加によってノルウェーの鳥類相はより豊かになり、ペンギンがほかの固有の鳥類の絶滅や減少を補う存在となるだろう。そうなれば、ノルウェー固有の鳥類相への国民の関心を喚起することができる。」

ショーイエンは、おびただしい数のペンギン・イラストや擬人化したペンギン繁殖地の想像画を駆使して、ノルウェー国民を「啓蒙」しようと試みた。しかし、彼の希望は絶たれる。一番最初に行われた

「一三羽のキングペンギン導入」の失敗が示唆しているように、ノルウェーの人々は、その後の追加的なペンギン移植計画を「時代錯誤の愚行」だと考えた。あるいは同時代のベルゲ・ヘルゲッセンが指摘するように、当時のノルウェー国民の多くは、「捕らわれ意気消沈し看守に厳しく見張られたペンギンたちを増やすだけだと受けとめたのだ。大衆は「最も良い解決策はペンギンたちを解放すること」だと感じていたようだ。

しかし、その大衆の意向は実現されなかった。ホエルは、依然として「南極のペンギンを『北極のノルウェーの島』とするにはこれが最後のチャンスだ」と考えていた。現代の歴史家、ロバーツとヨルゲンセンはそのように解釈している。だが、一九三九年九月一日、ドイツ軍とソ連軍によるポーランド侵略によって、ついに二回目の世界大戦が始まる。ノルウェー沿岸に放されたペンギンを巡る全ての人々の思いは、「大戦」という大きな斧で断ち切られたのだ。ここまでに、南半球からノルウェーに運ばれ放されたペンギンの種類と数を確認しておこう。

①、キングペンギン四三羽、ただしその内三〇羽はサウスジョージア島に返却された。
②、マカロニペンギンとケープペンギン、合計三〇羽。各々の内訳は不明。
③、ただし、②の中のケープペンギンはジェンツーペンギンであった可能性がある。
④、トリスタンダクーニャ諸島からキタイワトビペンギン三〇羽を導入。
⑤、一九三六―八年までにノルウェーで放されたペンギンは四種類、合計七三羽だと思われる。

後日談を少しだけ。ヨーロッパでの第二次世界大戦は、一九四五年五月八日、ドイツの無条件降伏で終わった。その前年、ドイツの敗色が濃厚となった時、ノルウェーのフィンマークで一羽のキングペンギンが殺された。ショーイエンは「南極の鳥たちは北極で生き残ることに成功した」と宣言する。彼は、「キングペンギンがその年まで生き残ることができたのはノルウェーの『鳥類保護法』によって完全に守られてきた結果だ」と主張した。しかし、ロバーツとヨルゲンセンは、ショーイエンの宣言に対する根本的疑問が、彼本人が発表した論文のタイトルに現れているという。いわく、「キングペンギンはノルウェー沿岸で営巣できたのか?」。

一九五三年までの間に、ノルウェー沿岸でのキングペンギン目撃情報がいくつも報告された。しかし、この年を境に、新たな目撃報告は現れていない。これが、現在、歴史学的研究手法で確認できる「ノルウェーへのペンギン導入計画」の基本的経過である。

「極地帝国主義」の先兵

実は、「ノルウェーに放されたペンギンの逸話」は、より大規模な歴史的うねりの最後の一幕に過ぎない。一九三六—五三年に起きたペンギンを巡る一連の出来事におけるホエルやショーイエンの振る舞いだけを見ると、今日的な生態系や環境保全思想に真っ向から反しているとしか見えない。では、ノルウェーへのペンギン導入に固執した彼らの行動は「科学者の奇行あるいは愚行」に過ぎなかったのか?

少なくとも、二〇一五年まではそう考えられていた。前に紹介したスパークスとソーパーの共著はその典型的事例である。しかし、ロバーツとヨルゲンセンの研究（二〇一六年）によって、ホエルやショーイエンの「奇行」の背景にあったものがあぶり出されたのだ。一九二〇―三〇年代にかけてのノルウェーでの出来事は、より大きな時代の潮流、世界史的イベントといった文脈の中でとらえ直されなければならない。それを踏まえて初めて、一九五〇年代以降の世界情勢の変化、生きものと人間との関係の変化について、新しい光をあてて考えることができるようになるだろう。

では、再び、ロバーツとヨルゲンセンの論文に基づいて、ホエルやショーイエンの活動を振り返ってみよう。物語は二〇世紀初頭に始まる。

その時、ノルウェーの経済的自立と近代国家としての発展にとって極めて重要な出来事が二つ起こった。一つは、「スピッツベルゲン諸島」での炭鉱開発、もう一つは南極海での捕鯨拡大である。この段階で、われわれは視野を地球規模に拡大しなければならない。「スピッツベルゲン諸島」は北極海に浮かぶ厳寒の群島。一方、南極海捕鯨は亜南極域に浮かぶ島々を拠点に展開されたからだ。

ここで言う「スピッツベルゲン諸島」とは現在のスヴァールバル諸島のこと。ノルウェーでは、古くから現スヴァールバル諸島を「スピッツベルゲン諸島」と呼んでいた。ノルウェーがこの島々の主権を完全に獲得した一九二五年以降、諸島全体はスヴァールバル諸島、その主島をスピッツベルゲン島と呼び分けている。

この島で石炭鉱脈が発見されたのは一八九〇年代。当時、世界の主要な国々が産業革命を推進し近代化を遂げるため最も必要としたのが化石燃料＝石炭だったことは言うまでもない。ノルウェーはもちろん、ロシア、イギリス、アメリカ、スウェーデンなどから多くの企業や関連業者が、北極圏内の島に殺到する。一九一〇年代以降、資源開発を巡ってこれらの国々の間で「領有権」交渉が本格化した。一九一四―一八年、第一次世界大戦で交渉は一時中断。一九二〇年、パリ講和会議の結果「スヴァールバル条約」が成立し、「ノルウェーによる完全な全島主権」が認められた。その後、この条約は一九二五年八月一四日に発効し、同時にノルウェーでは「スヴァールバル法」が制定されて現在の島名が確定したのである。

ちなみに、「スヴァールバル条約」の原加盟国は一四カ国。この中には、第一次大戦の戦勝国であった日本も含まれている。後に二〇カ国がこれに加わった。この条約の先進性は、パリ講和会議をリードした「アメリカ大統領ウィルソンによる一四カ条の平和原則」の精神を反映したものだとも言われている。すなわち、スヴァールバル諸島全体を非武装地帯として一切の軍事的活動を禁じたこと。全ての加盟国が、この諸島での漁業、狩猟、鉱物資源開発に平等な権利を有することなどである。

視線を南半球に転じよう。一九〇四年以降、ノルウェーの探検家・捕鯨業者、カール・アントン・ラルセンは、南米のブエノスアイレスで起業し、盛んに南極半島探検を敢行した。その前進拠点となったのがサウスジョージア島。ラルセンは、この島にノルウェーから運んできたトナカイを初めて放した。ほぼ同時に、船から逃げ出したネズミも島に拡がっていった。トナカイは、サウスジョージア島を捕鯨基地、アザラシ猟、ペンギンオイル生産基地としていたイギリス人や後進のノルウェー人に歓迎された。冬の狩猟対象として、その新鮮な肉や毛皮が活用された。また、積雪のある季節には、手軽な輸送手段としても利用できたからである。ラルセンは、前後三回、トナカイを島に運び込む。一九三〇年には、雪崩によって一群を失ったものの、その年には、島内のトナカイの数は四〇〇―五〇〇頭に達していたという。

また、これに並行して、一九二二―二四年にかけて、ラルセンは南極ロス海での捕鯨活動にも参入していく。ロス海は、大英帝国（一九二六年以降はイギリス連邦）を構成するオーストラリアやニュージーランドの南にあたるため、この海域での捕鯨は、それまでイギリスの独占状態だった。しかし、ラルセンは辛抱強く交渉を重ねた結果、この海域での捕鯨ライセンスをイギリスから取得する。こうして、南極海での有力な捕鯨国として、ノルウェーの存在感が増していった。

一方、ノルウェーの捕鯨業者であり探検家でもあるラルス・クリステンセンは、ラルセンによる南極域での事業展開を継承し、亜南極域や南極で何回かの探検を実施、各地に基地を築いていく。以前記した通り、一九二八年一月、南インド洋に浮かぶ孤島＝ブーベ島に上陸し、そこに「永久基地」を設営すると宣言した。やはりこの島に着目していたイギリスを一歩リードしつつ、新聞などのメディアを巧みに利用して開発の既成事実を積み上げていったのだ。その結果、一九三一年、ブーベタニア（ブーベ島）をノルウェー領とすることに成功した。ロバーツとヨルゲンセンは、これを「ノルウェーによる極地帝国主義の端緒」だと分析している。ほどなく、北極圏内のグリーンランド東部からスヴァールバル諸島へのジャコウウシの導入、亜南極のブーベ島からノルウェーへのナンキョクオットセイ導入というプロジェクトが、同一人物によってほぼ同時期に提案された。その人物こそ、そう、後にペンギンをノルウェーに放すことを提案したあの人物、アドルス・ホエルである。

ホエルは、ノルウェー領スヴァールバル諸島研究所の創設者であり、しかもノルウェーの捕鯨業を国家事業として展開することを積極的に提唱していた。まずは、ブーベ島からナンキョクオットセイをノルウェーに持ってこようという彼の計画について見ていこう。ことの始まりは、一九二八年、北極圏内での「オットセイ・アザラシ猟禁止法案」がノルウェー国会に提出されたことだった。「第4章　シロクマのともだち」で詳しく述べた通り、一七—二〇世紀初頭まで続けられたアザラシ猟・オットセイ猟の結果、北極圏内のアザラシやオットセイはほぼ全滅状態だった。また、一九世紀半ば以降、イギリスやフランス、ドイツなどのヨーロッパ諸国、アメリカ合衆国やオーストラリアなどでは、家畜やペット、身近な野生動物への愛護・保護思想が広がりつつあった。ペンギンについては、マックォーリー島でのペンギンオイル産業への批判が国際的に高まり、経営者のジョゼフ・ハッチは一九一九年一一月ついに廃業に追い込まれ、マックォーリー島は全面禁猟となった。

このような動きは、列強諸国と呼ばれた帝国主義国の君主や政治家たちの判断にも、少なからぬ影響を与えていた。ノルウェーでは、一九二九年二月、時の商務大臣ラルス・オフテダルが「オットセイ・アザラシ猟禁止法案」の趣旨をいち早く採用し、法案成立に先立ってオットセイ・アザラシの全面禁猟を命じる。同年六月、禁猟法案が正式に国会を通過した。つまり、この時点で「ノルウェー領内のオットセイやアザラシは狩猟の対象にはできない」ことになった。ところが、ホエルはこの流れに異議を唱える。一九二八—二九年にかけて、ブーベ島からノルウェーへのナンキョクオットセイ移入計画を提唱したのである。こうしてナンキョクオットセイ問題は政治問題化する。ホエルの主張は、当時世界的に深刻化していた「食肉危機」への対応にあった。第一次大戦時のヨーロッパ大陸部における農地の荒廃、戦後になってからはアメリカの農業恐慌に端を発した食糧・飼料不足が、欧米の食肉産業に打撃を与えつつあり、有効な食肉不足対策を講じることが急務だったからだ。

だが、ホエルの提案に二人の有力者が難色を示す。一人は、ブーベ島領有に貢献したクリステンセン本人。彼は、同島のナンキョクオットセイは保護すべきだと訴えた。代わりの「食肉確保対策」として彼が提案したのは、北極圏内に分布するジャコウウシを各地に導入することだった。二人目は、クリステンセンの友人で彼の南極探検にも同行した動物学者のアルス・ヴォレバクである。彼は、一九二九年九月、感染症拡大の危険を重視してジャコウウシのブーベ島への導入には反対する。しかし、ナンキョクオットセイについては、雌雄の比率とノルウェーに運び出す個体数とを考慮すれば可能だと言う。しかも、南極圏内の鳥類をノルウェーに導入する可能性についても言及した。この鳥類への言及が、後にホエルによる「ペンギン導入」の呼び水となった可能性が大きい。

ホエル、クリステンセン、ヴォレバクの論争は、結局、全ての提案を少しずつやってみるという折衷案で決着した。まず、ブーベ島のナンキョクオットセイについて。一九二九年一〇月、ノルウェー捕鯨業界の主要新聞『サンフィヨルズ・ブラッド』は、次のように報じている。

「クリステンセンの最新探検によって、ブーベ島から五〇―六〇頭のナンキョクオットセイが北半球に運ばれ、ノルウェー政府承認の下、ブーベ島より小さいヤン・マイエン島に放された。」

なぜノルウェー政府はこれを許したのか？　理由は単純明瞭だ。ブーベ島はもはや完全にノルウェー領なのだから、この計画はノルウェー国内での移動計画であり、狩猟にはあたらない。しかも、深刻化する食肉危機への対策としても有効だというのだ。イギリスやフランスなど、広大な海外領土や植民地を保有する先進帝国主義国が、いわゆる「ブロック経済」の利点を活用して食糧危機や食肉危機に対応しようとしていた。ノルウェーは、石炭生産を強化するとともに、海外領土を繋いだ「ミニ・ブロック経済網」をつくろうとしたのである。海外領土を代表する有名な生きものたちを自在に移動させ管理してみせることは、南北両極にまたがる新興帝国主義国ノルウェーにとって、極めて重要な地政学的外交戦略だったに違いない。

また、ノルウェー政府にとって、特に第一次世界大戦後、スヴァールバル諸島の領有権とノルウェー人住民を守ることが急務となっていた。それまで、スヴァールバル諸島で唯一の狩猟動物は、わずかの数しかいないスヴァールバルトナカイだけだったからだ。ホエルが眼をつけたのは、大西洋を越えたグリーンランド東部に生息していたジャコウウシ。一九世紀末、この地にはノルウェー人の捕鯨業者、アザラシ猟師たちが定住し、豊かな狩場が確保されていた。この間、狩人たちは猟犬一頭につき毎日二ポンドのジャコウウシの肉を与えていたという。また、一九二〇―三〇年代にかけて、東グリーンランドではホッキョクギツネ猟が盛んになり、ジャコウウシ猟の重要性が一段と高まっていた。キツネ六〇頭を捕る猟犬や猟師の食糧として、一年間に一三〇頭のジャコウウシが消費されたという。また、ピーター・レントは『ジャコウウシとハンター』（一九九九年）の中で、一九二四―二九年の間に一二〇〇頭のジャコウウシが捕獲されたと記している。

ホエルは、一九二九年、若いジャコウウシ一七頭を東グリーンランドからスヴァールバル諸島へと運ばせた。彼は、動物学者のビルガー・ベルグルセンとともに、新聞社の質問にこう答えている。

「ジャコウウシは上質の食肉と外套を提供してくれる『食肉増産動物』であり、サウスジョージア島に導入し成功を納めたトナカイと並んで、ノルウェーにとって極めて有望な『国民的狩猟動物』となった。」

ロバーツとヨルゲンセンは、このようなホエルの行動を評して、「ジャコウウシ、ホッキョクウサギなどの食肉確保、狩猟拡大、野生動物保護推進、狩猟民族としてのノルウェー人というナショナリズム涵養という全てを包含した価値観に動かされた人物」だと表現している。しかし、ジャコウウシの繁殖力は、当然のことだが無限ではなかった。ホエルが東グリーンランドからスヴァールバル諸島にジャコウウシを移植したその年、コペンハーゲンで開催された「第一八回スカンディナヴィア・ナチュラリスト会議」において、デンマーク、グリーンランド、ノルウェーでのジャコウウシの急激な減少に警鐘が鳴らされたのである。同会議は、デンマーク、ノルウェー両政府に対して「種としての絶滅の危機」を公式に訴えた。

ずっと後のエピソードを一つ。ノルウェー領の北極圏内からサウスジョージア島に移入されたトナカイやネズミたちは、亜南極の厳しい環境にも適応して生存していた。しかし、二一世紀に入ってからは、保全思想の普及や生物多様性に関する考え方の変化によって、新たな動物の移植は歓迎されなくなった。二〇一五年現在、サウスジョージア島およびサウスサンドウィッチ諸島政府は、各々の島に残されたトナカイの最後の生息地において、「長期トナカイ駆除計画」をほぼ完了しかけている。また、サウスジョージア国立公園トラストは、二〇一五年までに「ネズミ駆除計画」の第三段階を完了しつつある。残念ながら、これまでにサウスジョージア島固有の鳥が何種も絶滅に追い込まれた。

ロバーツとヨルゲンセンは、ホエル、クリステンセン、ショーイエンなど、この時代のノルウェーを代表する探検家、博物学者、動物学者、環境保護論者たちの思想と行動とを次のように分析する。

「ノルウェーでは、両極の動物を政治的、文化的そして生態学的プロセスを経て移動させることが意識的・積極的に行われた。ある地域特有（固有）の動物を政治力によってほかの地域に移植することは、地政学的変更を意味する行為でもある。独立国家として、ノルウェー政府は、北極圏から南極圏にまたがる一つの勢力圏を確立しようという野望を抱いた。その意図の下、各々の地域固有の動物を移植し、『ノルウェー領』たらしめようとしたのである。これこそが『ノルウェーの極地帝国主義』の全盛期を支えた基本的思想であり、極地動物の移送計画が単なる偶然の結果ではなかったという根拠でもある。」

「極地帝国主義」をめぐる縦の糸・横の糸

生物や動物の政治的利用に関する歴史は古い。人間が集団生活、社会生活を営むようになってから、つまりはるか先史時代から脈々と続けられてきた。それを思えば、ノルウェーの「極地帝国主義」は、二〇世紀前半に現れた小さな出来事に過ぎないとも言える。しかし、この時代にいたって、ペンギンは人間にとって、単なる食糧・資源という存在から政治的に有用な存在、国際政治や外交の場で「極地を想起させる生きもの」として共通認識され実際に利用されるようになったということも事実だ。イギリスやフランスそしてアメリカという強大な帝国主義国家に遅れをとった、いわば第二陣の新参帝国主義国としてノルウェーが選択した外交戦略、国際的アイデンティティーを確立する道筋は、極めて過酷だったに違いない。同じく第二陣の帝国主義国となったドイツ、イタリア、ロシア、日本にとっても、一九世紀末から二〇世紀前半にいたる数十年間の変転は、現代世界を形成する基盤となったという意味で、その経過を詳細に省みる価値は大きい。

二〇世紀後半、特に第二次世界大戦後の状況へと話を進める前に、「極地帝国主義」展開にいたったノルウェー通史（縦の糸）と、同国を囲む同時代の国際情勢（横の糸）とについて眺めておこう。そこにペンギンと人間との関係は、どのような形で現れてくるのだろうか？

「第1章　太った海鳥」に記した通り、ノルウェー・ヴァイキングは大西洋を西に進む航海を好んだ。

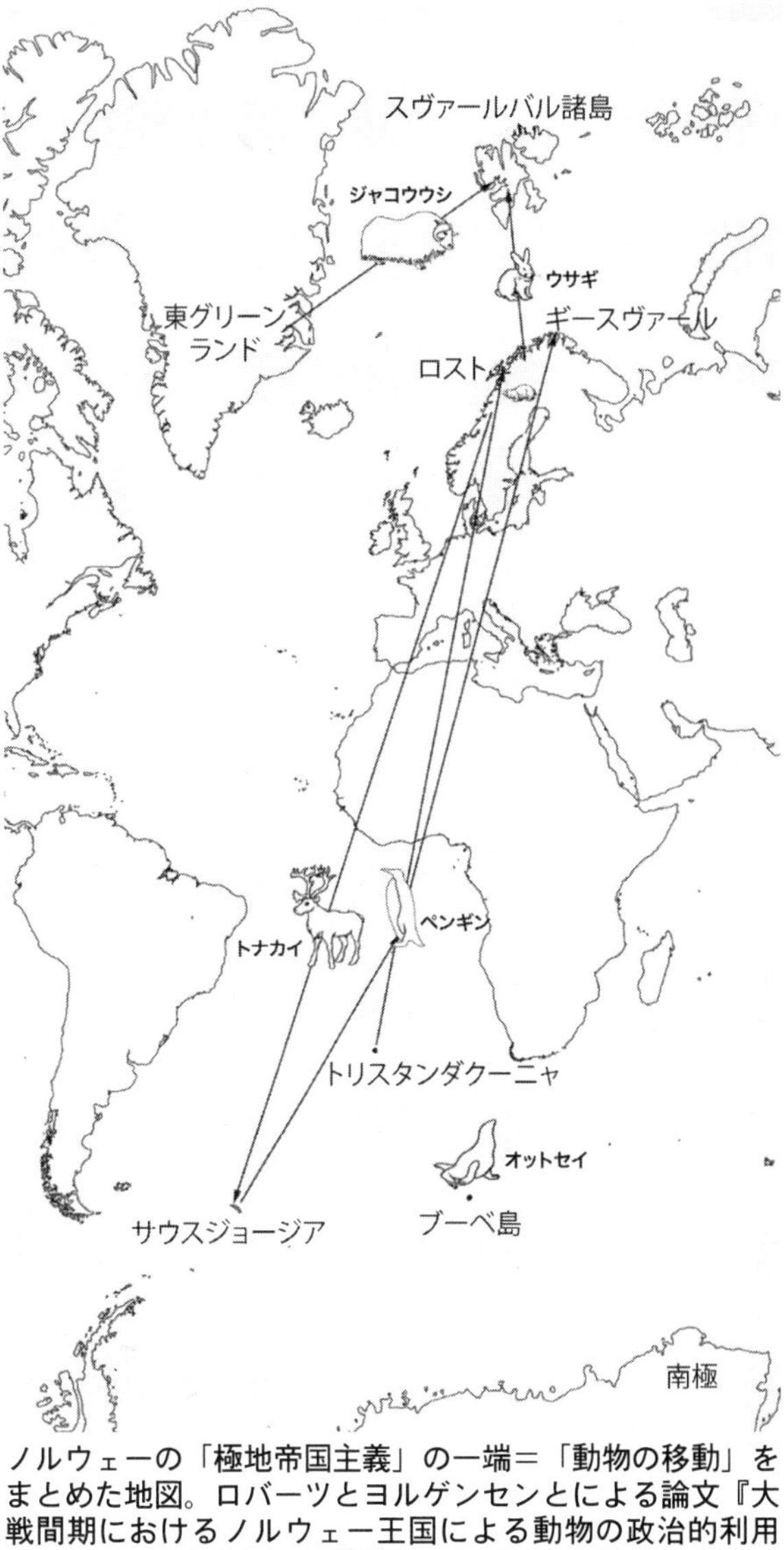

ノルウェーの「極地帝国主義」の一端＝「動物の移動」をまとめた地図。ロバーツとヨルゲンセンとによる論文『大戦間期におけるノルウェー王国による動物の政治的利用について』（2016年）に掲載された付図から改変したもの（325）

九世紀半ばごろからは、デーン人と同盟してスペインや地中海への遠征を企て、略奪したりいくつかの島に定住したりして勢力圏を拡張していく。やがて一一世紀には、その一部は大西洋を横断して北アメリカに到達した。第二次ゲルマン移動とも言われるこの「ノルマン人（ヴァイキング）の移動」については、元祖ペンギン＝オオウミガラスとの関係を無視しては語れない（第1章参照）。北大西洋の島々、そして北米大陸沿岸で、ノルマン人たちはオオウミガラスやその卵を捕り、飢えをしのいだのだ。それら一連の航海と定住の結果、九世紀後半にはノルウェーとして統一されていった。彼らの生活は、基本的に海と強く結びついており、地中海から北大西洋の高緯度海域を自在に行き来していたのである。漁労や狩猟の技術が磨かれたのはもちろん、北極圏の極寒をものともしない強靭な肉体と忍耐力とを獲得していった。

ノルウェーの歴史家エイヴィン・ステーネシェンとイーヴァル・リーベクは『ノルウェーの歴史　氷河期から今日まで』（岡沢憲芙監訳、小森宏美訳、早稲田大学出版部、二〇〇五年）の中で、その後の発展を次のようにまとめている。

「九世紀後半までの間に、ノルウェー、デンマーク、スウェーデンの統一がほぼ達成され、特にノルウェーは、一三世紀には広大な領土を得てイングランドや神聖ローマ帝国（ドイツ人）との交易で隆盛期を迎えた。しかし、その後スウェーデン・デンマークとの対立が激化し、同君連合を形成することで決定的な衝突は回避された。とはいえ、一三八〇―一九〇五年まで四回ほど離合集散を繰り返す中で、ノルウェーは常にデンマークとスウェーデンの弟分と見られ、ほかの二カ国にイニシアチブを握られ続けた。従って、一九〇五年、ノルウェーがスウェーデンとの同君連合を解消して独立した時、ノルウェー人の民族意識が高まりをみせたことは明らかだ。この独立に大きく貢献したのがフリチョフ・ナンセンだった。」

ナンセンは、一八八三—八八年、フラム号で「北磁極初到達」を成し遂げ、その翌年には、スキーでのグリーンランド横断を成功させる。さらに、一八九五年には、北極点まであと一歩というところまで迫った。ステーネシェンとリーベクは「一九世紀末から二〇世紀初めに生物学者、極地探検家、政治家として活躍したフリチョフ・ナンセン（一八六一—一九三〇年）はノルウェーの最も著名で、最も尊敬される人物のひとり。一九〇五年の連合解体の際には政府の外交使節も務めた」と評している。

ナンセンを擁したノルウェーは、こうして「北極圏国の首座」として振る舞い始めた。また、一八五〇—八〇年代にかけて、ノルウェーの海運業は第三の黄金期を迎えた。商船隊の総トン数は三〇万トンから一五〇万トンに急拡大し、船舶も大型化する。一八八〇年、ノルウェーでは、水夫六万人が雇用され、アメリカ、イギリスに次いで世界第三位の商業海運国にのしあがった。

しかも、英雄はナンセンだけにとどまらなかった。ロアール・アムンセン（一八七二—一九二八年）も、南極点初到達、南極点と北極点の両方を制覇したノルウェーを代表する世界的に著名な探検家である。アムンセンはナンセンの探検記録に感激し、幼いころから極地探検家たることを志した。第一次世界大戦直前、イギリスのロバート・ファルコン・スコットとの間で演じられた「南極点レース」は数々の作家、研究者の手で描かれ分析されてきた。詳しくは、第4章「南極点レース」の項でご確認いただきたい。また、最近では、著名なペンギン研究者ロイド・スペンサー・デイヴィスによって『南極探検とペンギン——忘れられた英雄とペンギンたちの知られざる生態』（夏目大訳、青土社、二〇二二年）が発表されたが、いる。

ここでも、二〇世紀初頭、極地を巡って激しい競争を繰り広げた探検家たちの生涯が生々しく描かれて

南極への進出という点で、ノルウェーにはほかにも実力者がいた。北極海の捕鯨によってクジラが減少してくると、クリステンセン一族は捕鯨船隊を率いて南極に向かう。かつてアザラシ猟船が南極探検の先陣をきったように、一九二七―三一年にかけて、ラルス・クリステンセンは四回にわたり南極海を航海し、南極大陸沿岸を調査した。しかも、彼が乗るノルベジア号には水上飛行機が搭載されていた。前述したクリステンセンによる「ブーベ島の発見」は、この島への上陸と空中撮影という画期的な手法で行われた。フランス人によってすでに発見されていたにも拘わらず、この島がノルウェー領となったのにはこういったいきさつがある。

その時、第一次世界大戦が勃発する。一九〇五年時点で、ノルウェー政府も国会も国家間紛争の局外にとどまることを望んでいた。そこで、デンマークやスウェーデンに倣って中立政策を選択する。しかし、一九一四年、三国同盟と三国協商間で実際に戦争が始まると、ノルウェー人の大半はイギリスに共感を抱き、ノルウェー経済もイギリスとの良好な貿易に依存していることが明白となった。このようなノルウェーのイギリス寄りの外交姿勢は「中立同盟国」と揶揄される。ノルウェーの商船隊は、ドイツのUボートから無差別攻撃を受け、その船舶の半分を失うとともに二〇〇〇人以上の船員が命を落とした。少なからぬ痛手を被ったが、ノルウェー人の航海者としての伝統は、大戦後、すぐに甦る。

「他のヨーロッパの国々同様、両大戦間期のノルウェーも新たな領土の獲得に力を注いだ。ノルウェーは航海、捕鯨、極地探検の長い歴史を有していたので、その方面に関心が向くのは当然であった。第一

次世界大戦後の和平交渉中、ノルウェーはスヴァールバル群島の獲得を望んでいた。この群島に対するノルウェーの主権は認められたが、全ての締約国に、ノルウェーと同等の経済活動の権利が認められた。一九二〇年代末、ノルウェーはヤンマイエン島（北極海・グリーンランド東方に位置する島）、ブーベ島およびペーテル一世島（南極半島の西に位置する火山島）を獲得した。ブーベ島とペーテル一世島の獲得は、南氷洋での捕鯨という観点から大きな利益をもたらすものだった。ノルウェーは南極大陸の広大な領域（ドロンニング・モード・ランド）に対する領有権も主張した。」

つまり、大戦間期におけるノルウェーの「極地帝国主義」は、一〇〇〇年以上にわたって培われ鍛え上げられた海洋民族、極地圏生活者としてのノルウェー人だからこそ構想し実行できる世界政策だったと言える。高緯度海域を突破して生きのび、極寒の地で生活していくためには、そこに生息する生きものを効果的に利用する必要がある。トナカイ、ジャコウウシ、アザラシ、クジラ、そしてオオウミガラスやペンギンは、ノルウェーの探検家たちにとって、基本的資源だったのだ。

一方、この時代、第一次世界大戦直前から第二次世界大戦までの四〇年間は、イギリス、フランス、アメリカといった先進帝国主義諸国にとっても、大きな転換期だった。極地探検を一歩リードしていたイギリスやアメリカが、ナンセンやアムンセンの活躍によって新興のノルウェーに遅れをとる。特に大英帝国やフランスは第一次世界大戦で疲弊し、昔日の繁栄は影をひそめた。他方、アメリカ合衆国は、第一次大戦を経済的に支え、最後は自らも参戦したものの、大きな痛手を受けることなく戦勝国となる。特に、戦後ヨーロッパ復興を経済的に支えたのは「アメリカドル」で、それが世界経済を支える基軸通貨に成長した。ところが、やがて国内の農業恐慌から始まった不況の波が「世界恐慌」へと拡大してしまう。大不況を克服するため、「もてる国々」は「ブロック経済」を築き、「もたざる国々」には「軍国主義・極端な民族主義政権」が成立する。この二大陣営が、再び地球規模で「植民地再編のための侵略戦争」を展開していくことになった。

同時に、この時代は「生物地理学」や「近代的環境保護思想」、あるいは「動物愛護や野生動物保護に関する法的整備」などが少しずつ成長し普及していく時代でもあった。また、地質学や気象学、地球物理学など全地球的な観測や網羅的なデータ収集を基盤とした科学的研究も進められていた。ノルウェーの「極地帝国主義」に対する批判。南極などでの無秩序な領有権争いや資源開発を懸念する科学者たちの動き。野生動植物保護を推進しようとする市民活動が、漸進的に目立つことなく続けられていたのだ。世界は凄惨な大戦の光景に眼を奪われていたため、一九四五年まで、このような動きに光があたることはほとんどなかった。ここでは、この四〇年間の「横の糸」＝時代の傾向について、簡単に観察しておきたい。実は、この期間には、戦争以外なにも起きていなかったわけではないのだ。第二次世界大戦後の自然保護思想の萌芽、環境問題への新たな認識、南極の平和的・科学的利用を実現しようという機運醸成など。地球環境や人間と生きものとの関係について考える一連の新しい動きについて一瞥しておこう。

現代の科学者、アメリカのデニス・マッカーシーは『なぜシロクマは南極にいないのか　生命進化と大陸移動説をつなぐ』（二木めぐみ訳、化学同人、二〇一一年）の冒頭、次のような「大発見」をしたと記している。

「『生物地理学の基礎（Foundation of Biogeography: Classic Papers with Commentaries）』という本に目を

通していた私は、数分もしないうちに近代科学の発展の中で今まで出会ったことのないような驚くべき事実に気づいた。…（中略）…この本はもっぱら生物地理学のあまり知られていない分野について書かれた論文を集めたものなのだが、その著者の欄はまるで科学に革命を起こしてきた人々の紳士録のようだ。」

そして、その本に登場する著者名の一部を列挙する。

「カルロス・リナリウス（カール・フォン・リンネ）　近代分類学の父。　チャールズ・ダーウィン　進化論提唱者の一人。　アルフレッド・ラッセル・ウォレス　進化論提唱者の一人。　アルフレート・ウェゲナー　大陸移動説の父。　E・O・ウィルソン　社会生物学の父、『知の挑戦』の著者。　ジャレド・M・ダイアモンド　『銃・病原菌・鉄』の著者。」

この研究者たちは、全て、生物学・地質学・社会学・人類学・環境学の通説を覆した人々だが、それ以前に世界の動植物の地理的分布について素晴らしい説を生み出していたという。「これほど輝かしい人物リストを誇れる科学の分野は間違いなく他にない。」つまり、現代の生物地理学は次のような大きな特長を持っているという。

「科学の多くの分野が専門科目の寄せ集めになり、研究者たちはさらに狭い部分にだけ目を向けるようになっている中で、生物地理学者たちは今もその視点を広げ、スケールの大きなパターンに注目し、大陸、大洋どころか地球規模で起こっている原理に光を当てている。つまり、現代の生物地理学は進化と地球の変遷が協調して進んでいく様子を大きな観点から見せてくれるのだ。」

マッカーシーは、その後、著書のタイトルにもなった「南極とシロクマ」のたとえ話を持ち出す。「教養ある人々の間にも、特定のタイプの環境には、その場所が地球上のどこであろうと、そういう環境特有の同じ種の動植物が生息しているという思い込みが残っている」と指摘した後……

「たとえばアメリカでクリスマスになると毎年放映される有名なCMでは、赤ちゃんコウテイペンギンがホッキョクグマの子どもに飲み物を勧めているが、これはコンピュータアニメーションという魔法を駆使して描いたフィクションだ。ホッキョクグマとコウテイペンギンが同じ場所に居合わせるというのは、アメリカのメディアではとてもよく使われる設定で、漫画やクリスマスの特別番組、屋外広告や雑誌の広告にもよく使われている。現実にはホッキョクグマは北極圏内とその周辺にしかおらず、コウテイペンギンのほうは地球の反対側の南極に住んでいるので、両者が自然な形で接触することは今のところありえない。ホッキョクグマもコウテイペンギンも厳しい極寒の地で生きていくためのすばらしい適応力を備えているが、だからといって凍てつく極寒の地ならどこでも現れるというわけではない。」

つまり、「コウテイペンギンとホッキョクグマが一緒にいるというフィクションのような、人気のある生物地理学的伝説はみな、それぞれの種がその場所固有の生物というより、ある条件の環境に結びついているという思い込みから生まれることが多い」というわけだ。

マッカーシーの本を長々と引用したのにはもちろん大きな理由がある。彼が列挙した様々な分野の著名な学者たちは、みな一八世紀から二〇世紀に活躍した人々だ。そして二一世紀の今、アメリカの家庭では「コウテイペンギンの子どもがホッキョクグマの子どもに飲み物を勧めている」アニメーションが、クリスマスシーズンの定番になっているという。そこに「進化論や動物地理学についての誤解」があるかどうかという問題はさておき、現在では「環境と動物との関係」を地球規模の地理学的視点で理解するということは、「コマーシャルで使われるほどあたりまえ」だということを証明している。

別の言い方をすれば、一八世紀から二〇世紀初頭にかけて、多くの科学者たちが築き上げてきた生きものと地球との関係についての考え方は、二一世紀前半の人々の常識になっているということだ。つまり、第一次・第二次世界大戦という二度にわたる地球規模の荒々しい戦いと破壊とを経験しながらも、ペンギンは「寒冷地の生きもの」として、ホッキョクグマとともに、世界中の人間の脳裏に焼きつけられたというわけである。

もう一つ、「動物保護法」の流れについて確認しておきたい。動物と人間との関係、あるいは動物に対する人間のふるまいを見直そうという動きについては、第4章の「ダーウィンの衝撃」以降で概略をまとめた。ただ、その思想や運動がどのように法律という形でまとめられ、整備され、普及していったかについては、あまり具体的には例示できなかった。ここでは、一九世紀から二〇世紀前半まで、動物愛護や保護に関する規定が基本法の中にどのように組み込まれていったのか、比較法学史の視点でまとめてみたい。幸い、この分野では、青木人志による『動物の比較法文化——動物保護法の日欧比較』(有斐閣、二〇〇二年)という労作がある。それに基づいて、一九世紀から二〇世紀前半までの状況を確認していこう。

青木によれば、「近代的な動物保護法の歴史は、一九世紀初頭のイギリスから始まった」という。イギリスでは、中世以来、狩場の鳥獣を保護したり、財産としての家畜(特に馬)の窃盗を防止するための法律が整備されていた。しかし「個体としての動物」を保護する近代的立法は、一九世紀に入ってから急速に進んだ。その最初の事例が「マーチン法＝一八二二年」であり、これが動物保護法の原型になった。

なぜ、この時期のイギリスで動物保護に関する近代的立法が急速に進んだのだろう？

その背景を、青木は歴史学者ジェイムズ・ターナーの分析を紹介しながら解説する。

「一九世紀の欧米人には、その精神を一変させるような、二つの革命的変化が起こったという。ひとつは、人間が超自然的な存在ではなく動物の直接の子孫だという認識、もうひとつは、科学に対する評価が高まったことである。そしてターナーは、これらの変化と密接に関係しつつ、同じ時期に『痛みに対する感受性』が高まったことが、動物保護立法を生む原動力だったと分析している。」

また、第4章の「『動物いじめ』から『動物愛護』へ」で詳述したように、一八二四年に設立された動物愛護協会（SPCA）が、ヴィクトリア女王即位に伴って王立動物虐待防止協会（RSPCA＝一八四〇年）へと格上げされていった背景には、協会の設立者としてのリチャード・マーチンの活躍があったからにほかならない。

動物虐待罪となる動物の範囲はその後拡大の一途をたどる。一八三〇年代には「物言わぬ動物たちのマグナカルタ」とも評される「一八三五年法」、保護充実と輸送方法を規定した「一八四九年法」、イヌの保護を中心とする「一八五四年法」、実験動物を対象とする「一八七六年法」へと続く。その結果、第一次世界大戦前までに、イギリスの動物保護法は一応の完成をみる。「一九一一年法」がそれである。なお、ここでいう「動物（animal）」とは、「家畜（domestic animal）」ならびに「捕獲された動物（captive animal）」を指す。「捕獲された動物」とは、「家畜以外の動物で種を問わずまた四足であるかどうかを問わず、捕獲され、閉じ込められ、または、不具にされ、羽を切られ、もしくはなんらかの器具や工夫によって、当該捕獲状態や収容状態から逃走できなくされているもので、鳥類、魚類、爬虫類を含む」（第一五条）とされている。

一九世紀半ばにイギリスで生まれた西欧型動物保護法は、ほぼ同じ時期にフランスにも伝わり、そこでも順調な発展を遂げた。ただ、法的にみると、動物は、財産法・刑法・農事法・狩猟法・食肉業法・自然保護法などあらゆる法領域に関わってくる。ここでは、フランスの動物虐待罪を中心とした動物保護法上で重要なものだけに絞ってみてみよう。

一八五〇年の「グラモン法」は、家畜中心に規定されたものだが、フランスでの最初の事例だった。その後、一世紀以上経って、一九五九年「グラモン法」は廃止され、対象とする「動物」も家畜だけでなく「飼い慣らされた動物」、「捕獲された動物」にまで拡大され、動物虐待罪は「刑法典」に「違警罪」として組み込まれた。

もう一つ、ドイツの動物保護法について簡単に確認しよう。ドイツでは、一八七一年の「ドイツ帝国刑法典」の中にすでに「動物虐待罪規定」があった。やがて、ナチス政権時代、一九三三年には、体系的な「動物保護法」が制定され、動物虐待罪規定はその中に移された。

このように、動物保護に関する近代的法体系は、一九世紀前半以降、イギリス―フランス―ドイツへと広がり、対象となる動物も家畜だけでなく「捕獲された哺乳類・鳥類・魚類・爬虫類」へと拡張されていったのである。

世界はその後、二回目の大戦に突入していく。

核兵器の出現とその脅威は人間だけの問題ではない。それは、地球上のあらゆる生命の存続を左右する重大な出来事だ。参戦国も中立国も関係なく、すでに第二次世界大戦中から、全世界がこの新兵器がもたらす破壊力にさらされていた。だが、人間たちがその現実を本当に理解するまでには少し時間がかかった。一九四七年に始まったといわれている「冷戦」が、人類絶滅の現実味を世界の常識にしていく。この深刻な危機の中で、果たしてペンギンが歴史にクチバシをはさむことなど可能だったのだろうか？まず「冷戦と核の冬がもたらしたもの」についてみていこう。

「核の冬」という言葉や予測が実際に広まり始めたのは一九八三年以降だといわれている。しかし、有名なSF小説『渚にて』(ネヴィル・シュート著)が発表されたのは一九五七年のこと。その二年後には映画化されて大きな話題となった。いわゆる「キューバ危機」が起き、アメリカとソ連の対立が核戦争突入の一歩手前までエスカレートしたのはその五年後のことだ。この小説は、当時の人々の「全面核戦争」への恐怖感を鋭くとらえたものだと言える。

『渚にて』の中では、一九六四年に第三次世界大戦が始まり、核兵器による応酬によって北半球は全滅状態。生き残ったアメリカ海軍の原子力潜水艦がメルボルンに入港してくる……というストーリー展開になっている。実は、メルボルン近郊にはコガタペンギンのコロニーがある。車で二時間弱で行けるフィリップ島では、第二次世界大戦前から「ペンギンパレード（コガタペンギンの上陸を観察するイベント）」が行われていた。高校生の頃、テレビで『渚にて』の映画を見ながら、「メルボルンが放射能汚染されたらペンギンはどうなってしまうんだろう?」とぼんやり考えていたことがある。ちなみに、筆者が高校時代(今から半世紀以上前)は、まだ「冷戦」真っ只中で「核の冬」という想定さえ全く知られていなかった。

大気圏高く吹き上げられた火山からの噴出物や大火災の黒煙などが、長期間かつ広範囲にわたって漂うことによって太陽からの輻射熱がさえぎられ、一時的に気温が下がる現象は「火山の冬」として知られている。「核の冬」、すなわち「核兵器の大量使用によって生じた灰塵や煙などによって引き起こされる気温低下」という考え方は、一九八三年、大気研究者リチャード・ターコと宇宙物理学者カール・セーガンによって明確化されたといわれている。この想定には異論もあり、「アメリカの核戦略を撹乱しようとするソ連の謀略だ」という説まである。

「核の冬」理論の真偽や謀略説をめぐる論争はひとまず無視して話を進めよう。つまるところ、「火山の冬」も「核の冬」も、地球的規模で多くの生物に影響を及ぼす出来事だという点では共通している。第一次世界大戦以来、いやいやその前の「極地探検レース」以来、近代化が進んだ地域の人々は、日常的に「世界のニュース」に耳を傾け「世界地図」を頻繁に眺めながら生活するようになった。そのような人々にとって、「世界や地球」はもはや「手の届かないもの」でも「妄想をかきたてるエキゾチックなもの」でもない。当然の前提となっていたのだ。そういう意味で、二〇世紀後半以降、人間の頭の中(思考上)の視野は、一九世紀―二〇世紀前半にくらべて、基本的な部分で一段ボトムアップされたといってよいだろう。

一九四七―九一年まで続いた「冷戦期」は、世界中の人々に、核戦争という恐怖をともないながらも、「地球的視野と思考」とを刷り込んだのだ。こうして「地球人」に変身した人間たちの手によって、一九五〇年代、ある奇跡が実現する。だが、その前に「南極の領有権」を巡る対立や紛争について概観しておきたい。

ハイジャンプ作戦・ウィンドミル作戦

一九三九年九月に始まった第二次世界大戦は、一九四一年一月、南極にも飛び火する。南極海で活動していたノルウェーの捕鯨船団一四隻、合計四万トンにものぼる船舶全てがドイツの軍艦に拿捕されたのだ。ノルウェーは、第二次大戦でも中立を宣言していたが、イギリスからは強い支援要請を、ドイツからは軍事的恫喝を受けていた。一九四〇年四月九日、ドイツ軍はノルウェー沿岸部の軍事拠点を奇襲・占領して、戦火はノルウェーにも拡大する。南極海での拿捕事件はそのような状況で起きたのだ。

この出来事を受けて、アメリカ、イギリス、フランスなどは、南極大陸やその周辺海域にも作戦範囲を拡大する必要に迫られる。こうして、史上初めて「南極での戦争」が始まった。これから登場する亜南極―南極圏内の島々には、エンペラー、キング、アデリー、ヒゲ、ジェンツー、マカロニ、キタイワトビ、ミナミイワトビといった八種のペンギンたち、いずれか一種または複数種が分布している。ペンギンたちのなわばり内で人間同士の戦いが始まったのだ。

ドイツ海軍は、ケルゲレン諸島を潜水艦隊の発進基地として整備し、本国との間を輸送船で結んだ。そこからUボートを出撃させてオーストラリアのシドニー、メルボルン、アデレードなどの港に機雷を敷設したり、オーストラリア、イギリス、アメリカなど連合国の艦船を攻撃したのである。

一方、イギリスは、一九〇八年以降、南極半島と亜南極を含む扇型の領域の領有権を主張し、「フォークランド諸島属領」と呼んでいた。これに対して、アルゼンチンとチリは、一九四〇年には、南極半島を含むほぼ同じ範囲の領有権を主張。三者の対立が深まっていた。開戦当時のアルゼンチンは、軍事独裁政権下の権力闘争で不安定だったが、枢軸国寄りの中立政策をとっていた。一九四一年、イギリス海軍は、大きなフォスター湾を擁し豊かな温泉が涌き出るデセプション島に補給基地を設ける。その翌年、アルゼンチン海軍は、自国の領有権を示す真鍮の標板をそこに設置した。さらにその翌年一月、イギリス軍はデセプション島を偵察。その前年、アルゼンチン海軍によって設置された標板を撤去した上で、イギリスの領有権を記した標板を立てた。デセプション島には、南極で最も整備された港湾設備があったため、その後、イギリスとアルゼンチンとの間で、領有権を巡る攻防が繰り返された。

イギリスは、一九四四年二月、さらにデセプション島とその南三六〇キロメートルに位置するウィーンケ島に軍事基地を設営。この地域における軍事的プレゼンスを強化していく。第二次大戦後、一九五二年には、イギリス・アルゼンチンの海軍がデセプション島ではち合わせし、発砲事件が起きる。デセプション島を含むサウスシェトランド諸島を巡る紛争にはやがてチリも加わり、一九五九年の南極条約締結まで尾を引くこととなった。

ここでみたイギリス、アルゼンチン、チリによる南極での領土権主張や対立は、すでに一九三〇年代から次第に激しさを増すようになっていた。南極で初めて領土権を主張したのはイギリスで、一九〇八年のこと。南極半島―ロス海―エンダービーランド一帯におよぶ広大な領域だったが、その後、ロス海

―東半球にかけての部分は、連邦国であるオーストラリアとニュージーランドに譲っていた。

第二次世界大戦前から大戦中・大戦後にかけて、アメリカもこの領土権競争に深く参入していったが、その基本的方針は独特だった。すなわち「新しい陸地の発見は、たとえ領有の正式な手続きをとったとしても、領有を主張する国の国民が居住しないかぎり、有効な主権の主張にはならない」というもの。一九三九年、アメリカ合衆国政府はこの基本原則の下、南極における領有権獲得を目的として、南極の永久占拠と科学調査のための探検隊派遣を決断する。その指揮官として任命されたのがアメリカ海軍士官リチャード・イヴソン・バードだった。

第4章の「南極点レース」のところで少し紹介したが、バードは飛行機を用いた極地探検家として、すでに世界的にその名を知られていた。一九二六年五月九日には、フォッカー三発機「ジョセフィンワォード号」で北極点上空初飛行に成功。一九二九年一一月二八日・二九日には、南極のアメリカ基地から南極点までの往復飛行を、フォード四AT三発機「フロイド・ベネット号」で成功させ、アメリカの国民的英雄となっていた。バード率いる新たな探検隊は、一九四〇年から翌年にかけて、古いリトルアメリカ近くに新しくリトルアメリカⅢを建設して西部基地、南極半島のストニントン島に東部基地を設け、各々三三名、二九名が越冬するという形で遂行された。東西両基地では、気象、地磁気、オーロラなどの観測が継続され、科学調査や飛行機を用いた空中写真撮影などが行われた。

しかし、バード探検隊の活動は第二次世界大戦によって中断する。大戦が終わると、合衆国政府は基本方針を大きく改め、海軍力を本格的に動員して大規模な観測・調査活動を展開する。この背景には、もちろん「冷戦」の深刻化があった。『a history of ANTARCTICA』(STATE LIBRARY CF NEW

SOUTH WALES PRESS、一九九六、Australia）の中で、著者のステファン・マーティンは、このように説明する。

「第二次世界大戦が終わりを迎えることが明らかになる頃から、合衆国政府は新たな敵であるソ連への対抗措置を、政策レベルで検討し始めた。ソ連サイドでも、南極の領有権争いが冷戦で対立する二大陣営にとって、国際的影響力を強化する上でさほど大きな価値を持つとは思えないという方向に、基本戦略を転換し始める。南極は、東西両陣営の指導者たちにとって、北半球の北極圏内でやがて火蓋が切られるであろう軍事的衝突に備えて、兵員や装備を訓練したり試したりする実験場だと考えられるようになったのだ。実際、ソ連も合衆国も南極における領有権を公式に請求はしなかった。しかも両陣営には暗黙の了解があった。それは、南極大陸におけるほかの国々の領有権を公式に認めるということは決してないというものだった。」

アメリカ政府は、その海軍力を本格的に投入して、一九四六年には「ハイジャンプ作戦」を、その翌年には、「ウィンドミル作戦」を実施する。今度も、総指揮官はバード海軍少将だったが、彼は「お飾り」に過ぎない。実際の作戦指揮権はリチャード・クルーゼン海軍少将が握っていた。

南極最大のマクマード基地（アメリカ合衆国）にある教会。2003 年、上田撮影

マクマード基地の教会のステンドグラスにはペンギンが描かれている。2003 年、上田撮影

イギリス発行の「フォークランド諸島のマゼランペンギン」記念封筒と記念切手。1987 年 1 月 2 日の消印つき。

イギリス発行の「フォークランド諸島で繁殖するペンギン 6 種」記念封筒と記念切手。2008 年 12 月 1 日の消印つき。

クルーゼン少将は、この特別作戦のために編成された第六八機動部隊（艦船一三隻、航空機二三機、兵員四七〇〇名以上からなる）を駆使して、南極大陸の海岸線の六〇％を占める地域の詳細な地図を作製した。また、棚氷上の基地であるリトルアメリカに代え、ロス島の露岩（岩場がむき出しになった部分）上に、新たにマクマード基地を建設した。

　ちなみに、マクマード基地は、現在でも南極最大の基地であり、南極観光ツアーの目玉でもある。最新の機材を備えた快適な研究棟はもちろん、研究施設の一つとして水族館も備えている。また、食堂・売店・ボトルショップ・理髪店でもある銀行窓口・ランドリー・図書館・消防署・郵便局・病院・教会・映画館・バーなどがあり、「マックタウン」とも呼ばれている。マクマード基地の近くには飛行場があり、一〇月から二月まで、ニュージーランドのクライストチャーチとの間で多い時は週に三―四便、大型機が飛んでいる。

　このアメリカ海軍による二つの軍事的調査・探検活動に対して、南極での領土権を主張する国々は一斉に警戒感を表したり、抗議・警告を発したりした。一九四七年のうちに、アルゼンチンとチリからは、共同で「南米諸国の南極領土に関する領有権宣言」が発せられた。西側諸国の一員、イギリスも自国の領有権を強く主張。同年、オーストラリア政府はハード島に、翌年にはマックォーリー島にも基地を建設した。フランスも、ポール・エミリー・ヴィクトールの指揮で、アーデリー島に基地を築いた。

アメリカ海軍による二つの軍事的探検・調査活動への対抗措置とは別に、イギリス、アルゼンチン、チリは、第二次世界大戦後、以下のような形で活動を強化している。

イギリスは、南極全体に五つの基地を維持し、大戦中はそれらを海軍省が統括していたが、戦後は植民地省がそれを引き継いだ。ストニントン島のE基地の隊長は植民地長官として勤務し、その郵便局では「植民地を表す切手」が発行された。ペンギンはそのような切手に必ず描かれる南極の象徴だった。

アルゼンチンは、一九五五年までに、南極半島に六つの基地を建設し、毎年約七〇名が越冬を続けた。

チリで発行された「チリ南極領」の記念切手。アデリーペンギンの親子が描かれている。1993年発行

アルゼンチンで発行された「南極条約締結25周年記念切手」、1987年。アデリーペンギンの剥製が描かれている

チリも、同じ年までに四つの基地を建設。約三〇名が越冬していた。この他、フランス、オーストラリア、南アフリカも南極大陸や周辺の島々に越冬基地を設け、各種の科学的観測活動を継続していた。

国際地球観測年（ＩＧＹ）

第二次世界大戦後の南極は、高まりつつある「冷戦」の緊張感の中で、大戦の戦勝国と中立国とが、各々の思惑で領有権を主張し合う国際的疑心暗鬼の場となっていた。実際、イギリスとアルゼンチン、チリとの間では発砲事件すら起きていたのである。しかし、この手詰まり状態、にらみ合い状態は、それほど長くは続かなかった。東西両陣営の先頭に立つ二大国、アメリカ合衆国とソビエト社会主義共和国連邦の地球戦略は、南極を「主戦場」とするものではなかったからだ。さらに、長年極地での科学的観測、研究活動を重ねてきた専門家たちから、思いもよらないアイディアが提唱された。その結果、南極は誰にでも開かれた自由で平和な大陸となっていく。ペンギンたちは「自由と平和の象徴」として新たなオーラを放つことになるのである。

一九五〇年四月、アメリカで三人の地質学者が顔を合わせた。この小さな会合が歴史上類をみない奇跡の発端となる。マーティンはその様子を次のように描いている。

「一九五〇年四月、アメリカのジェイムズ・ヴァン・アレン博士は二人の科学者を前にたまりにたまった不満をぶつけていた。二人の科学者とは、バードの探検(一九二八―三〇)に参加したロイド・バークナー博士、オーロラ研究で著名なイギリスのシドニー・チャップマン博士である。アレン博士は、次の『第三回国際極年（ＩＰＹ）』が一九八二―八三年に予定されているが、それではあまりにも遅いという。前回のＩＰＹは一九三二―三三年だった。しかし、第二次世界大戦が終わった今、世界の科学技術は長足の進歩を遂げており、それらの技術を応用した宇宙や地球に関する研究も盛んに行われている。この機会に、第三回ＩＰＹを前倒しして実施することで、地球物理学や気象学などについての新しく詳細な科学的データを得られるに違いない。第三回ＩＰＹの実施時期としては、第二回ＩＰＹの二五年後にあたる一九五七―五八年が良いだろう。」

まず、「国際極年」について簡単に確認しておこう。地球上で起こる様々な現象を科学的に解明するためには、広い地域で同時に観測し共通のデータを手に入れる必要がある。そこで、気象、地磁気、地震といった気象学・地球物理学的な現象の基礎資料を得るため、一八八二―八三年、第一回ＩＰＹが行われた。この時の参加国は一二カ国。中緯度地域三四カ所、北極地域一三カ所、南極地域一カ所で、オーロラ、気象、地磁気などの観測を実施した。南極地域を担当したのはドイツで、サウスジョージア島に観測基地を設けた。ちなみに、日本は明治維新直後の不安定な状況にあったため参加していない。第二回ＩＰＹはその五〇年後、一九三二―三三年に行われたが、北極地域の観測に重点が置かれた。参加国は四四カ国（日本含む）で、南極地域ではケルゲレン島とサウスジョージア島での越冬観測だけだった。

二つの世界大戦をくぐり抜けるうちに、科学技術は飛躍的に発展し、通信・記録・映像画像処理・演算（コンピュータ）・輸送（航空機・ロケット・人工衛星）などの分野で、科学者の研究活動を支えていた。アレン博士は、この後、地球観測衛星の打ち上げを提案し、一九五八年一月にガイガーカウンターを搭載した「エクスプローラー一号」によって、「ヴァン・アレン帯」を発見する。そして、その翌年には、ソ連で開かれた学会で観測結果を発表した。

アレンたちは、「第三回IPY前倒し実施」計画を国際科学会議（ICSU・後の国際学術会議）に提案した。ICSU内に、この提案を協議する特別委員会が設けられ、広く意見が求められた。中でも、世界気象機関（WMO）はアレンらの提案を積極的に支持し、調査範囲を地球全域に拡大することを強く求める。こうして、国際学術会議の場で「第三回国際極年」を「国際地球観測年（IGY）」へとスケールアップする構想がまとめられた。「国際地球観測年特別委員会」が設置され、一九五七年七月一日―五八年一二月三一日までの一八カ月間にわたり、全地球をカバーする史上最大規模の科学的観測活動が展開されることとなる。しかも、特別委員会は調査地域を大きく二分し、「南極地域とそれ以外の地域」としたので、IGYは南極に関する初めての大規模な科学調査活動となった。その際、特別委員会は、南極での調査活動実施にあたり、極めて大事なポイントを指摘することを忘れなかった。「南極では特段の国際的協力が必須である。」

これを受けて、一九五五年七月「第一回南極会議（Antarctic Conference）」がパリで開催された。議長に選出されたフランスの地理学者ジョルジュ・ラクラベールは、会議冒頭次のように宣言する。

「この会議においては、南極における領有権の主張や冷戦といった外交問題は、これを排除または凍結する。当会議は科学に関するものであって領土に関するものではない。」

この宣言に対して、オーストラリア人参加者からは「オーストラリアが領有権を主張している領域内にソ連基地がある」とか、アルゼンチン人参加者からは「アルゼンチンが領有権を主張している棚氷上にアメリカ基地がある」といった反発もみられたが、どちらの参加者も最終的には譲歩する。また、ソ連人参加者からは「南極点上にソ連基地を造る計画」が示された。しかし、アメリカ人参加者から「南極点上にはどの国も基地を設けないことを原則とする」ことが提案されると、ソ連サイドはあっさり引き下がった。

結局、「世界初の南極会議」に参加した一二カ国は、提案→話合い→譲歩または撤回という手続きを経て、国際地球観測年で使用する南極基地の配置を、相互尊重の原則を貫きながら、無事完成したのである。

冷戦の最中になぜそんなことが可能だったのか？　タイミングがよかったと言えばいいのだろうか？　それとも歴史的な巡り合わせだとでも言えばいいのだろうか？　国際科学会議から第一回南極会議にいたる数年間は、いわゆる「米ソ雪どけ」の時期にぴったりはまっていたのである。

まず、一九五三年三月、独裁的権力を握っていたソ連の最高指導者ヨシフ・ヴィッサリオノヴィチ・スターリンが没する。同年、「トルーマンドクトリン」を掲げ反共・反ソビエト政策を繰り広げてきたアメリカ大統領ハリー・S・トルーマンに変わって、元ヨーロッパ方面連合軍司令官ドワイト・D・アイゼンハワーが大統領となった。アイゼンハワーは、一九五三年一二月、国連総会での演説で「原子力の平和利用」を訴え、核軍拡への問題提起を始めた。その三年後、新たにソ連の指導者となったニキータ・フルシチョフが、有名な「スターリン批判」を展開してソ連の基本政策を大きく変え始めるのである。すなわち、第二次世界大戦と戦後の冷戦構造とを代表する二人のリーダー、スターリンとトルーマンがどちらも表舞台・権力の座から降りることによって、歴史の歯車が大きく動き始めたのだ。

もちろん、この最初の「雪どけ」＝米ソ緊張緩和はそれほど長くは続かなかった。それでも、南極と

「南極観測20周年記念 1956–1977」記念封筒（1977年）。その右上には「南極条約10周年記念切手(1971年発行：アデリーペンギンが描かれている)」が貼られている

「南極地域観測事業開始50周年郵便切手ポストカードセット」2007年発行。アデリーペンギン、エンペラーペンギン親子などが描かれている

ペンギンにとって歴史的なよろこばしい出来事＝「南極条約」成立には、ギリギリ間に合った。こうして、国際地球観測年はスタートラインにつく。フランス、オーストラリア、イギリス、ソ連、アメリカの五カ国は、観測のための越冬基地を南極大陸上に建設した。また、合計四〇の観測基地が、亜南極の島々に展開する。科学者たちは、国籍に関係なく相互の基地を拠点として、自由に観測を続けた。例えば、ソ連の気象学者ウラジーミル・イワノヴィッチ・ラストログフはリトルアメリカ基地で、アメリカの気象学者ゴードン・カールライトはソ連のミルヌイ基地で活動したのである。その成果は科学的観測だけにとどまらず、大きな実を結ぶことになる。

南極研究特別委員会（SCAR）

一九五七年七月、国際地球観測年（IGY）が始まった。同年九月、国際学術連合会議の中に「南極研究特別委員会」という分科会が設けられ、IGYでの南極観測全体をとりまとめ調整することになる。この特別委員会は、その後、一九六一年「南極研究科学委員会（SCAR）」と改称され、研究成果の発表や南極観測の方向性を検討する場として活動を続ける。ペンギンなど南極から亜南極に生息する生物に関する研究結果も、このSCARで集約された。従って、それまでの南極探検や観測活動で蓄積されてきたペンギン研究のデータや資料もこの委員会に継承され、多くの論文が集められた。

例えば、英国南極観測局（BAS）が長年収集してきたペンギン関連の文献や論文なども、その中心的データとして活用されていく。南アフリカのペンギン研究者ジョン・クーパーらによってまとめられたペンギン文献目録『Penguins of the World: A Bibliography』（一九八五年）には、一九世紀以降に刊行

南アフリカのクーパー、英国南極局のクロクゾールらによってまとめられた「ペンギン関連文献目録」（1985年）。（149）

日本郵便発行「国際地球観測事業開始」記念切手（1957年）。エンペラーペンギンが描かれている

された一九〇〇点以上ものペンギン文献が掲載されているが、これを出版したのはBASの「自然環境研究委員会」である。SCARでは、ペンギン研究者が顔を合わせる機会も多かったから、南極・亜南極域におけるペンギンの国際的共同研究を調整したり、この地域内でのペンギン関連情報を集約したりといった作業も重ねられていった。というわけで、

「南極観測砕氷艦"しらせ"就航記念・1983年11月14日出港」封筒（1983年）。右上には「南極観測船しらせ就航記念切手（しらせとアデリーペンギン）」が貼られ、記念の消印が押されている

元上野動物園園長、古賀忠道の自宅宛に送られてきた「南極観測船しらせ就航切手」と記念消印が押された記念封筒（1983年）

一九六〇年代以降、SCARは「ペンギン研究の牙城」となっていく。ここに多くのペンギン研究者たちがひしめきあっていた。

一方、IGYには日本も参加していた。南極研究の権威、神沼克伊はその当時の状況を次のようにまとめている。

「一九五五年といえば、日本は第二次世界大戦の荒廃からようやく立ちなおりはじめたころでした。国として純学問の目的で多額の費用を南極観測にそそぎこむ余裕があったわけではありませんが、科学者の熱意で実現したのです。同じ敗戦国であった西ドイツは、南極観測二五年目の一九八一年日にして、ようやく基地を建設し、越冬観測をはじめました。敗戦国として、まただひとつの非白人国として、

南極観測をはじめた日本の科学界の指導者の先見は、すばらしいものです。」

また、神沼は別の著作の中で次のように回顧している。

「第二次世界大戦後十年、昭和三〇年代の日本はまだ大戦の混乱が残り貧しく、主食の米も輸入していた時代であった。そんななかで学会(日本学術会議)は南極観測への参加を決めた。そして政・官がこぞってバックアップするとともに、民もまた協力した。朝日新聞社が一億円を拠出し、さらに物質的な支援も表明した。第一次日本南極地域観測隊(以下一次隊と記す)は朝日新聞社の小型機を使用した。新聞社の呼びかけで、全国民が南極観測のための募金に協力した。小学生たちが小遣いを節約して十円、二十円と寄付したのである。」

神沼の熱弁は続く。

「宇宙時代の今日、宇宙飛行士を送り出す費用を国民が募金をしただろうか。ガン研究は医学の最重課題とはいえ、国民一人ひとりが五百円、千円の寄付をしただろうか。ともに否である。豊かで人々の目的や生き様が多様化している今日では、いくらブームといっても、南極観測開始直前のあの熱気は、日本国内のどの分野にもないのではなかろうか。」

ちなみに、日本の「一次隊」は、初代南極観測船「宗谷」に乗り、随伴船「海鷹丸」(東京水産大学[現東京海洋大学]の練習船)とともに南極に向かう。一九五七(昭和三二)年一月二九日、オングル島に上陸すると付近一帯を「昭和基地」と命名して、四棟の越冬用建物を設けた。当時の記録映像には、隊員がエンペラーペンギンやアデリーペンギンに「歓迎される」様子が残されている。こうして、日本の本格的かつ国際的な南極研究が幕を開けた。

さて、科学的観測活動としての南極研究の開始は、日本だけでなく、参加した一二カ国全てで歓迎された。国籍を問わない国際的協力活動の成果が、南極の雄大な景色とペンギンたちの映像とともに世界中に流布したのである。その結果、二つの大きな流れが生まれる。一つは「南極条約」として結実する国際政治上の画期的実績であり、他の一つは地球規模での環境変化や環境問題に対する新しい視点・価値観である。ここではまず、「南極条約」についてみていきたい。

南極条約

ＩＧＹでは、最終的に六〇カ所ほどの観測基地が南極各地に設けられた。それらの基地では、多少の断続もあったが、越冬を前提として恒久的な観測体制が維持される。「政治上の対立や領有権争いは棚上げ」して始まったＩＧＹだが、活動の区切りとされた一九五八年一二月が近づくにつれて、再び政治的問題が再燃する。神沼は、この時の状況を次のように説明している。

「たとえば日本が昭和基地を建設した地域は、ノルウェーが領土権を主張しています。恒久的に昭和基地を維持していくとすれば、ノルウェーからみれば日本が自国の領土に進入していることになります。また、領土権を主張する国が、自国の領土だからといって、軍事基地を建設したり、核実験をしたら、未知の大陸はたちまち荒廃します。アメリカは南極の平和利用を目的とした条約を結ぶことを、南極観測に参加していた一一カ国に提唱しました。条約の討議が重ねられた結果、一九五九年一二月一日、南極条約が各国代表により署名されました。」

これら一二カ国の原署名国には、もちろん日本も含まれている。締約国はその後も増え続け、二〇二三年六月現在五六カ国に達している。

やがて、南極条約は一二カ国政府による批准を受け、一九六一年六月二三日に発効した。主な内容を簡単にまとめてみると……

①、南極地域の利用は平和的目的についてのみ許される。いかなる軍事的目的による利用も認めない。
②、IGYで実現された「南極地域における科学調査の自由」ならびにそれを保障するための国際協力体制を維持する。
③、科学的調査活動に関する国際協力を推進するため、活動計画についての情報交換と科学者間のデータ交換を推進する。
④、全ての領有権や領土請求権を南極条約の有効期限内は凍結する。
⑤、南極大陸における原水爆実験や核廃棄物の投棄を禁止する。
⑥、条約加盟国は自由に他国の基地を査察できる。

この条約を遵守している限り、南極地域での活動は自由である。南極大陸に上陸したり、どこかの国の基地を訪問したりする時にもビザ（査証）は必要ない。南極条約の特長を神沼はこうまとめている。

「科学観測に最も必要な平和と国際協力は、南極観測では立派に実現しています。各国が南極条約を守る限り、南極はいわば国際社会における現代の理想郷といえるでしょう。」

こうして、南極条約はまた、ペンギンに新しい付加価値を与えた。この白い大陸を代表する生きもの＝ペンギンは、「涼しさとひょうきんさの代名詞」だけではない。「自由と平和」をも体現することになったのである。

ただ、南極条約にも限界がある。それは、この条約が「南緯六〇度以南の地域」を対象としているところだ。イギリスが一八三三年以降実効支配していたフォークランド諸島（アルゼンチン名マルビナス諸島）は、南緯五一度四一分（首都スタンリー）に位置していた。この島々は南極から流れ出す強い寒流に洗われているため、気候は亜南極圏内とほぼ同じである。しかし、一八三三年以降、イギリスがここを実効支配し、アルゼンチンとの間での領有権を巡る対立が続いていた。一九八二年三月、アルゼンチン軍による攻撃が始まり、いわゆる「フォークランド紛争」が起きる。三カ月間におよび、極寒の島々と周辺海域で激戦が続いた。アルゼンチン軍は一時優勢だったが最終的には撃退され、イギリス軍が島を奪還した。南半球の亜南極圏内では初めてとなる現代戦だったが、多くの傷痕を双方に残した。この島々には、キング、ジェンツー、マカロニ、マゼラン、ミナミイワトビ、稀にロイヤルといった六種のペンギンが多数繁殖し、周辺海域を主な採食範囲としている。正確な数は不明だが、多数のペンギンたちが犠牲となった可能性がある。ただし、両軍によって展開された地雷原は、人間には有効だがペンギンの体重では機能しなかった。戦闘が終わった後も「人間が安易に立ち入れないペンギン保護区」が、島々のあちこちにできたと言われている。

さて、ついでに時間を早回しして、南極の自然環境や生きものに関連する条約の流れをざっと眺めておこう。それは、次にまとめていく一九五〇年代以降の地球環境に関する新しい価値観、視点とも密接に連動・呼応しているからだ。

①、一九七二年、「南極のあざらしの保存に関する条約」締結。

②、一九八〇年、「南極の海洋資源の保存に関する条約」締結。魚類・軟体動物・オキアミ(プランクトン)などの捕獲量、区域、方法などの制限。

③、一九九一年、「環境保護に関する南極条約議定書」採択、一九九八年発効。南極の環境と生態系とを包括的に保護することを目的とする。

④、二〇一二年、「南極海海洋保護区設定」のための協議開始。南極大陸や棚氷だけでなく、南極周辺海域の保全を目的とする。

⑤、二〇一六年、④の一環として「南極海海洋保護区・ロス海設定合意」、二〇一七年正式に創設された。有効期限三〇—三五年間。

こうして南極条約の基本的理念は、二一世紀の現在もなお引き継がれている。では、南極以外の地域では、あるいは地球全体の環境については、どのような変化や出来事があったのか？　次は、環境意識の大きな転換についてみていこう。

レイチェル・カーソン（一九〇七―六四年）の遺産は大きい。一九四〇年代から六〇年代にかけて、彼女が発表した一連の著書は、環境に対する考え方に根本的な変革をもたらした。『潮風の下で』（一九四一年）、『われらをめぐる海』（一九五一年）、『海辺』（一九五五年）に続いて一九六二年に出版された『沈黙の春』は、化学物質による環境汚染の実態や広がり、そのメカニズムや危険性を、世界中の人々に訴え、強烈な衝撃を与えた。アメリカ内務省魚類生物局の水産生物学者として活動した結果をまとめた彼女の報告は、生きものとの関係や地球環境の現状を理解しようと考えていた他の分野の専門家にも、重い問題提起となった。「公害」や「複合汚染」、「食物連鎖による生物濃縮」といった問題の深刻さ、重大性への関心が一気に高まる。

彼女が一大センセーションを巻き起こした著作を次々に発表していた一九五〇―六〇年代は、「第三次エネルギー革命」とも呼ばれる変革期でもあった。一七世紀―一九世紀、自然エネルギーから化石燃料＝石炭へとシフトした「第二次エネルギー革命」にくらべると、石炭から石油・天然ガスへとシフトした「第三次エネルギー革命」の展開は早い。蒸気機関から内燃機関へと転換していく過程で、自動車、飛行機が発明され大量生産されて、急速に普及していく。船舶も大型化し、燃料が石炭から重油へと入れ替わる。プラスチック製品や石油化学工業によって産み出された多種多様な化学製品が、世界中に大量輸送され大量消費されていったのである。

特に、第二次世界大戦後は、冷戦という重い足かせがあったものの、人間の営利的経済活動はますます加速・拡大し、人口も爆発的に急増していた。『沈黙の春』は、そんな時代に投げかけられた生物学者からの問題提起＝メッセージだとも言えるだろう。実は、世界は決して手をこまねいていたわけではない。地球環境や生きものからのサインを敏感に受けとめ、それに科学的な光をあてようと懸命になっていたのだ。「国際地球観測年」や「南極条約」はその一例に過ぎない。

例えば、世界最大の環境系民間団体である国際自然保護連合（ＩＵＣＮ）は一九四八年一〇月五日に設立された。ＩＵＣＮには、約一二〇〇の組織（二〇〇以上の政府・国家機関、九〇〇以上の非政府組織＝ＮＧＯ）が会員として登録され、世界一六〇カ国から約一万一〇〇〇人の科学者・専門家が集められ、六つの専門委員会に所属して活動している。主な目的は、生物多様性保全のための国際的協力関係を構築することである。ちなみに、筆者は、六つの専門委員会の一つ「種の保存委員会（ＳＳＣ）」の「ペンギン・スペシャリスト・グループ（ＰＳＧ）」メンバーとして、二〇一六年から活動している。

ＩＵＣＮの主要な活動は三つ。①自然の価値を高め守っていくこと。②自然の利用は効果的で公平な決め方に変えていくこと。③気候、食料、開発という環境課題に関して自然に基づいた解決策を構築していくこと。

また、この活動は、世界中の生物多様性に取り組む専門家からなる世界最大のボランティアネットワークによって支えられている。専門家たちが所属する六つの専門委員会は以下の通り。①種の保存委員会（ＳＳＣ）：生物保護に関する専門家ネットワーク。②世界保護地域委員会（ＷＣＰＡ）：陸域から海洋まで含めた自然保護の場所に関する専門家ネットワーク。③生態系管理委員会（ＣＥＭ）：森林、海洋といった生態系から、漁業といった広い意味での自然資源管理、自然を生かした自然災害防止や減災といった

「生態系機能」に関する知見を有するネットワーク。④教育コミュニケーション委員会（CEC）：教育やコミュニケーションに関する専門家のネットワーク。⑤環境経済社会政策委員会（CEESP）：自然を巡る不公平、自然を巡る社会政策、特に経済政策などの専門家ネットワーク。⑥世界環境法委員会（WCEL）：自然資源を守り、活用する「法律や制度」に特化した専門家ネットワーク。

一九四八年の設立以来、IUCNが展開し現在も継続中の主な活動実績を簡単にご紹介しよう。

一九六四年、『絶滅の危険がある生物のレッドリスト』をまとめ公表し始めた。「レッドリスト」という言葉がこの活動によって世界語になった。ペンギンのレッドリストは、一九八八年以降少しずつまとめられていき、二〇一六年には飼育下個体群を含めたリストを「バードライフ・インターナショナル」のサイト上で公開し、随時データ更新している。

一九七一年にはラムサール会議の開催、一九七二年には世界遺産会議の開催、一九七四年にはワシントン条約（CITES）会議の開催、一九九二年には生物多様性条約締約国会議の開催を支援した。この間、一九八〇年には、国連環境計画（UNEP）と世界自然保護基金（WWF）と連携し、『世界保全戦略』をまとめて発行している。その基本的考え方は、後の生物多様性会議（CBD）、気候変動会議（UNFCC）、砂漠化会議（UNCCD）の開催につながり、それらの国際会議の基本的精神として引き継がれている。特に気候変動に関する会議としては、一九八八年に開催された気候変動に関する政府間パネル（IPCC）に、様々な基礎データを提供している。

一九九九年、このような一連の活動が評価され、IUCNは国連総会のオフィシャル・オブザーバーとなった。二一世紀に入ってからは、持続可能な開発に関する世界首脳会議や気候変動サミットなどを支援しながら、二〇三〇年に迫った持続可能な開発目標達成を目指している。

このようなIUCNの幅広い活動と並行して、主に気象学や海洋学の研究成果として、エルニーニョ、ラニーニャ、南方振動（ENSO）などの大気循環や深層海流に関する新しい知見やデータが、一九八〇—九〇年代、次々に発表されていった。これら対流圏内の流体力学的研究成果は、隣接する科学的研究領域においても共通認識され、海洋生物全般、特にペンギンを含めた海鳥の研究や保全活動にも大きな影響をおよぼしたことは言うまでもない。

さて、以上ながめてきた自然環境に関する大きな流れの中で、ペンギンを巡る状況はどうなっていたのだろうか？　野生個体群と人間とを巡る状況については「『ペンギン生物学』の成立」のところでみていくことにしたい。まずは第二次世界大戦後の飼育下個体群の状況について、簡単にまとめておこう。

動物園・水族館に課せられた重く大きな宿題

戦前・戦中・戦後にわたって上野動物園を支え続けた古賀忠道園長（一九〇三—八六年）は、様々な著作や講演を通じて「動物園は平和の象徴」だと繰り返し述べている。同感である。本書では、一八世紀—二〇世紀前半の動物園・水族館におけるペンギン飼育・展示について、欧米諸国での変遷を「第4章　シロクマのともだち」で概観してきた。第一次世界大戦で戦場となった国々の施設はもとより、戦場にはならずしかも戦勝国となった国々においても、大戦中または終戦直後の動物飼育施設には大変な苦難が降りかかる。食料不足、インフラ復旧や経済的復旧の遅れ、荒廃した人心、不安定な治安など。

家族連れ、恋人同士で生きものを観察するゆとりはなかなか回復しない。しかも、長期間の戦争中に、飼料不足、医療品不足、人手不足などで多くの飼育動物が失われていることが少なくなかった。

特に第二次世界大戦では、アメリカ合衆国以外の動物飼育施設は、かなり大きな痛手を被ったようだ。日本も例外ではなかった。堀秀正、福田道雄、川端裕人らの調査・研究によれば、第二次世界大戦前に日本国内にもたらされたペンギンたちは、終戦までの間に全て失われたという。従って、日本の場合、一九四五年八月一五日以降、ペンギン飼育は一から仕切り直しとなったのだ。

また、一九六〇年代くらいまで、新着のペンギンの多くは捕鯨船によってもたらされたようだ。大戦後、日本は極度の食糧不足に襲われた。それを少しでも補うため、戦前盛んだった南極海での捕鯨が再開された。ノルウェー、アイスランド、イギリス、ソ連などの国々も競って南半球での捕鯨活動を再開したから、一九四〇年代以降、捕鯨に関する国際的交渉が加速する。ちなみに、アメリカは、一九四〇年に捕鯨を禁止していた。

捕鯨に関する国際的取り決めをどのように定めていくのかについては、すでに一九四四年、ロンドンの国際捕鯨会議で検討されていた。「総量規制」の原則がその時から優勢となっていたようだ。国際捕鯨取締条約に基づき、一九四九年、第一回国際捕鯨委員会（ＩＷＣ）総会が開かれ、その場で「オリンピック方式」が採択される。

この時決定した「オリンピック方式」という捕鯨管理方法は次のようなもの。①各国の捕鯨船団は、捕獲したクジラの頭数を、ノルウェーのサンディフィヨルドにある国際捕鯨統計局に毎週報告する。②統計局は、それらの情報を集計し、事前に定められた捕鯨枠（捕鯨可能頭数）に達する日を予測。③予測した日より一週間の余裕をとって各船団に通知する。④連絡を受けた船団はその指示に従って操業を停止する……という流れである。

この「オリンピック方式」は、実際には一九五九年に廃止される。しかし、一般には一九四八年―七〇年代まで「捕鯨オリンピック」が続いたと表現されることもある。この間、日本は一九五〇年、IWCに加盟する。一方、イギリスは一九六三年には、捕鯨そのものの禁止に踏み切った。

南極圏内や亜南極に生息していたペンギンたちは、「捕鯨船のお土産」として各々の母国・母港で歓迎された。ほぼ同時期に展開されていた国際地球観測年の活動中、参加各国の探検船・輸送船の船員や隊員たちも、科学的目的とは別に、個人的お土産として北半球にせっせとペンギンを運び込んだのである。第二次世界大戦後の母船式捕鯨船団には、第二次世界大戦前のものとは大きく異なる特長があった。巨大な捕鯨母船はまさにクジラの解体・加工工場だった。そこには大きな冷蔵・冷凍施設が完備されていた。従って、そうでない場合にくらべ、母国・母港に帰るまで船上でペンギンが死んでしまうリスクはかなり軽減される。ちなみに、日本にもたらされた「寒い地域のペンギンたち」になにがあったのか？具体的なエピソードについては、先ほどご紹介した堀、福田、川端などの文献をご覧いただきたい。

ここでは、まず、ジョン・スパークスとトニー・ソーパーの見方をご紹介しよう。

「例外なく、動物園長を悩ました最大の問題は、運びこまれるペンギンの多くが寒冷な地域からきたものだということである。そういうペンギンは、異常高温状態になりやすく、それが原因で衰弱死しやすいのである。この問題の深刻さは、動物園のある地域がどの気候区に属しているかによって異なることは言うまでもない。とくに、亜熱帯や温帯地域にある動物園のばあいは、最悪の状態になるので、空

著名な古生物学者シンプソンによるペンギンの一般書（1976年発行）(6)

著名な博物画家・鳥類研究家ピーターソンによるペンギンの一般書（1979年発行）(5)

調設備や冷凍設備を備えた建物の中でペンギンを展示する必要がある。」

一方、堀の分析はさらに深い。少し長くなるが、重要なポイントなので以下に引用したい。

「戦後の初渡来から初繁殖に至る年数を種別に見てみるとフンボルトペンギン一年、ケープペンギン一八年、イワトビペンギン一九年、マゼランペンギン二四年、ジェンツーペンギン三九年、マカロニペンギン四二年、ヒゲペンギン四八年、コガタペンギン三四年、アデリーペンギン四三年となっている。このように、戦後の初渡来から初繁殖に至った年数が一部の種を除いて非常に長いのは、一九六〇年代までは、動物園・水族館がペンギンの入手をほぼ全面的に捕鯨会社に依存していたためと考えられる。」

南極海での捕鯨が再開されると、日本国内の動物園・水族館からは捕鯨会社に「ペンギン入手依頼」が殺到した。しかし、捕鯨船の主な仕事はクジラの捕獲であって「ペンギン収集」ではない。一度に日本に持ち帰ることができるペンギンの数には限界がある。従って、日本各地の飼育施設一カ所あたりの「ペンギン割当て」はほんの少しになってしまうのだ。堀はこう考える。

エディンバラ動物園のペンギン展示施設。ゆるやかな丘陵の中腹に広い敷地が確保されている（2011年、上田撮影）

「ペンギンは集団で繁殖する動物である。飼育下で繁殖させるためには、ある程度以上の規模の群れで飼育することが望ましい。しかし、当時の動物園・水族館では、できるだけ多くの種類の動物を展示することを目指していたため、分配を受ける各園・館が相談して、将来の繁殖のために同一種はどこか一カ所に集めるといった発想はなかっただろう。むしろ種ごとの個体数は少なくてもよいから、多くの種を受け入れたいという要望が強かったに違いない。」

その上、ペンギンは外観だけで正確な雌雄判別をすることが極めて難しい。同一種を二羽以上入手できたとしても、それが同性であれば繁殖は不可能だ。というわけで、一九六〇年代までは、日本で飼育されていたペンギンのほとんどが少数飼育のため繁殖できる条件が整わなかったと考えられる。

つまり、第二次世界大戦後、一九六〇年代までは、捕鯨船の母港や寄港地を持つ国々を中心に、多くの動物園・水族館に、南極および亜南極のペンギンたちが運び込まれた。ところが、亜熱帯から温帯にある施設では、寒冷な地域からきたペンギンたちは飼育環境に適応できず短期間で死んでいった。しかも、各々の施設に搬入されたペンギンは、極めて数が少なく雌雄判別も不正確だったため繁殖が難しかったのだ。結果的に、この時期、北半球にやってきたペンギンたちの多くは、繁殖することなく次々に姿を消していったことになる。

この点について、著名な「ペンギン本」の著者たちの意見は手厳しい。代表的なものを二つご紹介しよう。世界的に有名な古生物学者シンプソンは、欧米や日本の動物園を名指ししてこう記す（一九七六年）。

「ペンギン飼育施設の多くは、ペンギンの死亡率公表には極めて神経質であり、生存率が良い時には発表するが死亡率については言及しないことが多い。詳細なデータこそないがとてもよく知られた事実がある。それは、動物園にペンギンを供給するために船積みされた何千という個体のほとんどが、輸送中しかも積み込まれてからほんの数週間で死んでしまうことだ。特に、南極や亜南極種の場合、死亡率は極めて高い。これらの種のほとんどは、ヨーロッパ、アメリカ合衆国、そして日本の飼育・展示施設に供給される途中だったものだ。」

博物学者、鳥類学者、鳥類画家としてその名を知られているピーターソンの表現はもう少し柔らかい（一九七九年）。

「今になってもまだ、非常に多くのペンギン、特に寒冷な地域のペンギンたちが、飛行機や船で北半球に運ばれる途中あるいは到着直後、次々に死んでいくという深刻な事態が続いている。冷房施設や空調設備がその危険を低減できるのだが、実際には、氷のかけらや雪を強制的にペンギンたちに食べさせているだけという場合がほとんどだ。」

しかし、欧米諸国や日本の動物園・水族館が、寒冷地からのペンギン輸送や飼育・繁殖に大苦戦している時、極めて高い生存率、繁殖成功率をあげ続けていた動物園があった。エディンバラ動物園である。辛口の専門家たちからも、エディンバラ動物園は高く評価されている。ピーターソンはこう言っている。

「スコットランドのエディンバラ動物園は、ペンギン展示の継続および繁殖記録世界一を誇っている。五〇年間以上にわたり、ここではキングペンギンが子育てを続けている。また最近では、ジェンツーペンギンの長期連続繁殖記録をも達成しているのだ。一九七四年だけに限ってみても、二八羽のジェンツーペンギンが新たに巣立ち、この種の総個体数は一一八羽となった。この事実は、ペンギンたちの飼育や繁殖には大きな群れが必須であり、群れが大きいほど繁殖成功率も高まることを証明している。」

ジョン・A・ラブは、エディンバラ動物園と捕鯨との関連も指摘している（一九九四年）。

「エディンバラで地方捕鯨会社を経営していたクリスチャン・ソルヴェッセンは、エディンバラ動物園へのペンギン供給を続けていた。一九三九年までに、動物園の飼育下個体群は合計一五〇羽近くに達した。種類もキングペンギンだけでなく、ジェンツー、マカロニ、ヒゲの四種を維持し、高い繁殖成功率を残している。しかし、第二次世界大戦が始まると、新しい個体の供給は途絶える。平和がもどると、ソルヴェッセンは、サウスジョージア島からのペンギン輸送を復活させ、捕鯨業を廃業した一九六七年まで継続したのである。その時までに、エディンバラ動物園のペンギンコレクションには、マゼラン、ケー

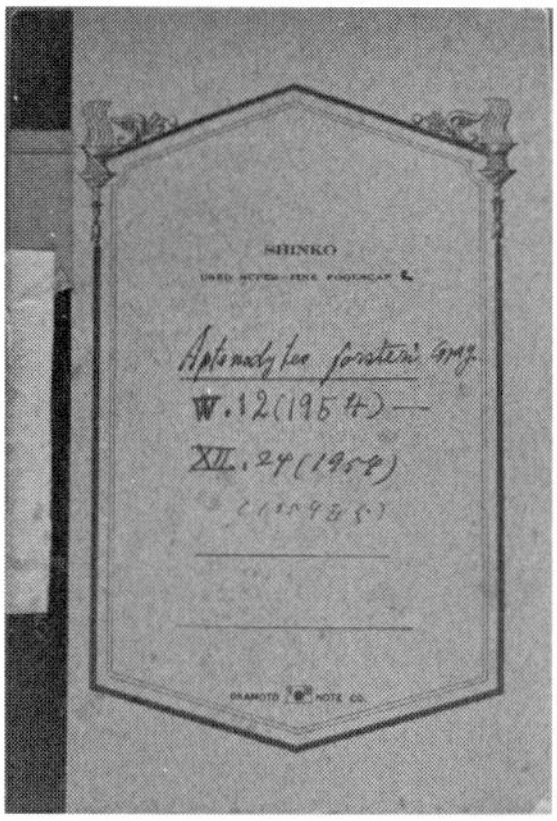

元上野動物園園長、古賀忠道による直筆「エンペラーペンギン飼育・治療ノート」。エンペラーに関するノート2冊、フンボルトペンギンの観察ノート1冊が遺されている。1954年4月以降のもの

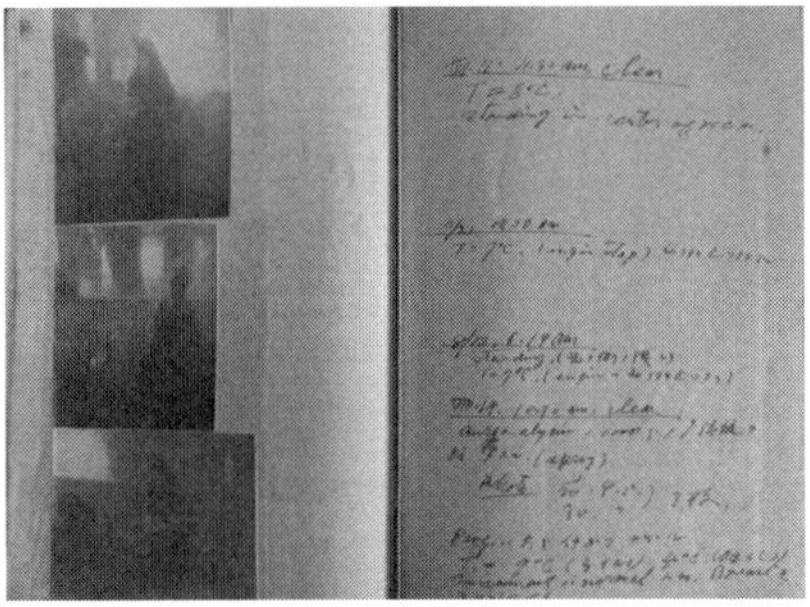

古賀忠道の「エンペラーペンギン飼育・治療ノート」には、自身で撮影した写真やペンギンのスケッチなどが添付されている。南極ペンギンの飼育という難題に、懸命に取り組んでいたことがわかる貴重な原史料である（1954年4月以降の記録）

プ、アデリー、コガタが加わっていた。」

　つまり、エディンバラ動物園では、第二次世界大戦直前の段階でキング、マカロニ、ジェンツー、ヒゲといった亜南極種が定着・繁殖していただけではない。一九六〇年代後半までには、アデリーといった南極種やマゼラン、ケープ、コガタといった温帯種まで、飼育種のバリエーションを増やしていたのである。なぜそんなことが可能だったのだろう？ピーターソンの言う「大きな群れ」もポイントの一つだし、ラブが指摘する「捕鯨業者からの絶え間ない供給」も重要な要素だったのかもしれない。しかし、後日明らかになる通り、エディンバラ動物園が位置する環境、とりわけ緯度と気候とに、ペンギン繁栄の謎を解くカギが隠されていたのだ。

　スコットランドの首都エディンバラは、北半球の高緯度に位置している。北緯五五度五六分である。これはロシアの首都モスクワの北緯五五度五六分よりは南だが、北海道最北端に位置する稚内市の北緯四五度四一分よりははるかに北である。ただし、気候は厳寒ではない。大西洋を斜めに横切って流れてくる暖流＝メキシコ湾流の影響を受けて、寒冷地であるにも拘わらず「冷涼な西岸海洋性気候」に属している。というわけで、エディンバラ動物園は、寒冷地から温帯に分布する多くのペンギンたちを維持し繁殖させることができたと思われる。

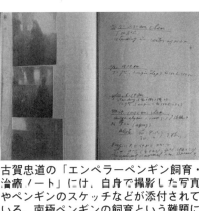

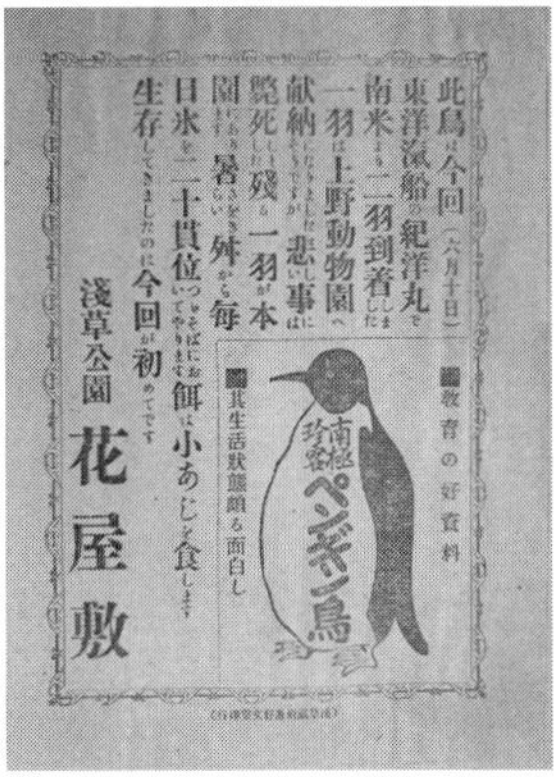

「浅草公園花屋敷」の「南極珍客ペンギン鳥」と題したチラシ。花屋敷で飼育されていたのは実はフンボルトペンギンだった。1915（大正4）年6月下旬以降に印刷されたものと思われる

花屋敷を写した当時の写真には、「ペングィン」の看板が見える。1915（大正4）年6月下旬以降撮影したものと思われる

やがて、ペンギンたちをその本来の生息地に近い環境下で飼育・展示しようという考え方が、少しずつ世界中のペンギン展示施設に浸透していく。だが、その前に「温帯のペンギン」たちが、世界各地の動物園・水族館にしかも急速に出現し始める。一九七〇年代の急変についてみておこう。

南極条約に関する話の中でも指摘した通り、一九六〇年代以降、南極大陸はもちろん南緯六〇度以南の島々からも、勝手に動物を移動したり捕獲したりできなくなってきた。そのうえ、エディンバラ動物園という例外はあったものの、南極種・亜南極種の長期的飼育や繁殖は極めてハードルが高い課題だった。これに加えて、ＩＵＣＮの活動が一九六〇年代から七〇年代にかけて活発化し、一九七四年にはいわゆる「ワシントン条約会議」が開催される。「ワシントン条約（ＣＩＴＥＳ）」の正式名称は「絶滅のおそれのある野生動植物の種の国際取引に関する条約」という。この条約の内容が具体的に検討されていく過程で、「フンボルトペンギンには最も厳格な規制が適用されるらしい」という情報が流れ始める

と、残念なことに「駆け込み需要」的な人気が、フンボルトペンギンやケープペンギンを対象として急激に高まった。

実は、北半球の動物園・水族館への「ペンギン供給ルート」は、捕鯨船団と南極観測隊だけではなかった。第4章の「動物園デビュー」や第5章の「生きてるペンギンがやってきた」のところでも述べた通り、二〇世紀初頭から、ハーゲンベックに代表される欧米の動物商がさかんにペンギンを売り込んでいた。また、南半球でペンギンの繁殖地がある島を個人所有しているヨーロッパ人が、自ら鳥類園を本国で経営したり、欧米の飼育施設や動物商にペンギンを売り渡したりしていたのである。もちろん、それらの供給量は、二つの世界大戦の荒波が世界中を混乱させていた間は、限られていた。しかし、第二次大戦が終わり、欧米でも日本でも動物園や水族館が増え始めると、どちらも息を吹き返す。

野生のフンボルトペンギン。雪と氷の世界とは全く無縁の生活をしている。1994年、チリにて上田撮影

例えば、一九一五（大正四）年六月、日本に最初の生きたペンギンをもたらしたのは小澤磯吉という人物だった（第5章の「生きてるペンギンがやってきた」冒頭参照）。福田の論文（二〇一八年）によれば、この小澤磯吉という人物は、東洋汽船紀洋丸の機関長で、チリのイキケから生きているフンボルトペンギン二羽を持ち帰ったという。そのうち「小さい方を宮内省帝室博物館附属動物園（現在の上野動物園）に寄贈」し、「大きい方を花屋敷に売った」ということを確認した。福田は、その細かい経緯について次のように記している。

「一九一二―一九一七年に南アメリカの海鳥類を調査したMurphy（一九三六）は、隣国のペルーでフンボルトペンギンがペットとして飼われているのを何度も見たと記載していた。また時期は少し後になるが、チリのイキケから一九三七年一一月一五日に東京市恩賜上野動物園に寄贈されたフンボルトペンギン一〇個体について、読売新聞（一九三七年一一月一六日夕刊）にはペンギンについて『同地在留邦人に飼はれるようになり同船に託されて来朝するようになったもの』と書かれていた。恐らく、当時の現地でフンボルトペンギンを飼うことは珍しくなく、餌付けて飼い慣らす場合の幼鳥と成鳥の齢による違いが知られていたのではないかと思われる。」

チリ、カチャグア島にはわずかだがグアノ層が残されている。灯台の下、白く見える部分。この島は「パハロ・ニーニョス（小さな海鳥の島）」とも呼ばれ、フンボルトペンギンやカッショクペリカンなど多くの海鳥が繁殖している。1994年、上田撮影

ペルーやチリだけでない。アルゼンチンやウルグアイでも、マゼランペンギンの幼鳥を餌付けして飼うことは、かなり古くから南米先住民の間で広く行われていたらしい。第1章の「昔はどの家でもペンギンを飼っていたものさ」にも記したが、筆者も南米各地を現地調査する中で、漁村の古老や博物館学芸員、フンボルトペンギン研究の権威ブラウリオ・アラヤ博士からも、「ペンギン飼育の伝統」のようなものがあることを聴きとっている。一九九〇年代のことである。さらに、その飼い慣らされたペンギンの幼鳥を買いとっていく船員や外国人も少なくなかったそうだ。おそらく、チリのイキケなど海外との定期航路を持つ大きな貿易港周辺の漁村を回

『INTERNATIONAL ZOO YEARBOOK 18』（1978年発行）はペンギン特集号。ペンギン飼育施設に関する世界初のアンケート結果が掲載された。表紙を飾るのは博物画家ピーターソンによるアデリーペンギン（297）

れば、ペンギンの幼鳥を買い集めることは、それほど難しくなかったに違いない。

福田によれば、小澤磯吉は「貨客船紀洋丸の機関長」だったとのこと。彼が日本にもたらしたフンボルトペンギンの生きている幼鳥たちは、当時の日本にとっては、確かに貴重な生きものだったに違いない。しかし、二〇世紀初頭には、欧米の動物飼育施設には、すでに数多くの温帯ペンギンたちがもたらされていたことは、第4章の「動物園デビュー」で示した通りだ。例えば、ロンドン動物園には、一八六七年に南アフリカからケープペンギンが、一八七一年に南米からフンボルトペンギンが来ている。これらの背景には、一九世紀半ばから二〇世紀半ばまで、一〇〇年以上ほとんど絶え間なく続けられた南米と欧米との海上交易がある。第1章の「糞尿物語」で詳述したように、チリは、一八八三年までには「ペルーとボリビアとの間の太平洋戦争」に勝利して南米太平洋岸の「グアノ地帯」をほぼ占有する。一八五〇年代から七〇年代のグアノ獲得競争は、ほぼ同時代のカリフォルニアにおけるゴールドラッシュに因んで「グアノラッシュ」とも呼ばれる。チリは、その「グアノラッシュ」を制すると同時に、一八八〇年代以降には、硝石（主に火薬の原材料の一つ）の原産国として、欧米や日本といった帝国主義国との貿易活動を積極的に拡大していく。

チリの産業史に関する論文の中で、高橋英一は、「産業革命の申し子としてのチリ硝石」と称して、この時期以降、ペルーからチリにかけての貿易活動が隆盛し、港湾都市が発達していく経過をまとめている（二〇〇三年）。特に、チリのタラパカ地方に位置するイキケ港、アントファガスタ港、さらに南方のバルパライソ港などが、その経済活動の基点だったという。ちなみに、これらの貿易港のすぐ近くには、どこにも比較的大きなフンボルトペンギンの繁殖地がある。フンボルトペンギンが「グアノラッシュ」と「チリ硝石貿易」を通じて、欧米諸国の飼育施設にもたらされたのは間違いないだろう。

話を一九七〇年代に戻そう。この時期、欧米諸国や日本の動物園・水族館では、飼育・繁殖が難しい「寒冷地のペンギン」たちにかわって、フンボルトペンギンやケープペンギンなどの「温帯ペンギン」が増えていた。しかも、この二種は野生個体群の減少が顕著で、専門家の間では絶滅の危険性が指摘されるようになっていた。一九七六年、「ペンギンの飼育下個体群と飼育施設」に関する初めての専門家会議が開催される。やはり史上初となった世界規模のアンケート調査結果に基づいて、あるべきペンギン飼育の姿について討論され、ペンギン飼育・展示施設のガイドラインが提示されたのだ。そこでは、それまでのペンギンと人間との関係を振り返った上で、野生のペンギンたちをいかに保護しその姿を正しく伝えていくべきか、具体的な指針と共通認識とが示されたのである。

一九七六年一〇月、「アメリカ動物園・水族館協会（ＡＡＺＰＡ＝後のＡＺＡ）」主催の「飼育下ペンギンに関するシンポジウム」が、ボルティモアで開催された。実は、「飼育下のペンギンに関する問題」は、すでに一度、一九六七年にも少し検討され、その概要が『INTERNATIONAL ZOO YEARBOOK 7』（C.Jarvis, The Zoological Society, London, 1967）に掲載されていた。一九七六年のシンポジウムは、六七年の討議を受ける形で、ＡＡＺＰＡの年次総会の特別企画として行われたものだが、このようなテーマで大きな学会が開かれたことはかつてなかった。

シンポジウムの議長を務めたのは、あのロジャー・T・ピーターソン。この時のシンポジウム内容をまとめた『INTERNATIONAL ZOO YEARBOOK 18』（ロンドン動物学会編、一九七八年）の序文で、南極ペンギンの研究で知られたウィリアム・L・スレイドンは、次のようにピーターソンを紹介している。

「AAZPAのシンポジウムは、光栄なことに、あの世界的に著名な保全活動家にして芸術家でもいらっしゃるロジャー・トリー・ピーターソン博士、一七から一八種のペンギンたちを、その本来の生息地において観察してこられた数少ない科学者でもあるピーターソン博士を、全体の議長としてお招きして開催された。」

ピーターソンは、「一八種類のペンギンたちの特徴と現状」に関する基調講演を行い、これらのペンギンたちの繁殖を促し、飼育下のペンギンたち、中でも野生の個体数減少が報じられているフンボルトペンギンとケープペンギンが飼育下でどのような状態にあるのか？　どのように飼育・展示されていかなければならないのかについて、専門家たちの検討と努力とを促した。

実は、この世界初のシンポジウムは、スレイドンとその弟子、病理生物学者ジャネット・ゲイリー・ヒィプスが中心となって準備されたものだった。特に、ゲイリー・ヒィプスが実施し、概要をまとめた「ペンギン飼育・展示施設アンケート」は、世界的規模で行われた初めての総合的な実態調査だった。彼女は、合計一二四施設に一四項目からなるアンケートを送付したが、以下のような回答率を得た。

オーストラリア　五施設に送付・回答五・回答率一〇〇%、カナダ　七施設に送付・回答五・回答率七一%、ヨーロッパ（イギリスを除く）　三二施設に送付・回答一二・回答率三八%、イギリス　二〇施設に送付・回答八・回答率四〇%、日本　一三施設に送付・回答四・回答率三一%、南アフリカ　四施設に送付・回答三・回答率七五%、アメリカ合衆国　三七施設に送付・回答二五・回答率六八%、中南米諸国　五施設に送付・回答一・回答率二〇%、ソ連　一施設に送付・回答〇・回答率〇%、全体の送付数一二四施設、回答六四・回答率五二%であった。ちなみに、日本の施設で回答したのは、京都市動物園、名古屋市立東山動物園、大阪市立天王寺動物園、東京都立上野動物園である。

全体の回答率は五二%にとどまった。しかし、世界各地のペンギン飼育・展示施設の飼育個体数、飼育種数、繁殖実績、繁殖成功率、飼育設備、飼育方法、ペンギンの疾病に関する基本的データが初めて得られたという事実には、大きな意義があった。特に、「寒冷地のペンギン」は、飼育環境をコントロールするため、屋内展示など特別な施設上・設備上の配慮が不可欠であること。フンボルトペンギンとケープペンギンを主とする「温帯ペンギン」が広く各国で飼育され、繁殖成功率が伸びない現状などが明白となったのだ。

ボースマとボルボログ（PSGの共同代表）によって編まれた最新のペンギンデータブック。60人以上のペンギン研究者が緊密に打合せをしながらまとめ上げた。2013年刊（323）

ボースマに依頼された上田らが翻訳し、ペンギン生物学史やペンギン保全史について補筆した最新の邦語データブック。2022年青土社刊（290）

この結果をふまえ、シンポジウム後、スレイドンとピーターソンは、各々その意義やこれからの課題について記している。ここでは、議長を務めたピーターソンが、自身の著書でこのシンポジウムを振り返りながらまとめた、比較的簡潔な報告をご紹介しよう。

「近ごろ、ボルティモアで開かれたアメリカ動物園・水族館協会の総会で、私はペンギンに関するセミナーの議長を務めた。そのセミナーでは、ペンギン飼育における様々な問題点、例えば、餌、飼育方法、疾病への対応、観客への解説方法などについて話し合われた。その会合を終えるにあたって、参加者全員で、ペンギンを飼育している全ての動物園や水族館に実行してもらいたい原則をとりまとめた。それは以下の通りである。すなわち、全ての飼育施設は、ペンギン一種につき一羽または二羽で飼ってはならない。もし、ペンギン一種につき一羽だけになってしまった場合、より大きな同一種の群れをつくるため、同じ種を複数保持している動物園に残った一羽を搬出しなければならない。もし可能ならば、全てのペンギン飼育施設は、同一種を最低一〇羽以上保有することを推奨する。なぜなら、ペンギンは社会性が強い生きものであり、一種につき一〇羽という個体数は、繁殖成功を保障する基準となると考えられるからである。」

ピーターソンは、このまとめに続けて、この時シンポジウムのホスト施設となったボルティモア動物園のケープペンギン展示について紹介している。

「ボルティモア動物園では、屋外にある既存の展示施設がペンギン繁殖地に転用された。大きな堀（モート）に囲まれた岩山から追い出されたのはサルたちである。かわりに三〇羽のケープペンギンがそこに入った。岩山を囲む楕円形の運河（堀割）は、ペンギンたちの泳ぎを阻害することがない。ペンギンたちはまた、岩山に登り、そこにあけられた小さな犬小屋のような巣穴を、つがいごとに占有することができるのだ。」

このシンポジウム以降、動物園・水族館におけるペンギンの飼育・展示・教育活動について、各国・各地域の連絡組織内で議論と工夫が重ねられていく。ペンギン飼育施設に課せられた「重く大きな宿題」は、残念ながら今も完全には果たされていない。一九八〇年代以後の状況については、この章の最後で、もう一度まとめることにしたい。

「ペンギン生物学」の成立

「ペンギン生物学（Penguin Biology）」という言葉は、二〇世紀のかなり早い時点から一般的には使われてきた。何人もの探検家やペンギン本の著者たちが、「ペンギン研究」や「ペンギンの生態」を紹介するため、「ペンギンの博物学」、「ペンギン研究」といった表現を重ねてきたのだ。ただし、この言葉を、一つの独立した科学的専門分野という意味で、学術レベルまで育て上げた一群の研究者たちがいる。彼らは、ある時点から、「南極研究の一分野としてのペンギン研究」という認識を意識的に変革しようと歩み始める。

もう一つ、話を「現代のペンギン生物学」に絞り込むため、簡単にふれておきたいことがある。二〇二二年、筆者は、ペンギンに関する最新のデータブック『ペンギン大全』（パブロ・ガルシア・ボルボログ、P・ディー・ボースマ編、上田一生他訳、青土社）を訳出するにあたって、巻末に「ペンギン学史」を追記した。

その中で、「ペンギン学の発達」を以下のような六段階に分けた。

①前史：先史時代―一八世紀、②黎明期：一九世紀―二〇世紀初、③本格的研究の開始：一九一〇―六〇年代、④研究者コミュニティーの形成：一九七〇―八〇年代前半、⑤国際ペンギン会議開催と研究手法のイノヴェーション：一九八〇年代後半―九〇年代、⑥地球的課題への挑戦：二〇〇〇―二〇年代前半。

ここでは、その④―⑥の経緯について、「人間とペンギンとの関係史」という視点から、また「現在、ペンギンと人間はどんな位置に立っているのか考える」という視点から見直してみたい。「ペンギン学史」そのものに興味をお持ちの方は、前記の『ペンギン大全』をご覧いただきたい。

「ペンギン研究者のコミュニティー」は、第6章「核の冬」・「国際地球観測年（IGY）」以降でながめてきたように、一連の地球規模での活動が同時進行した大きな時代の渦の中から生まれてくる。特に、一九八〇年代に本格化した南極海における「バイオマス国際共同研究」では、南極とその周辺に生息するペンギンたちが重要な分析対象の一つとなった。この研究の直接的契機は、一九八〇年五月、「南極海洋資源保存条約」が成立したことにある。国立極地研究所が発行した『南極海の海鳥類・鰭脚類・鯨類』という資料の冒頭で、松田達郎は次のように述べている（一九八三年）。

「この条約（南極海海洋資源保存条約）が採択された背景には、南極海の海洋資源への期待があった。同時に、未開発資源の多い南極海の資源の保存にも強い注意が払われた。南極海は海洋構造的に他の海洋から独立しており、そこには南極海生態系と呼ばれる特異な生態系が存在し、その生態系全体の管理に大きな関心と注意が払われることとなった。」

この資料には、「南極の鳥類」に関する一ページ目から、エンペラー、キング、アデリー、ヒゲ、ジェンツー、マカロニ、ロイヤル、イワトビ（この時点ではミナミイワトビとキタイワトビは同種だとされていた）の八種が掲載されている。これらのペンギンについて、「形態・分布・生態・現存量（個体数）」に関する解説と「分布図」が添えられていた。

また、この章でも引用してきたクーパーらによる『ペンギン文献目録』（一九八五年）も、「バイオマス国際共同研究」の産物である。その中で、編者を代表して、英国南極局（BAS）所属の研究者J・P・クロクゾールが全体の紹介を記しているが、彼もまた、BAS内で「バイオマス研究班・鳥類生態チーム」の秘書を務めていた。こうして、「南極ペンギンの研究」はペンギン研究の本流として発達し、多くのペンギン研究者が活発に交流を続けた。

ストーンハウスらによってまとめられた初の「総合的ペンギン論文集」。1975年刊行。ここに寄稿した研究者たちが新たなペンギンコミュニティーのコアメンバーとなっていく（295）

一方、この時期には、バイオテレメトリーやバイオロギングといった「ハイテク研究手法」が、ペンギン研究にも積極的に導入され始めた。電波発信器であれ超小型データ集積装置（ロガー）であれ、各々の機材は、小型化・軽量化・長寿命化が加速度的に進んだ。身体が比較的小さなペンギンにも、簡単に装着し応用できるような技術革新が推進されていく。

例えば、一九七一—九〇年にかけて、G・L・コーイマンらは、ジェンツーペンギンやエンペラーペンギンに初歩的な深度記録計を装着して潜水行動を研究した。一九八六年、国立極地研究所の内藤靖彦らは、アナログ式小型深度計を用いて、海生動物の潜水行動を調べ始める。そして、一九九〇年代以降、ペンギンに装着した発信器からの情報を人工衛星を経由して受信する「サテライト・トラッキング」や、いくつかの自動計測器と発信器とを組み合わせた「オートマチック・フィールド」が普及していったのである。

ペンギン研究を巡るこれらの動きを敏感に受けとめ、「南極ペンギンの研究」とは少し異なる視点から、新しいペンギン研究の可能性を探ろうとする一群の研究者たちが、本格的な活動を開始する。イギリスのバーナード・ストーンハウス、アメリカのP・ディー・ボースマ、ニュージーランドのロイド・S・デイヴィス、同じくニュージーランドのジョン・ダービーらである。彼らは、「南極ペンギン研究者」

第1回国際ペンギン会議の会場風景。口頭発表が終わり夕食を早めにすませた参加者たちが「ペンギン短編映画」を観るために集まった。プレゼンテイターは後にアカデミー賞を受賞する若き日のリュック・ジャケ監督だった。1988年、上田撮影

第1回国際ペンギン会議（IPC：1988年）の発表要旨集。表紙にはニュージーランドの固有種キガシラペンギンが描かれた。歴代IPCの要旨集は専用サイトにて公開されている

を含め、より包括的なペンギン研究者の国際的コミュニティーをつくろうとした。

その覚悟と萌芽は、彼らが中心となって編まれた一九七五年の論文集のタイトルにも現れている。『THE BIOLOGY OF PENGUINS』(バーナード・ストーンハウス編、THE MACMILLAN PRESS)には、ストーンハウスのペンギン概論以下二一編の論文が収録されている。最大の特徴は、研究対象が「寒冷地のペンギン」だけでなく、ガラパゴスペンギンを含む「温帯ペンギン」にも広げられ、ペンギンの進化・古生物学的研究をも包摂していた点にある。つまり、この研究者グループは、ペンギンを「南極の生きもの」としてのみ観察するのでなく、「ペンギンという一つの海鳥のグループ」としてとらえ直そうとしていたのである。この論文集の編者、ストーンハウスは、自ら記した「序章」の最後「ペンギン

キガシラペンギンの繁殖地を観察するボースマ博士とダービー博士。キガシラの専門家であるダービーから若手のボースマに、様々な知見が現場を観ながら引き継がれていった。1988年、上田撮影

現代ペンギン生物学の確立に貢献したイギリス人研究者バーナード・ストーンハウス博士。英国海軍士官として南極観測に従事する中でペンギンの魅力にめざめた。1988年、第1回IPCにて上田撮影

Ｌ．Ｅ．リッチデイルの論文や著作は長期間の地道なペンギン観察を基礎としている。比較動物行動学的手法が高く評価され、キガシラペンギンの個体数激減を立証した。1951 年刊行

「ペンギン生物学」の確立宣言ともいえる記念碑的論文集。ストーンハウスの基調講演と第１回 IPC の口頭発表を中心に構成されている。各学問分野の主要な研究者が執筆。1990 年刊行（306）

研究」を次のように書き出している。

「本書は、ペンギンについてまとめられてきた多くの興味深い科学的研究実績を、できるだけ広範な学問領域にわたって俯瞰することを目指した。しかし、その全領域にわたる最近の研究を完全にカバーすることはできなかった。ペンギンの長期個体数変動、病理生物学そして保全生物学についてご紹介できなかったことは、残念でならない。」

つまり、この論文集に寄稿した研究者たちは、ストーンハウスを中心として、「全種・全学問領域にわたるペンギン研究」を目指したのだ。従来の「南極研究」の一部としてのペンギン研究では、どんなに頑張っても「寒冷地のペンギン」たち九種（エンペラー、キング、アデリー、ヒゲ、ジェンツー、マカロニ、ロイヤル、キタイワトビ、ミナミイワトビ）しか視野に入ってこない。一八種中半分だけでは、胸を張って「ペンギン生物学」を名乗るわけにはいかないのだ。しかも、仮に保全生物学について論じるならば、「域内保全（野生地における保全）」だけでなく「域外保全（野生地以外＝飼育下個体群などの保全）」についても考慮する

「ペンギン CAMP 資料集」の表紙。ペンギン全種の分布・基本的生態・個体数・生息環境などの基本的データに関するワークショップのため作成された。1992 年にまとめられ第 2 回 IPC で発表。同年、ペンギン会議が日本語に翻訳して国内の関係者に配布した（307）

第 2 回 IPC（1992 年）の口頭発表を中心とした論文集。副題が示す通りペンギンの保全・個体群管理がメインテーマとなった。オーストラリアの研究者が編集を担当。1995 年刊行（311）

必要があるだろう。というわけで、この論文集の段階では、独立した学問領域としての「ペンギン生物学」は未完成だった。

一方、すでに紹介した古生物学者シンプソンが、ペンギン化石や進化について解説を加えた有名なペンギン本を出版したのも、ストーンハウスらの論文集出版と同じ一九七五年である。また、その年から八五年にかけて、E・J・ホーラーらは、南極域全体に七種、総計二三六〇万つがいのペンギンがいるという概算を発表。アデリーペンギンについては、長期個体数変動に関する研究を進めた。

ストーンハウスらのグループは、このタイミングを積極的にとらえようとした。一九八八年八月、ニュージーランドのオタゴ大学で「第一回国際ペンギン会議（IPC）」を開催する。ペンギン研究者だけでなく、ペンギンの保全活動に携わるボランティアや飼育技術者も参加した。そこで発表された主な研究成果は、一九九〇年、新たなペンギン論文集として出版される。そのタイトルは『PENGUIN BIOLOGY』（ロイド・S・デイヴィス、ジョン・T・ダービー編、ACADEMIC PRESS, INC）。ストーンハウスによる基調講演内容を含めると、一九編のペンギン論文を収録したこの本は、「ペンギン生物学」の巣立ちを記念するものとなった。

第一回ＩＰＣの基調講演で、ストーンハウスは「ペンギン研究史」を振り返り、ニュージーランドでキガシラペンギンの研究を長年続けたランスロット・リッチデイルの業績や、二〇世紀初頭、南極アデア岬でアデリーペンギンを研究したジョージ・マレー・レヴィックの努力が、現在の「ペンギン生物学」への道を開いたと分析した。また、この新しい論文集の「序文」で、編者のデイヴィスとダービーは、論文集の目的を明確に示す。

「この論文集に込めた私たちのねらいは、同時代のペンギン研究における最先端の成果を集めた文献とすることだ。私たちは、ペンギンについて読者が望むあらゆる答えを示せたとは思わない。しかし、ペンギン生物学における最新の研究手法や活用方法を提示できたと確信している。」

この論文集は、そのタイトルそのままに、「ペンギン生物学」の独立宣言となった。ただし、生まれたばかりの「ペンギン生物学」は、さらに一歩、先に進む。それは、この新しい学問分野の母胎でもあるＩＰＣにおいて、「ペンギン生物学」の重要な課題の一つが明らかになってきたからだ。その方向性を示唆したのは国際自然保護連合（ＩＵＣＮ）だった。

実は、ストーンハウスらの動きと連動するかのように、ＩＵＣＮによるペンギン保全の動きが進められていたのである。ＩＵＣＮの「種の保存委員会」に属する「飼育下繁殖スペシャリストグループ（Ｃ

BSG)」代表スージー・エリスは、一九九九年の論文の中で、ペンギン保全に関するIUCNの活動について概説している。論文のタイトルは『ペンギン保全活動評価ならびに管理計画：その経過説明』という。IUCNでは、「ペンギン保全活動評価ならびに管理計画」のことを「Penguin CAMP」と称している。なお、「CBSG」は、その後「保全繁殖スペシャリストグループ」と一部名称を改めた。

一九九〇年、IUCNは、オーストラリアのパースで開かれた第一八回総会において、ペンギン類の保全も含む「南極保全戦略」をとりまとめる。第一回IPCに参加したエリスは、その二年後、オーストラリアのフィリップ島で開催される予定だった第二回IPCを目標に、「ペンギンCAMP」の下準備を着々と進めた。九二年八月一八・一九日、第二回IPC直前、ニュージーランドのクライストチャー

1996年6月、日本のNGO「ペンギン会議（PCJ）」が主催し横浜の会場で2日間開催された「フンボルトペンギン保護国際会議」初日の様子。フンボルトの実情・保全戦略をテーマとした初めての国際会議

「フンボルトペンギン個体群および生息地の生存力評価会議（PHVA）」資料集の表紙。1996年、日本で開催された国際会議を受けて、国際自然保護連合（IUCN）がチリで開催した専門家によるワークショップの結果をまとめたもの。1998年発表（314）

チで初めての「ペンギンＣＡＭＰ」が開催される。その場で、「ペンギン一七種と二四分類群」についての現状分析と将来予測が行われた。ちなみに、「二四の分類群」とは、亜種や形態上の相違に着目した場合の細かい分類方法のこと。

その結果は、すぐに資料集として印刷され、フィリップ島での第二回ＩＰＣ会場で配布・報告された。従って、第二回ＩＰＣの発表内容をまとめた論文集『The Penguins : Ecology and Management』（ピーター・ダン、イアン・ノーマン、ポーリン・レイリー編、Surrey Beatty & Sons Pty Limited、一九九五年）のタイトルは、そんな方向性を反映したものとなった。この時から、ストーンハウスらのペンギン生物学グループは、保全生物学にも重点を置くことになる。その後、ＩＰＣと連動しながら、ＩＵＣＮの各種ワークショップや会合が開かれることが定例化していった。ＩＵＣＮの主な活動をまとめてみよう。

①、一九九六年、日本のＮＧＯ「ペンギン会議（ＰＣＪ）」が横浜で開催した「フンボルトペンギン保護国際会議」にエリスが参加。フンボルトペンギン保全への方向性について意見交換する。

②、同じく九六年、南アフリカのケープタウンで「ペンギンＣＡＭＰ」を開催し、その結果を同じくケープタウンで開かれた第三回ＩＰＣで発表。

③、一九九八年、チリのオルミエで「フンボルトペンギン個体群および生息地の生存力評価会議（ＰＨＶＡ）」を開催する。これは、九六年、横浜での「フンボルトペンギン保護国際会議」を受けたもので、フンボルトペンギンの具体的保全戦略が討論された。

④、二〇〇〇年、チリのコキンボにて「フンボルトペンギン属保全ワークショップ」を開催。その結果を、直後に同じコキンボで開かれた第四回ＩＰＣで発表した。

	期間	開催地	口頭発表数
第 1 回 IPC	1988 年 8 月 16—19 日	ニュージーランド、ダニーデン	48 件
第 2 回 IPC	1992 年 8 月 24—28 日	オーストラリア、フィリップ島	56 件
第 3 回 IPC	1996 年 9 月 2—6 日	南アフリカ、ケープタウン	66 件
第 4 回 IPC	2000 年 9 月 4—8 日	チリ、ラ・セレナ	55 件
第 5 回 IPC	2004 年 9 月 6—10 日	アルゼンチン、ティラ・デル・フエゴ	60 件
第 6 回 IPC	2007 年 9 月 3—7 日	オーストラリア、タスマニア島	60 件
第 7 回 IPC	2010 年 8 月 29—9 月 3 日	アメリカ、ボストン	75 件
第 8 回 IPC	2013 年 9 月 2—6 日	イギリス、ブリストル	64 件
第 9 回 IPC	2016 年 9 月 5—8 日	南アフリカ、ケープタウン	65 件
第 10 回 IPC	2019 年 8 月 24—28 日	ニュージーランド、ダニーデン	66 件
第 11 回 IPC	2023 年 9 月 4—9 日	チリ、ビーニャ・デル・マール	76 件
第 12 回 IPC	2025 年 8 月予定	オーストラリア	

1988–2023 年までの間、国際ペンギン会議（IPC）は 11 回開かれた。『ペンギンの生物学』（2019、NTS 出版）に上田が掲載したものを改変した。

⑤、二〇〇五年、ガラパゴス諸島のカエルト・アヨラにて「ガラパゴスペンギンＰＨＶＡ」開催。その結果を、〇七年の第六回ＩＰＣ（オーストラリアのタスマニア島で開催）で発表。

実は、一九九〇年代、これらの会合に並行して、欧米の動物園・水族館では、ＩＵＣＮが主導する重要な作業が進められていた。それは、ヨーロッパ動物園・水族館協会やアメリカ動物園・水族館協会に加盟するペンギン飼育施設が連携して、各々の施設で飼育されているペンギンを「血統登録台帳（スタッドブック）」に全て記載していこうというものだ。つまり、飼育されているペンギンの戸籍簿を作ろうという作業である。飼育施設間でペンギンを移動する際、近親交配などの危険を低減するといった効果が期待できる。日本でも、一九九二年、「フンボルトペンギン国内血統登録台帳：日本動物園・水族館協会編」が、堀秀正を中心に初めてまとめられ、その後、他のペンギン種にも波及していった。

さて、ＩＰＣは、当初四年に一度、原則としてペンギン生息地がある国で開催されていた。二〇〇四年の第五回以降は三年

ペンギン和名	各地域・各国の「動物園・水族館協会」名称						
	北米動物園・水族館協会	ヨーロッパ動物園水族館協会	全アフリカ動物園・水族館協会	日本動物園・水族館協会	南米動物園・水族館協会	オセアニア動物園・水族館協会	合計
アデリーペンギン	167	4	0	164	11	0	346
ケープペンギン	943	1861	416	622	0	0	3842
コガタペンギン	100	0	0	30	0	261	391
ヒゲペンギン	158	26	0	91	0	0	275
エンペラーペンギン	31	0	0	22	0	0	53
ジェンツーペンギン	535	534	0	430	5	77	1581
フンボルトペンギン	405	2500	0	1872	57	0	4834
キングペンギン	264	281	0	300	0	76	921
マカロニペンギン	174	0	0	15	0	0	189
マゼランペンギン	263	120	0	400	63	0	846
ミナミイワトビペンギン	320	60	0	124	0	0	504
キタイワトビペンギン	31	95	9	106	0	0	241
フィヨルドランドペンギン	0	0	0	0	0	0	0
スネアーズペンギン	0	0	0	0	0	0	0
シュレーターペンギン	0	0	0	0	0	0	0
ロイヤルペンギン	0	0	0	0	0	0	0
キガシラペンギン	0	0	0	0	0	0	0
ガラパゴスペンギン	0	0	0	0	0	0	0
飼育施設数	230	356	28	151	47	99	911

「世界のペンギン飼育数調査結果の概要」一覧。2016年にIUCNが発表したものをまとめた。『ペンギンの生物学』（NTS出版、2019年刊行）に上田が掲載したものを改変した

に一度という頻度になる。これは、ペンギン研究者が着実に増加するとともに、毎年発表されるペンギン関連の研究も急増していたことを背景としている。しかも、IPCでは、他の大規模な学会と異なり「分科会」はあまり開かれない。一週間の開催期間中、参加者全員が朝から夕方まで一堂に会し、発表に耳を傾け意見交換する。そういうスタイルが伝統となっている。まるで、学生の合宿研修のような雰囲気がある。

その主な目的は二つ。まず、ペンギン研究者間の情報共有をはかること。なんとなれば、全ての学問・研究分野に関する広汎な知識なくしてペンギン保全は完遂できないから。つぎに、ベテラン・若手・研究者・保全関係者などが、同じ話題を同時に聴くことで、知識や技術の世代間・異分野間継承が効果的に行えるからである。

ＩＰＣを運営する「ペンギン生物学者」たちは、単に学術振興のことだけを考えてはいない。「ペンギン生物学」を確立したストーンハウスを中心とする研究者集団が理想としたのは、野生個体群や飼育下個体群両方にまたがり、しかもあらゆる学問領域を網羅したペンギン全種の研究を促進し、ペンギン保全にも貢献することである。そのためには、あらゆるデータを貪欲に吸収し、数世代にわたって長期間研究活動や保全活動を維持する人材を確保し続けなければならない。

こうして、一九七〇年代以降六〇年以上の歳月を経て、南極研究（ＳＣＡＲ）、飼育下個体群研究（ＡＡＺＰＡ）、国際自然保護連合の活動（ＩＵＣＮ）、国際ペンギン会議（ＩＰＣ）の活動が少しずつ融合していく。その歴史的変転の中から、同じ志向をもった人々が独特の「ペンギンコミュニティー」を形成していった。このコミュニティーから、現在のペンギンと人間の立ち位置に関する情報発信が続いている。また、ペンギンと人間に、これからどんなことが起きるのかという科学的想定が示されている。さらに、それらの情報提供を参考として、私たち一人一人がなにをすればよいのかという選択肢も、いくつか考えられるだろう。

ペンギンは「センチネル」

「センチネル（Sentinel）」とは「歩哨」のこと。「警告者」と訳されることもある。二〇一九年、記念すべき第一〇回ＩＰＣの開催にあたって、三〇年間以上「ペンギン生物学」をリードしてきたオタゴ大学のロイド・デイヴィスが用いた表現である。この言葉には、現在の「ペンギンの立ち位置」と「人間の立ち位置」とが凝縮されている。

デイヴィスは「炭鉱のカナリア」というたとえも用いた。カナリアは環境変化に鋭敏な鳥。炭鉱などの閉鎖空間で、酸素不足、ガス噴出、有害物質飛散などがあると、真っ先に具合が悪くなり死んでしまう。「ペンギンはセンチネル」という言葉も同じ。ペンギンは、海洋や陸上の環境変化に敏感に反応することがわかっている。化学物質や原油・重油流出、マイクロプラスチック拡散などによる海洋汚染に弱い。地球温暖化や気候変動によって、イカ、オキアミ、カタクチイワシなどの餌生物が増減したり、その分布域や深度が変化することによっても、大きな影響を受ける。さらに、商業的・企業的漁業拡大によって、餌生物を大量に奪われたり（乱獲）、海中で漁網に絡まって溺死すること（混獲）もある。大小様々な船が頻繁に往来する海域では、スクリューに巻き込まれて死亡することもある。

陸上の繁殖地が牧場、宅地、工業地帯などに「開発」されれば子育てできない。すみかであるグアノ層が採掘されても同じことが起きる。しかも、人間が持ち込んだイヌ、ネコ、フェレット、ネズミが卵やヒナ、時には親鳥たちの命も奪う。場合によっては、現在でも「カニ漁用のエサ」としてペンギンの内臓などが使われることもある。繁殖地が観光地として人気を集めると、たくさんの観光客が殺到し、子育てに支障をきたす。低空を飛行するヘリコプターや航空機の爆音は、ペンギンたちの血圧や心拍数に悪影響を与え、大きなストレスとなる。南極では、巨大な氷山がペンギンコロニーの近くに座礁すると、エサを採りに海までいけなくなってしまうので、親鳥が子育てをあきらめることもある。地球温暖化の影響だと思われる巨大氷山の流出も、頻度が増しているようだ。それまで雪しか降らなかった亜南極圏内のペンギンコロニーに、温暖化によって、最近三〇年間に雨が降るようになった。まだ防水性がない羽毛に被われたヒナは、冷たい雨を浴びて低体温症になり、バタバタ死んでいく。そして、ペンギンたちを守るために定められた法律や制度をかいくぐる密猟・密売も、残念ながらあとを絶たない。違法に捕獲されたペンギンたちが、アジアの飼育施設に売られているという情報もある。

確かに、ペンギンたちやその卵・ヒナを、食糧や資源として人間が利用することは、現在ではほとんどない。だが、ここに羅列したようなことは、今もなお、日常的に起こっている。

ペンギンたちの立ち位置は、IUCNが更新してきた「ペンギン・レッドリスト」にはっきり現れている。IUCNの「ペンギン・スペシャリスト・グループ（PSG）」の共同代表、ボースマとボルボログは、最新のペンギンデータブック『ペンギン大全』（二〇二二年）の「総合評価」の中で、こう指摘する。

「一九八八年時点で、IUCNは三種のペンギンを、近絶滅種、絶滅危惧種、危急種に指定していた。それが、一九九四年には五種、二〇〇四年には一一種へと増えた。このような増加現象は、科学者たちが蓄積してきた各種の情報に対して、現実の保全体制が一向に整備されてこなかったことが根底にある。その事実は、いまペンギンたちが直面している脅威を正しく認識するためには、科学的検討を重ねる必要があり、その結果としてIUCNの『レッドリスト』上での評価も初めて上げることができるという現実に、はからずもスポットライトをあてることになった。」

絶滅が懸念されている一一種とは、キガシラ、ミナミイワトビ、キタイワトビ、シュレーター、フィヨルドランド、スネアーズ、マカロニ、ロイヤル、ケープ、フンボルト、ガラパゴスである。対照的に、ジェンツーは、野生個体群が順調に増えつつある。あとの種は、一応「個体数は安定している」ということになってはいる。しかし、広範囲に分布している種や、数年おきにしか個体数調査ができない種もいるので、「危機的状況」に人間が気づいていないだけだという可能性も否定できない。

一方、飼育下個体群の包括的現状調査は、二〇一六年のものが最新である。詳しくは付表でご確認いただきたい。この時点で、世界では、九一一施設、一二種、総計一万四〇〇〇羽以上のペンギンが、飼育されていることがわかっている。ただし、この調査には、日本以外のアジア諸国のデータが欠落している。思い出していただきたい。一九七六年、アメリカ動物園・水族館協会が、世界一二四カ所のペンギン飼育施設にアンケートを送付した時にも、アジアの飼育施設としては日本だけが対象となっていた。

では、日本以外のアジア諸国には、ペンギン飼育施設はないのだろうか？　決してそんなことはない。筆者自身、中国、香港、台湾、韓国、シンガポールなどで、これまで二〇カ所以上のペンギン飼育施設を見学してきた。これらの施設の中には、AZAなど欧米の動物園・水族館協会に加入しているものもわずかだがあるにはある。しかし、そのほとんどは、相互の協力体制や飼育動物の保全・管理上の情報公開・交流システムの埒外にある。例えば、日本動物園・水族館協会（JAZA）などの国や地域ごとの協力組織が、ほとんど存在しないのである。そして、最も懸念されているのは、日本以外のアジア諸国では、最近二〇年間、動物飼育施設が増加し、ペンギン人気が高まっているという現状だ。中には、フンボルト、ケープといった、絶滅が心配され入手が難しい種を多数保持しているところもあるらしい。また、一〇年ほど前からは、エンペラー、アデリーなどの「南極・亜南極ペンギン」を、突然、しかも多数飼育する大型水族館を、次々にオープンさせている国すら出てきた。これらの「日本以外のアジアにある飼育施設とそこにいるペンギンたちの情報」は、今もなおナゾ（未公開）のままである。

さらに憂慮されているのは、日本以外の「アジア人ペンギン研究者や保全活動家」がほとんどいない、または姿を現さないことだ。一九八八年、第一回IPCに参加したアジア人は筆者だけだった。二〇二三年、チリで開催された第一一回IPCには、合計一三人の日本人が参加した。しかし、ほかにはアジア人の参加者はいなかった。IUCNのペンギン・スペシャリスト・グループ（PSG）には、二〇二三年現在、六三名が正式メンバーとして登録されている。しかし、三人のアジア人は全て日本人である。つまり、アジア諸国では、最近二〇年間ほど、ペンギンの飼育下個体群が間違いなく増加しているにも拘わらず、それらは国際的な管理・保全のネットワークに組み込まれていないのだ。最もやっかいな問題は、アジア諸国で増えているペンギンたちが、いつどこから来たのかということ。ペンギンの専門家の中には、「アジアは野生のペンギンたちを呑み込んでいくブラックホールだ」という者もいる。

だから、ペンギンの現状を知るための人間のネットワークは、決して完全なものではない。それどころか、ボースマらの総合評価でも指摘された通り、ペンギン保全体制には至急改善すべき課題が山積みである。特に、ケープペンギンの現状は、二〇三五年までに「野生個体群を維持するだけの個体数や生息環境が確保できなくなる」可能性が、何人もの専門家から提示されているのだ。また、最近は、毎年のように、南極でのエンペラーペンギンやアデリーペンギンの大量死が報告されている。今のところ、この二種に「全体的かつ急激な個体数減少」は確認されていない。しかし、より厳密な調査と分析とを継続していく必要がある。しかも、その結果は常に公表・討論され、最新状況についての共通認識を不断に更新していかねばならない。

私たち「人間の立ち位置」が、やっと見えてきた。ペンギンの理解はまだまだ不完全であること。ペンギンに関心をもち、なんらかの活動を続けている人間は、確かに質量ともに増えてはきた。だが、まだ人数が足らず、そのコミュニティーは十分成長していない。

では、私たちはこれから、どんな方向に向かうのか？

まずは、ペンギンに関心を持つコミュニティーを、より豊かに、より強くしていく必要がある。ご賛同いただける方は、本書でご紹介した様々な組織や会合に、ぜひご参加いただきたい。その参加行動の中で、さらにその先の目標や活動が見つかるだろう。

また、世界や生きものを観察する際、「画素数を上げ同時に画角も拡張すること」をいつも心がけることが効果的だと思う。ペンギンや人間をより詳細かつ鮮明に、同時により広い視界で観察すると、きっと新たな発見や出会いがあるだろう。

使いふるされた表現だが、筆者は常々、自分に言い聞かせている言葉がある。「Think Global, Act Local（地球規模で考え地域に根ざして行動する）」という考え方だ。言うはやすく行うは難い。しかし、野生のペンギンは北半球にはいない。ペンギンについてなにかしたいと思った時、私たち北半球に住んでいる人間には、その時点でできることは限られている。ペンギンについて可能な限りのことを調べてみるということも、第一歩だろう。近くの動物園や水族館に行ってペンギンを観察してもよいだろう。さらに余裕があれば、海外の関連サイトやペンギン関連の活動をしている団体などにコンタクトして、現地に足を運んでみてはいかがだろうか。研究者として活動することにチャレンジする道もある。

ペンギンと人間の関係史はまだまだ続く。できれば、お互い幸せに共存していきたい。その理想を実現するためには、やはり自分自身で動くことだ。ぜひ、次の一歩を勇気を出して踏み出していただきたい。

あとがき

「図版がたくさん入ったペンギン通史が読みたい」。それが長い間の夢だった。ずっと待っていたのだが、誰も書いてくれる気配がない。そこで三〇年ほどの間に手もとにたまった史料を整理し、様々な分野の専門家に教えを乞いながら、なんとか一冊の本にまとめることができた。なにしろ初めての試みなので、あちこちに見落としや不備があるに違いない。いたらぬ点については各々の先学のご叱正を待つばかりである。そして、唐突なお願いをしたにもかかわらず、快く史料調査にご協力下さり、史料写真の掲載を許して下さった方々に心よりお礼申し上げたい。

まず、チャンカイ土器の写真掲載を許して下さった埼玉の財団法人遠山記念館の皆様のお名前を最初にあげたい。特に、遠山記念館の学芸員小野恵氏には、土器のこと以外にグアノに関する貴重な史料を送っていただいた。一方、第1章―第4章に示した図版、特に銅版画、リトグラフ、書籍の多くは、次に記す方々のお力添えで私の「ペンギン・コレクション」に加えることができた。シドニーの古書店「ホーダーン・ハウス」のオーナー、デレク・マクダネル氏とそのスタッフの一人エイドリーン・カールソン氏、ロンドンの古書店マッグズ・ブロスのスタッフの皆さんには、個々の史料について細々とした専門的質問や追加調査に長々とつきあっていただいた。また、埼玉県こども動物自然公園の副園長日橋一昭氏には、インターネット・オークションを通じて図版を入手していただいたり、動物園・水族館に関する貴重な史料を拝借し、多くの御教示をいただいた。

一方、第5章の範囲では、『堀田禽譜』を研究していらっしゃる東北大学助教授鈴木道男氏から、同図譜に関する最新の研究成果の一部をお教えいただいた。鈴木氏の著書も間もなく平凡社から出版予定とのことである。その編集をしていらっしゃる三原道弘氏には、鈴木氏の仲介の労をとっていただいた。また、同図譜のペンギン図二点の掲載を許可下さった宮城県図書館と平凡社の方々にも感謝申し上げたい。様々な邦語文献に登場するペンギンを拾い上げることができたのは、丸善「本の図書館」、東京書籍株式会社附設教育図書館「東書文庫」、国立教育政策研究所図書館、国立国語研究所図書館の皆様のご協力の賜物である。特に丸善「本の図書館」館長富田修二氏には、書庫の中で貴重図書の特別な閲覧を許していただいた上に、洋書輸入史に関する多くの御教示を頂戴した。

そして、「ペンギンと人間の関係史をまとめたい」というとんでもない思いつきを温かく受けとめ、形にするチャンスと貴重な助言とを下さった岩波書店編集部の山田まり氏には、あしかけ四年、なにからなにまでお世話になった。図版も入れたい、文章も増やしたいというわがままな筆者をやさしく導いて下さったことに、深く感謝申し上げる。

最後に、ペンギンのこととなると周囲が見えなくなってしまう筆者の史料調査を支え、原稿の確認を根気強く手伝ってくれた妻京子に礼を述べて、筆を擱くことにしたい。

二〇〇六年一月二一日

上田一生

増補新版あとがき

本書の原形「岩波書店版」が刊行されたのは二〇〇六年。それから一八年経つ。結果的に「岩波書店版」のエピローグに記した状況は変わっていない。しかし、変わっていないということは「良い方向に向かっている」とか「安定している」とかいうことではない。本書、「増補新版」第6章の「ペンギンは『センチネル』」に記した通り、野生のペンギンたちはますます種としての存立の瀬戸際に追い込まれている。ペンギンと人間との関係史に、「また人間がペンギンを一種絶滅させた」と記録される日が、残念ながらさらに一歩近づいたと言わざるをえない。

そういう加速度的に強まる危機感も、「増補新版」をまとめたいと考えた動因の一つである。ただ、それだけではない。

「岩波書店版」を推敲する過程で、ページ数の都合上、やむを得ず割愛した内容が少なからずあった。例えば、今回第5章「オタクの国のペンギン踊り」に追加した二つの小見出し、「ペンギンを食べた『日本人』第一号?」と「徳川家康はペンギンを知っていた?」がそれである。ウィリアム・アダムス側には、本人自筆の妻宛の手紙という物証があるが、徳川家康側には「確たる文字記録」が残されていない。少なくとも、今のところは発見できていないのだ。だから悩んだ末に、この前は封印した。

また、第6章は全て新たに書きおこした部分だが、その後半、特に「動物園・水族館に課せられた重く大きな宿題」と「ペンギン生物学の成立」の二つは、「岩波書店版」の時、すでに準備は整っていた。

この部分は「ペンギンと人間の現代史あるいは同時代史」をまとめたものだったが、やはりボリュームの関係で掲載を見送ったのである。二〇〇六年版では、その簡単なまとめを「エピローグ」（本書では第5章の最後）に詰め込んだ。

これら「岩波書店版」に盛り込めなかった内容をやっぱり加えたい。そういう気持ちが固まったのは、二〇〇八年以降、ペンギンと人間の関係史に言及した二つの論文が新しく発表されたからだ。一つは、第2章に挿入した小見出し「記録されなかった絶滅」で主な典拠とした。もう一つは、第6章の「基本的事実の確認」と「『極地帝国主義』の先兵」という小見出しで引用・紹介させていただいた。

前者は、二〇〇八—一〇年にかけて発表された、ノルウェーの分子生物学者サンネ・ブッセンコールによる一連の科学論文。後者は、二〇一六年、二人の歴史学者、イギリスのピーター・ロバーツとノルウェーのドリー・ヨルゲンセンによって発表された国際政治史の論文である。かたや生物学、かたや歴史学の研究実績だが、ペンギンと人間との関係史という視点でとらえると、かなり重大な新発見だ。「岩波書店版」では完全に未知の項目だったので、ぜひとも加えたいという気持ちが高まった。

さらに、この一八年間で、新たな一次史料や重要な参考文献に出会った。特に、古賀忠道園長の貴重なフィールド・ノートと写真の収録をお許し下さった古賀俊治氏に、深く感謝申し上げたい。

最終的にとどめとなったのは、二〇一九年、第一〇回国際ペンギン会議でのロイド・スペンサー・デイヴィスの発言だ。彼は、ペンギン研究者にとって記念すべき節目の国際学会前夜、アイスブレイキング・パーティーの挨拶の中でこう宣言した。

「私たちペンギン研究者にとって、そしてペンギンのことに全く無関心な人々全てにとっても、この鳥たちは『センチネル』なのです。さらに、ペンギンに関わりをもつ私たち自身も『センチネル』たらんと志そうではありませんか。」

デイヴィスは、筆者にとって三十数年来の友人であり、世界的に著名なペンギン研究者・文化人でもある。多くの著書の中で、いろいろ難解な比喩を駆使することでも知られている。だから、何人かのマスコミ関係者を含む一五〇人ほどの聴衆は、一瞬ポカンとした。彼は微笑みながら続けた。

「『センチネル』とは、軍隊で言えば『歩哨』、一般的には『警告者』のことですね。あるいは『炭鉱のカナリア』という言い方もご存知でしょう。つまり、ペンギンたちは、身を挺して環境の変化を知らせてくれているのです。真っ先に撃ち殺されてしまう危険はあります。しかし、誰かに危険を報せるという崇高な任務を果たそうとしている。そういう見方もできるのではないでしょうか？」

この時、デイヴィスは説明しなかったが、後日、こっそり種明かしをしてくれた。

「あれはね、サン＝テグジュペリの言葉なんだよ。あの詩人はね、『郵便配達も医師も貧しい羊飼いも、誰かの危機が自分の双肩にかかっていると感じながら行動しているならば、等しく歩哨として生きている』と言うんだ。ペンギンは、ヒナたちの命のため懸命に歩哨をつとめる。私たち人間も、子どもたちのために歩哨になりたいもんだ。そうだろ？」

デイヴィス博士と筆者はたまたま同い年で、ざっくばらんに意見交換してきた。第10回国際ペンギン会議（IPC）でもいろいろな裏話が出た。右がデイヴィス博士。2019年撮影

筆者は、デイヴィスの「歩哨」という表現を深く理解できていなかった。「環境悪

化の影響を真っ先に受けてペンギンたちが死んでいく。だからあの鳥たちは『歩哨＝犠牲者』なんだ。」

そういうふうに、上っ面だけでわかったふりをしていたのだ。

「なぜペンギンは『センチネル』なのか?」ペンギン研究者たちがそういう共通認識を持つようになった経緯、歴史的背景を記録し、伝えていかなければならない。特に、一九世紀後半から二一世紀初めにいたる一三〇年ほどの間に、ペンギンと人間との関係は劇的に変化した。その有り様を仔細に観察すると、現在、ペンギンと人間がおかれた状況を理解し、近い将来の姿をある程度予測できるかもしれない。

「センチネル」として生きられるかもしれない。「増補新版」は、そう考えながらまとめた本である。

だから、次のようなテーマについては、別の機会に別の形で、今後どなたかに、ぜひ実現していただきたい。

①、ペンギンの分類学、古生物学、解剖学、羽毛学、生理学、栄養学、病理学、生態学、行動学、運動力学、個体数学、保全生物学など、学問分野ごとの歴史。
②、ペンギン一八種、一種ずつの学問分野ごとの研究史、保全活動史、救護活動史、飼育史。
③、主要な研究者列伝。
④、南極探検史・観測活動史におけるペンギン関連の出来事の変遷。
⑤、保全活動・救護活動の全体的通史。
⑥、ペンギン飼育・展示に関する施設的・技術的変遷。
⑦、ペンギンに関する文化的・芸術的活動・流行・サブカルチャーの変遷。

つまり、「岩波書店版」も今回の「増補新版」も、目指すところは総合的概観、広義の社会史・文化史的括りに過ぎない。頑張れば、上に掲げたまとめ方が十分できる程度の史料やデータを収集し目を通すことは、決して不可能ではない。今やその程度には、ペンギンに関する各種資料が出揃ってきている。

例えば、「岩波書店版」の「あとがき」冒頭、「『図版がたくさん入ったペンギン通史が読みたい』。それが長い間の夢だった。ずっと待っていたのだが、誰も書いてくれる気配がない。そこで三〇年ほどの間に手もとにたまった史料を整理し、様々な分野の専門家に教えを乞いながら、なんとか一冊の本にまとめることができた」と書いた。実は、そのわずか三年後、よく似たテーマ・構成のペンギン本がイギリスで出版された。ステファン・マーティンによる『Penguin』(REAKTION BOOKS LTD, 2009, UK)である。一九八ページからなる新書サイズのペーパーバックだが、中身は充実している。巻末には、「Timeline of the Penguin」と題した見開き二ページの年表がついていて、古生物学的・生態学的・研究史的・探検史的・飼育史的・サブカルチャー的変遷が、非常にコンパクトにまとめられている。一部参考にさせていただいた。今回の「増補新版」でも、「岩波書店版」は、日本に関する内容を含めて二八六ページだったから、日本以外の概説としては、ほぼ同じボリュームだと

2009年、イギリスで刊行された「ペンギンと人間の関係史」をテーマとする単行本。発見史、ペンギン狩り、探検史、ペンギンオイル、飼育、サブカルチャーまで。基本的流れや着目点は本書とほぼ重なっている。ただし、日本に関する言及はない

思われる。

さて、「ペンギンと人間の関係史」研究をさらに一歩前進させる条件は整った。すでにお気づきの通り、ペンギンと人間との関係をより正確かつ深く理解しておくことは、ペンギンの様々な研究活動や保全・救護活動の基本的要件である。デイヴィスが言う「センチネル」としてのペンギンに報い、私たち自身も「センチネル」として活動したいとお望みの方々にお願い申し上げる。ぜひ、ご自分の研究テーマを設定し、調べ、まとめて発表していただきたい。そういう方々が、少しずつでも増えれば増えるだけ、ペンギンと人間の危機にブレーキがかかるだろう。直立二足歩行するなかまと、ともに生きていく未来が近づいてくるのだと信じている。

最後になりましたが、今回の「増補新版」実現を快くお許し下さった岩波書店様に、心からお礼申し上げます。また、新たな史実を本書に加える機会をいただきました青土社様にも、感謝申し上げます。特に、なかなか筆が進まない筆者を励まし、辛抱強くお待ち下さった青土社出版部の篠原一平氏、坂本龍政氏には、格別のご高配を賜りました。ここに記して、深く感謝申し上げます。

二〇二四年四月三〇日

上田一生

引用・参考文献一覧

＊本文での引用・参考文献を章ごとに示しました。ただし、参考文献については特に重要なもののみを記すにとどめました。
＊複数の章にわたって参考・引用した文献については、原則としてその初出のみを示しました。
＊図版の末尾に番号がある場合は、以下の通し番号の文献からの出典であることを示します。
＊外国語文献について翻訳のあるものについては原典の名称・出版年ではなく翻訳文献についての情報を示しました。

プロローグ

(1)『ペンギン大百科』、トニー・D・ウィリアムズ、R. P. ウィルソン、P. D. ボースマ、D. L. ストークス著、ペンギン会議訳、1999年、平凡社
(2)『昭和語—60年世相史』、榊原昭二著、1986年、朝日新聞社
(3)『ロシアにおけるニタリノフの便座について』、椎名誠著、1987年、新潮社
(4)『ビーグル号航海記　上・中・下』：岩波文庫、チャールズ・ダーウィン著、島地威雄訳、1959—61年、岩波書店
(5) "Penguins", Roger Tony Peterson, 1979, Boston
(6) "Penguins : Past and Present, Here and There", G. G. Simpson, 1976, Yale Univ.

第1章

(7)『ペルーの天野博物館　古代アンデス文化案内』：IWANAMI GRAPHICS 15、天野芳太郎・義井豊著、1983年、岩波書店
(8)『世界大博物図鑑④　鳥類』荒俣宏著、1987年、平凡社
(9)『最後の一羽　オオウミガラス絶滅物語』、アラン・エッカート著、浦本昌紀・大堀聡訳、1976年、平凡社
(10)『世界動物発見史』、ヘルベルト・ヴェント著、小原秀雄・羽田節子・大羽更明訳、1988年、平凡社
(11)『チリの歴史　世界最長の国を歩んだ人びと』、ハイメ・エイサギルレ著、山本雅俊訳、1998年、新評論
(12)『天売島エコツーリズム・ガイドブック　海鳥のこえ』、海津ゆりえ・植村文恵編、1997年、財団法人自然環境研究センター
(13)『叢書ヨーロッパ　ヨーロッパと海』、ミシェル・モラ・デュ・ジュルダン著、深沢克己訳、1996年、平凡社
(14)『地上から消えた動物』、ロバート・シルヴァーバーグ著、佐藤高子訳、昭和58年、早川書房
(15)『オロロン鳥　北のペンギン物語』寺沢孝毅著、平成5年、丸善出版株式会社
(16)『全世界の地理教科書シリーズ29　ペルー　その国土と人々』、アウグスト・ベナビーデス著、細野昭雄訳、昭和55年、帝国書院
(17)『国立民族博物館研究報告 1980・3、

5巻1号』所収、「ペルー南部における海岸と高地の交流」、増田昭三著、国立民族学博物館
(18)『新書アフリカ史』、講談社現代新書、宮本正興・松田素二編、1997年、講談社
(19)『オーシャンバード　海鳥の世界』、ラース＝レーフグレン著、黒田長久監修、1985年、旺文社
(20) "Late Holocene Use of Penguin Skins : Evidence from Coastal Shell Midden at Steenbras Bay, Luderitz Peninsula, South West Africa, Namibia", G. Avery, 1985, Ann. S. Afr. Mus.
(21) "Ornithologie", M. Brisson, 1760, Paris
(22) "Exoticorum Libri Decem: Quibus Animalium, Plantarum, Aromatum Historiae Describunter", Caroli Clussi Atrebatis (Clusius), 1605
(23) "Det Gamle Grønlands Nye Perlustration", Hans Egede, 1741
(24) "The Great Auk. Errol Fuller", 1999, GB
(25) "Links in the Chain", G. Kearley, c. 1880
(26) "A Natural History of the Animal Kingdom", W. Kirby. 1889, London(ドイツ語版)
(27) "Pre-Columbian Art of South America", Alan Lapiner. 1976, New York
(28) "Arte Y Tesoros del Peru", Jose Antonio de Lavalle, Werner Lang, 1982, Lima
(29) "A History of Fowling", H. A. Macpherson, 1897, Edinburgh
(30) "Penguins: A Worldwide Guide", Remy Marion, 1999, New York
(31) "A Word List of the Tasmanian Aboriginal Languages". N. J. B. Plomley, 1976, Tasmania
(32) "A History of South Africa", Leonard Thompson, 1995, London
(33) "Historia de Chile" Sergio Villalobos R., Osvaldo Silva G., Fernando Silva V., Patricio Estelle M.,1974,Chile
(34) "A great auk for the sun king", ARTRO VALLEDOR DE LOZOYA, DAVID GONZALEZ and JOLYON PARISH, Archives of natural history, THE Society for the History of Natural History, 2016, Edinburgh
(35) "NOTES ON THE GREAT AUK", W.M. Mullens, British Birds, vol.15, issue 5, pp.98-108, 1922, GB
(36) "Ornithologie ou methods contenant la division des oiseaux en orders, sections, genres, especes et leurs varieties", Volume 6, M.J. BRISSON, 1760, Paris
(37) "Histoire naturelle des oiseaux", G.L.L.BUFFON, Volume 9, 1783, Paris
(38) "Histoire des menageries de l' Antiquite a nos jours", G. LOISEL, Volume 2: Temps mondernes, 1912, Paris
(39) "La menagerie de Versailles", G. MABILLE and J. PIERAGNOLI, 2010, Paris
(40)『動物園の文化史　ひとと動物の5000年』、溝井裕一著、2014年、勉誠出版
(41)『人鳥記―人間とペンギンの苦い記憶について』(『ゲンロンβ 66』)、上田一生著、2021年、ゲンロンα

第2章

(42)『南氷洋捕鯨史』:中公新書、板橋守邦著、昭和62年、中央公論社
(43)『17・18世紀大旅行記叢書　第6巻 ウッズ・ロジャーズ　世界巡航記』、平野敬一・小林真紀子訳、2004年、岩波書店

(44)『17・18 世紀大旅行記叢書　第 7・8 巻　ゲオルク・フォルスター　世界周航記　上・下』、三島憲一・山本尤訳、2002 年、2003 年、岩波書店
(45)『ペンギンになった不思議な鳥』、ジョン・スパークス、トニー・ソーパー著、青柳昌宏・上田一生共訳、1989 年、どうぶつ社
(46)『大探検時代の博物学者たち』、ピーター・レイビー著、高田朔訳、2000 年、河出書房新社
(47)『17・18 世紀大旅行記叢書　第 1 巻　フランソワ・ルガ　インド洋への航海と冒険　ベルナルダン・ド・サン＝ピエール　フランス島への旅』、中地義和・小井戸光彦訳、2002 年、岩波書店
(48)『クック　太平洋探検 1―6』：岩波文庫、増田義郎訳、2004―05 年、岩波書店
(49)“A Reference Guide to the Literature of Travel”, vol. 1-3, Edward Godfrey Cox, 1935, Washington
(50)“Two Voyages to the South Seas”, vol. I, Astrolabe 1826-1829, vol. II. Astrolabe and Zelee 1837-1840, Jules S-C Dumont d'Urville, translated and edited by Helen Rosenman, 1987, Australia
(51)“Encyclopedia of Exploration to 1800”, Raymond John Howgego, 2003, Australia
(52)“Encyclopedia of Exploration, 1800 to 1850”, Raymond John Howgego, 2004, Australia
(53)“Pedro Sarmiento de Gamboa, First Colonizer of the Strait Governor and Captain General”, Carlos Vega Letelier, 1997, Chile
(54)“Genera of Birds”, Thomas Pennant, 1781, London
(55)“Primer Viaje en Torno del Globo”, Antonio Pigaletta, 1882, Chile
(56)“Isolation and characterization of microsatellite loci from the yellow-eyed penguin（Megadyptes antipodes）”, Molecular Ecology Resources 8, Boessenkool S, King TM, PJ & Waters JM, 2008, Norway
(57)“Extinction and range expansion of penguins in southern New Zealand”, Proceedings of the Royal Society of London B: Biological Sciences 276, Boessenkool S, Austin JJ, Worthy TH, Scofield RP, Cooper A, Seddon PJ & Waters JM, 2009, GB
(58)“Multilocus assignment analysis reveal multiple units and rare migration events in the recently expanded yellow-eyed penguin（Megadyptes antipodes）”. Molecular Ecology 18, Boessenkool S, Star B, Waters JM & Seddon PJ, 2009, Norway
(59)“The use of approximate Bayesian statistics in conservation genetics and its application in a case study on yellow-eyed penguins”. Conservation Genetics 11, Lopes J.S. & Boessenkool S. 2010, Norway
(60)“Temporal genetic analysis indicate small effective population size of the endangered yellow-eyed penguin." Conservation Genetics 11. Boessenkool S, Star. B, Seddon PJ & Waters JM, 2010, Norway
(61)“Lost in translation or deliberate falsification? Genetic analysis reveal erroneous museum data for historic penguin specimens”, Proceedings of the Royal Society of London B: Biological Sciences 277, 2010, GB
(62)『新しい美しいペンギン図鑑』テュイ・ド・ロイ、マーク・ジョーンズ、ジュリー・コーンスウェイト著、上田一生監修・解説、裏地良子・熊丸三枝子・秋山絵里菜訳、2014 年、pp.170-171、

エクスナレッジ

第３章
(63)『世界大博物図鑑　別巻１　絶滅稀少鳥類』、荒俣宏著、1993年、平凡社
(64)『ナチュラリストの誕生　イギリス博物学の社会史』、D. E. アレン著、阿部治訳、1990年、平凡社
(65)『ロビンソン変形譚小史　物語の漂流』、岩尾龍太郎著、2000年、みすず書房
(66)『海洋図の歴史　人は海をどのようにイメージしてきたか』、ピーター・ウィットフィールド著、樺山紘一監修、有光秀行訳、1998年、大英図書館・ミュージアム図書共同出版
(67)『蒐集』ジョン・エルスナー、ロジャー・カーディナル編、高山宏・富島美子・浜口稔訳、1998年、研究社
(68)『ロンドンの見世物Ｉ・II』, R. D. オールティック著、小池滋監訳、1989年、国書刊行会
(69)『古地図コレクション―神戸市立博物館』、神戸市立博物館編、1994年
(70)『ゴールドスミス動物誌　第四巻　鳥類II』、オリヴァー・ゴールドスミス著、玉井東助訳、1994年、原書房
(71)『動物と地図』、ウィルマ・ジョージ著、吉田敏治訳、1993年、博品社
(72)『特定テーマ別蔵書目録集成13　デフォーの木』鶴見大学図書館、平成11年
(73)『はじめて学ぶ日本の絵本史Ｉ　絵入本から画帖・絵ばなしまで』：シリーズ・日本の文学史②、鳥越信編、2001年、ミネルヴァ書房
(74)『はじめて学ぶ日本の絵本史II　15年戦争下の絵本』：シリーズ・日本の文学史③、鳥越信、2002年、ミネルヴァ書房
(75)『博物学の黄金時代　異貌の19世紀』、リン・バーバー著、高山宏訳、1995年、国書刊行会
(76)『筑摩世界文学大系20　デフォー、スウィフト』「ロビンソン・クルーソー」、平井正穂・中野好夫訳、1974年、筑摩書房
(77)『新世界の文学23　A. フランス／ブールジェ』「ペンギンの島」アナトール・フランス著、近藤矩子訳、1970年、中央公論社
(78)『神秘の島　上・下』、ジュール・ベルヌ著、J. フェラ画、清水正和訳、1978年、福音館書店
(79)『博物学の欲望　リンネと時代精神』：講談社現代新書、松永俊男著、1992年、講談社
(80)『ミュージアムの思想』、松宮秀治著、2003年、白水社
(81)『海』、ジュール・ミシュレ著、加賀野井秀一訳、1994年、藤原書店
(82)『博物誌　鳥』：ちくま学芸文庫、ジュール・ミシュレ著、石川湧訳、1995年、筑摩書房
(83)『図説世界古地図コレクション』、三好唯義編、1999年、河出書房新社
(84)『ジョン・グールド　世界の鳥』：鳥図譜ベストコレクション。モーリーン・ランボーン著、山岸哲監修、1994年、同朋舎出版
(85)『啓蒙の世紀と文明観』：世界史リブレット88、弓削商子著、2004年、山川出版社
(86) "A New Voyage Round the World", Daniel Defoe, 1725, London
(87) "L'ile des Pingouins", Anatole. France, 1907, Paris
(88) "The Art of Captain Cook's Voyages" vol. 3, The Voyage of the Resolution and Discovery, 1776-1780, Rudiger Joppien, Bernard Smith, 1988, Australia
(89) "Zonengemälde oder Darstellung", Heinrich Keller, 1852. Swiss
(90) "Antique Maps of the 19th Century World" edited by Robert Montgomery

Martin, 1989, New York
(91) "Bilder zum Anschaunungs-Unterricht für die Jugend". B. Schmid, 1844, Stuttgart
(92) "Maps and Map-Makers". R. V. Tooley, 1949, New York

第４章

(93)『南極点征服』、ロアルド・アムンゼン著、谷口善也訳、2002年、中央公論社
(94)『レジャーの誕生』、アラン・コルバン著、渡辺響子訳、2000年、藤原書店
(95)『動物園の歴史：世界編』、佐々木時雄・佐々木拓二編、1977年、西田書店
(96)『フランスの子どもの本』、私市保彦著、2001年、白水社
(97)『世界一周の誕生　グローバリズムの起源』、園田英弘著、平成15年、文藝春秋
(98)『種の起原　上・中・下』：岩波文庫、チャールズ・ダーウィン著、八杉龍一訳、昭和38―43年、岩波書店
(99)『子どもの本の歴史　英語圏の児童文学　上下』、J. J. R. タウンゼンド著、高杉一郎訳、1982年、岩波書店
(100)『世界最悪の旅　悲運のスコット南極探検隊』、アプスレイ・チェリーガラード著、加納一郎訳、1993年、朝日新聞社
(101)『大英帝国―最盛期のイギリス社会史』：講談社現代新書、長島伸一著、1989年、講談社
(102)『毛皮と人間の歴史』、西村三郎著、2003年、紀伊國屋書店
(103)『捕鯨』：海洋科学叢書、馬場駒雄著、昭和17年、天然社
(104)『町かどのジム』、エリノアファージョン著、エドワード・アーディゾーニ絵、松岡享子訳、2001年、童話館出版
(105)『ビジュアル版南極・北極大百科図鑑』デイヴィッド・マクゴニガル、リン・ウッドワース編、小野延雄・内藤靖彦他訳、2005年、東洋書林
(106)『動物絵本をめぐる冒険　動物―人間学のレッスン』、矢野智司著、2002年、勁草書房
(107)『ペンギンくん、せかいをまわる』、M & H. A. レイ文・山下明生訳、2000年、岩波書店
(108)『階級としての動物　ヴィクトリア時代の英国人と動物たち』、ハリエット・リトヴォ著、三好みゆき訳、2001年、国文社
(109) "Mr. Popper's Penguins", Richard and Florence Atwater, illustrated by Robert Lawson, 1938, Boston
(110) "Whaling in the Antarctic", A. G. Bennett, 1932, New York
(111) "Shores of Macquarie Island", Isobel Benett, 1972, London
(112) "The History of the Falkland Islands", Mary Cawkell, 2001, England
(113) "The Mapping of Terra Australis", Robert Clancy, 1995, Australia
(114) "More Australians : Land and Sea Folk in Rhyme", Nelle Grant Cooper, illustrated by Phyllis Shillito, 1935, Sydney
(115) "Macquarie Island", J. S. Cumpston, 1968, Australia
(116) "Penguin Road", Ken Dalziel, 1955, Sydney
(117) "Penguins", Louis Darling. 1966, London
(118) "Penguin Biology", edited by Lloyd S. Davis, John T. Darby, 1990, New Zealand
(119) "The Voyage of Captain Bellingshausen to the Antarctic Seas 1819-1821", vol. 1-2, translated & edited by Frank Debenham, 1945, London
(120) "The Pipiwais, the Possums and the

Penguins", Brenda Delamain, 1978, Christchurch
(121) "Feather Fashions and Bird Preservation : A Study in Nature Protection", Robin W. Doughty, 1975, London
(122) "London Zoo from Old Photographs 1852-1914", John Edwards, 1996, London
(123) "The Race to the White Continent, Voyages to the Antarctic", Alan Gurney, 2000, New York
(124) "Beasts and Men", Carl Hagenbeck, 1909, London
(125) "Records of Birds of Prey Bred in Captivity", Elilius Hopkinson, 1936, London
(126) "Penguin Millionaire, The Story of Birdland", Len Hill, Emma Wood, 1978, London
(127) "The Antarctic Dictionary: A Complete Guide to Antarctic English", Bernadette Hince, 2000, Australia
(128) "A B C Book of Birds", Carolyn S. Hodgman, illustrated by Will F. Stecher, 1916, USA
(129) "The Water Babies", Charles Kingsley, illustrated by Linley Sambourne, 1885, London
(130) "Zoo and Aquarium History. Ancient Animal Collections to Zoological Gardens", edited by Vernon N. Kisling, Jr, 2001, New York
(131) "Youth at the Zoo", Nina Scott Langley, c.1950, London.
(132) "Antarctic Penguins, A Study of Their Social Habits", G. Murray Levick, 1914, London
(133) "The Magic Pudding. The Adventures of Bunyip Bluegum", Norman Lindsay, 1918, Sydney
(134) "Penguins", John A. Love, 1994, London
(135) "A History of Antarctica", Stephen Martin, 1996, Australia
(136) "Penguins, Whalers, and Sealers : A Voyage of Discovery", L. Harrison Matthews, 1978, New York
(137) "Illustrated Official Guide to the London Zoological Society's Gardens in Regent's Park", P. Chalmers Mitchell, c.1930, London
(138) "The Amazing Adventures of Billy Penguin", Brook Nicholls, 1934, Sydney
(139) "Yap the Penguin", Joyce Nicholson, photo by L. H. Smith, 1967, Australia
(140) "Antarctic: Zwei Jahre in Schnee und Eis am Südpol" I-II, Otto Nordenskjöld, 1904, Berlin
(141) "Narrative of the Wreck of the 'Favorite' on the Island of Desolation", John Nunn, 1850, London
(142) "Chilitoes", Jaequeline Reading. c.1910, Sydney
(143) "The Avicultural Magazine being the Journal of the Avicultural Society for the Study of Foreign and British Birds in Freedom and Captivity" vol. 3, edited by D. Seth-Smith, 1905, London
(144) "The South Polar Times 1902-1911", vol. I-III, 2002, London
(145) "A Field Guide to the Wildlife of the Falkland Islands and South Georgia", Ian J. Strange, 1992, London
(146) "Proceedings of the Zoological Society of London Part I 1833", edited by Richard Taylor, 1833, London
(147) "London's Zoo : An anthology to Celebrate 150 Years of the Zoological Society of London", Gwynne Vevers. 1976, London
(148) "The Penguin Party". Unk White, c. 1930, Sydney
(149) "Penguins of the World : A

Bibliography", compiled by A. J. Williams. J. Cooper, I P. Newton, C. M. Phillip. B. P. Watkins, 1985, London
(150) "Revised List of the Vertebrated Animals : Now or Lately Living of the Zoological Society of London 1872", 1872, London
(151) "Proceedings of the Scientific Meetings of the Zoological Society of London for the Year 1878", 1878, London
(152) "Proceedings of the Scientific Meetings of the Zoological Society of London for the Year 1879", 1879. London
(153) "Proceedings of the Scientific Meetings of the Zoological Society of London for the Year 1889", 1889, London

第5章

(154)『探求―私のいた場所　青柳昌宏選集』、青柳昌宏著、2000年、どうぶつ社
(155)『芥川龍之介全集　第三巻」(『動物園』所収)、1977年、岩波書店
(156)『「科学朝日」編　殿様生物学の系譜』:朝日選書421、磯野直秀他著、1991年、朝日新聞社
(157)『アサヒカメラ』昭和27年8月号、朝日新聞社
(158)『東山動物園日記』、朝日新聞社社会部編、昭和52年
(159)『極　白瀬中尉南極探検記』:新潮文庫、綱淵謙錠著、平成2年、新潮社
(160)『マテオ・リッチの世界図に関する史的研究―近世日本における世界地理知識の主流』:横浜市立大学研究紀要第十八号、鮎沢信太郎著、1953年、横浜市立大学
(161)『新井白石の世界地理研究』、鮎澤信太郎著、昭和18年、京成社出版部
(162)『日本児童文學　動物園』、石川千代松著、昭和3年、アルス
(163)『小學生全集63　子供動物、植物學』石川千代松・上原敬二著、昭和4年、興文社、文藝春秋社
(164)『自然科學辭典』、石原純監修、昭和9年、非凡閣
(165)『日本博物誌年表』、磯野直秀著、2002年、平凡社
(166)『ながいながいペンギンの話』いぬいとみこ著、昭和32年、宝文館
(167)『地理論略』ウァルレン著、荒井郁之助訳、明治22年、文部省
(168)『ペンギン・コレクション』:コロナブックス50、上田一生著、1998、平凡社
(169)『言海』:ちくま学芸文庫(明治22年版底本)、大槻文彦著、2004年、筑摩書房
(170)『鎖國時代日本人の海外知識―世界地理・西洋史に關する文献解題』、開國百年記念文化事業會編、昭和28年、乾元社
(171)『英和對譯辭書』:開拓使、明治5年、東京小林新兵衛
(172)『資料　日本動物史』、梶島孝雄著、2002年、八坂書房
(173)『別冊太陽123　見世物はおもしろい』、川添裕・木下直之・橋爪神也編、2003年、平凡社
(174)『ペンギン、日本人と出会う』、川端裕人著、2001年、文藝春秋
(175)『觀察繪本キンダーブック第一三輯第八編「トリ」』、倉橋惣三文、吉田忠夫ほか絵、昭和15年、フレーベル館
(176)『地學教授本初編　全六巻』、ゼームス・クルイクシヤンク著、内田正雄纂訳、明治8年、修静館
(177)『岩波講座日本語9「日本語の辞書(2)」』見坊豪紀著、1977年、岩波書店
(178)『厚生新編索引』、昭和54年、恒和出版
(179)『小学生全集22　動物園』、古賀忠

道著、昭和 29 年、筑摩書房
(180)『新井白石全集　第四巻』、国書刊行会編、昭和 52 年、国書刊行会
(181)『中國學藝大辭典』、近藤杢著、昭和 11 年、東京元々社
(182)『バード少将南極探検』、齋藤進訳、昭和 5 年、カオリ社
(183)『動物園の歴史：日本における動物園の成立』：講談社学術文庫、佐々木時雄著、昭和 62 年、講談社
(184)『動物園の歴史：日本編　日本における動物園の成立』、佐々木時雄著、1975 年、西田書店
(185)『教科摘要　學生の動物界』、三省堂編、大正 12 年
(186)『女子教育　最近世界地理』、三省堂編集所編、大正 12 年
(187)『中等教育　最近地理通論新訂版』、三省堂編集所編、昭和 4 年
(188)『附音　図解英和字彙』、柴田昌吉・子安峻著、明治 19 年、文学社
(189)『雪原へゆく　わたしの白瀬矗』、白瀬京子著、1993 年、南極探検隊長白瀬矗追彰会
(190)『白瀬矗　私の南極探検記　人間の記録 61』、白瀬矗著、1998 年、日本図書センター
(191)『「厚生新編」の研究　江戸時代西洋百科事典』、杉本つとむ編著、平成 10 年、雄山閣出版
(192)『動物渡来物語』、高島春雄著、昭和 30 年、学風書院
(193)『動物物語』、高島春雄著、1986 年、八坂書房
(194)『小學生全集 65　鳥物語・花物語』鷹司信輔・牧野富太郎著、昭和 5 年、興文社
(195)『少年』、明治 43 年 12 月第 87 号、東京時事新報社
(196)『少年』、明治 44 年 8 月第 95 号、東京時事新報社
(197)『動物と植物の生活』：新日本少年少女文庫第七篇、寺尾新・本田正次著、昭和 15 年、新潮社
(198)『蘭和・英和辞書発達史』、永嶋大典著、昭和 45 年、講談社
(199)『文明の中の博物学　西欧と日本　上・下』、西村三郎著、1999 年、紀伊國屋書店
(200)『動物園開園 80・水族館開館 65 周年記念　日本動物園水族館要覧』、日本動物園水族館協会編、昭和 37 年
(201)『ハーゲンベック動物記』、ハーゲンベック著、平野威馬雄訳、昭和 18 年、大道書房
(202)『日本の遊園地』：講談社現代新書、橋爪紳也著、2000 年、講談社
(203)『別冊太陽　日本の博覧会　寺島勍コレクション』、橋爪紳也監修、2005 年、平凡社
(204)『國民百科辭典』、明治 45 年、冨山房
(205)『動物園研究 No. 2　日本におけるペンギンの飼育史試論』、福田道雄著、1997 年
(206)『博物辭典』、藤本治義・岡田彌一郎・三輪知雄著、昭和 13 年、三省堂
(207)『地理全志　下篇巻五』、慕維廉著、安政 6 年、爽快樓
(208)『百科全書』、明治 16 年、丸善商社出版
(209)『丸善百年史　上巻』、昭和 55 年、丸善株式会社
(210)『新井白石の洋学と海外知識』、宮崎道生著、昭和 48 年、吉川弘文館
(211)『教範　世界地理新制版上巻』、守屋荒美雄・北村詮次郎著、昭和 6 年、帝国書院
(212)『動物分類表』、谷津直秀著、大正 3 年、丸善株式会社
(213)『鎖国日本と国際交流　上・下』箭内健次編、昭和 63 年、吉川弘文館
(214)『近代国語辞書の歩み　その模倣と創意と　上・下』、山田忠雄著、1981 年、三省堂
(215)『横浜居留地と異文化交流—19 世紀

後半の国際都市を読む』、横浜開港資料館・横浜居留地研究会編、1996年、山川出版社
(216)『雪原に挑む　白瀬中尉』、渡部誠一郎著、平成3年、秋田魁新報社
(217)『トータルペンギン』、ジェームス・ゴーマン著、フランス・ランティング写真、沢近十九一監修・訳、1991年、リブロポート
(218) "Dr. Webster's Complete Dictionary of the English Language", 1864, Edinburgh
(219)『岡田章雄著作集Ⅴ　三浦按針』、岡田章雄著、1984年、思文閣出版
(220)『さむらいウィリアム　三浦按針生きた時代』、ジャイルズ・ミルトン著、築地誠子訳、2005年、原書房
(221)『按針と家康　将軍に仕えたあるイギリス人の生涯』、クラウス・モンク・プロム著、幡井勉＝日本語版監修、下宮忠雄訳、2006年、出帆新社
(222)『徳川家康のスペイン外交　向井将監と三浦按針』、鈴木かほる著、2010年、新人物往来社
(223)『三浦按針　その生涯と時代』、森良和著、2020年、東京堂出版
(224)『ウィリアム・アダムス　家康に愛された男・三浦按針』、フレデリック・クレインス著、2021年、ちくま新書1552、筑摩書房
(225)『航海者　上・下』、白石一郎著、1999年、幻冬舎文庫
(226) "William Adams to his unknown friends and countrymen"、大英図書館蔵、India Office Records所収、1611年10月23日
(227) "A letter from William Adams to his wife in England", 差し出し年月日未詳 ,1611年頃 ,『パーチャス巡国記』, Samuel Purchas, Hakluytus posthumous or Purchas his pilgrims, London. 1625所収
(228) "THE NEW CAMBRIDGE MODERN HISTORY Ⅳ . ,THE DECLINE OF SPAIN AND THE THIRTY YEARS WAR 1609-48/59", ADVISORY COMMITTEE, G.N. CLARK, J.R.M. BUTER, J.P.T. BURY, THE LATE E.A. BENTIANS, 1970, GB
(229) "GESCHICHTE WALLENSTEINS Klassiker : der Geschichtsschneibung LEOPOLD VON RANKE Herausgegeben und eingeleitet", Helmut Diwald, 1967, Düesseldorf
(230) "Das Regiment der Landsknechte Untersuchngen zu Verfassung, Recht und Selbstverständnis in deutschen Söldnerheenen des 16. Jahrhundets, Krankfurter Historische Abhandlungen Band 12", Hans-MICHAEL MÖLLER, 1976, Frankfurt am Main
(231) "Landsknecht Bundschuh Söldner, Die grosse Zeit der Landsknechte, die Wirren der Bauernaftsände und des Dreissigjährigen Kriegs", Heinrich Pleticha, 1974, Arena Verlag Georg Popp Würzburg

第6章

(232)『ペギーちゃん誕生　ペンギンを育てる』、白井和夫著、1976年、昭和堂印刷出版事業部
(233)『長崎ペンギン物語』、白井和夫著、2019年、長崎文献社
(234)『無名のものたちの世界Ⅳ』・「ペンギンの共同保育機構」、田宮康臣著、1981年、思索社エソロジカルエッセイ
(235)『南極新聞　上・中・下』、朝比奈菊雄編、1982年、旺文社文庫
(236)『岩波ジュニア新書66　南極情報101』、神沼克伊著、1983年、岩波書店

(237)『アムンセンとスコット　南極点への到達に賭ける』、本多勝一著、1986年、教育社
(238)『古賀忠道　その人と文』、古賀忠道先生記念事業実行委員会編、1988年、法規出版株式会社
(239)『ペンギンになった不思議な鳥』、ジョン・スパークス＆トニー・ソーパー著、青柳昌宏・上田一生訳、1989年、どうぶつ社
(240)『大陸と海洋の起源』、アルフレッド・ウエゲナー著、竹内均全訳・解説、1990年、講談社学術文庫
(250)『CBSG Penguin CAMP 検討資料集　1992年8月18•19日　於:ニュージーランド、クライストチャーチ』、ペンギン会議訳・編、1992年、ペンギン会議
(251)『世界最悪の旅　悲運のスコット南極探検隊』、アプスレイ・チェリー＝ガラード著、加納一朗訳、1993年、朝日文庫
(252)『南極点』、ロアール・アムンセン著、中田修訳、1994年、朝日文庫
(253)『フンボルトペンギン保護国際会議 International Conference on the Conservation of Humboldt Penguin 1996年11月27日（水）・28日（木）会場：横浜シンポジア　Abstract』、1996年、ペンギン会議
(254)『ペンギンたちの不思議な生活　海中飛翔・恋・子育て・ペンギン語……』、青柳昌宏著、1997年、講談社
(255)『ペンギン日記』、朝比奈菊雄著、1957年、読売新聞社
(256)『ペンギン大百科』、トニー・D・ウィリアムズ他著、ペンギン会議訳、1999年、平凡社
(257)『極北の迷宮　北極探検とヴィクトリア朝文化』、谷田博幸著、2000年、名古屋大学出版会
(258)『チリ硝石産業と硝石輸送の時代背景（2）―産業革命とポスト航海条例―』、関西造船協会「らん」第48号、田口賢士・西村ミチコ著、2000年、関西造船協会
(259)『歴史の中の肥料　グアノ物語4』、高橋英一著、2001年、「農業と科学」平成13年1月1日号
(260)『歴史の中の肥料　チリ硝石物語3』、高橋英一著、2003年、「農業と科学」平成15年4月1日号
(261)『歴史の中の肥料　チリ硝石2』、高橋英一著、2003年、「農業と科学」平成15年3月1日号
(262)『ペンギンの世界』、上田一生著、2001年、岩波新書
(263)『ペンギン、日本人と出会う』、川端裕人著、2001年、文藝春秋
(264)『動物の比較法文化　動物保護法の日欧比較』、青木人志著、2002年、有斐閣
(265)『ペンギン救出大作戦　Spill 油まみれのペンギンを救え』、IFAW編、上田一生訳、2003年、海洋工学研究所出版部
(266)『ノルウェーの歴史　氷河期から今日まで』、エイヴィン・ステーネシェン＋イーヴァル・リーベク著、岡沢憲英・小森宏美訳、2005年、早稲田大学出版部
(267)『ペンギンは歴史にもクチバシをはさむ』、上田一生著、2006年、岩波書店
(268)『ペンギンもクジラも秒速2メートルで泳ぐ　ハイテク海洋動物学への招待』、佐藤克文著、2007年、光文社新書315
(269)『巨大翼竜は飛べたのか　スケールと行動の動物学』、佐藤克文著、2011年、平凡社新書
(270)『〈体感的〉究極ガイドブック　旅する南極大陸』、国立極地研究所名誉教授・神沼克伊著、2007年、三五館
(271)『保全鳥類学』、山岸哲監修・（財）山階鳥類研究所編、2007年、京都大

学学術出版会
(272)『動物たちの不思議に迫る　ときめきサイエンス1　バイオロギング　動物の体にセンサーやカメラを取りつけたら……』、日本バイオロギング学会編、2009年、京都通信社
(273)『バイオロギング　「ペンギン目線」の動物行動学』、内藤靖彦・佐藤克文・高橋晃周・渡辺佑基共著、2012年、成山堂書店
(274)『海洋保全生態学』、白山義久・桜井泰憲・古谷研・中原裕幸・松田裕之・加々美康彦編、2012年、講談社
(275)『ペンギンが教えてくれた物理のはなし』、渡辺佑基著、2014年、河出ブックス
(276)『ペンギンのしらべかた』、上田一生著、2011年、岩波科学ライブラリー182
(277)『なぜシロクマは南極にいないのか　生命進化と大陸移動説をつなぐ』、デニス・マッカーシー著、仁木めぐみ訳、2011年、化学同人
(278)『鳥との共存をめざして　考え方と進め方』、財団法人日本鳥類保護連盟編、2011年、中央法規
(279)『日本の水族館』、内田詮三・荒井一利・西田清徳著、2014年、東京大学出版会
(280)『動物園の文化史　ひとと動物の5000年』、溝井裕一著、2014年、勉誠出版
(281)『新しい美しいペンギン図鑑』、テュイ・ド・ロイ＋マーク・ジョーンズ＋ジュリー・コーンスウェルト著、上田一生監修・解説、裏地良子＋熊丸三枝子＋秋山絵里菜訳、2024年、X-Knowledge
(282)『南極半島とその周辺の探検史：陸地発見からＩＧＹまで』、岩田修二著、「極地：南極と北極の総合誌 POLAR NEWS105」、2017年、日本極地研究振興会
(283)『日本で最初に飼育されたペンギンに関する追加記録』、福田道雄著、山階鳥学誌 51：53-61、2019年、山階鳥類研究所
(284)『遺伝いきものライブラリ1　ペンギンの生物学　ペンギンの今と未来を深読み』、生物の科学　遺伝編、2020年、株式会社エヌ・ティー・エス
(285)『南極ダイアリー』、水口博也著、2020年、講談社選書メチエ739
(286)『南極探検とペンギン　忘れられた英雄とペンギンたちの知られざる生態』、ロイド・スペンサー・デイヴィス著、夏目大訳、2021年、青土社
(287)『南極の氷に何が起きているか　気候変動と氷床の科学』、杉山慎著、2021年、中公新書2672
(288)『海鳥の行動と生態　その海洋生活への適応』、綿貫豊著、2010年、生物研究社
(289)『海鳥と地球と人気　漁業・プラスチック・洋上風発・野ネコ問題と生態系』、綿貫豊著、2022年、築地書館
(290)『ペンギン大全』、パブロ・ガルシア・ボルボログ＋Ｐ・ディー・ボースマ編、上田一生他訳、2022年、青土社
(291)『ペンギンもつらいよ』、ロイド・スペンサー・デイヴィス著、上田一生・沼田美穂子訳・解説、2022年、青土社
(292)『南極のアデリーペンギン　世界で最初のペンギン観察日誌』、ジョージ・マレー・レヴィック著、夏目大訳、上田一生解説、2023年、青土社
(293)“BIRDS of the ANTARCTIC”, edited by Brian Roberts, Written by Edward Wilson, 1967, NEW ORCHARD EDITIONS, UK
(294)“PENGUINS THE WORLD OF ANIMALS”, Bernard Stonehouse, 1968, Golden Press, New York
(295)“THE BIOLOGY OF PENGUINS”, edited by Bernard

Stonehouse, 1975, School of Environmental Science University of Bradford,1975, THE MACMILLAN PRESS LTD, New York

(296) "Penguins : Past and Present, Here and There", GEORGE GAYLORD SIMPSON, New Heaven and London, Yale University Press, 1976, USA

(297) "INTERNATIONAL ZOO YEARBOOK volume 18", EDITED BY P. J. S. OLNEY, ASSISTANT EDITORS RUTH BIEGLER AND PAT ELLIS, THE ZOOLOGICAL SOCIETY OF LONDON, 1978, UK

(298) "PENGUINS", Roger Tory Peterson, HOUGHTON MIFFLIN COMPANY, 1979, BOSTON

(299) "Penguins of the World: A Bibliography", compiled by A. J. Williams, J. Cooper, I. P. Newton, C. M. Phillips, B. P. Watkins, British Antarctic Survey Natural Environment Research Council, 1985, UK

(300) "ANTARCTICA : GREAT STORIES FROM THE FROZEN CONTINENT", Reader's Dugest, 1985, USA

(301) "INTERNATIONAL ZOO YEARBOOK Volume 26", EDITED BY P. J. S. OLNEY ASSISTANT EDITOR PAT ELLIS AND BENEFICTE SOMMERFECT, 1987, THE ZOOLOGICAL SOCIETY OF LONDON, UK

(302) "PENGUINS", John Soarks Tony Soper, DAVID & CHARLES Newton Abbott London, 1987, UK

(303) "ANOTHER WAY OF LOOKING : New Zealand's Birds on Stamps", Margaret Forde, 1989, DAVID BATEMAN, NZ

(304) "ANTARCTICA : THE LAST FRONTIER", Richard Laws, 1989, Boxtree, UK

(305) "OCEANS OF BIRDS", TONY SOPER, 1989, DAVID & CHARLES, UK

(306) "PENGUIN BIOLOGY", Edited by Lloyd S. Davis and John T. Darby, ACADEMIC PRESS INC., 1990, USA

(307) "PENGUIN CONSERVATION ASSESSMENT AND MANAGEMENT PLAN : Workshop held in Christchurch, New Zealand 18-19 August 1992", DISCUSSION DRAFT EDITION", Compiled by Dee Boersma, Sherry Branch, David Butler, Sue Ellis-Joseph, Paul Garland, Patty MacGill, Graeme Phipps. Ulysses Seal, C. Peter Stockdale, 1982, New Zealand Penguin CAMP/PVA Workshop, NZ

(308) "THE TOTAL PENGUIN", JAMES GORMAN, 1990, PRENTICE HALL PRESS, USA

(309) "PENGUIN HUSBANDRY MANUAL", A Publication of the American Zoo and Aquarium Association, 1994

(310) "PENGUINS", JOHN A. LOVE, 1994, Whittet Books, UK

(311) "The Penguins Ecology and Management" Edited by Peter Dann, Ian Norman and Pauline Reilly, 1995, Surrey Beatty & Sons Pty Limited, Australia

(312) "The Penguins : BIRD FAMILIES OF THE WORLD", Tony D. Williams Illustrated by J.N. Davis and John Busby, 1995, OXFORD UNIVERSITY PRESS, UK

(313) "a history of ANTARCTICA", Stephen Martin, State Library of New South Wales Press, 1996, Australia

(314) "Population & Habitat Viability

Assessment for the Humboldt Penguin (Spheniscus humboldti) FAINAL REPORT", 1998, A Collaboration Workshop SERNAPESCA Conservation Breeding Specialist Group IUCN/SSC
(315) "THE PENGUIN CONSERVATION ASSESSMENT PLAN : A DESCRIPTION OF THE PROCESS", SUSIE ELLIS, Marine Ornithology 27.163-169, 1999
(316) "Penguin", Stephen Martin, REAKTION BOOKS, 1999, UK
(317) "A FIELD GUIDE TO THE WILDLIFE OF THE FALKLAND ISLANDS AND SOUTH GEORGIA", IAN J. STRANGE, 1992, Harper Collins Publishers
(318) "Penguins of the Falkland Islands and South America", Mike Bingham, 2000, UK
(319) "A PENGUIN'S WORLD", IAN & GEORGINA STRANGE, 2009, DESIGN IN NATURE
(320) "ZOOS AND TOURISM : Conservation, Education, Environment?", Edited by Warwick Frost, Aspects of Tourism, 2011, CHANNEL VIEW PUBLICATIONS, UK
(321) "Aves Marinas Empetroladas : Guīa Práctica para su atención ymanejo", Lic. Sergio Rodriguez Heredia・Lic. C. Karina Albarez・MV Julio D. Loureiro, 2008, FUNDACION MUNDO MARINO Argentina
(322) "RESCATE Y ATENCIÓN DE PINNÍPEDOS EN PLAYA : Una quía práctica", Sergio A. Rodriguez Heredia・Cecilla Karina Alvarez・Julio Daniel Loreiro・Valeria Ruoppolo, 2015, FUNDACION MUNDO MARINO Argentina
(323) "Penguins : NATURAL HISTORY AND CONSERVATION", EDITED BY PABLO GARCIA BORBOROGLU AND P. DEE BOERSMA, 2013, A MAMUEL AND ALTHEA STROUM BOOK, UNIVERSITY OF WASHINGTON PRESS, USA
(324) "Penguins : Their World, Their Ways", Tui De Roy・Mark Jones・Julie Cornthwaite, 2013, David Bateman, NZ
(325) "Animals as instruments of Norwegian imperial authority in the interwar Arctic", Peder Roberts and Dolly Jorgensen, 2016, Journal for the History of Environment and Society Vol.1 2016

著者　上田一生（うえだ・かずおき）

ペンギン会議研究員、IUCN・SCC・ペンギン・スペシャリスト・グループ（PSG）メンバー。1954年、東京都出身。國學院大學卒業。ペンギン会議研究員としてペンギンの研究・保全活動を30年以上実施。主な著書に、『ペンギンの世界』、『ペンギンは歴史にもクチバシをはさむ』、『ペンギンのしらべかた』（いずれも岩波書店）などがある。共訳書には、『ペンギン大全』（パブロ・ガルシア・ボルボログ、P・ディー・ボースマ著、青土社）がある。

ペンギンは歴史にもクチバシをはさむ

増補新版

2024年5月28日　第1刷印刷
2024年6月11日　第1刷発行

著者　上田一生
発行人　清水一人
発行所　青土社
〒101-0051　東京都千代田区神田神保町1-29　市瀬ビル
［電話］03-3291-9831（編集）　03-3294-7829（営業）
［振替］00190-7-192955

組版　フレックスアート
印刷・製本　シナノ印刷
装幀　大倉真一郎

ISBN 978-4-7917-7647-4